高等院校课程设计案例精编

中文版AutoCAD 2020园林景观设计经典课堂

纪　铖　主编

清華大学出版社
北　京

内 容 提 要

本书以AutoCAD软件为载体，以知识应用为中心，对园林景观设计知识进行了全面阐述。书中每个案例都给出了详细的操作步骤，同时还对操作过程中的设计技巧进行了描述。

全书共12章，遵循由浅入深、循序渐进的思路，依次对AutoCAD软件的发展及应用领域、AutoCAD基础入门、二维图形的绘制与编辑、图块功能的应用、文本与表格的创建及编辑、尺寸标注、图纸的输出与打印等知识进行了详细讲解。最后通过常见景观小品、广场绿化、庭院环境以及公园规划这4个实操案例，来对前面所学的知识进行综合应用，以实现举一反三、学以致用的目的。

本书结构合理、思路清晰、内容丰富、语言简练、解说详略得当，既有鲜明的基础性，也有很强的实用性。

本书既可作为高等院校相关专业的教学用书，又可作为室内设计爱好者的学习用书，同时也可作为社会各类AutoCAD软件培训班的首选教材。

图书在版编目(CIP)数据

中文版AutoCAD 2020园林景观设计经典课堂 / 纪铖主编. —北京：清华大学出版社，2021.9 (2025.1 重印)
（高等院校课程设计案例精编）
ISBN 978-7-302-58965-5

Ⅰ.①中… Ⅱ.①纪… Ⅲ. ①园林设计—景观设计—计算机辅助设计—AutoCAD软件—高等学校—教学参考资料 Ⅳ.①TU986.2-39

中国版本图书馆CIP数据核字（2021）第176371号

责任编辑：李玉茹
封面设计：杨玉兰
责任校对：鲁海涛
责任印制：宋　林
出版发行：清华大学出版社
　网　　址：https://www.tup.com.cn, https://www.wqxuetang.com
　地　　址：北京清华大学学研大厦A座　　**邮　　编**：100084
　社 总 机：010- 83470000　　**邮　　购**：010-62786544
　投稿与读者服务：010-62776969，c-service@tup.tsinghua.edu.cn
　质量反馈：010-62772015，zhiliang@tup.tsinghua.edu.cn
印 装 者：三河市龙大印装有限公司
经　　销：全国新华书店
开　　本：185mm×260mm　　**印　　张**：16.75　　**字　　数**：407千字
版　　次：2021年9月第1版　　**印　　次**：2025年1月第3次印刷
定　　价：79.00元

产品编号：093404-01

前　言

本书内容概要

AutoCAD 是一款功能强大的二维辅助设计软件，它具备二维、三维图形的绘制与编辑功能，对图形进行尺寸标注、文本注释，以及协同设计、图纸管理等功能，并被广泛应用于机械、建筑、电子、航天、石油、化工、地质等领域。为了能让读者在短时间内制作出完美的设计图纸，我们组织教学一线的设计人员及高校教师共同编写了此书。全书共 12 章，遵循由局部到整体、由理论到实践的写作原则，对园林景观图的绘制进行了全方位的阐述，各章节的知识介绍如下。

章节	内容概述
第 1 章	主要讲解了 AutoCAD 软件的发展简史、应用领域、基本入门操作、园林设计制图规范、与相关软件的相互协作等
第 2 ～ 8 章	主要讲解了绘图前的准备工作、图形的绘制、图形的编辑、图块的应用、外部参照与设计中心的应用、文本信息的添加、表格的创建与编辑、尺寸标注的应用、图形的输出与打印等
第 9 ～ 12 章	主要讲解了园林景观小品的绘制方法、校园环境绿化平面图的绘制方法、住宅区广场规划图的绘制方法、公园规划图的绘制方法等

配套资源获取方式

目前市场上很多计算机图书中配带的 DVD 光盘，总是容易破损或无法正常读取。鉴于此，本系列图书的资源可以通过扫描以下二维码获取。

学习视频

实例文件

索取课件二维码

本书由纪铖（黑龙江财经学院）编写，在写作过程中始终坚持严谨细致的态度，力求精益求精。由于时间有限，书中难免有疏漏之处，望广大读者指正。

编　者

目 录

第 1 章 园林景观设计入门必备

第 2 章 AutoCAD 制图前的设置

第 3 章　园林图形的绘制

第 4 章　园林图形的编辑

第 5 章　园林景观图纸中图块的应用

第 6 章　为图纸添加文字与表格

第 7 章　为园林图纸添加尺寸标注

第 8 章　图纸的输出与打印

第 9 章　绘制园林景观小品图形

第 10 章 绘制校园环境绿化设计图

第 11 章 绘制住宅区广场规划图

第 12 章 绘制城市公园敞园规划图

参考文献

第 1 章

园林景观设计入门必备

内容导读

本章将向读者介绍园林景观设计的一些入门知识，其中包括园林景观概述、常见施工图纸、AutoCAD 入门基础以及其他软件的协同应用等。通过对本章内容的学习，相信读者会对园林景观设计行业有一个初步的认识与了解。

学习目标

- ▲ 了解园林景观设计
- ▲ 了解几类园林景观设计图纸
- ▲ 认识 AutoCAD 软件
- ▲ 了解其他相关应用软件

1.1 园林景观设计概述

园林景观设计就是利用周围的环境要素，结合美学观念进行统一的规划调整，使其建筑与自然环境达到和谐的效果。

1.1.1 园林设计与景观设计的区别

从广义上说，园林设计和景观设计其实是一个概念，可统称为园林景观设计。但从狭义上说，园林设计和景观设计还是有一定的区别。

1. 设计范围

园林设计主要是针对绿化、水体、建筑、道路等公园式的空间来设计的，例如庭院、小游园、花园的设计改造等。而景观设计涉及的范围比较广，它是较高一层的设计应用，其设计要素包括自然景观和人工景观两种，主要针对城市景观设计、居住区景观设计、城市公园规划与设计、滨水绿地设计、旅游度假区风景规划设计等，从广义上说它包含园林设计在内。

2. 专业知识

园林设计行业主要以研究园林树木造景，以及树木与建筑物相互间的关系为主。熟知各类树木、植物生长的习性及形态是进入园林行业的基础。而景观设计行业涵盖的知识面比较广，需要了解建筑设计、园林设计、室内设计、城市规划设计、环境设计等。

1.1.2 园林景观设计风格

由于各地域的文化差异，其设计的园林景观风格也各不相同。通常园林景观风格可分为中式文雅型、日式简约型、英式尊贵型、美式混搭型、地中海自由奔放型这 5 种风格。

1. 中式文雅型

说起中式园林，就不得不提到苏州园林。苏州园林可以说是我国古典园林风格的代表，有曲折转合中亭台廊榭的巧妙映衬，有溪山环绕中山石林荫的趣味渲染，将人工美和自然美巧妙地结合起来，追求建筑和自然的和谐，达到“天人合一”的效果，如图 1-1 所示。

随着人们审美层次的不断提高，现在的中式园林在原有风格的基础上进行了简化，形成了一种新风格，称之为新中式风格。该风格将传统的造景用现代手法进行演绎，有适当的硬景满足功能空间需要，并与软景相结合，将古典与现代元素巧妙地糅和在一起，充分展示了新中式风格的特点，如图 1-2 所示。

图 1-1　中式古典园林风格欣赏

图 1-2　新中式风格园林欣赏

2. 日式简约型

日式风格遵循不对称的原则，整体风格宁静、简朴，甚至是节俭的，主要是在沙

地上铺设石径，沿着枯水河岸散置山石，配备石灯笼和一些优美的树木，充分展示出禅意寂静之美，如图 1-3 和图 1-4 所示。

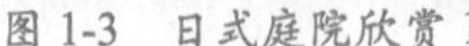
图 1-3　日式庭院欣赏 1

图 1-4　日式庭院欣赏 2

3. 英式尊贵型

英式园林向往自然，崇尚自然，渴望一尘不染。所以英式庭院中没有夸张的雕饰，没有修葺整齐的苗圃花卉，更多的是与大自然浑然天成的景观，如图 1-5 所示。白色的铁艺桌椅是英式花园的必备装饰品，同时漂亮的玫瑰花也是英式庭院里必不可少的。

图 1-5　英式园林欣赏

4. 美式混搭型

美式花园应是规划起来最容易、最简单的花园结构。相比英式植物排列的高低错落、茂密盎然，美式的植物排列更整齐低矮、平整而利落，如图 1-6 所示。

图 1-6 美式庭院欣赏

5. 地中海自由奔放型

一提起地中海，人们不禁联想起那炙热的阳光、碧蓝的海岸。在地中海风格的景观庭院里，室内和室外的分界线被有意地模糊了。大的露天餐厅、花架、太阳伞是园内最常见的内容。露天就餐的悠闲和纯朴的生活方式都反映在总体的庭园设计中，如图 1-7 所示。

图 1-7 地中海庭院风格欣赏

1.1.3 园林景观设计的基本原则

设计者在进行设计时，需要遵循以下 4 点原则。

1. 尊重地域文化

无论是人工环境建设，还是自然环境的开发，都必然要与城市整体环境发生多方面的联系。在进行园林景观设计时，要考虑所在地域的历史文脉、民族传统和地方风格，充分发扬民族风格，挖掘地方历史文化内涵，塑造具有历史文化氛围和本土文化底蕴的空间环境。

2. 以人为本

积极创造环境优美、舒适适用、道路便捷、具有宜人尺度的户外活动空间，满足游客休闲观光活动的需求。

3. 回归自然化

人们向往自然，渴望住在天然绿色的环境中。将带有大自然气息的花草树木引入庭院中，使之成为与大自然风景无异的自然美景，起到了美化人们居住环境的重要作用。设计者要不断在“回归自然”上下功夫，从而创造出新的肌理效果，运用具体的设计手法来使人们联想自然。

4. 注重生态平衡

园林绿地作为住区中唯一有自净能力的组成部分和城市人工生态平衡系统中的重要一环，是住区建设过程中对自然所造成破坏的一种恢复和补偿，其对进一步发挥住区中自然生态系统的功能具有重要意义。要创造更富生机、生态兼容的居住环境，形成生态思维、遵循生态原理的设计方法是必然的要求，也是现代园林景观设计区别于传统的一个重要方面。

1.2 常见园林景观施工图纸

作为一名园林景观设计师，除了具备专业设计理念外，还必须具备过硬的制图技能，两者合一，才能设计出完美的作品。本小节将向读者介绍一些常见的园林景观设计图纸，其中包括设计总平面图、种植施工图、竖向施工图、园路 / 广场施工图、假山施工图、水池施工图等。

1.2.1 总平面图

总平面图是园林设计最基础的图纸，它能够反映出园林设计的总体思想及设计意图，是绘制其他设计图纸及施工、管理的主要依据，如图 1-8 所示。绘制要求包括以下几点。

- 指北针（或风玫瑰图），绘图比例（比例尺），文字说明，景点、建筑物或构筑物的名称标注，图例表。
- 以详细尺寸或坐标标明各类园林植物的种植位置，景区景点的位置、景区入口的位置以及各种造园素材的种类和位置，地下管线的位置及外轮廓。
- 要注明基点、基线，基点要同时注明标高。
- 为了减少误差，规则式平面要注明轴线与现状的关系；自然式道路、山丘种植要以方格网为控制依据。

- 小品主要控制点坐标及小品的定位、定型尺寸。
- 注明道路、广场、建筑物、河湖水面、地下管沟、山丘、绿地和古树根部的标高，并且在它们的衔接部分要做相应标注。

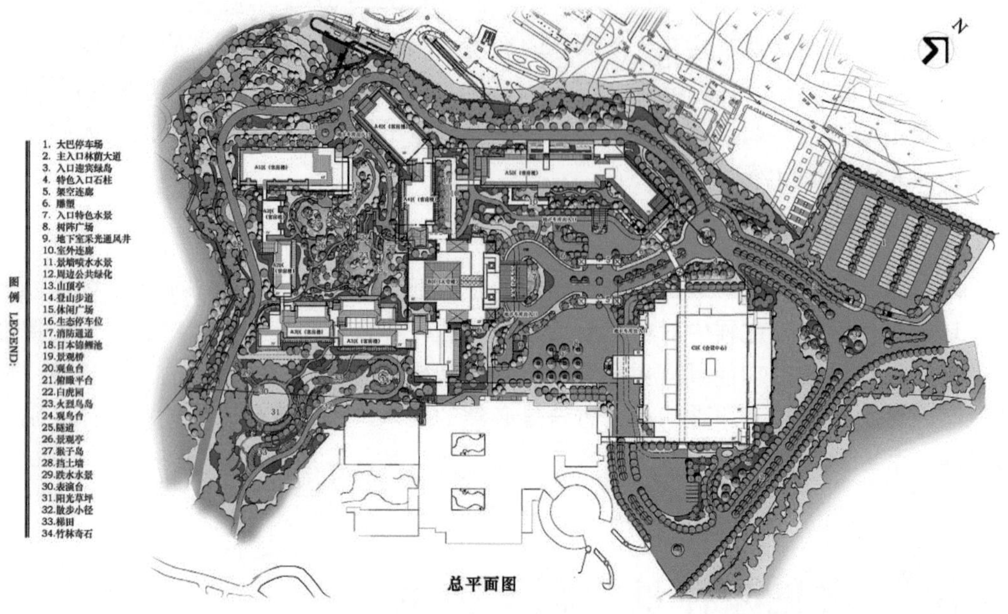

图 1-8　总平面图

1.2.2　种植施工图

种植施工图是指导园林种植工程施工的技术性图纸，一份完整的种植施工图纸主要包括以下内容。

1. 种植工程施工平面图

在平面图上应按实际距离尺寸标注出各种植物的品种、数量，标明与周围固定构筑物和地下管线距离的尺寸，应写明施工放线依据。

自然式种植可以用方格网控制距离和位置，方格网规格为 2m×2m ～ 10m×10m，应尽量与测量图的方格线在方向上一致。

对于现存需要保留的树种，如属于古树名木，则要单独注明。

2. 立面、剖面图

立面、剖面图在竖向上应标明各园林植物之间的关系、园林植物与周围环境及地上地下管线设施之间的关系，标明施工时准备选用的园林植物高度、体型及山石的关系。

3. 局部放大图

为了更清楚地反映园林设计的意图，方便指导施工，在必要时要求绘制局部放大图。局部放大图主要反映重点树丛、各树种关系、古树名木周围处理和覆层混交林种植的详细尺寸，为了表现花坛的花纹细部及山石的关系，通常也要采用局部放大图。

4. 做法说明

园林植物种植施工图中做法说明包括以下几个部分，在具体施工过程中应根据实际情况进行编制。

- 对施工放线的依据进行说明；
- 交代各市政设计管线管理单位的配合情况；
- 苗木选用的要求；
- 栽植地区客土层的处理，客土或栽植土的土质要求；
- 施肥要求；
- 苗木供应规格发生变动时的处理意见和方法；
- 重点地区采用大规格苗木采取的号苗措施、苗木的编号与现场定位的方法；
- 非植树季节的施工要求。

5. 苗木表

苗木表包括以下内容。

- 苗木的种类和品种。
- 表示苗木规格的单位：胸径以厘米为单位，精确到小数点后一位；冠径、高度以米为单位，精确到小数点后一位。
- 观花类植物应标明花色。
- 苗木数量。

6. 线型要求

在园林植物种植设计图上，要求绘制出植物、建筑、水体、道路及地下管线等位置，其中植物用细实线表示；水体边界用粗实线表示出驳岸，沿水体边界内侧用细实线表示出水面；建筑用中实线；道路用细实线；地下管线或构筑物用中虚线。

7. 绘制要求

在园林植物种植施工图中，宜将各种植物按平面图中的图例，绘制在所设计种植的位置上，并以圆点表示出树干位置。树冠大小按成龄后效果最好时的冠幅绘制。为了便于区别树种、计算株数，应将不同树种统一编号，标注在树冠图例内。

在规则式的种植设计图中，对单株或丛植的植物宜以圆点表示出种植位置，对蔓生和成片种植的植物，用细实线绘制出种植范围，草坪用疏密不同的圆点表示，凡在道路、建筑物、山石、水体等边缘处应由密而疏，做出退晕的效果。对同一树种尽量

以粗实线连接起来，并用索引符号逐树种编号，索引符号用细实线绘制，圆圈的上半部注写植物编号，下半部注写数量，尽量排列整齐使图面清晰。

1.2.3 竖向施工图

竖向施工图是指导园林土方工程施工的技术性图纸，一份完整的竖向施工图纸主要包括以下内容。

1. 平面图

竖向施工平面图中主要要求反映的内容如下：

- 现状标高与原地形标高；
- 设计等高线，一般情况下等高距离为 0.25m ~ 0.5m；
- 土山的山顶标高；
- 水体驳岸、岸顶以及岸底的标高；
- 池底标高，水面要标出最低水位、最高水位以及日常水位高度；
- 建筑物的室内外标高，建筑物出入口与室外标高；
- 道路、道路折点处标高，纵坡坡度；
- 画出排水方向、雨水口位置；
- 必要时要增加土调配图，方格为 2m×2m ~ 10m×10m，注明各方格点原地面标高、设计标高、挖填高度，并列出土方平方平衡表。

2. 剖面图

为了更加清楚地反映设计意图、指导施工，必要时在重点地区、坡度变化复杂地段应绘制剖面图，并表示出各关键部位的标高。

3. 做法说明

竖向施工图中做法说明的内容一般包括：

- 微地形处理说明；
- 施工现场土质分析；
- 土壤的夯实程度；
- 客土处理方法。

4. 绘制要求

- 根据用地范围的大小和图样复杂程度，选定适宜的绘图比例，对同一个工程而言，一般采用与总体规划设计图相同的比例。
- 确定合适的图幅，合理布置图面。
- 确定定位轴线，或绘制直角坐标网。
- 根据地形起伏变化大小及绘图比例选定合适的等高距，并绘制等高线。在竖向

设计图中一般用细实线表示设计地形的等高线，用细虚线表示原地形的等高线。

- 绘制出其他造园要素的平面位置，如园林建筑及小品、水体、建筑、山石、道路等。

5. 标注排水方向

一般根据坡度来标注排水方向，用单箭头来表示雨水排出方向。雨水的排出一般采取就近排入园中水体或排出园外的方法。

6. 绘制方格网

为了便于施工放线，在竖向设计图中设置方格网。设置时尽可能使方格网的某一边落在某一固定建筑设施边线上，每个网格边长可根据需要确定为 5m、10m、20m 等，其比例应与图中比例保持一致。方格网应按顺序编号，一般规定为：横向从左向右，用阿拉伯数字编号；纵向自下而上，用拉丁字母编号，并按测量基准点的坐标，标注出纵横第一网格坐标。

7. 注写设计说明

使用简明扼要的语言说明施工的技术要求及做法等，或附说明书。

8. 画指北针或风玫瑰图，注写标题栏

为了使图面清晰可见，在竖向设计图纸中通常不会绘制园林植物。根据表达需要，在重点区域、坡度变化复杂的地段，还应绘制出剖面或断面图，以表示各关键部位的标高及施工方法和要求。

1.2.4 园路、广场施工图

园路、广场施工图是指导园林道路施工的技术性图纸，能够清楚地反映园林路网和广场布局，一份完整的园路、广场施工图纸主要包括以下内容。

1. 平面图

园路、广场施工图中平面图的内容一般包括以下几点：

- 路面宽度及细部尺寸；
- 放线选用的基点、基线及坐标；
- 道路、广场与周围建筑物、地上地下管线的距离及对应标高；
- 路面及广场高程、路面纵向坡度、路中标高、广场中心及四周标高、排水方向；
- 雨水口位置，雨水口详图或注明标准图索引号；
- 路面横向坡度；
- 对现存物的处理；
- 曲线园路的线型，标出转弯半径或以方格网表示；
- 道路及广场的铺装纹样。

2. 剖面图

为了直观地反映出园林道路、广场的结构以及做法，在园路、广场施工图中通常要做剖面图，剖面图的内容包括以下几点：

- 路面、广场纵横剖面上的标高；
- 路面结构、表层、基础做法。

3. 局部放大图

为了清楚地反映出重点部位的纹样设计，便于施工，通常要做局部放大图。局部放大图主要是重点接合部及路面花纹的放大。

4. 做法说明

- 指明施工放线的依据；
- 路面强度；
- 路面粗糙度；
- 铺装缝线的允许尺寸，以 mm 为单位；
- 异型铺装与道牙的衔接处理；
- 正方形铺装块折点、转弯处的做法。

1.2.5 假山施工图

为了清楚地反映假山设计，便于指导施工，通常要做假山施工图。假山施工图是指导假山施工的技术性文件，通常一幅完整的假山施工图包括以下几个部分。

1. 平面图

假山施工平面图要求表现的内容一般包括如下几点：

- 假山的平面位置、尺寸；
- 山峰、制高点、山谷、山洞的平面位置、尺寸及各处高程；
- 假山附近地形及建筑物、地下管线与山石的距离；
- 植物及其他设施的位置、尺寸。

2. 剖面图

剖面图要求表现的内容一般包括如下几点：

- 假山各山峰的控制高程；
- 假山的基础结构；
- 管线位置、管径；
- 植物种植池的做法、尺寸、位置。

3. 立面图和透视图

立面图和透视图要求如下：

- 假山的层次、配置形式；
- 假山的大小及形状；
- 假山与植物及其他设备的关系。

4. 做法说明

做法说明包括以下几点：

- 山石形状、大小、纹理、色泽选择的原则；
- 山石纹理处理方法；
- 堆石手法；
- 接缝处理方法；
- 山石用量控制。

1.2.6 水池施工图

为了清楚地反映水池的设计，便于指导施工，通常要绘制水池施工图。水池施工图是指导水池施工的技术性文件。

1. 平面图

水池施工平面图要求表现的内容一般包括以下几点：

- 放线依据；
- 水池与周围环境、建筑物、地上地下管线的距离；
- 对于自然式水池轮廓可用方格网控制，方格网一般为 2m×2m ～ 10m×10m；
- 周围地形标高和池岸标高；
- 池底转折点、池底中心以及池底的标高、排水方向；
- 进水口、排水口、溢水口的位置、标高；
- 泵房、泵坑的位置、标高。

2. 剖面图

剖面图要求表现的内容一般包括如下几点：

- 池岸、池底以及进水口高程；
- 池岸池底结构、表层（防护层）、防水层、基础做法；
- 池岸与山石、绿地、树木接合部的做法；
- 池底种植水生物的做法。

3. 各单项土建工程详图

- 泵房；
- 泵坑；
- 给排水、电气管线；
- 配电。

1.3 AutoCAD 软件入门

AutoCAD 软件是园林设计制图的核心软件，以上所介绍的设计图纸，通常都需要利用该软件进行辅助绘制。所以对于以后想从事园林、景观行业的用户来说，掌握 AutoCAD 软件技能是很有必要的。本小节将以最新版本 AutoCAD 2020 为例，来向用户简单介绍一下该软件。

1.3.1 AutoCAD 软件的基本功能

AutoCAD 软件是一款优秀的辅助绘图软件，它在设计领域中应用的范围很广，例如建筑设计、室内设计、园林景观设计、机械设计、服装设计等。该软件能够快速地将设计者的设计理念通过二维图形精准地表现出来。下面将对该软件的一些基本功能进行介绍。

1．绘制与编辑图形

AutoCAD 的“绘图”菜单中包含有丰富的绘图命令，使用它们可以绘制直线、构造线、多段线、圆、矩形、多边形、椭圆等基本图形，也可以将绘制的图形转换为面域，对其进行填充。如果再借助“修改”菜单中的修改命令，便可以绘制出各种各样的二维图形，如图 1-9 所示。

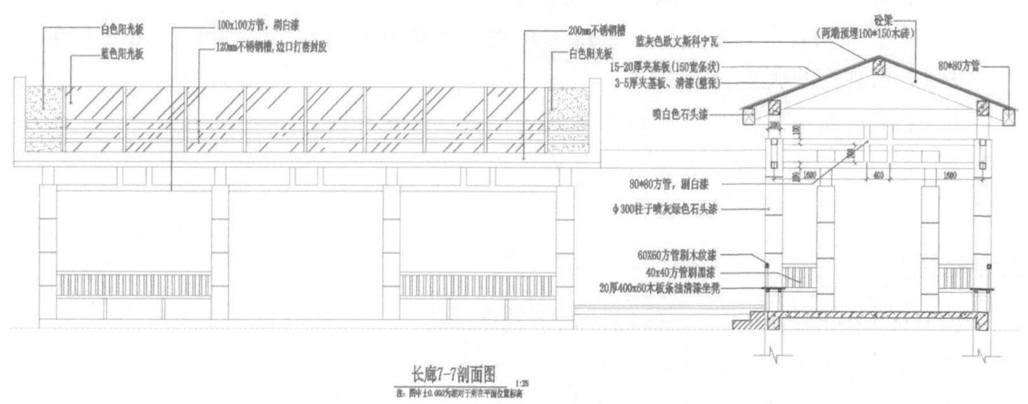

图 1-9　长廊二维立面图

2．标注图形尺寸

尺寸标注是向图形中添加测量注释的过程，是整个绘图过程中不可缺少的一步。AutoCAD 的“标注”菜单中包含了一套完整的尺寸标注和编辑命令，使用它们可以在图形的各个方向上创建各种类型的标注，也可以方便、快速地以一定格式创建符合行业或项目标准的标注，如图 1-10 所示。

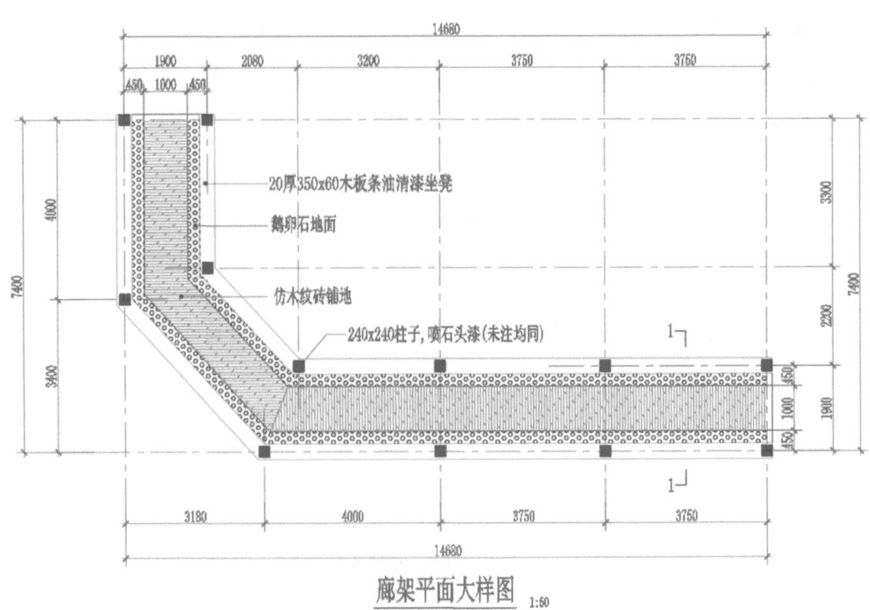

图 1-10　标注图形尺寸

3. 创建三维模型

在 AutoCAD 中，可以运用各种三维命令，创建出所需三维实体模型，并通过雾化、光源和材质，将模型渲染为具有真实感的图像。

4. 输出与打印图形

AutoCAD 不仅允许将所绘图形以不同样式通过绘图仪或打印机输出，还能够将不同格式的图形导入 AutoCAD 或将 AutoCAD 图形以其他格式输出。因此，当图形绘制完成之后可以使用多种方法将其输出。例如，可以将图形打印在图纸上，或创建成文件以供其他应用程序使用。

1.3.2　AutoCAD 的工作界面

安装好 AutoCAD 2020 软件后，系统会在桌面上创建 AutoCAD 2020 快捷启动图标，并在程序文件夹中创建 AutoCAD 2020 程序组。用户可以通过下列方式启动 AutoCAD 2020 软件。

- 执行“开始”|“所有程序”|“Autodesk”|“AutoCAD 2020- 简体中文（Simplified Chinese）”命令。
- 双击桌面上的 AutoCAD 快捷启动图标。
- 双击任意一个 AutoCAD 图形文件。
- 双击打开已有的图纸文件，即可看到 AutoCAD 2020 的工作界面。需要说明的是，默认为黑色界面，在此为了便于显示，将界面做了相应的调整，如图 1-11 所示。

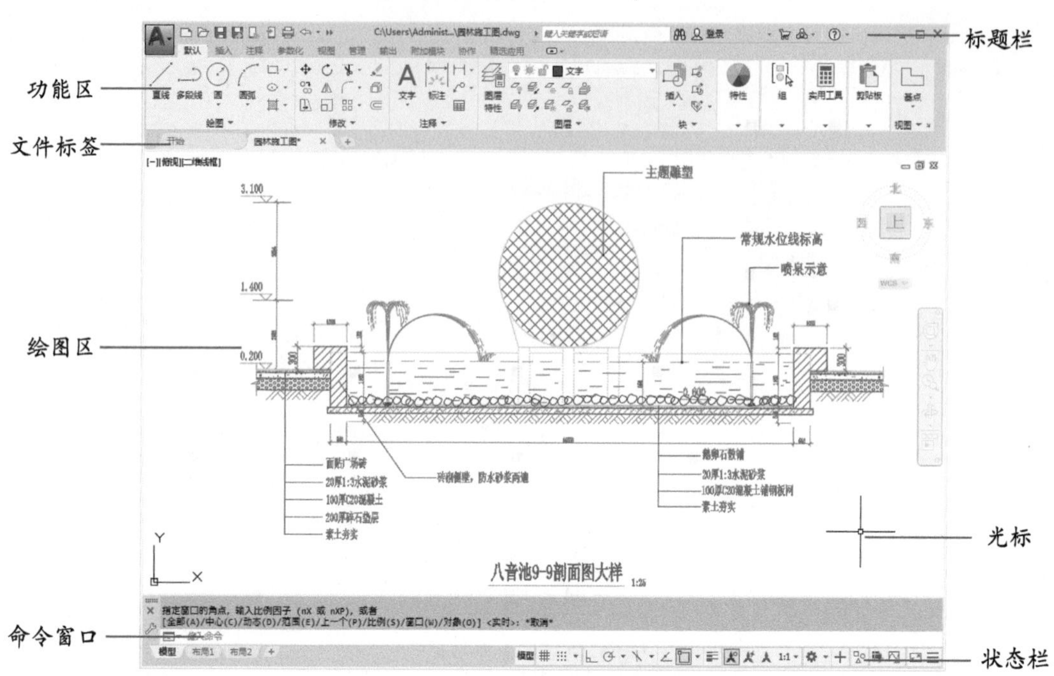

图 1-11　AutoCAD 2020 工作界面

注意事项

默认情况下，AutoCAD 2020 软件界面主题色为暗色，用户可以根据自己的喜好自定义软件的界面色。

1. 标题栏

标题栏位于工作界面的最上方，它由文件菜单按钮、快速访问工具栏、当前图形标题、搜索、Autodesk A360 以及窗口控制按钮等组成。将光标移至标题栏上，右击鼠标或按 Alt+ 空格键，将弹出窗口控制菜单，从中可执行窗口的还原、移动、最小化、最大化、关闭等操作，如图 1-12 所示。

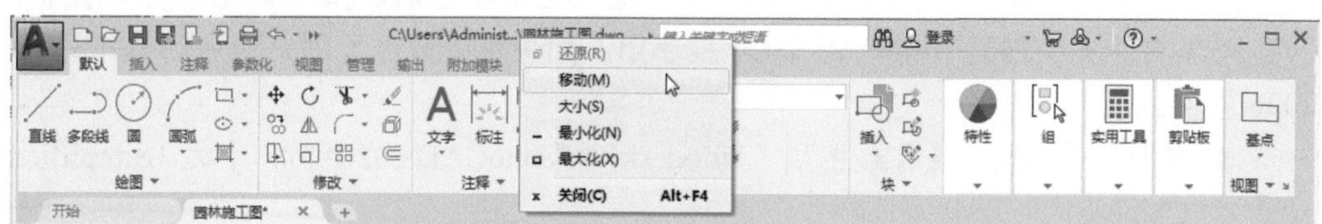

图 1-12　标题栏

2. 菜单栏

默认情况下，菜单栏是不显示状态的。如需要通过菜单栏启动相关命令，可在自

定义快速访问工具栏中单击下拉按钮，在弹出的列表中选择“显示菜单栏”选项即可。在菜单栏中包含了 12 项命令菜单，分别是文件、编辑、视图、插入、格式、工具、绘图、标注、修改、参数、窗口以及帮助，如图 1-13 所示。

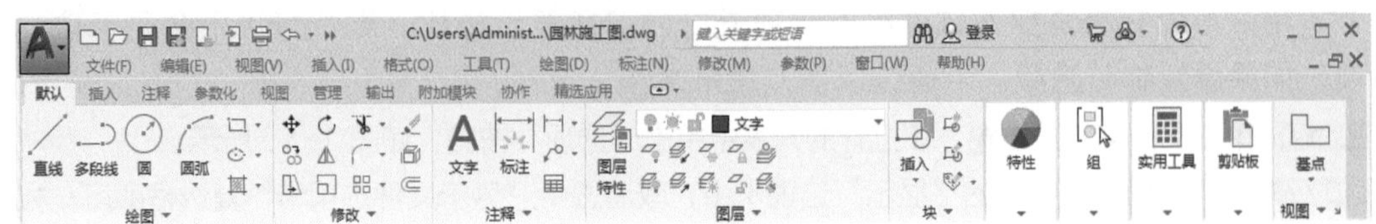

图 1-13　菜单栏

3. 功能区

功能区包含功能区选项卡、功能区选项组以及功能按钮这 3 大类。其中功能按钮是代替命令的简便工具，利用它们可以完成绘图过程中的大部分工作。用户只需单击所需的功能按钮就可以启动相关命令，其效率比使用菜单栏命令要高得多，如图 1-14 所示。

图 1-14　功能区

知识点拨

在实际操作时，为了扩大绘图区域，用户可以对功能区进行隐藏。在功能区右侧单击“最小化面板”按钮，可以设置不同的最小化选项。

4. 文件标签

在功能区下方、绘图区上方会显示文件标签栏。默认会显示“开始”标签和当前正在使用的文件标签。单击标签右侧的“新图形”按钮，系统会新建一个空白文件，并以 Drawing1.dwg 命名的标签显示。

用鼠标右键单击当前使用的文件标签，在弹出的快捷菜单中可进行相应的操作，如图 1-15 所示。

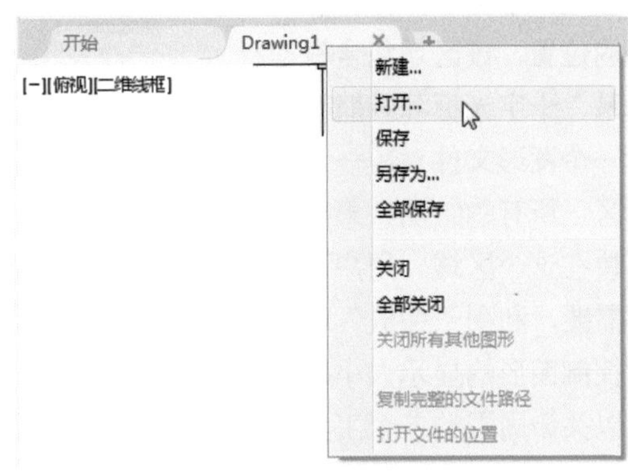

图 1-15　文件标签

实例：隐藏文件标签

用户可以根据需要对文件标签选项进行隐藏或显示操作。默认情况下会显示该选项。如果想要将其隐藏，可通过以下方法来操作。

Step 01 单击文件菜单按钮，在打开的列表中单击“选项”按钮，如图 1-16 所示。

Step 02 在“选项”对话框的“显示”选项卡中，取消选中“显示文件选项卡”复选框即可，如图 1-17 所示。

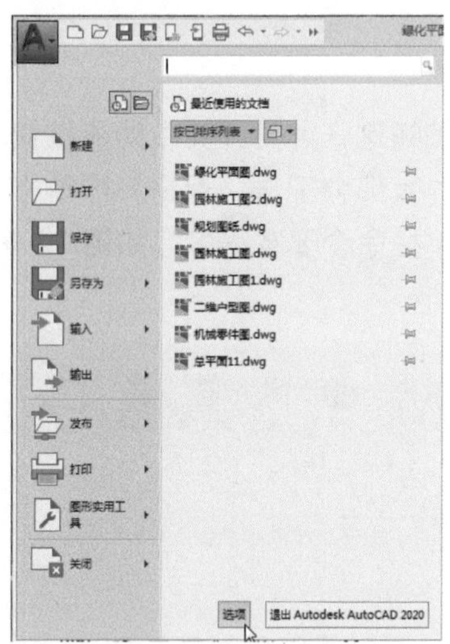

图 1-16 单击“选项”按钮

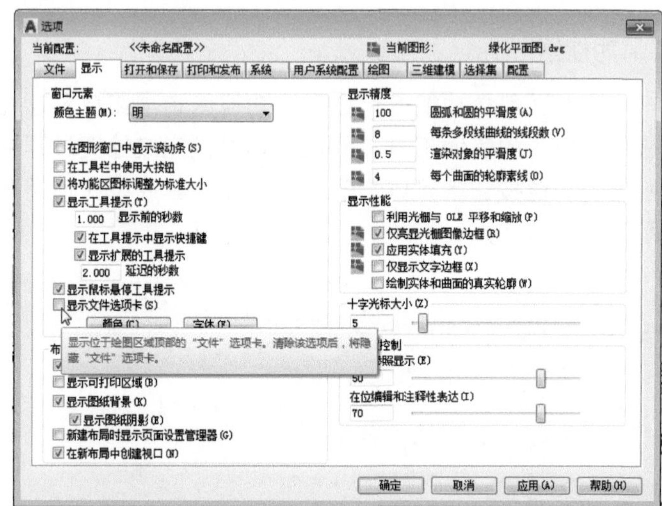

图 1-17 取消选中“显示文件选项卡”复选框

Step 03 设置完成后单击“确定”按钮，此时文件标签已被隐藏，如图 1-18 所示。

5. 绘图区域

绘图区域是用户的操作区域，它位于操作界面中间的位置。该区域包含有坐标系、十字光标和导航盘等，一个图形文件对应一个绘图区，所有的绘图结果都将反映在这个区域。用户可根据需要，利用“缩放”命令来控制图形的显示大小，也可以关闭周围的各个工具栏，以增加绘图空间，或者是在全屏模式下显示绘图区，如图 1-19 所示。

图 1-18 隐藏效果

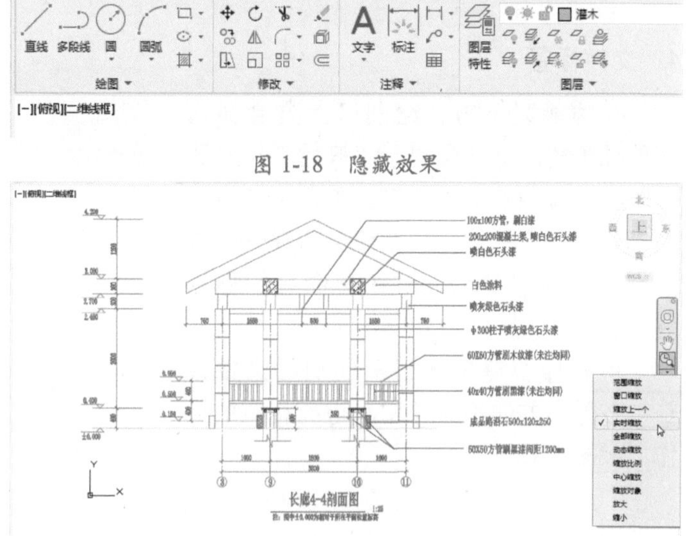

图 1-19 绘图区域

6. 命令窗口

命令窗口是用户通过键盘输入命令、参数等信息的地方。通过菜单和功能区执行的命令也会在命令窗口中显示。默认情况下，命令窗口位于绘图区域的下方，如图 1-20 所示。用户可以通过拖动命令窗口的左边框将其移至界面的任意位置。

图 1-20　命令窗口

7. 状态栏

状态栏位于工作界面的最底部，用于显示当前的状态。状态栏的最左侧有“模型”和“布局”两个绘图模式，单击鼠标即可切换模式。状态栏右侧主要用于显示光标坐标轴、控制绘图的辅助功能、控制图形状态的功能等多个按钮，如图 1-21 所示。

图 1-21　状态栏

知识点拨

在绘图区中单击鼠标右键即可打开相应的快捷菜单，用户可以根据需要启用相关命令。而无操作状态下的右键快捷菜单与操作状态下的右键快捷菜单，或者选择图形后的右键快捷菜单都是不同的。

1.3.3 管理图形文件

无论绘制什么类型的图纸，都需要经历新建→打开→保存→退出这一系列的流程。在 AutoCAD 中可以使用多种方法来进行操作。下面将对这些操作的几种方法进行介绍，用户只需根据自己的绘图习惯选用即可。

1. 创建图形文件

启动 AutoCAD 2020，在“开始”界面中单击“开始绘制”按钮，如图 1-22 所示。即可创建一个新的空白图形文件。用户可通过以下几种方法来创建图形文件。

- 在菜单栏中执行“文件”|“新建”命令。
- 单击“文件菜单”按钮，在弹出的列表中执行“新建”|“图形”命令。
- 单击快速访问工具栏中的“新建”按钮。
- 单击绘图区上方文件选项栏中的“新图形”按钮，如图 1-23 所示。
- 在命令行中输入 NEW 命令，然后按回车键。

图 1-22　单击“开始绘制”按钮

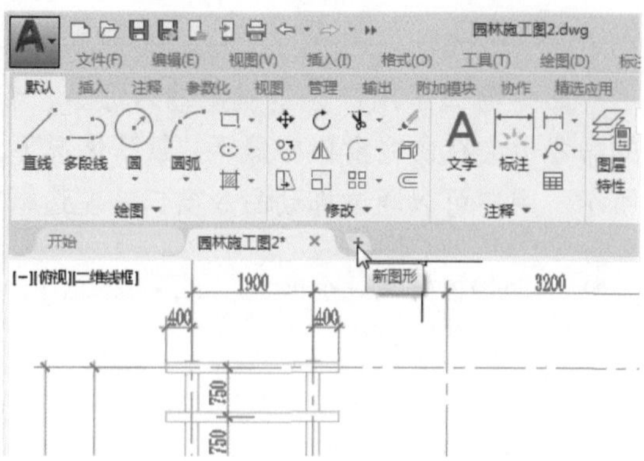

图 1-23　单击“新图形”按钮

2. 打开图形文件

启动 AutoCAD 2020，在“开始”界面中单击“打开文件”按钮，在“选择文件”对话框中，选择所需图形文件即可打开。用户还可通过以下方式打开已有的图形文件：

- 在菜单栏中执行“文件”|“打开”命令。
- 单击“文件菜单”按钮，在弹出的列表中执行“打开”|“图形”命令。
- 单击快速访问工具栏中的“打开”按钮。
- 在命令行中输入 OPEN 命令，然后按回车键。

执行以上任意操作，系统都会自动打开“选择文件”对话框，如图 1-24 所示。在此选择要打开的图形文件，单击“打开”按钮即可打开该文件。

AutoCAD 2020 支持同时打开多个文件，利用 AutoCAD 的这种多文档特性，用户可在打开的所有图形之间来回切换、修改、绘图，还可参照其他图形进行绘图，在图形之间复制和粘贴图形对象，或从一个图形向另一个图形移动对象。

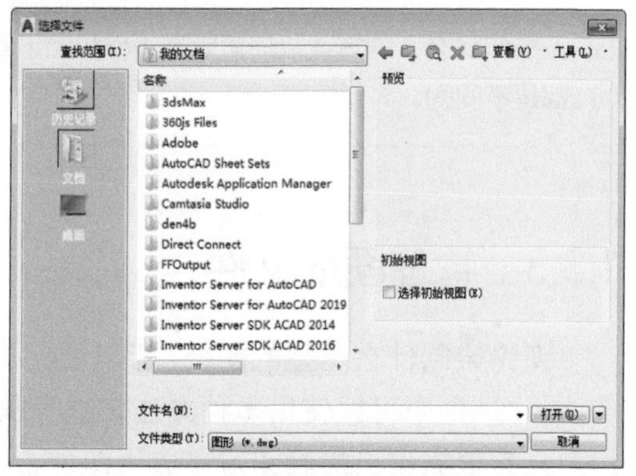

图 1-24　“选择文件”对话框

3. 保存图形文件

对图形进行编辑后，要对图形文件进行保存。可以直接保存，也可以更改名称后保存为另一个文件。

1）保存新建的图形

通过下列方式可以保存新建的图形文件。

- 在菜单栏中执行“文件”|“保存”命令。
- 单击文件菜单按钮，在弹出的列表中执行“保存”命令。

- 单击快速访问工具栏中的“保存”按钮。
- 在命令行中输入 SAVE 命令，然后按回车键。

执行以上任意一种操作后，系统将自动打开“图形另存为”对话框，如图 1-25 所示。在“保存于”下拉列表中指定文件保存的文件夹，在“文件名”下拉列表框中输入图形文件的名称，在“文件类型”下拉列表框中选择保存文件的类型，最后单击“保存”按钮。

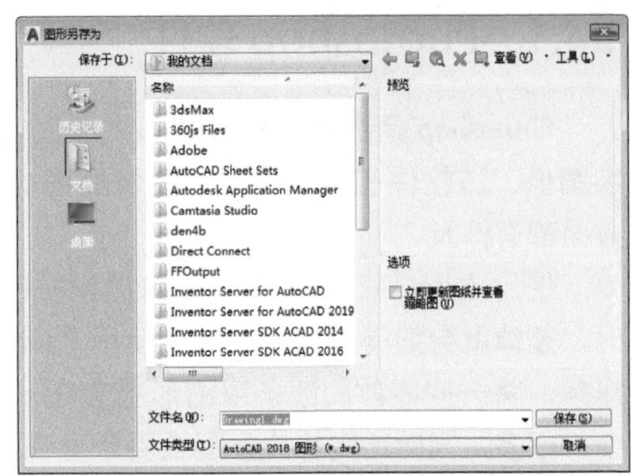

图 1-25 “图形另存为”对话框

2）保存已有的图形

对于已保存的图形，可以更改名称保存为另一个图形文件。先打开该图形，然后通过下列方式进行图形换名保存。

- 在菜单栏中执行“文件”|“另存为”命令。
- 单击“文件菜单”按钮，在弹出的列表中执行“另存为”命令。
- 在命令行中输入 SAVE 命令，然后按回车键。

执行以上任意一种操作后，系统将会自动打开“图形另存为”对话框，设置需要的名称及其他选项后保存即可。

4. 退出 AutoCAD 2020

图形绘制完毕并保存之后，可以通过下列方式退出 AutoCAD 2020。

- 在菜单栏中执行“文件”|“退出”命令。
- 单击“文件菜单”按钮，在弹出的列表中执行“退出 Autodesk AutoCAD 2020”命令。
- 单击标题栏中的“关闭”按钮。
- 按 Ctrl+Q 组合键。

1.4 绘图软件的协同应用

在实际操作中，设计者除使用 AutoCAD 软件绘制园林图纸外，还需要配合其他软件进行绘图。例如 Photoshop 和 SketchUp 这两款软件。Photoshop 软件常用来制作彩平图，而 SketchUp 软件常用来绘制三维效果。

1.4.1 Photoshop 软件

Photoshop 是由 Adobe 公司开发和发行的图像处理软件，主要处理由像素组成的数字图像。该软件有非常强大的图像处理功能，在图像、图形、文字、视频、出版等各方面都有涉及。

使用 AutoCAD 软件绘制出来的园林图纸大多是以各种线条为主，当图形较为复杂时，整体就会显得比较凌乱。而使用 Photoshop 软件为其上色后，将会盖住一些多余的线条，将一些零散的线条或图形整合在一起，形成一个整体，这样从视觉角度来看就会好很多，同时比纯粹线条图纸更为直观，如图 1-26 所示。

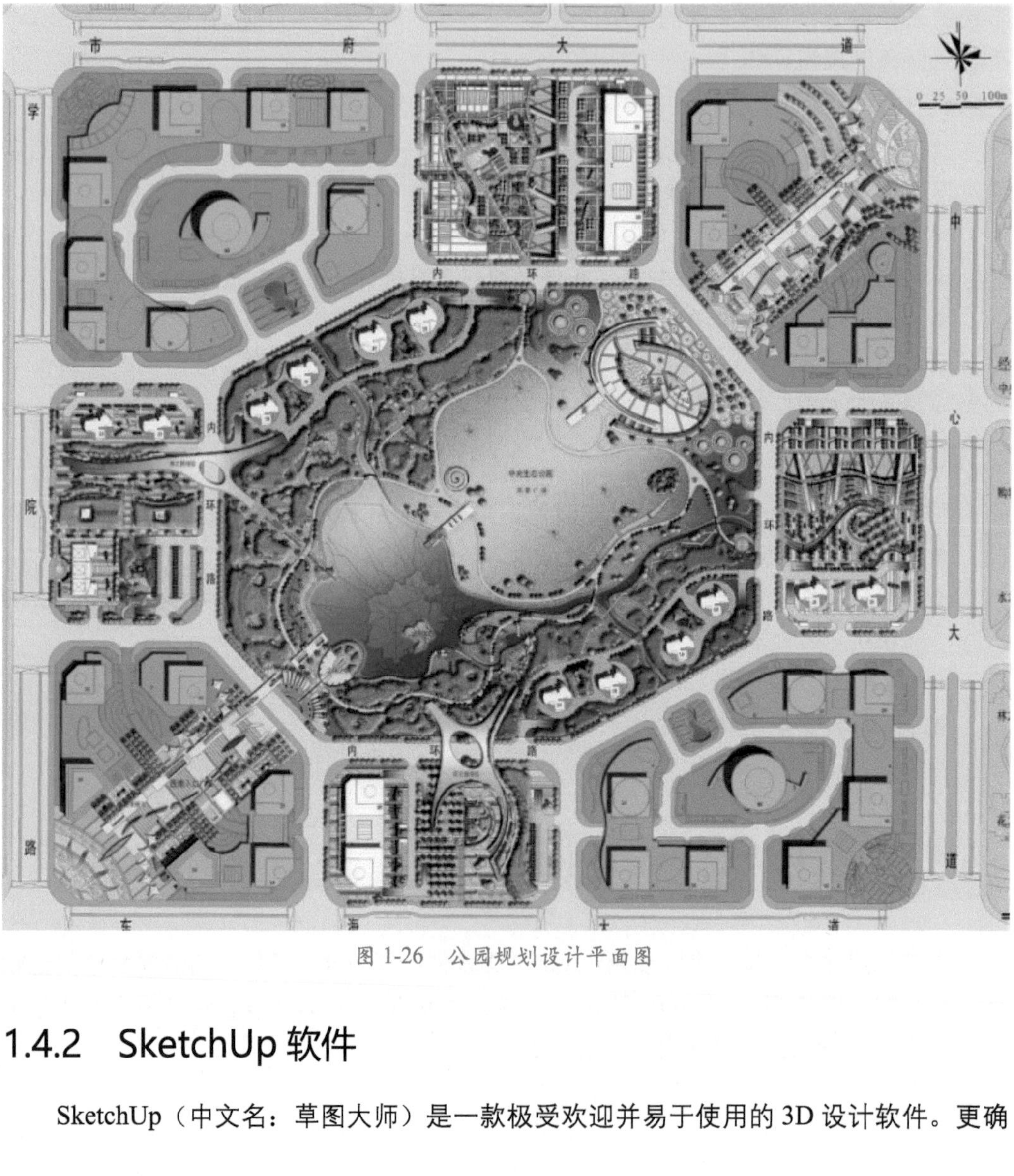

图 1-26　公园规划设计平面图

1.4.2 SketchUp 软件

SketchUp（中文名：草图大师）是一款极受欢迎并易于使用的 3D 设计软件。更确切地说，它是一款直接面向方案创作过程的草图绘制工具。在设计过程中，它能够给设计者带来边构思边表现的体验，打破设计思想表现的束缚，快速形成建筑草图，创作建筑方案，如图 1-27 所示。

图 1-27　城市广场景观小品效果欣赏

对于 SketchUp 的运用，通常结合 AutoCAD、3ds Max、VRay 或者 LUMIOM 等软件或插件制作设计方案。它之所以被设计者接受并推荐，主要有以下 4 个特点。

1）直观的显示效果

在使用 SketchUp 进行设计创作时，可以实现“所见即所得”，在设计过程中的任何阶段都可以作为直观的三维成品来观察，并且能够快速切换不同的显示风格。摆脱了传统绘图方法的繁重与枯燥，还可以与客户进行更为直接、有效的交流。

2）建模高效快捷

SketchUp 提供三维的坐标轴，这一点和 3ds Max 的坐标轴相似。但是 SketchUp 有一个特殊功能，就是在绘制草图时，只要稍微留意一下跟踪线的颜色，即可准确定位图形的坐标。SketchUp“画线成面，推拉成体”的操作方法极为便捷，在软件中不需要频繁地切换视图，有了智能绘图工具（如平行、垂直、量角器等），可以直接在三维界面中轻松地绘制出二维图形，然后直接推拉成三维立体模型。

3）材质和贴图使用便捷

SketchUp 拥有自己的材质库，用户也可以根据需要赋予模型各种材质和贴图，并且能够实时显示出来，从而直观地看到效果。同时，SketchUp 还可以直接用 Google Map 的全景照片来进行模型贴图，这样对制作类似于“数字城市”的项目来讲，是一种提高效率的方法。材质确定后，就可以方便地修改色调，并能够直观地显示修改结果，以避免反复地试验。

4）全面的软件支持与互转

SketchUp 不但能在模型的建立上满足建筑制图高精确度的要求，还能完美结合 VRay、Piranesi、Artlantis 等渲染器实现多种风格的表现效果。此外，SketchUp 与 AutoCAD、3ds Max、Revit 等常用设计软件可以进行十分快捷的文件转换互用，且能满足多个设计领域的需求。

1.4.3 手绘技法表现

随着人们审美意识的不断提升，手绘技法越来越受到设计者们的追捧。特别是园林景观设计方面，其手绘效果往往比电脑绘制效果要灵活得多。而作为一名专业的园林景观设计师，其手绘表现技法是必修课，也是园林景观设计的基本功。手绘能够自由地绘制出设计者心中想要表达的思想，而使用电脑软件来绘制多多少少都会有一定的束缚，如图 1-28 所示。

图 1-28　手绘景观效果欣赏

手绘技法对于园林景观设计师来说是非常重要的，主要考查设计师对园林空间的理解能力，同时也是设计师与甲方或施工人员进行有效沟通的途径。可以这么说，手绘功底的好与坏，直接决定了设计师造诣的深与浅。

课堂实战　自定义 AutoCAD 软件界面色

在以上内容中介绍过，AutoCAD 2020 默认的界面色为暗色，用户可以对其颜色进行自定义操作。下面将具体介绍自定义界面色的操作步骤。

Step 01 启动 AutoCAD 2020 软件，软件界面色为暗色，背景色则为黑色，如图 1-29 所示。

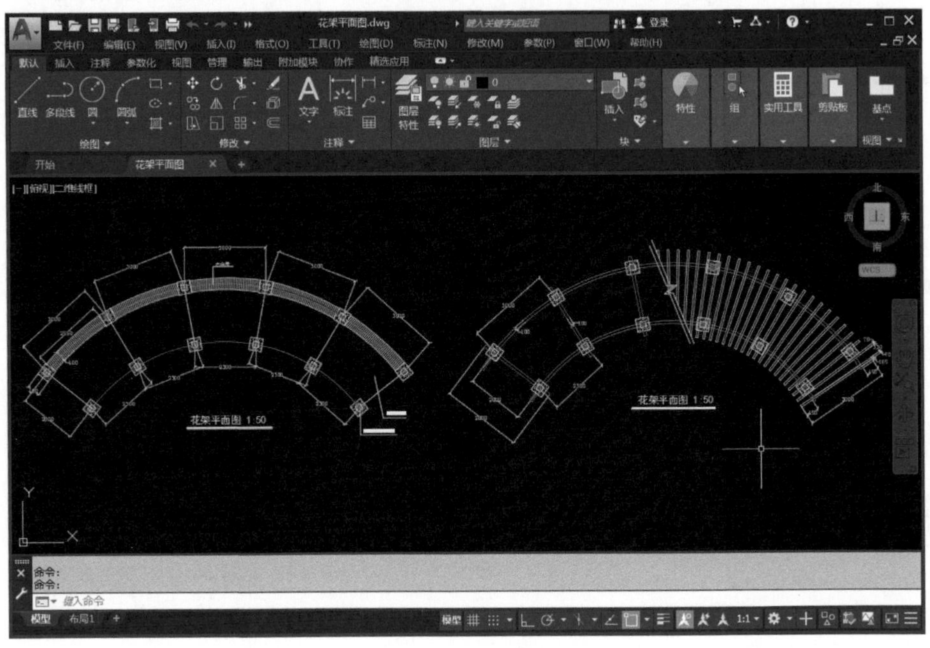

图 1-29　默认界面主题色

Step 02 单击“文件菜单”按钮 A ，在打开的列表中单击“选项”按钮，打开“选项”对话框。切换到“显示”选项卡，单击“颜色主题”下拉按钮，选择“明”选项，如图 1-30 所示。

Step 03 同样在该选项卡中单击“颜色”按钮，打开“图形窗口颜色”对话框，用户可以选择要设置的界面元素。例如选择“二维模型空间”的“统一背景”界面元素。单击“颜色”下拉按钮，选择满意的背景色，如图 1-31 所示。

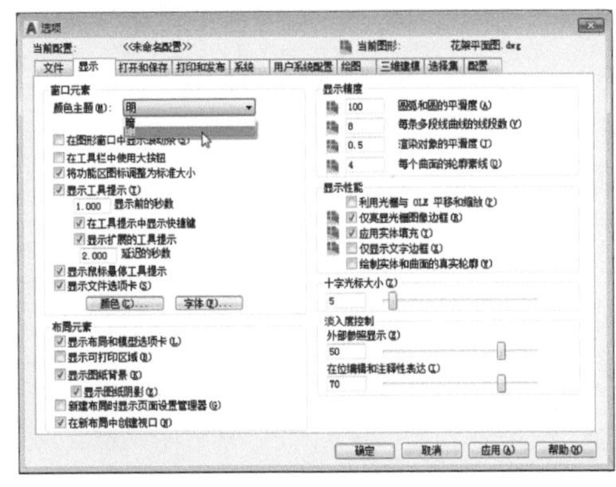

图 1-30　设置主题色

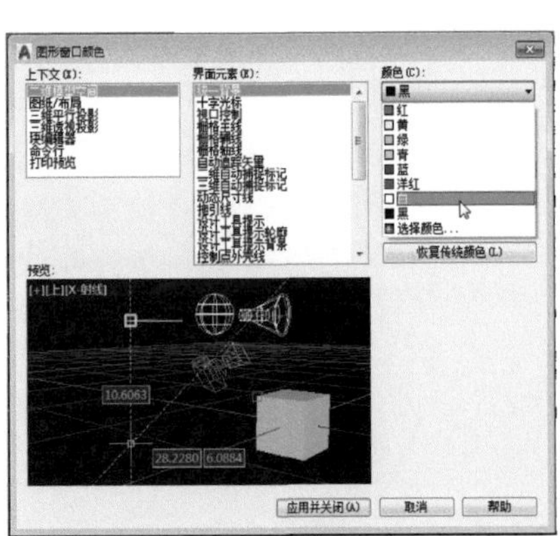

图 1-31　设置背景色

Step 04 设置完成后，单击“应用并关闭”按钮，返回到上一层对话框。单击“应用”按钮后完成设置操作。此时，界面主题色以及背景色已发生了相应的变化，如图 1-32 所示。

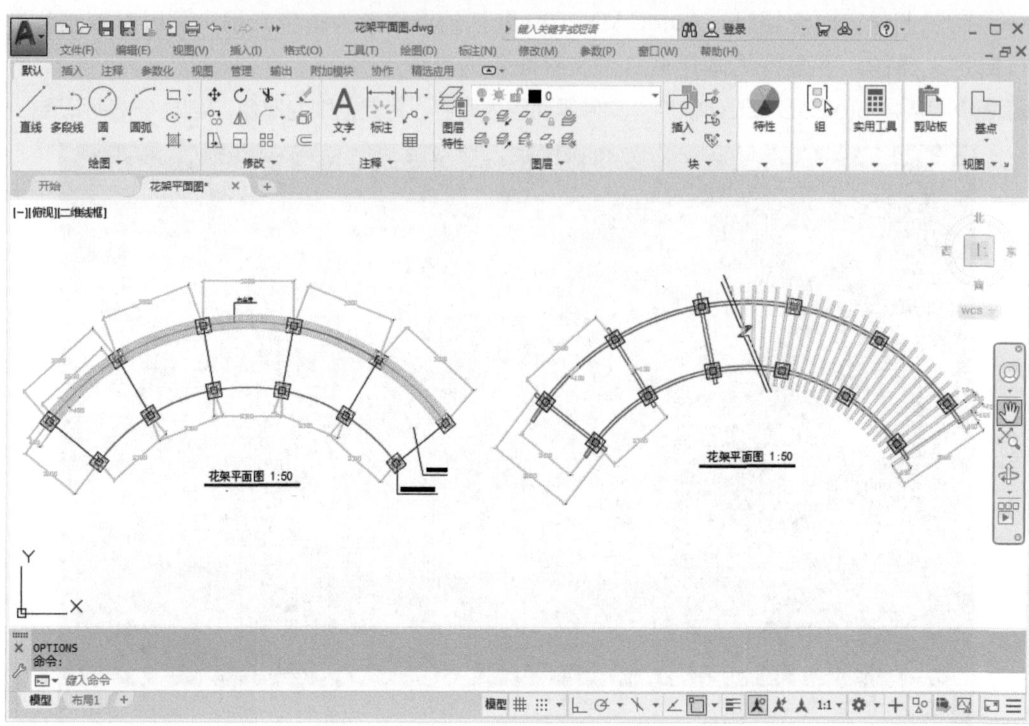

图 1-32　界面设置效果

课后作业

为了让用户能够更好地掌握本章所学的知识内容，下面安排了一些 ACAA 认证考试的参考试题，让用户可以对所学的知识进行巩固和练习。

一、填空题

1. 从广义上说，园林和景观设计可统称为园林景观设计。从狭义上说，园林设计和景观设计在 _______、_______ 上有一定的区别。

2. 做园林景观设计时，设计者需要遵循 _____、_____、_____、_____ 平衡这 4 项基本原则。

3. 苏州园林可以说是我国 _______ 风格的代表。将 _______ 和 _______ 巧妙地结合起来。追求 _______ 和 _______ 的和谐，达到“天人合一”的效果。

二、选择题

1. 园林设计最基础的图纸是（　　），它能够反映出设计思路及意图。

A. 园林立面图　　B. 园林总平面图

C. 园路、广场施工图　　D. 园林种植施工图

2. 可以不显示在总平面图中的元素是（　　）。

A. 指北针　　B. 景点、建筑物名称

C. 图例表　　D. 施工做法说明

3. 不是园林构成要素的选项是（　　）。

A. 地形　　B. 植物种植

C. 假山　　D. 道路和广场

4. 园林景观设计的核心软件是（　　）。

A. SketchUp　　B. Photoshop

C. 3ds Max　　D. AutoCAD

三、操作题

1. 打开 AutoCAD 只读文件

本实例将利用“以只读方式打开”命令，打开花架图形文件，如图 1-33 所示。

操作提示：

Step 01 在“开始”界面中选择“打开文件”选项，打开“选择文件”对话框。

Step 02 选择“花架”文件，单击“打开”右侧三角按钮，选择“以只读方式打开”命令即可。

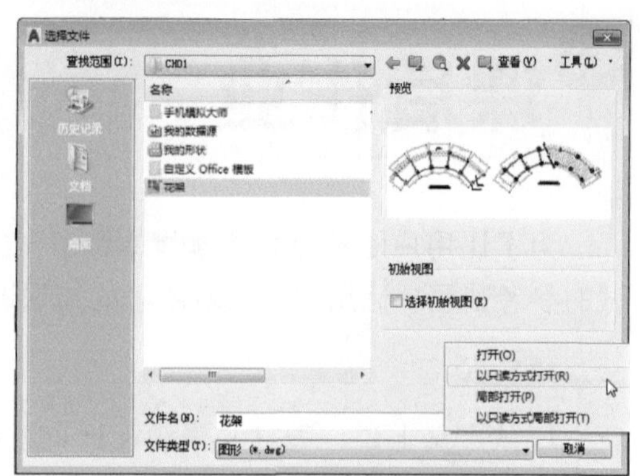

图 1-33　以只读方式打开文件

2. 扩大绘图区域

本实例将利用“最小化面板”命令，隐藏功能区，从而扩大绘图区域，效果如图 1-34 所示。

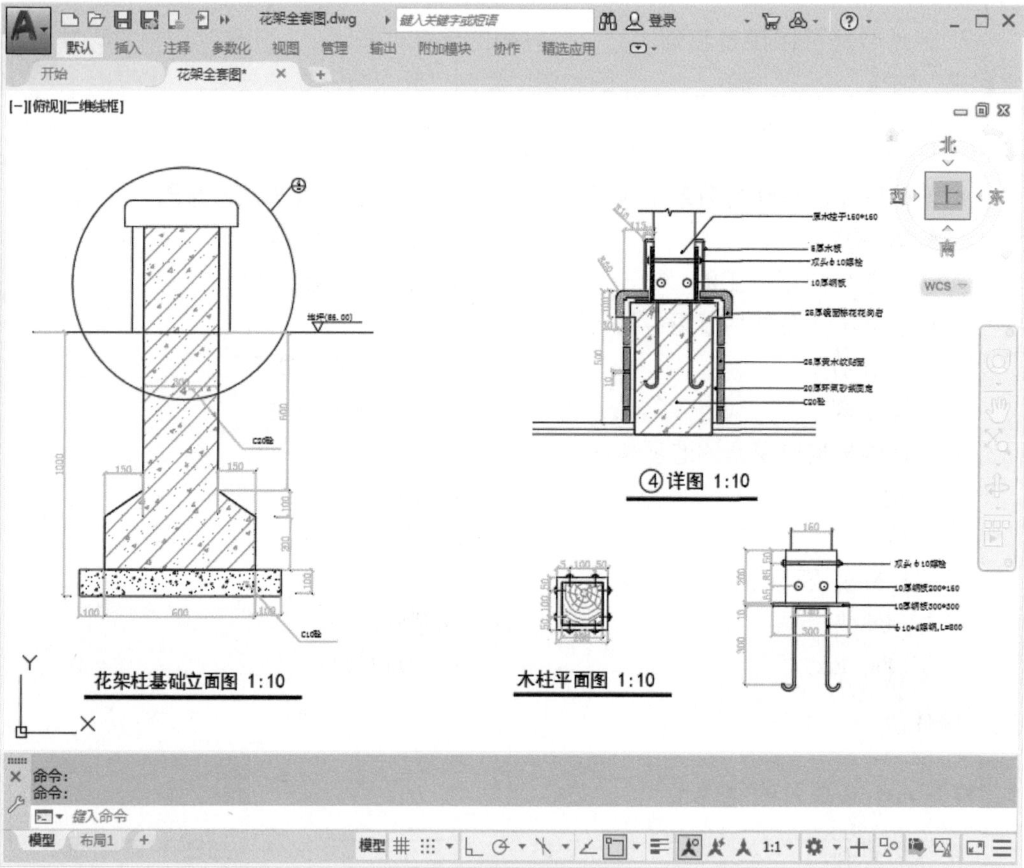

图 1-34　隐藏功能区

操作提示：

Step 01 在功能区中单击右侧“最小化面板”按钮即可隐藏功能区。

Step 02 再次单击该按钮，则可显示功能区。

第2章

AutoCAD制图前的设置

内容导读

在绘制图形前，通常都需要对绘图的环境进行一些必要的设置，例如设置绘图界限、绘图单位和比例、视图显示方式以及基本的辅助绘图设置等。本章将针对这些操作进行详细的介绍。

学习目标

- ▲ 命令调用方法
- ▲ 设置制图环境
- ▲ 设置视图显示方式
- ▲ 图形选择方式
- ▲ 夹点的设置与编辑
- ▲ 捕捉功能的应用
- ▲ 图层的管理与应用

2.1 AutoCAD 命令的调用方式

在 AutoCAD 软件中调用命令的方式大致分为 3 种，分别为菜单栏调用、功能区调用以及命令行调用。这三种方式相互结合使用，可大大提高制图效率。下面将以调用“直线”命令为例，来介绍命令调用的具体操作。

1. 利用菜单栏调用

AutoCAD 的菜单栏涵盖了所有的操作命令。用户只需选择相应的命令选项，即可启动该命令。在菜单栏中执行“绘图”|“直线”命令即可，如图 2-1 所示。

图 2-1 利用菜单栏调用命令

2. 利用功能区调用

对于 AutoCAD 初学者来说，利用这种方式调用命令是最合适不过了。用户只需在功能区中选择“默认”选项卡，在“绘图”面板中单击“直线”命令按钮即可。

功能区中每一个命令都会用小图标来显示，使命令更加直观明了。将光标移至某个命令上，系统会自动打开相应的提示窗口，告知用户该命令的使用方法，如图 2-2 所示。

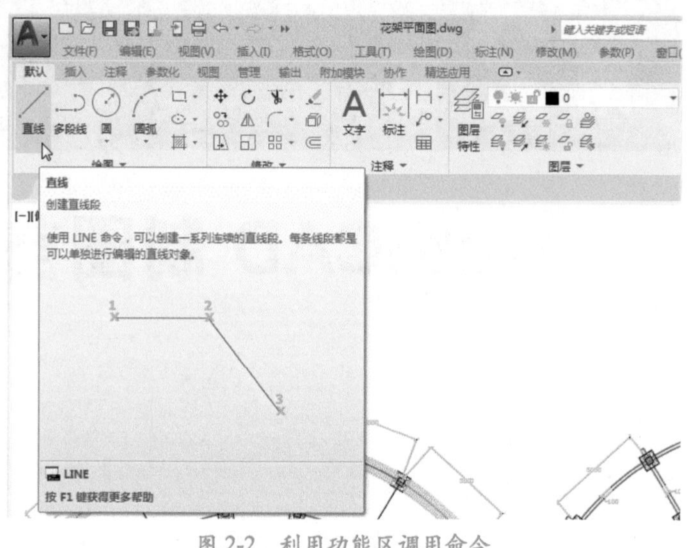

图 2-2 利用功能区调用命令

3. 使用命令行

对于精通 AutoCAD 软件的人来说，这种方式是最便捷的。在命令行中只需输入命令名，按回车键即可调用该命令。例如输入 LINE 或者 L（快捷命令），按回车键即可。

命令行提示如下：

```
命令： L （输入“直线”快捷命令，按回车键）
LINE
指定第一个点： （在绘图区中指定线段的起点）
指定下一点或 [ 放弃 (U)]： （指定线段的端点，按回车键，结束“直线”命令）
指定下一点或 [ 退出 (E)/ 放弃 (U)]：
```

在命令行中，无论是输入快捷命令，还是与命令相关的数值参数，在输入完成后都需要按回车键或者空格键确认，否则操作无效。

命令使用过程中，用户可以按 Esc 键终止当前命令操作。命令终止后，按空格键或者回车键，可重复执行上一次命令。

知识点拨

若在命令行中输入错误的命令，可按 Backspace 键进行删除；而如果想终止当前正在操作的命令，则可以按 Esc 键进行取消。

2.2 制图环境的设置

在绘制前，通常需要对绘制的环境进行一些必要的设置，例如设置绘图界限、绘图单位、绘图比例等，以避免在绘图过程中出现不必要的麻烦。

2.2.1 更改绘图界限

绘图界限是指在绘图区中设定的有效区域。在实际绘图过程中，如果没有设定绘图界限，那么系统对作图范围将不作限制，会在打印和输出过程中增加难度。用户可通过以下方式调用图形界限命令：

- 在菜单栏中执行“格式”|“图形界限”命令。
- 在命令行中输入 LIMITS 命令并按回车键。

执行以上任意一项操作后，用户可根据命令行中的提示信息，在绘图区中确定图形边界的两个对角点。

命令行提示如下：

```
命令：LIMITS
重新设置模型空间界限：
指定左下角点或 [开(ON)/关(OFF)] <0.0000,0.0000>: 0,0   （输入左下角点坐标值，按回车键）
指定右上角点 <12.0000,9.0000>: 420,297   （输入右上角点坐标值，按回车键）
```

2.2.2 设置绘图单位

在默认情况下，绘制的图形单位为毫米。如果对当前图纸的单位有要求，用户可通过“图形单位”对话框进行设置。在菜单栏中执行“格式”|“单位”命令，或在命令行输入 UNITS 命令并按回车键，即可打开“图形单位”对话框，如图 2-3 所示。

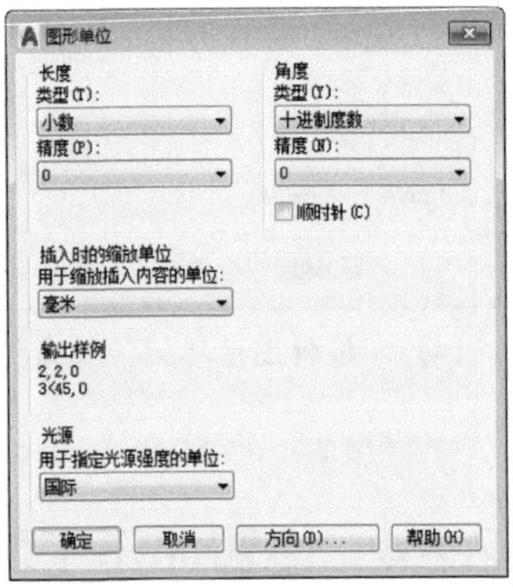

图 2-3 “图形单位”对话框

1. “长度”选项组

在“类型”下拉列表中可以设置长度单位，在“精度”下拉列表中可以设置长度单位的精度。

2. “角度”选项组

在“类型”下拉列表中可以设置角度单位，在“精度”下拉列表中可以设置角度单位的精度。选中“顺时针”复选框，图像以顺时针方向旋转；若取消选中该复选框，图像则以逆时针方向旋转。

3. “插入时的缩放单位”选项组

缩放单位是用于插入图形后的测量单位，默认情况下是“毫米”，一般不做改变，用户也可以在“类别”下拉列表中设置缩放单位。

4. “光源”选项组

光源单位是指光源强度的单位，其中包括“国际”“美国”“常规”选项。

5. “方向”按钮

“方向”按钮在“图形单位”对话框的下方。单击“方向”按钮打开“方向控制”对话框，如图 2-4 所示。默认测量角度是东，用户也可以设置测量角度的起始位置。

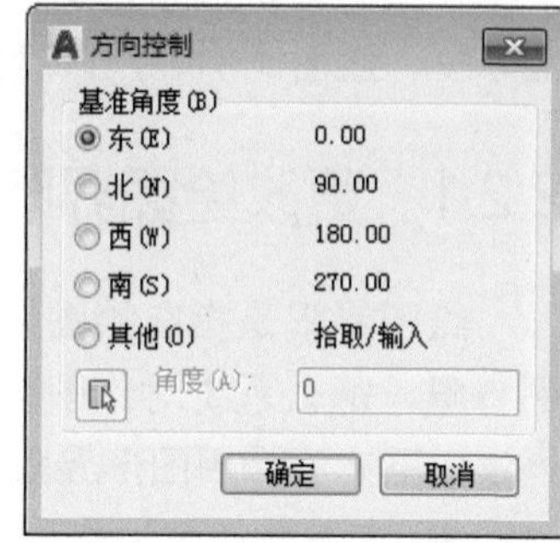

图 2-4　“方向控制”对话框

2.2.3　设置绘图比例

这里的绘图比例指的是出图比例，默认情况下图形的比例值为 1 ∶ 1。如果用户需要调整该比例值，可通过“编辑图形比例”对话框进行设置。在菜单栏中执行“格式”|“比例缩放列表”命令，打开“编辑图形比例”对话框，单击“添加”按钮。在“添加比例”对话框中设定好需要的比例值，单击“确定”按钮返回至上一层对话框，选中添加的比例，单击“确定”按钮即可，如图 2-5 所示。

(a)“编辑图形比例”对话框

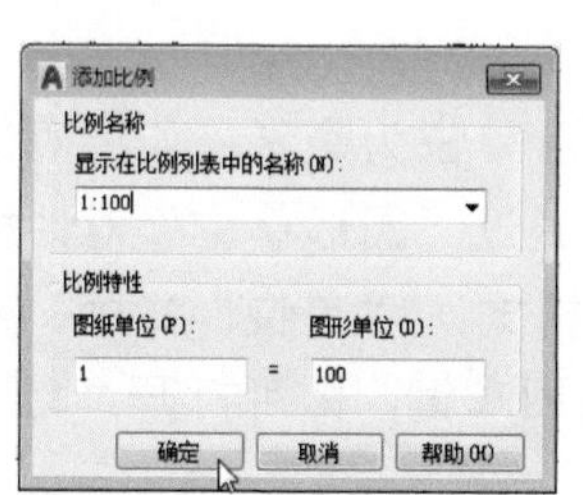

(b)“添加比例”对话框

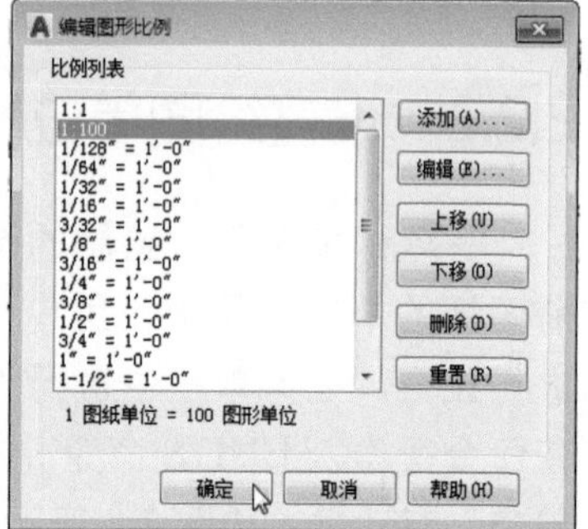

(c) 选中添加的比例

图 2-5　设置绘图比例

2.2.4　设置显示工具

设置显示工具也是设计中一个非常重要的因素，用户可以通过“选项”对话框更改自动捕捉标记的大小、靶框的大小、十字光标的大小等。

1. 更改自动捕捉标记大小

打开“选项”对话框，切换到“绘图”选项卡，在“自动捕捉标记大小”选项组中，按住鼠标左键拖动滑块到满意位置，单击“确定”按钮即可，如图 2-6 所示。

2. 更改外部参照显示

更改外部参照显示是用来控制所有 DWG 外部参照的淡入度。在“选项”对话框中切换到“显示”选项卡，在“淡入度控制”选项组中输入淡入度数值，或直接拖动滑块即可修改外部参照的淡入度，如图 2-7 所示。

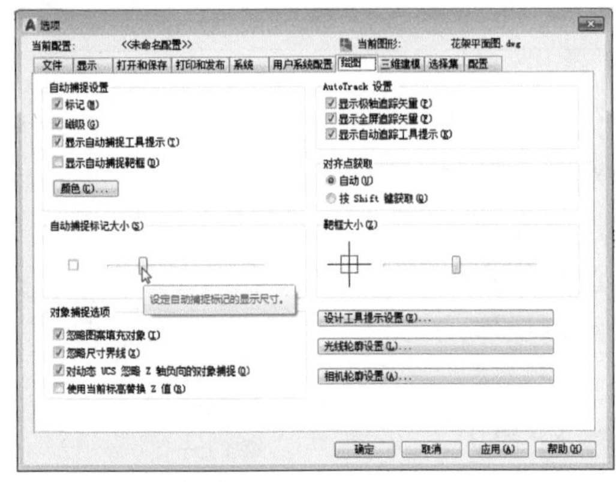

图 2-6　更改自动捕捉标记大小

图 2-7　更改外部参照淡入度

3. 更改靶框的大小

靶框也就是在绘制图形时十字光标的中心位置。在“绘图”选项卡的“靶框大小”选项组中拖动滑块可以设置大小，靶框大小会随着滑块的拖动来更改，左侧可以预览设置效果，如图 2-8 所示。设置完成后单击“确定”按钮完成操作。

4. 更改十字光标的大小

十字光标的有效值范围是 1% ～ 100%，它的尺寸可延伸到屏幕的边缘，当数值在 100% 时可以辅助绘图。用户可以在“显示”选项卡的“十字光标大小”选项组中输入数值进行设置，还可以拖动滑块设置十字光标的大小，如图 2-9 所示。

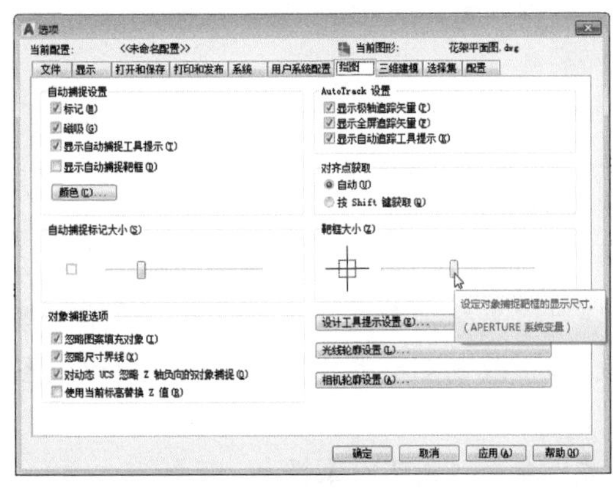

图 2-8　设置靶框大小

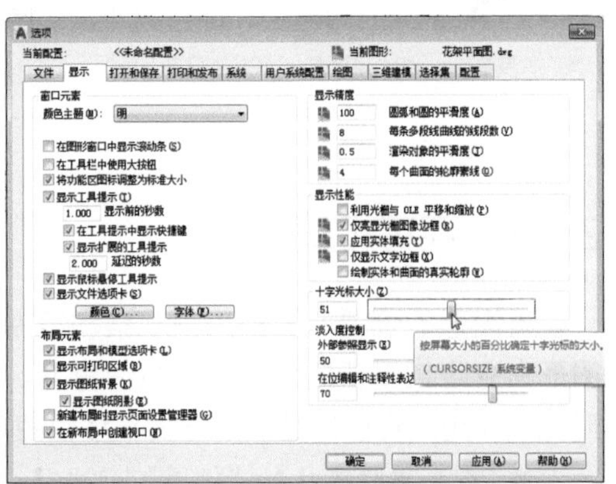

图 2-9　设置十字光标大小

2.3 视图的显示控制

在绘制图形时，为了方便用户把控图形的整体效果，可适当地调整图形的显示方式。例如视图的放大、缩小、平移等。

2.3.1 缩放视图

在绘制图形局部细节时，通常会选择放大视图的显示，绘制完成后再利用缩放工具缩小视图，观察图形的整体效果。缩放图形可以增加或减少图形的屏幕显示尺寸，但对象的尺寸保持不变，通过改变显示区域改变图形对象的大小，可以更准确、更清晰地进行绘制操作。用户可以通过以下方式缩放视图。

- 在菜单栏中执行“视图”|“缩放”|“放大/缩小”命令。
- 滚动鼠标滚轮（中键）。
- 在命令行中输入 ZOOM 命令并按回车键。

除此之外，在绘图区右侧工具栏中，单击“缩放范围”图标按钮，在打开的下拉菜单中可以进行其他的缩放操作，例如“窗口缩放”“实时缩放”“中心缩放”等，如图 2-10 所示。

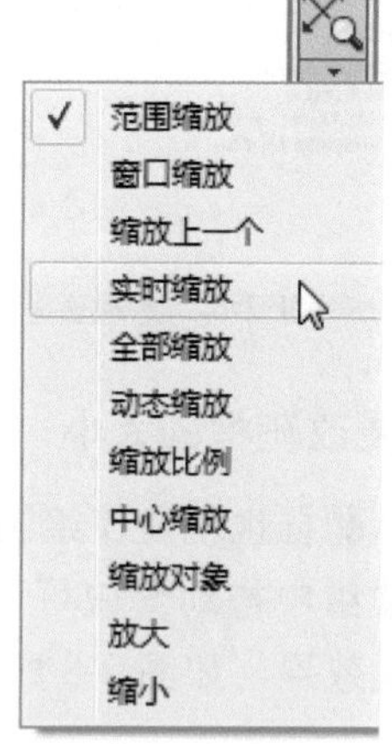

图 2-10 缩放命令

注意事项

滚动鼠标滚轮时，向上滚动滚轮，图形放大显示；向下滚动滚轮，图形则为缩小显示。双击滚轮，此时图形则会全屏显示。

2.3.2 平移视图

当图形的位置不利于用户观察和绘制时，可以平移视图到合适的位置。使用平移图形命令可以重新定位图形，方便查看。该操作不改变图形的比例和大小，只改变图形位置。用户可以通过以下方式平移视图。

- 在菜单栏中执行“视图”|“平移”|“左”命令（也可以选择上、下和右方向）。
- 在命令行中输入 PAN 命令并按回车键。

- 按住鼠标滚轮进行拖动。
- 单击绘图区右侧工具栏中的“平移”图标按钮。

执行以上任何一项操作后，光标会变成小手图标，此时即可对视图进行平移操作。

2.4 图形选取的方式

准确选择图形是进行图形编辑的基础。在 AutoCAD 软件中，图形选取有多种方法，如逐个选取、框选、快速选取等。

2.4.1 逐个选取

当需要选择某对象时，用户在绘图区中直接单击该对象，当图形四周出现夹点形状时，即被选中，当然也可进行多选，如图 2-11 和图 2-12 所示。

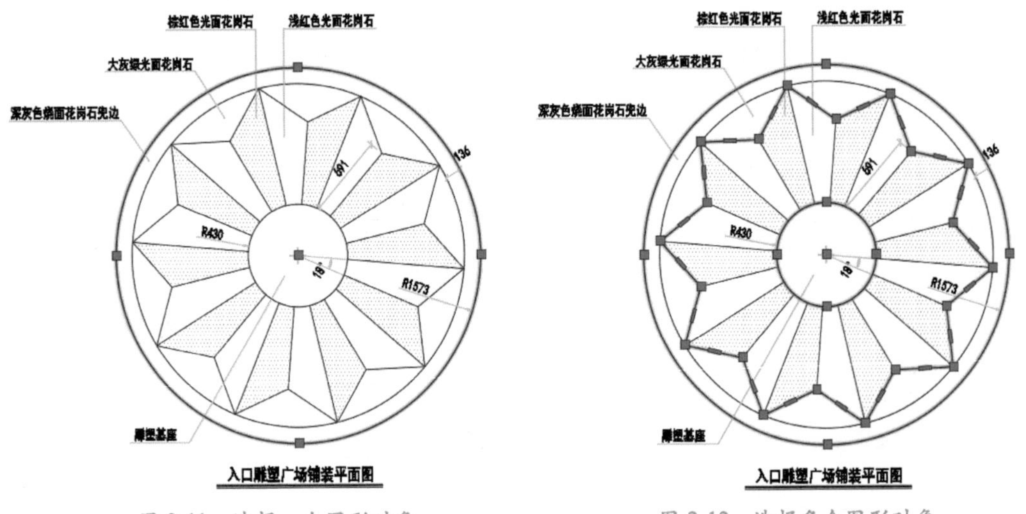

图 2-11 选择一个图形对象　　图 2-12 选择多个图形对象

2.4.2 框选

除了逐个选择的方法外，还可以进行框选。框选的方法较为简单，在绘图区中按住鼠标左键，拖动鼠标直到所选择图形对象已在虚线框内，释放鼠标即可完成框选。

框选方法分为两种：从右至左框选和从左至右框选。当从右至左框选时，在图形中所有被框选到的对象以及与框选边界相交的对象都会被选中，如图 2-13 和图 2-14 所示。

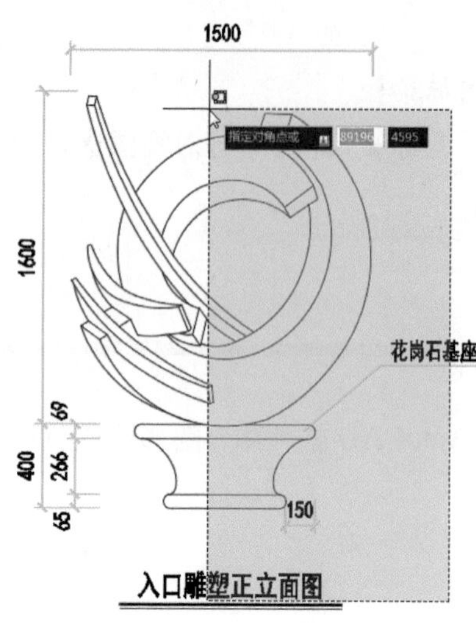

图 2-13 从右往左框选

1500
1600
花岗石基座
69
400
266
65
入口雕塑正立面图

图 2-14 框选结果

当从左至右框选时，所框选图形全部被选中，但与框选边界相交的图形对象则不被选中，如图 2-15 和图 2-16 所示。

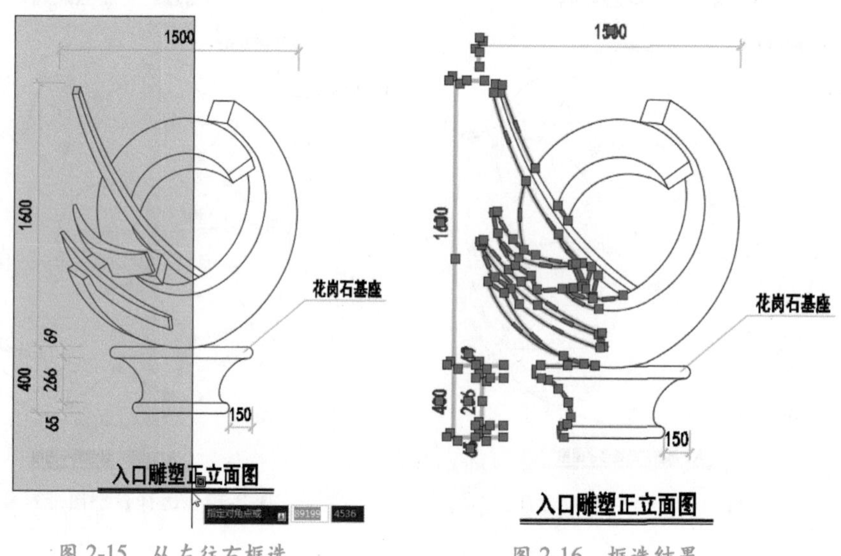

图 2-15 从左往右框选

图 2-16 框选结果

2.4.3 围选

使用围选的方式来选择图形，其灵活性较大。它可通过不规则图形围选所需图形。围选的方式可分为两种，分别为圈选和圈交。

1. 圈选

圈选是一种多边形窗口选择方法，其操作与框选的方式相似。用户在要选择图形的任意位置指定一点，然后在命令行中输入 WP 命令并按回车键，再在绘图区中指定

其他拾取点，通过不同的拾取点构成任意多边形，在该多边形内的图形将被选中，选择完成后按回车键即可，如图 2-17 和图 2-18 所示。

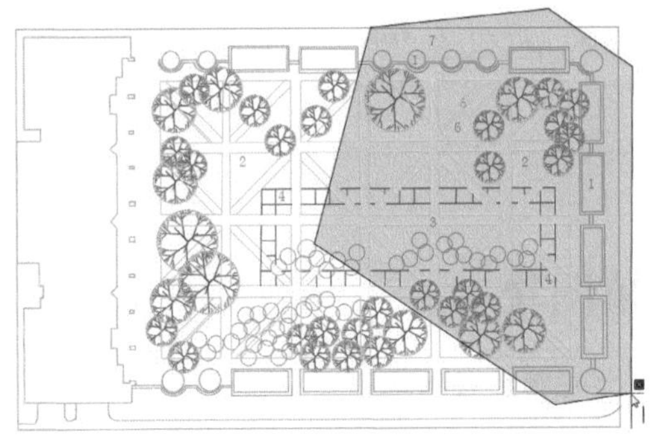

图 2-17　圈选

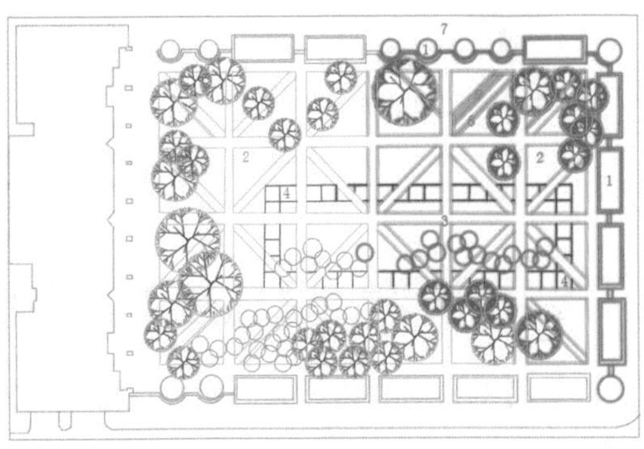

图 2-18　圈选效果

2. 圈交

圈交与窗交方式相似。它是绘制一个不规则的封闭多边形作为交叉窗口来选择图形对象的，完全包围在多边形中的图形与多边形相交的图形将被选中。用户只需在命令行中输入 CP 命令并按回车键，即可进行选取操作，如图 2-19 和图 2-20 所示。

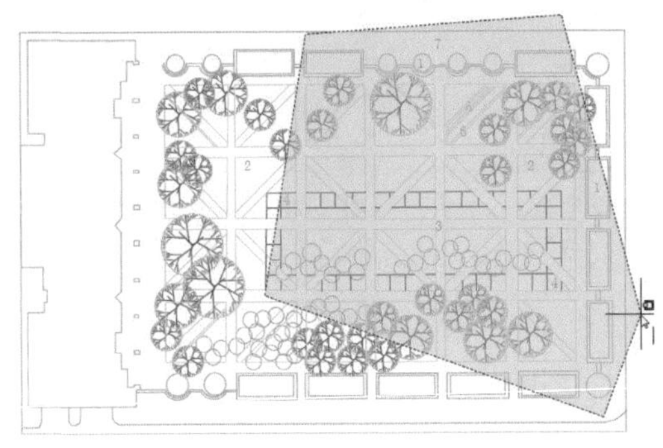

图 2-19　圈交

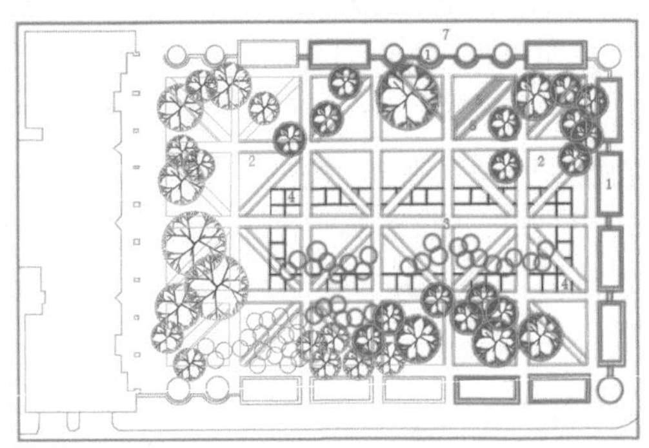

图 2-20　圈交效果

2.4.4　快速选取

快速选择图形可使用户快速选择具有特定属性的图形对象，如相同的颜色、线型、线宽等。根据图形的图层、颜色等特性创建选择集。

用户可在绘图区空白处单击鼠标右键，在打开的快捷菜单中选择“快速选择”命令，即可在打开的“快速选择”对话框中进行快速选择的设置，如图 2-21 所示。

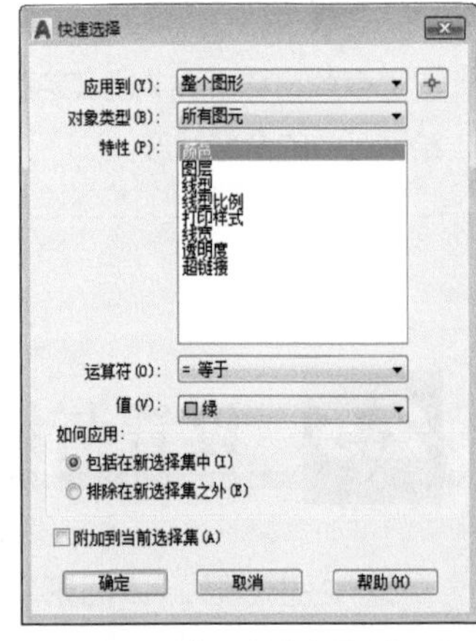

图 2-21　“快速选择”对话框

知识拓展

除了使用以上方法打开“快速选择”对话框外，还可以在“默认”选项卡的“实用工具”面板中单击“快速选择”按钮。

实例：快速选取部分绿植图块

下面将利用快速选取功能，批量选取图形中所需的绿植图块。

Step 01 打开本书配套的素材文件。单击鼠标右键，在弹出的快捷菜单中选择“快速选择”命令，打开“快速选择”对话框，将“对象类型”设为默认的“所有图元”选项，在“特性”列表中选择“图层”选项，将“值”设为“绿植 2”，如图 2-22 所示。

Step 02 单击“确定”按钮。此时，图形中该图层所有的绿植图块都已被选中，如图 2-23 所示。

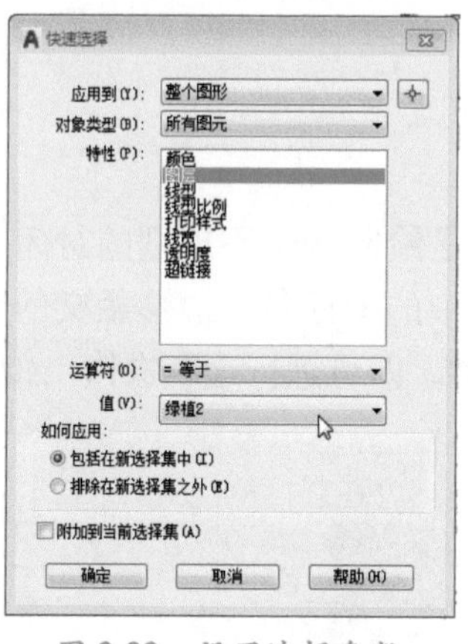

图 2-22　设置选择参数

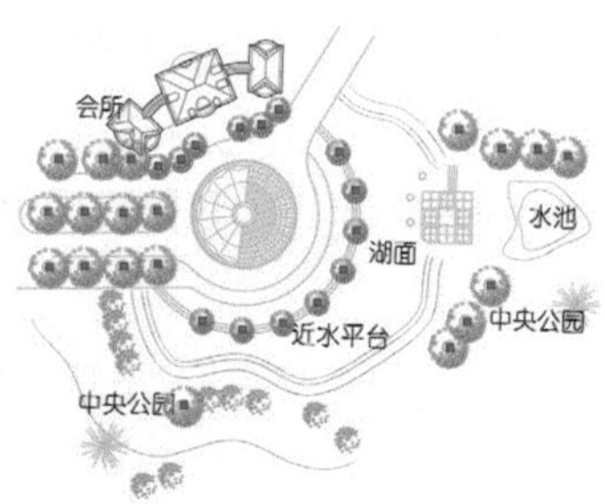

图 2-23　批量选择结果

注意事项

用户在选择图形的过程中，可随时按 Esc 键，终止目标图形对象的选择操作，并放弃已选中的目标。在 AutoCAD 中，如果没有进行任何编辑操作时，按 Ctrl+A 组合键，则可选择绘图区中的全部图形。

2.5 设置与编辑夹点

选中图形后，该图形就会显示相应的夹点。用户可以通过这些夹点对图形进行一些简单的编辑操作，例如拉伸、缩放、旋转等。下面将对夹点的相应操作进行介绍。

2.5.1 夹点的设置

在 AutoCAD 中，用户可根据需要对夹点的大小、颜色等参数进行设置。在命令行中输入 OP 快捷命令，打开“选项”对话框，切换至“选择集”选项卡，在“夹点尺寸”选项组中可设置夹点的大小，如图 2-24 所示，单击“夹点颜色”按钮，打开“夹点颜色”对话框，从中可设置夹点的颜色，如图 2-25 所示。

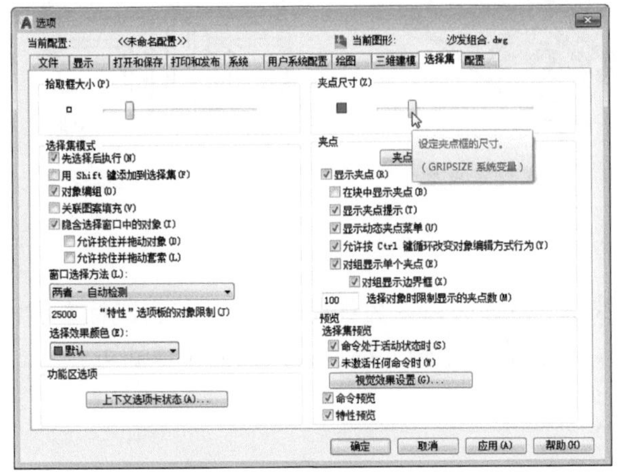

图 2-24 “选择集”选项卡

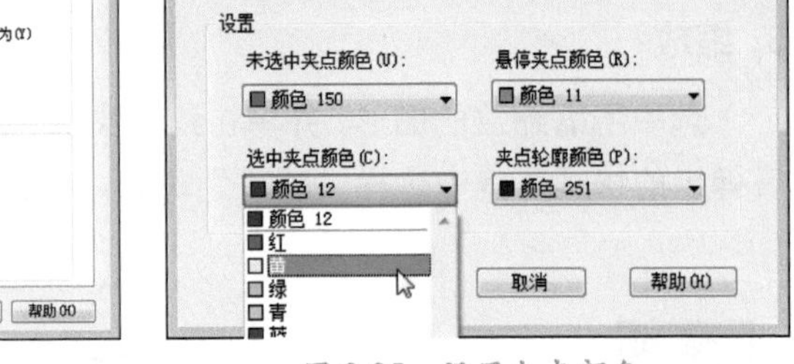

图 2-25 设置夹点颜色

2.5.2 利用夹点编辑图形

选择某图形后，用户可利用其夹点，对该图形进行拉伸、旋转、缩放等一系列操作。

1. 拉伸

当选择某图形后，单击选择一个夹点，当夹点呈红色显示时，移动光标即可将图形进行拉伸，如图 2-26 ～图 2-28 所示。

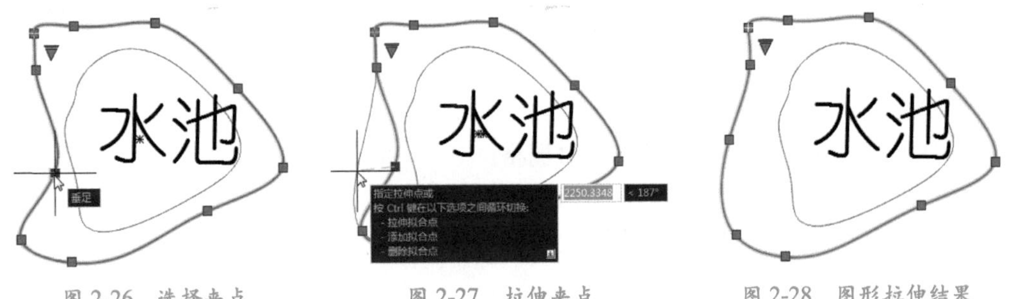

图 2-26 选择夹点　　图 2-27 拉伸夹点　　图 2-28 图形拉伸结果

2. 旋转

旋转则是将所选择的夹点作为旋转基准点而进行旋转设置。将光标移动到所需图

形旋转夹点上，当该夹点为红色状态时，单击鼠标右键，在弹出的快捷菜单中选择“旋转”命令，在文本框中输入旋转角度即可，如图 2-29 ～图 2-31 所示。

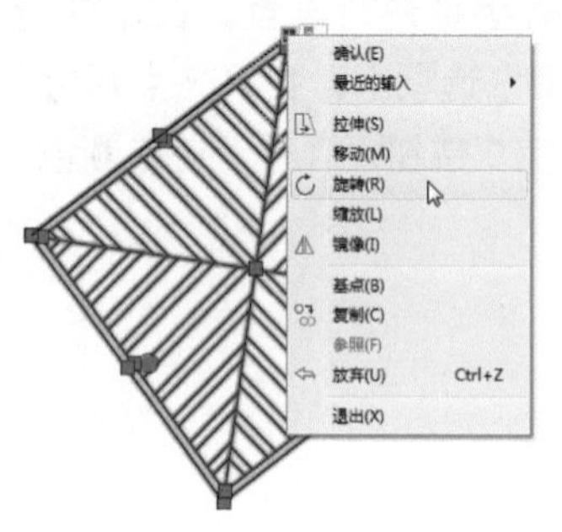

图 2-29　选择“旋转”命令

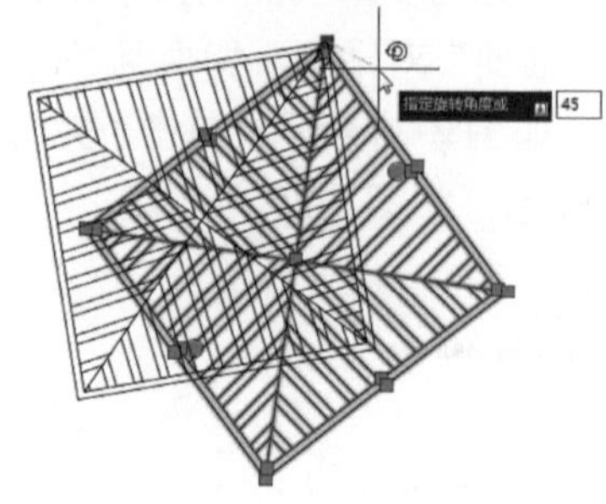

图 2-30　输入旋转角度

图 2-31　完成旋转操作

3. 缩放

选中所需缩放的图形，并单击缩放夹点，当该夹点变为红色状态时，单击鼠标右键，在弹出的快捷菜单中选择“缩放”命令，在命令行中输入缩放值，按回车键即可。

2.6 辅助功能的使用

为了保证绘图的准确性，用户可以利用状态栏中的栅格显示、捕捉模式、极轴追踪、对象捕捉、正交模式等辅助工具来精确绘图。

2.6.1 栅格功能

栅格显示是指在屏幕上显示分布有按指定行间距和列间距排列的栅格点，就像在屏幕上铺了一张坐标纸，可以对齐对象并直观显示对象之间的距离，方便用户绘制图形，但在输出图纸的时候是不打印栅格的。

1. 显示栅格

用户可以使用以下方式显示和隐藏栅格。

- 在状态栏中单击“显示图形栅格”按钮#。
- 按 Ctrl+G 组合键，或按 F7 键。

2. 设置栅格

在默认情况下，栅格显示是直线的矩形图案。在“草图设置”对话框中，可以对栅格的显示样式进行更改。用户可以通过以下方式打开“草图设置”对话框。

- 在菜单栏中执行“工具”|“绘图设置”命令。
- 在状态栏中单击“捕捉模式”按钮⋮⋮⋮，在弹出的下拉菜单中选择“捕捉设置”命令。
- 在命令行中输入 DS 快捷命令。

打开“草图设置”对话框后，选中“启用栅格”复选框，即可启动栅格状态，如图 2-32 所示。在“栅格间距”选项组中，用户可以设置栅格之间的间距值。

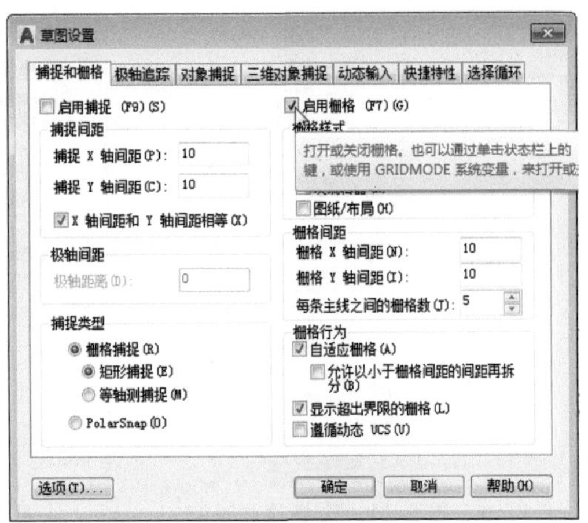

图 2-32　启用栅格

知识点拨

栅格捕捉包括矩形捕捉和等轴测捕捉。矩形捕捉主要是在平面图上进行绘制，是常用的捕捉模式；等轴测捕捉是在绘制轴测图时使用，等轴测捕捉可以帮助用户创建表现三维对象的二维对象，通过设置可以很容易地沿三个等轴测平面之一对齐对象。

2.6.2　对象捕捉功能

对象捕捉分为自动捕捉和临时捕捉两种。临时捕捉主要通过“对象捕捉”工具栏实现。在菜单栏中执行“工具”|“工具栏”|“AutoCAD”|“对象捕捉”命令，打开“对象捕捉”工具栏，如图 2-33 所示。

图 2-33　“对象捕捉”工具栏

在执行自动捕捉操作前，需要设置对象的捕捉点。当光标通过这些设置过的特殊点时，就会自动捕捉这些点。用户可通过以下方式打开或关闭对象捕捉模式：

- 单击状态栏中的“对象捕捉”按钮。
- 按 F3 键进行切换。

对象捕捉模式开启后，用户可以根据需要选择所需的捕捉方式，如图 2-34 所示。同样，在“草图设置”对话框的“对象捕捉”选项卡中也可以进行选择，如图 2-35 所示。

图 2-34　选择捕捉选项

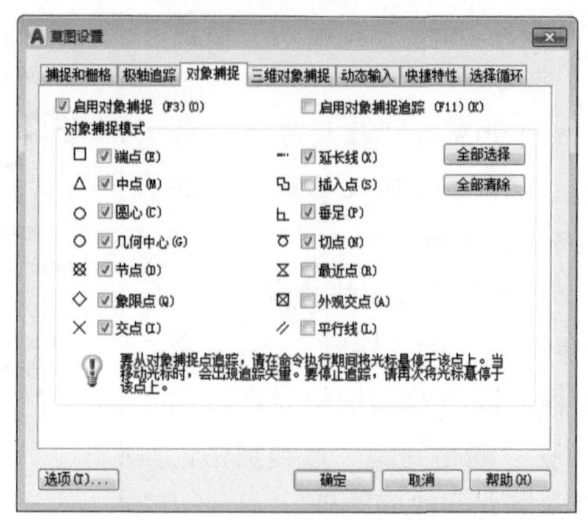

图 2-35　通过对话框选择捕捉选项

2.6.3　极轴追踪功能

在绘图过程中，为了能够精确地绘制出带有角度的线段，用户可以利用极轴追踪功能来进行绘制。通过以下方式可启用极轴追踪模式。

- 在状态栏中单击“极轴追踪”按钮。
- 在打开的“草图设置”对话框中选中“启用极轴追踪”复选框。
- 按 F10 键进行切换。

极轴追踪包括极轴角设置、对象捕捉追踪设置、极轴角测量等，可在“极轴追踪”选项卡中设置这些功能。各选项组的作用介绍如下。

1. 极轴角设置

“极轴角设置”选项组包含“增量角”和“附加角”选项。在“增量角”下拉列表中可以选择具体角度，如图 2-36 所示。同时也可在“增量角”下拉列表框内输入任意角度值，如图 2-37 所示。

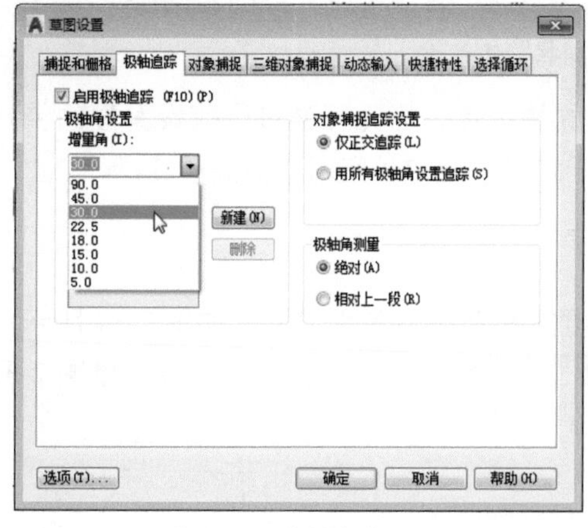

图 2-36　选择角度

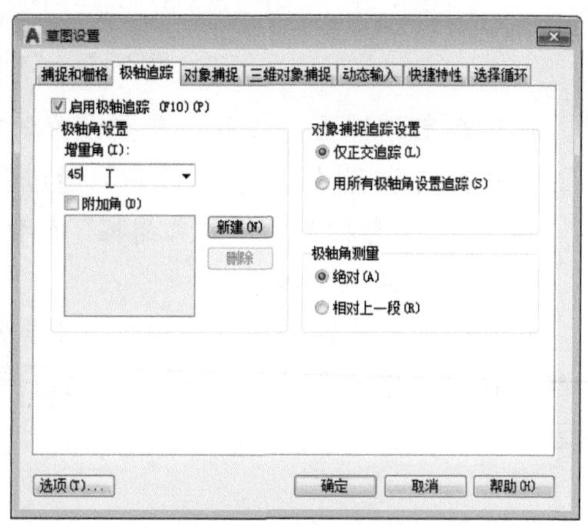

图 2-37　输入角度值

附加角是对象轴追踪使用列表中的任意一种附加角度。它起到辅助的作用，当绘制角度的时候，如果是附加角设置的角度就会有提示。“附加角”复选框同样受 POLARMODE 系统变量控制。

2．对象捕捉追踪设置

“对象捕捉追踪设置”选项组包括“仅正交追踪”和“用所有极轴角设置追踪”选项。具体介绍如下。

- “仅正交追踪”是指追踪对象的正交路径，也就是对象 X 轴和 Y 轴正交的追踪。当“对象捕捉”打开时，仅显示已获得的对象捕捉点的正交对象捕捉追踪路径。
- “用所有极轴角设置追踪”是指光标从获取的对象捕捉点起沿极轴对齐角度进行追踪。该选项对所有的极轴角都将进行追踪。

3．极轴角测量

“极轴角测量”选项组包括“绝对”和“相对上一段”两个选项。“绝对”是根据当前用户坐标系 UCS 确定极轴追踪角度；“相对上一段”是根据上一段线段确定极轴追踪角度。

2.6.4 正交限制光标

正交限制光标模式是在任意角度和直角之间对约束线段进行切换的一种模式，在约束线段为水平或垂直的时候可以使用正交模式。通过以下方法可以打开或关闭正交模式。

- 在状态栏中单击“正交限制光标”按钮∟。
- 按 F8 键进行切换。

实例：绘制小风车图形

下面将利用“直线”命令，并结合对象捕捉功能来绘制小风车图块。

Step 01 新建空白文件，在状态栏中单击“极轴追踪”按钮，在打开的列表中选择“45，90，130，180…”选项。在“默认”选项卡的“绘图”面板中单击“直线”按钮，启动“直线”命令，根据命令行的提示指定好直线的起点，此时系统会根据设定的角度，自动引出 45° 角的辅助虚线，将光标沿着该虚线方向移动，并输入 280 绘制斜线，如图 2-38 所示。

Step 02 输入完成后按回车键。将光标向左上方移动，并沿着 135° 角的虚线，同样绘制 280mm 长的斜线，如图 2-39 所示。

Step 03 按照同样的操作，将光标向左下方移动，绘制 280mm 长的直线，然后捕捉第 1 条线段的起点，完成菱形绘制操作，如图 2-40 所示。

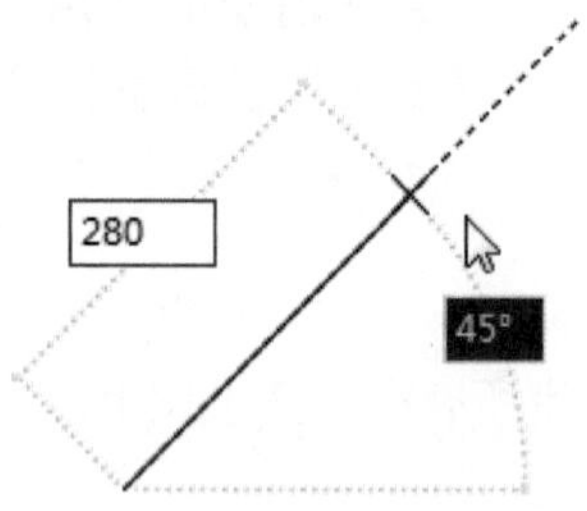

图 2-38　绘制 45°斜线

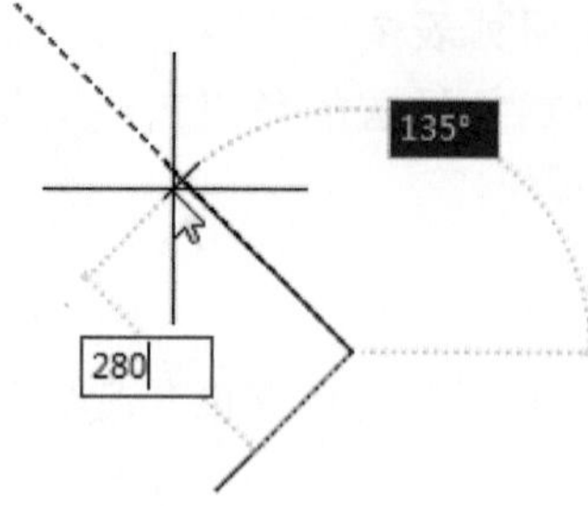

图 2-39　绘制 135°斜线

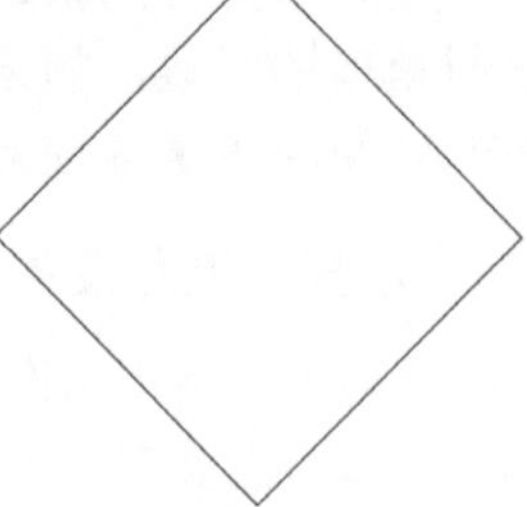
图 2-40　绘制菱形

Step 04 在状态栏中右击“对象捕捉”按钮，在弹出的快捷菜单中选择“中点”命令。执行“直线”命令，捕捉菱形边的中点绘制矩形，如图 2-41 所示。

Step 05 继续执行“直线”命令，捕捉菱形四个角点，绘制水平和垂直两条直线，如图 2-42 所示。

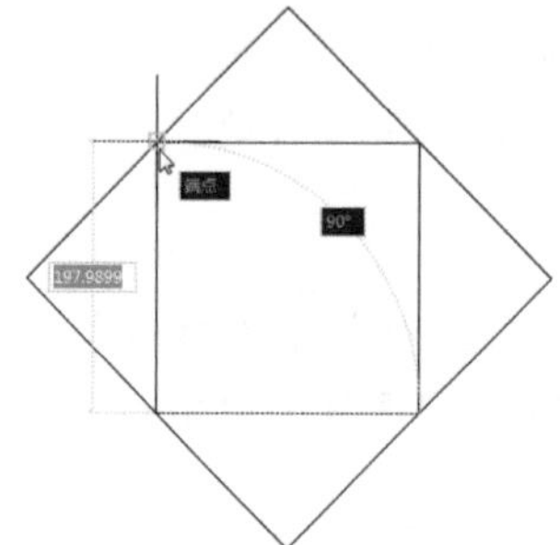
图 2-41　绘制矩形

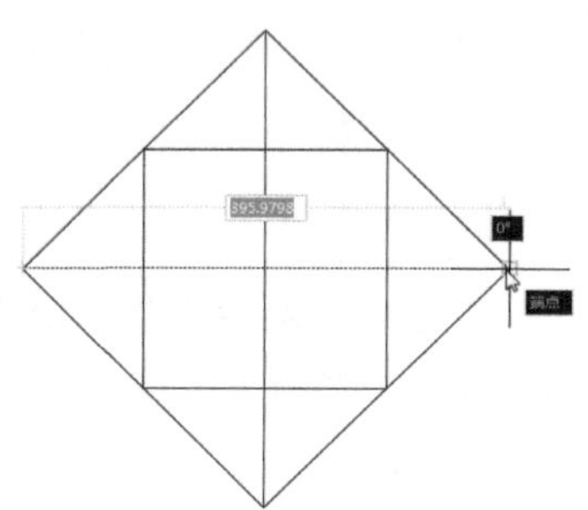
图 2-42　绘制水平和垂直直线

Step 06 在“默认”选项卡的“修改”面板中单击“修剪”按钮，根据命令行中的提示，选择所需的边界线，如图 2-43 所示。按回车键，再选择要修剪的线段，如图 2-44 所示。再次按回车键，完成图形的修剪操作，效果如图 2-45 所示。

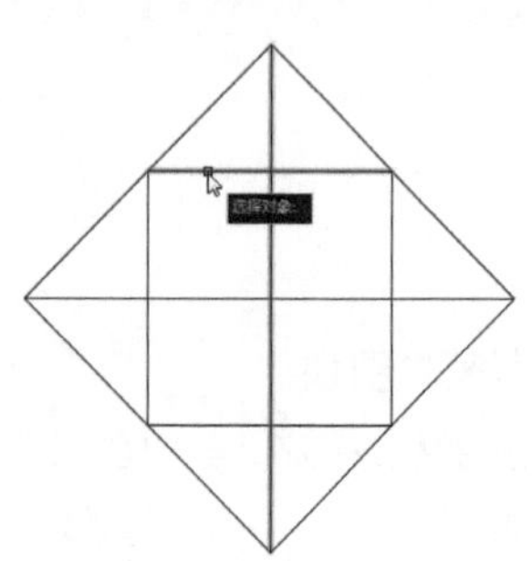
图 2-43　选择要修剪的边界线

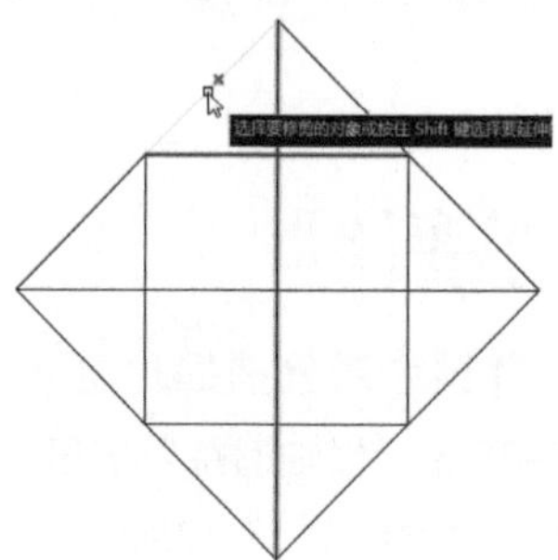
图 2-44　选择要减掉的线段

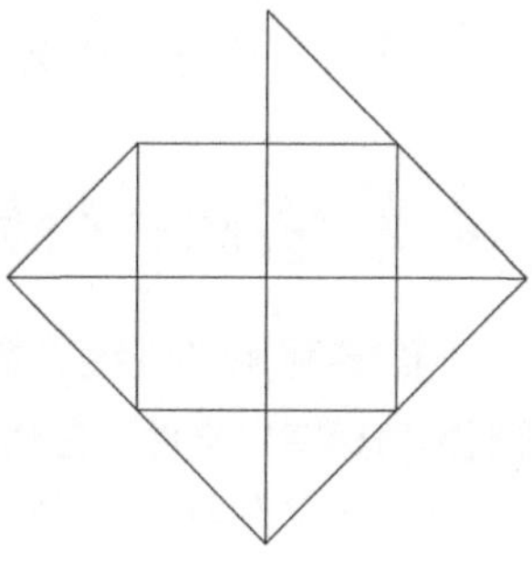
图 2-45　完成修剪

Step 07 按照同样的方法修剪其他线段，小风车的最终效果如图 2-46 所示。

知识点拨

在“草图设置”对话框的“对象捕捉”选项卡中，用户可以通过单击“全部选择”或“全部清除”按钮，批量启用或取消捕捉模式。

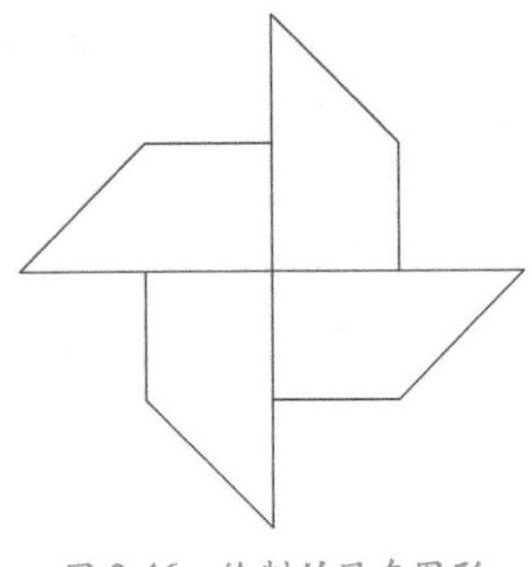

图 2-46　绘制的风车图形

2.7 图层的管理与应用

在 AutoCAD 中，图层创建、删除以及对图层的管理都是通过“图层特性管理器”选项板来实现的。用户可通过以下方式打开“图层特性管理器”选项板。

- 在菜单栏中执行“格式”|“图层”命令。
- 在“默认”选项卡的“图层”面板中单击“图层特性”按钮。
- 在“视图”选项卡的“选项板”面板中单击“图层特性”按钮。
- 在命令行中输入 LAYER 命令，然后按回车键。

1. 创建新图层

在“图层特性管理器”选项板中单击“新建图层”按钮，系统将自动创建一个名为“图层 0”的图层，如图 2-47 所示。

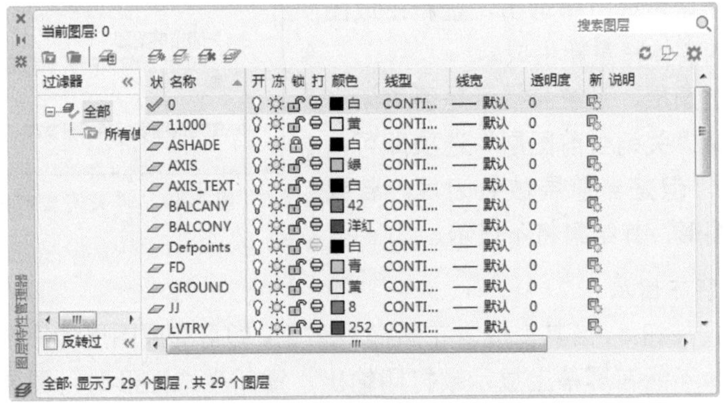

图 2-47　“图层特性管理器”选项板

图层名称是可以更改的。用户也可以在面板中单击鼠标右键，在弹出的快捷菜单中选择“新建图层”命令来创建一个新图层。

2. 删除图层

在“图层特性管理器”选项板中选择图层后，单击“删除图层”按钮，可删除该图层；如果要删除正在使用的图层或当前图层，系统会弹出“未删除”提示对话框，如图 2-48 所示。

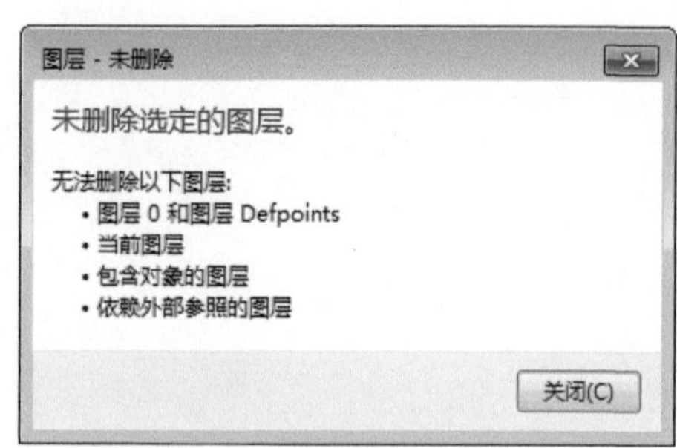

图 2-48 “未删除”提示对话框

注意事项

用户在删除图层时需要注意一点，图层 0、当前图层以及依赖外部参照的图层等是不能被删除的。

2.7.1 图层的管理

在“图层特性管理器”选项板中，除了可创建图层并设置图层属性，还可以对创建好的图层进行管理操作，如图层的控制、置为当前层、改变图层和属性等。

1. 图层状态控制

在“图层特性管理器”选项板中，提供了一组状态开关图标，用于控制图层状态，如关闭、冻结、锁定等。

- 开 / 关图层

单击“开”按钮，该图层即被关闭，图标即变成“”。图层关闭后，该图层上的实体不能在屏幕上显示或打印输出，重新生成图形时，图层上的实体将重新生成。

若关闭当前图层，系统会提示是否关闭当前层，只需选择“关闭当前图层”选项即可，如图 2-49 所示。但是当前层被关闭后，若要在该层中绘制图形，其结果将不显示。

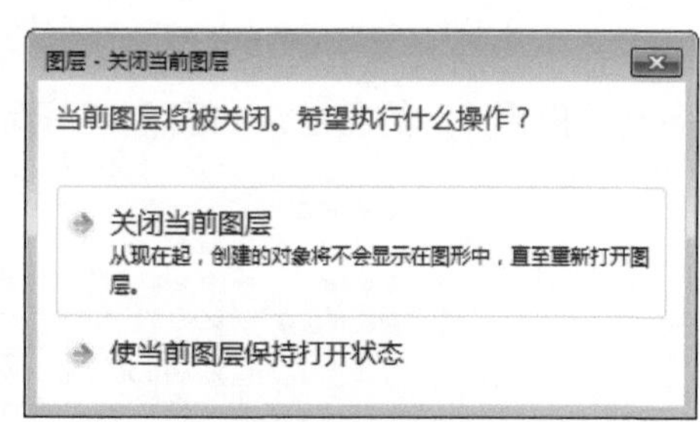

图 2-49 “关闭当前图层”对话框

- 冻结 / 解冻图层

单击“冻结”按钮，当其变成雪花图样“”时，即可完成图层的冻结。图层冻结后，该图层上的实体不能在屏幕上显示或打印输出，重新生成图形时，图层上的实体不会重新生成。

- 锁定 / 解锁图层

单击“锁定”按钮，当其变成闭合的锁图样“”时，图层即被锁定。图层锁定后，用户只能查看、捕捉位于该图层上的对象，可以在该图层上绘制新的对象，而不能编辑或修改位于该图层上的图形对象，但实体仍可以显示和输出。

2. 置为当前层

系统默认当前图层为 0 图层，且只可在当前图层上绘制图形实体，用户可以通过以下方式将所需的图层设置为当前图层。

- 在“图层特性管理器”选项板中选中图层，然后单击“置为当前”按钮。
- 在“图层”面板中单击“图层”下拉按钮，然后单击图层名。
- 在“默认”选项卡的“图层”面板中单击“置为当前”按钮，根据命令行的提示，选择一个实体对象，即可将选定对象所在的图层设置为当前图层。

3. 改变图形对象所在的图层

通过下列方式可以更改图形对象所在的图层。

- 选中图形对象，然后在“图层”面板的下拉列表中选择所需图层。
- 选中图形对象，单击鼠标右键打开快捷菜单，然后选择“特性”命令，在“特性”选项板的“常规”选项组中单击“图层”选项右侧的下拉按钮，在下拉列表中选择所需的图层，如图 2-50 所示。

图 2-50 “特性”选项板

4. 改变对象的默认属性

默认情况下，用户所绘制的图形对象将使用当前图层的颜色、线型和线宽，要想改变对象的属性，可在选中图形对象后，在“特性”选项板的“常规”选项组中为该图形对象设置不同于所在图层的相关属性。

5. 线宽显示控制

由于线宽属性属于打印设置，在默认情况下，系统并未显示线宽设置效果。要想显示线宽设置效果，执行“格式”|“线宽”菜单命令，打开“线宽设置”对话框，选中“显示线宽”复选框即可。

2.7.2 设置图层的颜色、线型和线宽

在“图层特性管理器”选项板中，可对图层的颜色、线型和线宽进行相应的设置。

1. 颜色的设置

打开“图层特性管理器”选项板，单击颜色图标■白，打开“选择颜色”对话框，如图 2-51 所示，用户可根据自己的需要在“索引颜色”“真彩色”“配色系统”选

项卡中选择所需的颜色。其中标准颜色名称仅适用于 1～7 号颜色，分别为红、黄、绿、青、蓝、洋红、白 / 黑。

图 2-51 “选择颜色”对话框

2. 线型的设置

单击线型图标 Continuous，系统将打开“选择线型”对话框，如图 2-52 所示。在默认情况下，系统仅加载一种 Continuous（连续）线型。若需要其他线型，则要先加载该线型，即在“选择线型”对话框中单击“加载”按钮，打开“加载或重载线型”对话框，如图 2-53 所示。选择所需的线型后单击“确定”按钮，即将其添加到“选择线型”对话框中。

3. 线宽的设置

线宽是图形的一个基本属性，用户可以通过图层来进行线宽设置，也可以直接对图形对象单独设置线宽。

在“图层特性管理器”选项板中，若需对某图层的线宽进行设置，可单击所需图层的线宽—— 默认图标按钮，打开“线宽”对话框，如图 2-54 所示。在“线宽”列表框中选择所需线宽后，单击“确定”按钮即可。

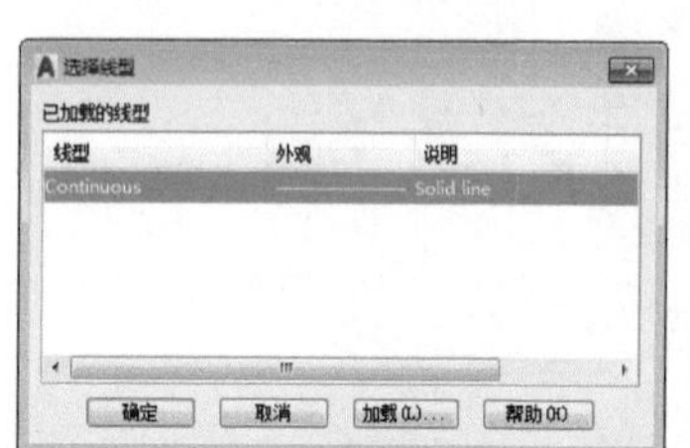

图 2-52 “选择线型”对话框

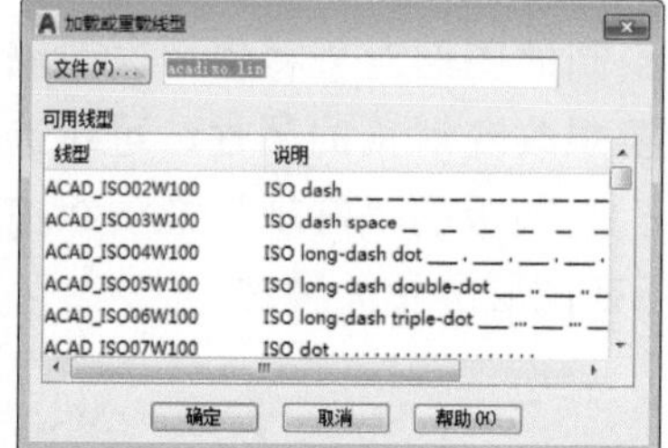

图 2-53 “加载或重载线型”对话框

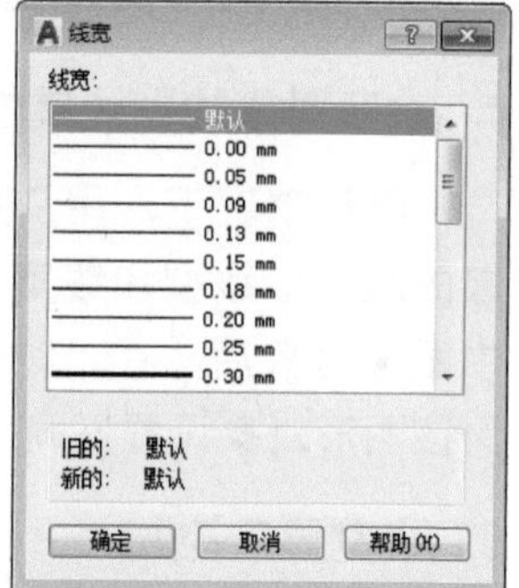

图 2-54 “线宽”对话框

2.7.3 “图层”面板与“特性”面板

用户可将不同属性的图形放置在不同图层中，以便于后期操作。选中所需图形后，在“默认”选项卡的“图层”面板中单击“图层”下拉按钮，从中选择所需图层即可，如图 2-55 所示。在图层中，用户还可以对图形的各种特性进行单独的更改，例如颜色、线型以及线宽等，如图 2-56 所示。

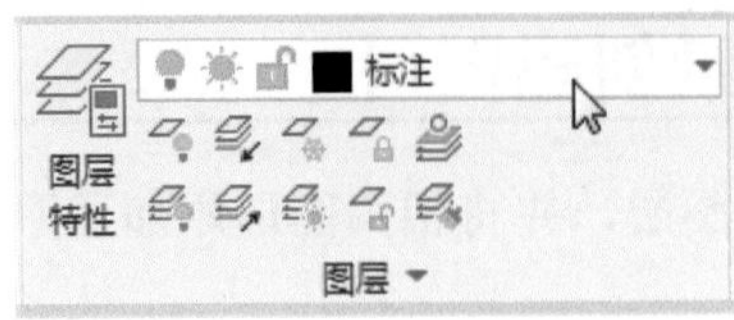

图 2-55 “图层”面板

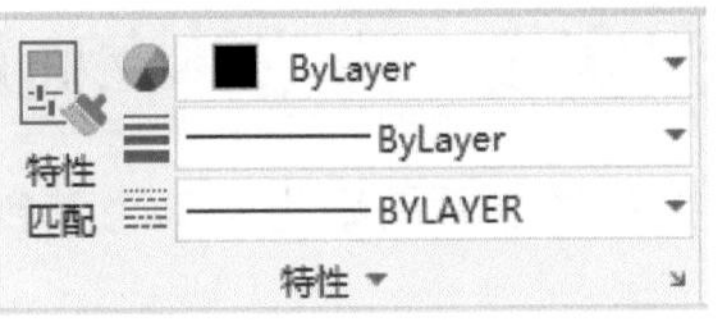

图 2-56 “特性”面板

实例：调整建筑墙体图层的线宽

下面将为图纸中的建筑墙体图层设置线宽。具体操作步骤如下。

Step 01 打开本书配套的素材文件，如图 2-57 所示。

Step 02 打开“图层特性管理器”选项板，选择“建筑墙体”图层，单击“线宽”设置按钮，如图 2-58 所示。

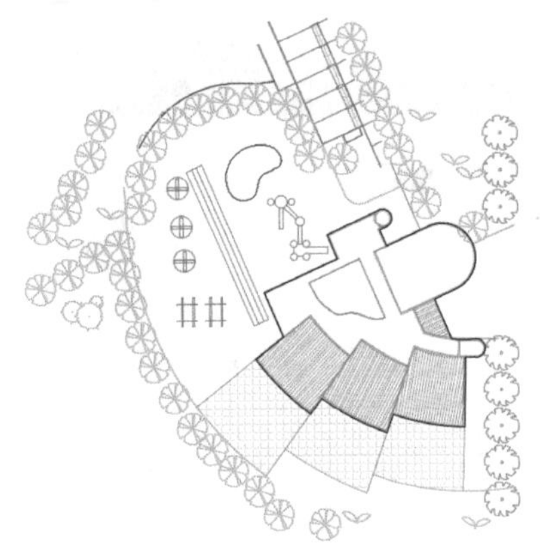

图 2-57 素材图形

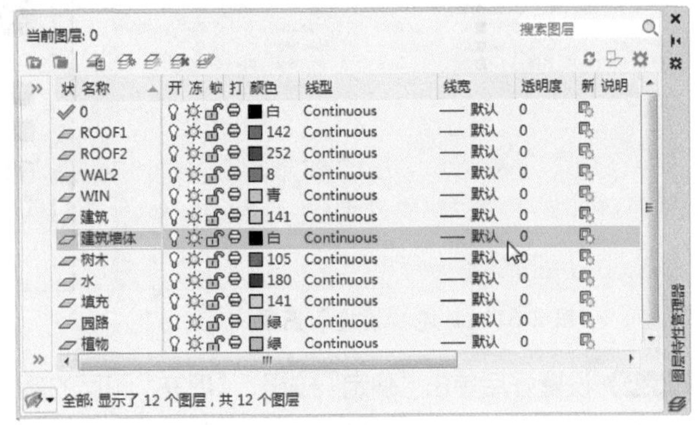

图 2-58 “图层特性管理器”选项板

Step 03 在打开的“线宽”对话框中选择 0.30mm 线宽，如图 2-59 所示。

Step 04 返回到绘图区，在状态栏中单击“显示线宽”按钮，效果如图 2-60 所示。

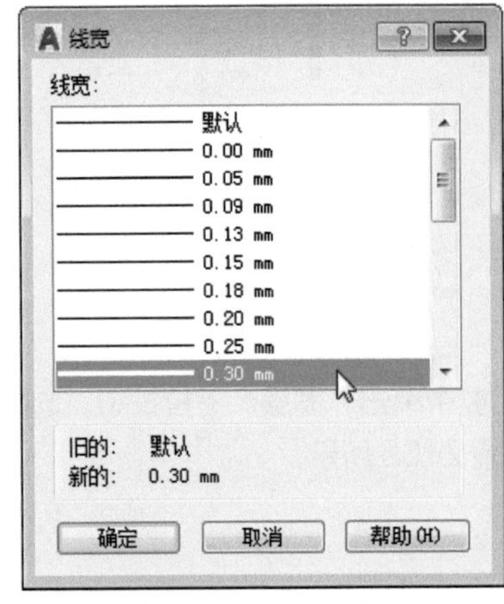

图 2-59 设置线宽

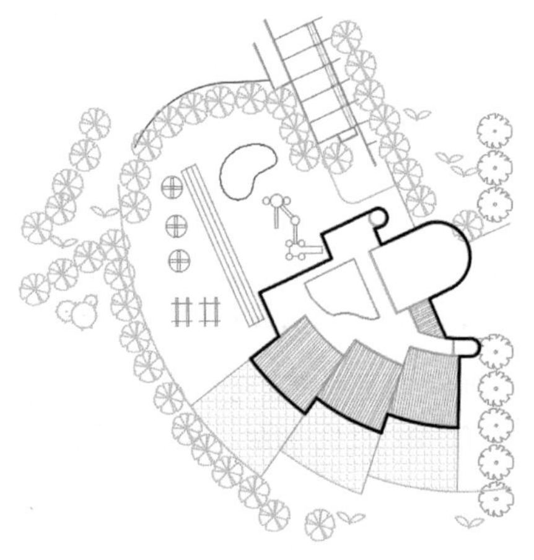

图 2-60 显示线宽效果

课堂实战　为花钵立面图纸创建图层

下面将以花钵立面图纸为例来为其创建图层，并将相关图形添加至图层中。具体操作步骤如下。

Step 01 打开本书配套的素材文件。在“默认”选项卡中单击“图层特性”按钮，打开“图层特性管理器”选项板，单击“新建图层”按钮，新建“填充”图层，如图 2-61 所示。

Step 02 单击“颜色”图标按钮，在打开的“选择颜色”对话框中选择“填充”图层的颜色，如图 2-62 所示。

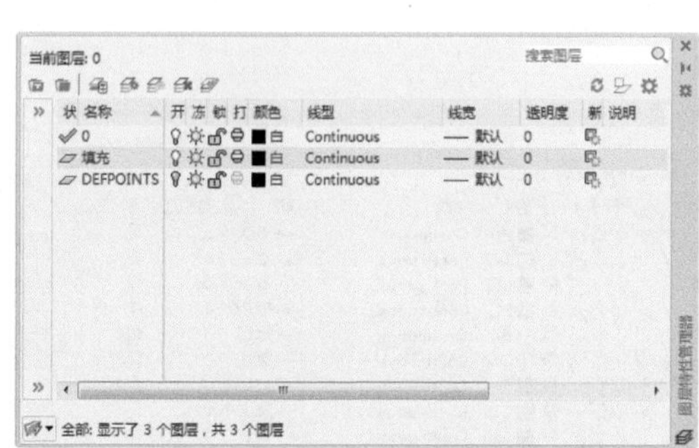

图 2-61　新建“填充”图层

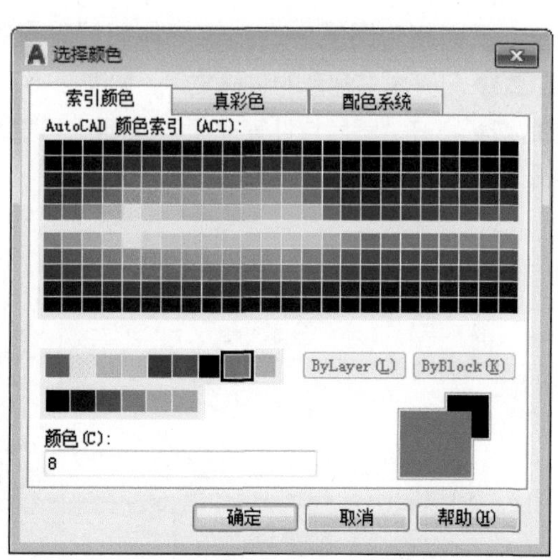

图 2-62　设置图层颜色

Step 03 设置好后单击“确定”按钮，“填充”图层的颜色已发生了相应的变化，如图 2-63 所示。

Step 04 再次单击“新建图层”按钮，新建“标注”和“图示”图层，将“标注”图层的颜色设为红色，其他为默认，如图 2-64 所示。

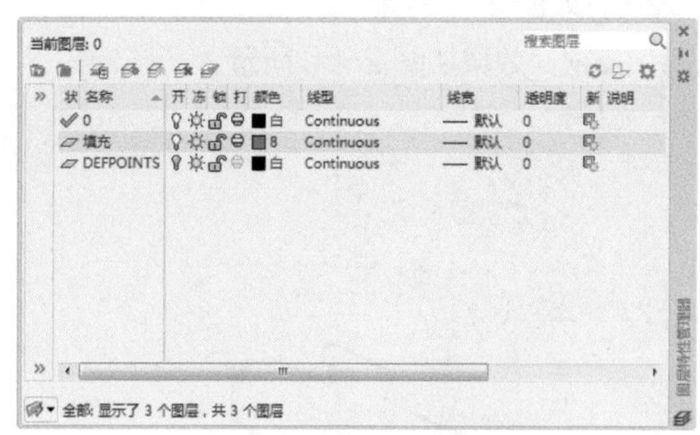

图 2-63　查看设置效果

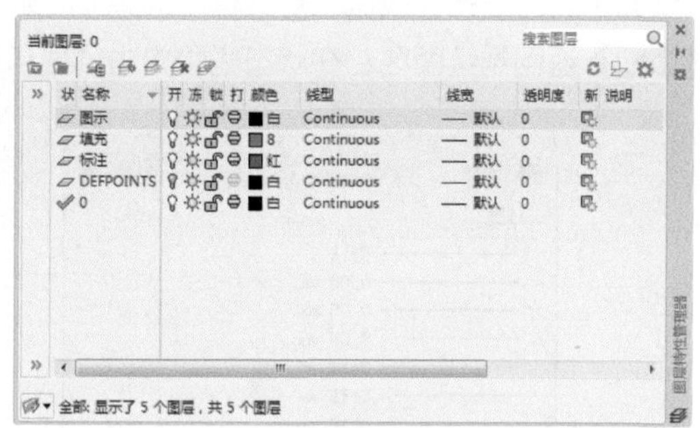

图 2-64　新建其他图层

Step 05 在绘图区中框选所有填充图形，在“图层”面板中单击“图层”下拉按钮，选择“填充”图层，则被选中的图形已添加至“填充”图层中，如图 2-65 所示。

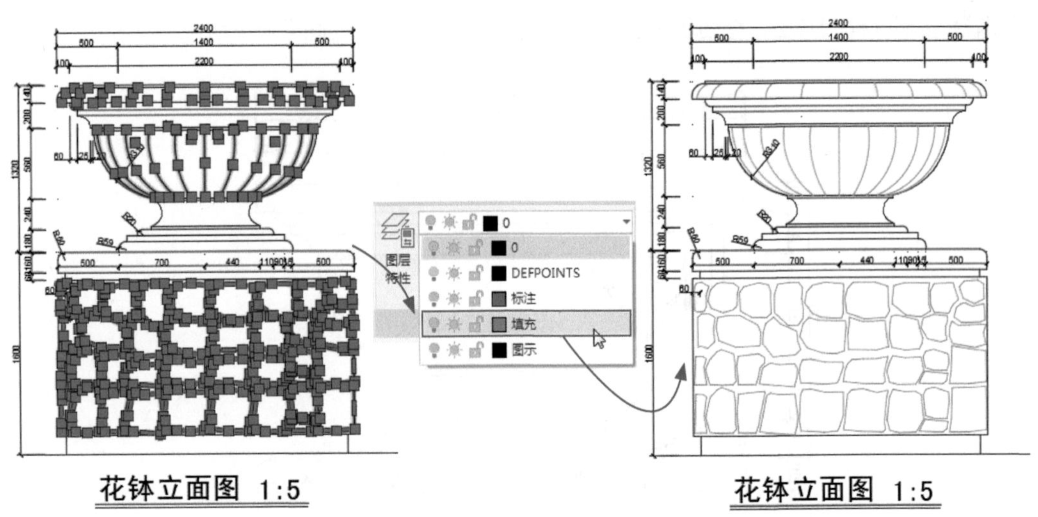

图 2-65 添加填充层内容

Step 06 在绘图区中选择所有标注图形，单击“图层”下拉按钮，从中选择“标注”图层选项，将标注图形添加至“标注”图层中，如图 2-66 所示。

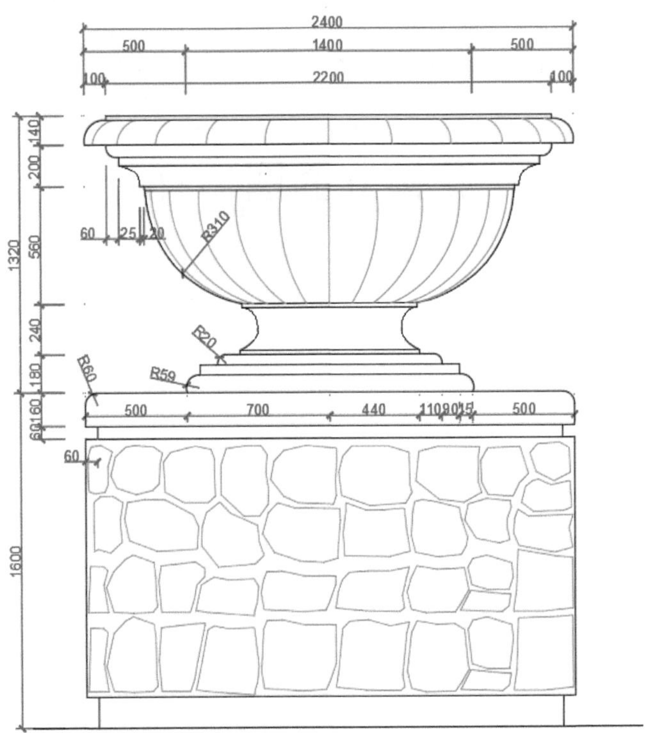

图 2-66 添加标注层内容

Step 07 按照同样的方法，将图示内容添加至“图示”图层中，如图 2-67 所示。

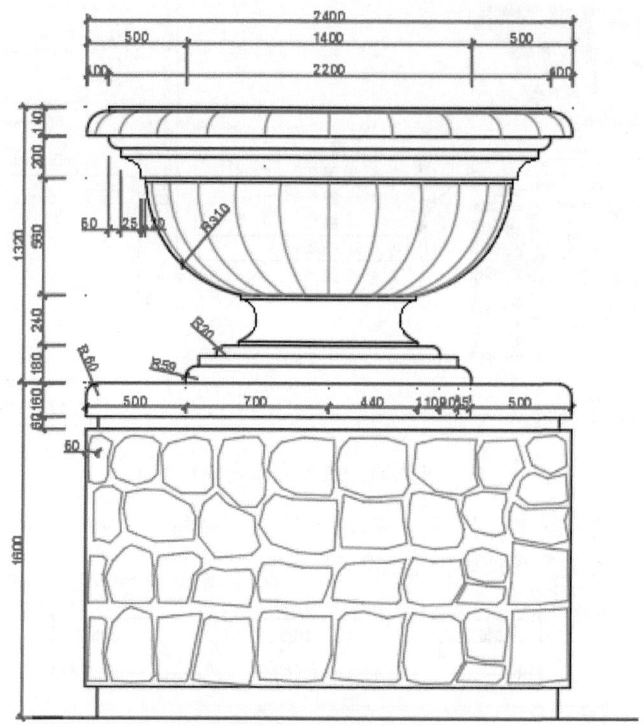

图 2-67　添加图示层内容

课后作业

为了让用户能够更好地掌握本章所学的知识内容，下面安排了一些 ACAA 认证考试的参考试题，让用户可以对所学的知识进行巩固和练习。

一、填空题

1. 在 AutoCAD 软件中，调用命令的方式大致分为 3 种，分别为 ________、________ 以及 ________。这三种方式相互结合使用，可大大提高制图效率。

2. 当 ________ 框选图形时，在图形中所有被框选到的对象以及与框选边界相交的对象都会被选中。那么当 ________ 框选图形时，所框选图形全部被选中，但与框选边界相交的图形对象则不被选中。

3. 在绘图过程中，为了能够精确地绘制出带有角度的线段，用户可以利用 ________ 功能进行绘制。

二、选择题

1. 可以实现正交限制光标操作的快捷键是（　　）。

A. F4　　B. F8　　C. F3　　D. F7

2. 想要使图形颜色始终与图层颜色一致，需要将该图形的颜色设为（　　）。

A. Red　　B. Color　　C. Bylayer　　D. Byblock

3. 对图层进行锁定后，该图层的图形将（　　）。

A. 可以编辑，但不可添加对象　　B. 可以编辑，也可以添加对象

C. 不可编辑，但可添加对象　　D. 不可编辑，也不可添加对象

4. 关闭某图层后，该图层将（　　）。

A. 不可见　　B. 可见，但不可编辑

C. 可见，但只能添加对象　　D. 以上都不对

三、操作题

1. 缩放植物图形

本实例将利用夹点缩放功能，将植物图形放大 2 倍，效果如图 2-68 和图 2-69 所示。

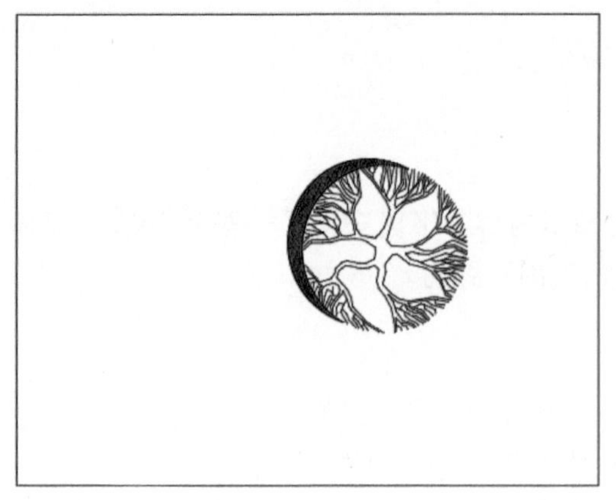

图 2-68　原始素材

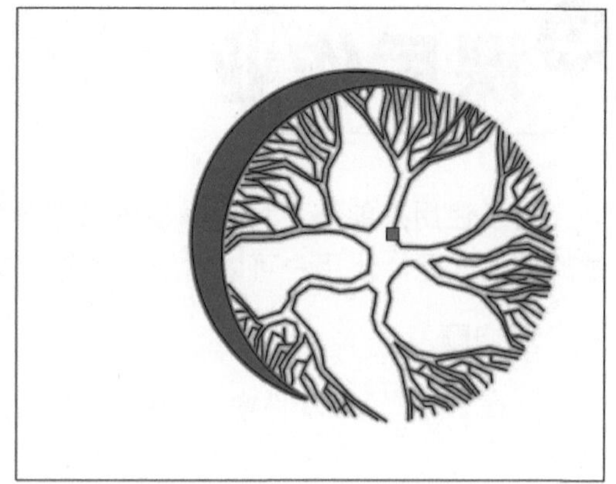

图 2-69　放大 2 倍效果

操作提示：

Step 01 选中植物中的夹点，单击鼠标右键，在弹出的快捷菜单中选择“缩放”命令。

Step 02 将缩放值设为 2，按回车键完成图形放大操作。

2. 创建园林图层

本实例将利用图层功能来创建园林图纸中的相关图层信息，效果如图 2-70 所示。

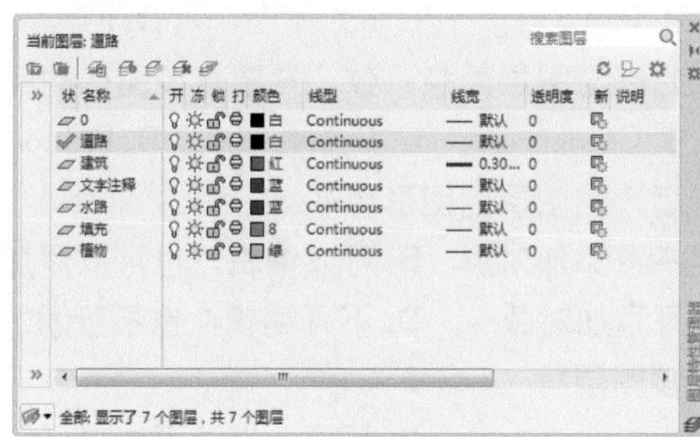

图 2-70　创建图层

操作提示：

Step 01 执行“图层特性”命令，在“图层特性管理器”选项板中创建图层。

Step 02 设置相应图层的颜色和线宽，将“道路”图层设为当前层。

第 3 章

园林图形的绘制

内容导读

本章将介绍如何利用 AutoCAD 常用的绘图命令，绘制出简单的二维图形，其中包括点、线、圆、矩形、多边形等绘制操作。通过对本章内容的学习，相信读者能够熟练掌握基本的二维图形的绘制方法与技巧。

学习目标

▲ 基本绘图命令

▲ 高级绘图命令

▲ 图形图案的填充

3.1 基本绘图命令

一些复杂的图形都是由各种基本图形元素组成的，例如直线、圆、矩形、多边形等。只要用户熟练掌握这些基本图形的绘制方法，以后绘制复杂图形时则会游刃有余、轻松自如。下面将具体介绍这些基本图形的绘制方法。

3.1.1 绘制点

点是构成图形的基础，任何图形都是由无数个点组成的。默认情况下这些点用肉眼是看不见的，只有在设置了点样式后才能显示。当然大多数情况下，点是用来捕捉定位的。AutoCAD 为用户提供了单点、多点、定数等分和定距等分这四种模式的点。

1. 设置点样式

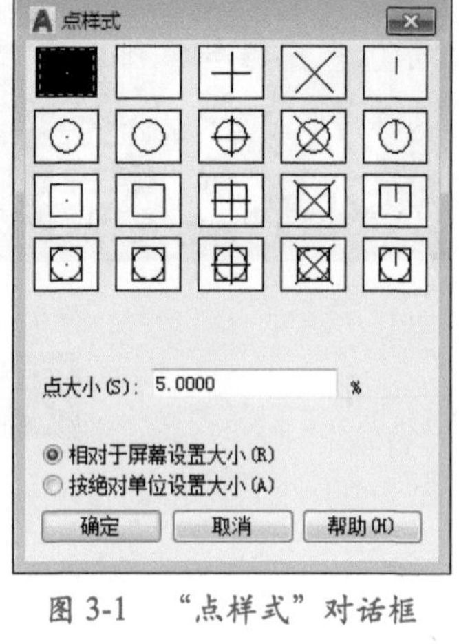

图 3-1 “点样式”对话框

在菜单栏中执行“格式”|“点样式”命令，打开“点样式”对话框，即可从中选择相应的点样式，如图3-1所示。

点的大小可以自定义，其默认值为5。在对话框中若选中“相对于屏幕设置大小”单选按钮，点大小以百分数的形式显示；若选中“按绝对单位设置大小”单选按钮，则点大小以实际单位的形式显示。

2. 绘制单点或多点

点是组成图形的最基本实体对象，下面将介绍单点或多点的绘制方法：

- 在菜单栏中执行“绘图”|“点”|“单点”或“多点”命令。
- 在“默认”选项卡的“绘图”面板中单击“多点”按钮。
- 在命令行中输入 POINT 命令并按回车键。

3. 绘制定数等分点

定数等分可以将图形按照固定的数值和相同的距离平均等分，在对象上按照等分出的点的位置进行绘制，如图 3-2 所示是将直线等分为 5 份的效果。用户可以通过以下方式绘制定数等分点：

- 在菜单栏中执行“绘图”|“点”|“定数等分”命令。
- 在“默认”选项卡的“绘图”面板中单击“定数等分”按钮。
- 在命令行中输入 DIVIDE（DIV）命令并按回车键。

命令行提示如下：

```
命令： _divide
选择要定数等分的对象： （选择要等分的图形，按回车键）
输入线段数目或 [块(B)]: 5 （输入等分值，按回车键）
```

4. 绘制定距等分点

定距等分是从某一端点按照指定的距离划分的点。被等分的对象在不可以被整除的情况下，等分对象的最后一段要比之前的距离短，如图 3-3 所示为定距等分后的效果。用户可以通过以下方式绘制定距等分点：

- 在菜单栏中执行“绘图”|“点”|“定距等分”命令。
- 在“默认”选项卡的“绘图”面板中单击“定距等分”按钮。
- 在命令行中输入 MEASURE 命令并按回车键。

命令行提示如下：

```
命令：_measure
选择要定距等分的对象：（选择要等分的图形，按回车键）
指定线段长度或 [块(B)]：120 （输入要等分的距离值）
```

图 3-2 定数等分

图 3-3 定距等分

知识点拨

使用定数等分图形时，由于输入的是等分段数，则生成点的数量等于等分的段数值。

无论是使用“定数等分”还是“定距等分”进行操作，并非是将图形分成独立的几段，而是在相应的位置上显示等分点，以辅助其他图形的绘制。在使用“定距等分”功能时，如果当前线段长度是等分值的倍数，该线段可实现等分。反之，则无法实现等分。

3.1.2 绘制直线

在绘图区中指定好线段的起点和终点即可绘制一条直线。用户可以用二维坐标或三维坐标来指定端点，也可以混合使用二维坐标和三维坐标。用户可以通过以下方式调用直线命令：

- 在菜单栏中执行“绘图”|“直线”命令。
- 在“默认”选项卡的“绘图”面板中单击“直线”按钮。
- 在命令行中输入 LINE（L）命令并按回车键。

执行以上任意一项操作后，用户可根据命令行中的提示，指定好直线的起点，移动光标并输入线段长度值，按回车键即可指定线段的端点，完成该线段的绘制操作。

命令行提示如下：

```
命令：_line
指定第一个点：（在绘图区中指定好线段的起点）
指定下一点或 [放弃(U)]：2000 （移动光标，指定线段绘制方向，输入线段长度值，按回车键）
指定下一点或 [退出(E)/放弃(U)]：（按回车键，完成直线绘制）
```

3.1.3 绘制圆

在绘图区中，绘制圆形的方法也很简单。用户只需指定好圆心位置，然后输入半径或直径值即可。AutoCAD 软件为用户提供了 6 种绘制圆的方式。分别为“圆心、半

径”“圆心、直径”“两点”“三点”“相切、相切、半径”以及“相切、相切、相切”。其中“圆心、半径”是 AutoCAD 默认圆绘制方式，如图 3-4 和图 3-5 所示。用户可以根据需要，通过以下方式调用圆命令：

- 在菜单栏中执行“绘图”|“圆”命令的子命令。
- 在“默认”选项卡的“绘图”面板中单击“圆”下拉按钮⊘，从中选择绘制圆的方式即可。
- 在命令行中输入 CIRCLE（C）命令并按回车键。

执行以上任意一项操作后，根据命令行中的提示，指定好圆心位置和半径 / 直径值即可。

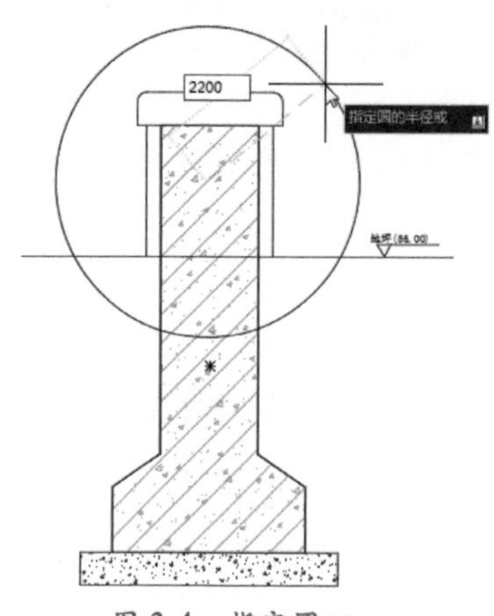

图 3-4　指定圆心

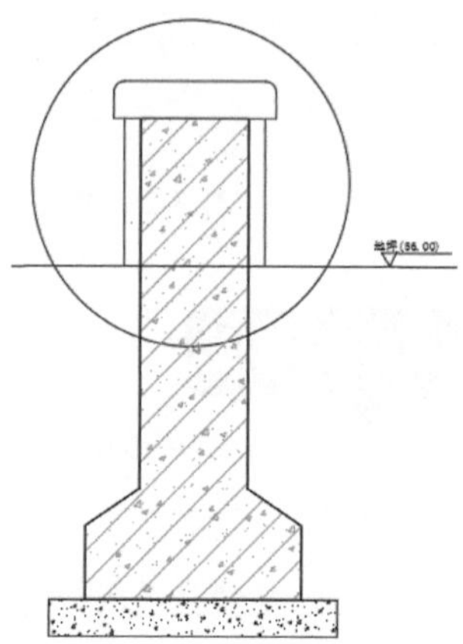
图 3-5　绘制圆形

命令行提示如下：

```
命令： _circle
指定圆的圆心或 [三点(3P)/两点(2P)/切点、切点、半径(T)]: （指定好圆心位置）
指定圆的半径或 [直径(D)]: 2200 （输入半径值，按回车键）
```

其他几种圆的绘制方式说明如下。

- 圆心、直径⊘：先确定圆心，然后输入圆直径，即可完成绘制操作。
- 两点○/三点○：在绘图区随意指定两点或三点或者捕捉图形的点即可绘制圆。
- 相切、相切、半径⊘：选择图形对象的两个相切点，再输入半径值即可绘制圆，如图 3-6 ~ 图 3-8 所示。

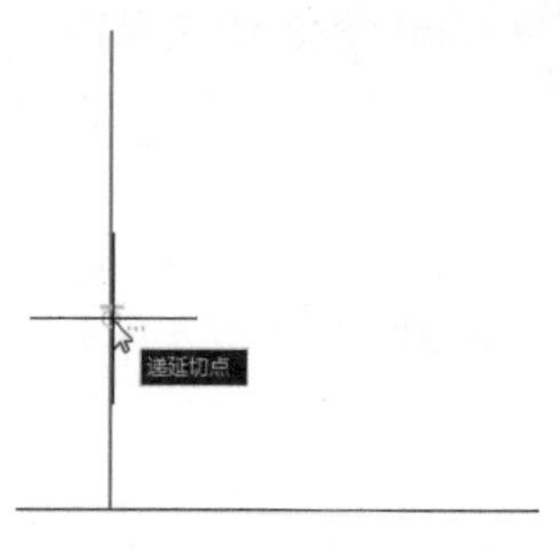

图 3-6　指定第 1 个切点

图 3-7　指定第 2 个切点

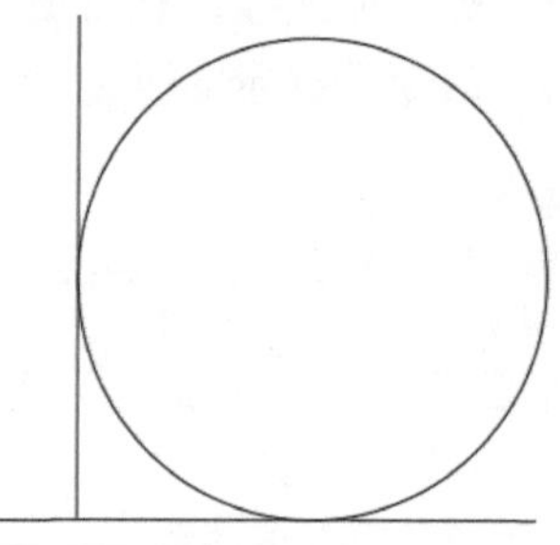
图 3-8　输入半径值

命令行提示如下：

```
命令： _circle
```

```
指定圆的圆心或 [三点(3P)/两点(2P)/切点、切点、半径(T)]: _ttr
指定对象与圆的第一个切点: (指定第 1 个切点)
指定对象与圆的第二个切点: (指定第 2 个切点)
指定圆的半径 <150.0000>:1500 (设置圆半径值，按回车键)
```

- 相切、相切、相切◯：选择图形对象的三个相切点，即可绘制一个与图形相切的圆，如图 3-9 ～图 3-11 所示。

命令行提示如下：

```
命令: _circle
指定圆的圆心或 [三点(3P)/两点(2P)/切点、切点、半径(T)]: _3p 指定圆上的第一个点:
_tan 到 (捕捉第 1 个切点)
指定圆上的第二个点: _tan 到 (捕捉第 2 个切点)
指定圆上的第三个点: _tan 到 (捕捉第 3 个切点)
```

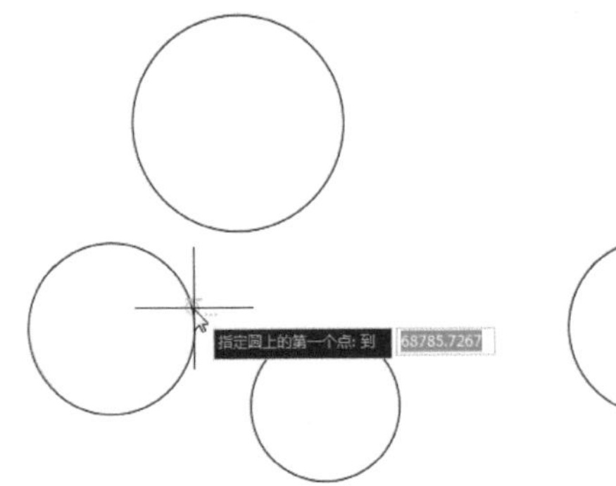

图 3-9　指定第 1 个切点

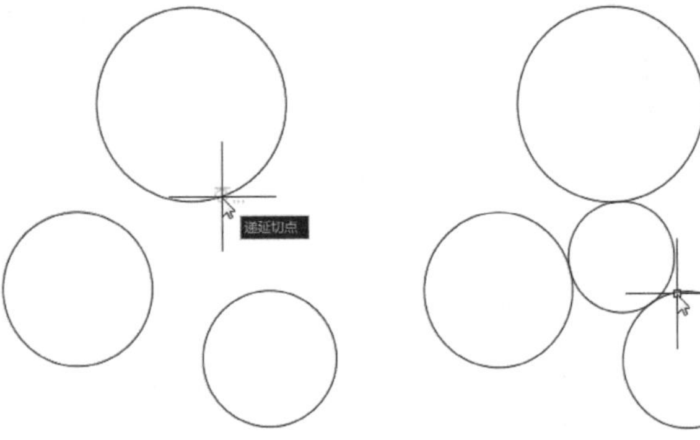

图 3-10　指定第 2 个切点　图 3-11　指定第 3 个切点确定圆

3.1.4　绘制椭圆

椭圆有长半轴和短半轴之分，长半轴与短半轴的值决定了椭圆曲线的形状，用户通过设置椭圆的起始角度和终止角度可以绘制椭圆弧。用户可以通过以下方式调用椭圆命令：

- 在菜单栏中执行“绘图”|“椭圆”命令，在打开的子命令中选择椭圆的绘制方式。
- 在“默认”选项卡的“绘图”面板中单击“圆心”按钮◌，选择绘制椭圆的方式，可以单击其下拉按钮，在弹出的列表中单击相应选项。
- 在命令行中输入 ELLIPSE 命令并按回车键。

执行“圆心”命令后，用户可根据命令行的提示，先指定好椭圆的圆心位置，然后指定好椭圆长半轴，再指定好椭圆的短半轴即可，如图 3-12 ～图 3-14 所示。

命令行提示如下：

```
命令: _ellipse
指定椭圆的轴端点或 [圆弧(A)/中心点(C)]: _c
指定椭圆的中心点: (指定椭圆中心位置)
```

```
指定轴的端点：（指定椭圆长半轴长度）
指定另一条半轴长度或 [旋转(R)]：（指定椭圆短半轴长度）
```

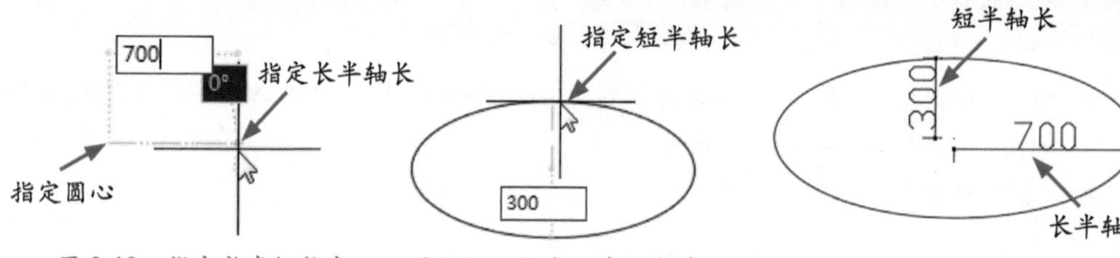

图 3-12　指定长半轴长度　　图 3-13　指定短半轴长度　　图 3-14　完成椭圆的绘制

知识点拨

除了以上默认的椭圆绘制方式外，用户还可以通过“轴，端点”方式绘制。该方式是在绘图区域直接指定椭圆一轴的两个端点，并输入另一条半轴的长度即可。单击“圆心”下拉按钮，选择“轴，端点”选项，根据命令行的提示，指定椭圆两个端点的位置，然后再指定好椭圆的一个短半轴或长半轴长度即可。

3.1.5　绘制圆弧

绘制圆弧一般需要指定三个点：圆弧的起点、圆弧上的点和圆弧的端点。在 11 种绘制方式中，“三点”命令为系统默认绘制方式。用户可以通过以下方式调用圆弧命令：

- 在菜单栏中执行“绘图”|“圆弧”命令的子命令。
- 在“默认”选项卡的“绘图”面板中单击“圆弧”按钮，选择绘制圆弧的方式，可以单击其下拉按钮，在弹出的列表中单击相应选项。
- 在命令行中输入 ARC 命令并按回车键。

命令行提示如下：

```
命令：_arc
指定圆弧的起点或 [圆心(C)]：（指定圆弧的一端起点）
指定圆弧的第二个点或 [圆心(C)/端点(E)]：（指定圆弧第二个点）
指定圆弧的端点：（指定圆弧的端点）
```

下面将对圆弧列表中几种常用命令的功能进行详细介绍。

- 三点：通过指定三个点来创建一条圆弧曲线。第一个点为圆弧的起点，第二个点为圆弧上的点，第三个点为圆弧的端点。
- 起点、圆心、端点：指定圆弧的起点、圆心和端点绘制。
- 起点、圆心、角度：指定圆弧的起点、圆心和角度绘制。在输入角度值时，若当前环境设置的角度方向为逆时针方向，且输入的角度值为正，则从起始点绕圆心沿逆时针方向绘制圆弧；若输入的角度值为负，则沿顺时针方向绘制圆弧。

- 起点、圆心、长度：指定圆弧的起点、圆心和长度绘制圆弧。所指定的弦长不能超过起点到圆心距离的两倍。如果弦长的值为负值，则该值的绝对值将作为对应整圆的空缺部分圆弧的弦长。
- 圆心、起点：指定圆弧的圆心和起点后，再根据需要指定圆弧的端点，或角度或长度即可绘制。
- 连续：使用该方法绘制的圆弧将与最后一个创建的对象相切。

注意事项

圆弧的方向有顺时针和逆时针之分。默认情况下，系统按照逆时针方向绘制圆弧。因此，在绘制圆弧时一定要注意圆弧起点和端点的相对位置，否则有可能导致所绘制的圆弧与预期圆弧的方向相反。

实例：绘制大王椰绿植图块

下面将利用“圆”“圆弧”“直线”等命令，来绘制大王椰绿植图块。具体操作步骤如下：

Step 01 执行“圆”命令，指定好圆心位置，绘制半径为 300mm 的圆，如图 3-15 所示。

Step 02 执行“圆弧”命令中的“起点、端点、半径”子命令，捕捉圆心作为圆弧的起点，捕捉圆的象限点为圆弧的端点，绘制半径为 160mm 的圆弧，如图 3-16 所示。

命令行提示如下：

```
命令：_arc
指定圆弧的起点或 [圆心(C)]：（捕捉圆心）
指定圆弧的第二个点或 [圆心(C)/端点(E)]：_e
指定圆弧的端点：（捕捉圆形象限点）
指定圆弧的中心点(按住 Ctrl 键以切换方向)或 [角度(A)/方向(D)/半径(R)]：_r
指定圆弧的半径(按住 Ctrl 键以切换方向)：160（向右下方移动鼠标，输入半径值，按回车键）
```

Step 03 按照同样的方式，在圆内绘制出其他 3 条圆弧，如图 3-17 所示。

Step 04 执行“直线”命令，在圆弧上随意绘制直线作为绿植的枝杈，大小适中即可，如图 3-18 所示。

图 3-15　绘制圆

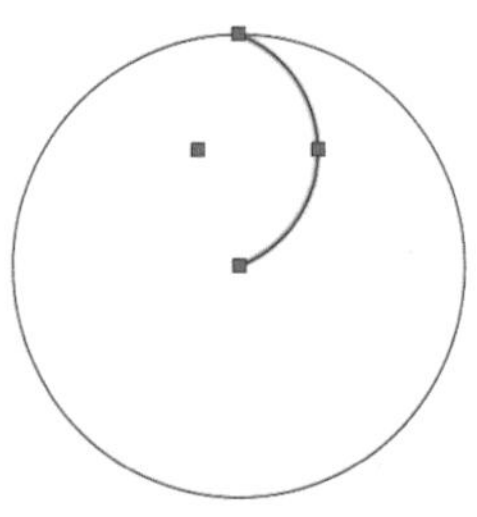
图 3-16　绘制圆弧

图 3-17　绘制其他圆弧

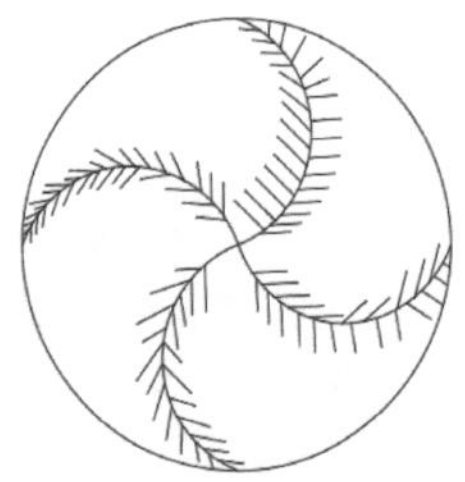
图 3-18　绘制绿植枝杈

3.1.6 绘制圆环

圆环是由两个圆心相同、半径不同的圆组成的。圆环分为填充环和实体填充圆，即带有宽度的闭合多段线。绘制圆环时，应首先指定圆环的内径、外径，然后再指定圆环的中心点即可完成圆环的绘制。用户可以通过以下方式调用圆环命令：

- 在菜单栏中执行“绘图”|“圆环”命令。
- 在“默认”选项卡的“绘图”面板中单击“圆环”按钮◎。
- 在命令行中输入 DONUT 命令并按回车键。

执行以上任意一项操作后，用户可根据命令行中的提示，指定圆环的内、外径大小，以及圆环的中心点进行操作。

命令行提示如下：

```
命令： _donut
指定圆环的内径 <228.0181>: 100 （输入圆环内部直径参数）
指定圆环的外径 <1.0000>: 120 （输入圆环外部直径参数）
指定圆环的中心点或 <退出>: （指定圆环中心位置）
指定圆环的中心点或 <退出>: *取消*
```

执行“圆环”命令后，若指定其内径值为 0，则可以通过指定外径大小来绘制实心圆。

3.1.7 绘制矩形

矩形是最常用的几何图形，分为普通矩形、倒角矩形和圆角矩形，用户可以随意指定矩形的两个对角点来创建矩形，也可以指定面积和尺寸来创建矩形。用户可以通过以下方式调用矩形命令：

- 在菜单栏中执行“绘图”|“矩形”命令。
- 在“默认”选项卡的“绘图”面板中单击“矩形”按钮□。
- 在命令行中输入 RECTANG（REC）命令并按回车键。

1. 普通矩形

在“默认”选项卡的“绘图”面板中单击“矩形”按钮，然后在任意位置指定第一个角点，再根据提示输入 D 命令并按回车键，分别输入矩形的长度和宽度，最后单击鼠标左键即可完成矩形的绘制，如图 3-19 所示。

命令行提示如下：

```
命令： _rectang
指定第一个角点或 [倒角(C)/标高(E)/圆角(F)/厚度(T)/宽度(W)]: （指定矩形的起点）
指定另一个角点或 [面积(A)/尺寸(D)/旋转(R)]: d （选择“尺寸”选项）
指定矩形的长度 <200.0000>: 500 （输入长度）
指定矩形的宽度 <600.0000>: 500 （输入宽度）
指定另一个角点或 [面积(A)/尺寸(D)/旋转(R)]: （单击任意点，完成操作）
```

知识点拨

用户也可以设置矩形的宽度，执行“矩形”命令后，根据命令行提示输入 W 命令，再输入线宽的数值，指定两个对角点即可绘制一个有宽度的矩形。

2. 倒角矩形

执行“矩形”命令，根据命令行提示输入 C 命令，输入倒角距离为 80，再输入长度和宽度分别为 500 和 500，单击鼠标左键即可绘制倒角矩形，如图 3-20 所示。

命令行提示如下：

```
命令： _rectang
当前矩形模式： 倒角 =80.0000 x 60.0000
指定第一个角点或 [倒角 (C)/标高 (E)/圆角 (F)/厚度 (T)/宽度 (W)]: c (选择“倒角”选项)
指定矩形的第一个倒角距离 <80.0000>: 80 (输入第 1 个倒角值)
指定矩形的第二个倒角距离 <60.0000>: 80 (输入第 2 个倒角值)
指定第一个角点或 [倒角 (C)/标高 (E)/圆角 (F)/厚度 (T)/宽度 (W)]: (指定矩形的起点)
指定另一个角点或 [面积 (A)/尺寸 (D)/旋转 (R)]: d (选择“尺寸”选项)
指定矩形的长度 <10.0000>: 500 (分别输入长度和宽度，按回车键)
指定矩形的宽度 <10.0000>: 500
指定另一个角点或 [面积 (A)/尺寸 (D)/旋转 (R)]: (单击任意点，完成操作)
```

3. 圆角矩形

执行“矩形”命令，根据命令行提示输入 F 命令，设置所需半径值，然后指定矩形的长、宽值即可绘制圆角矩形，如图 3-21 所示。

图 3-19 普通矩形

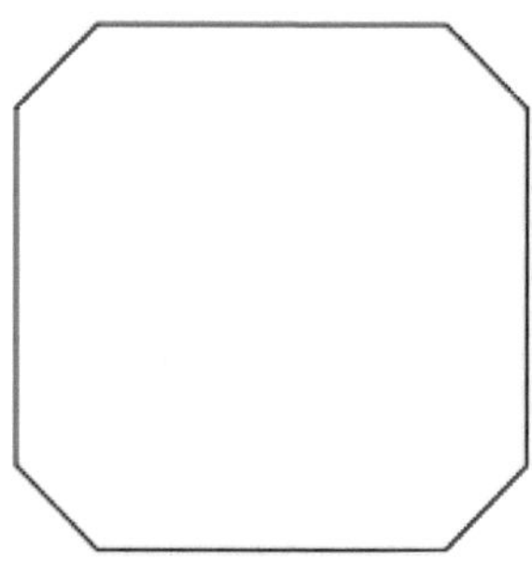

图 3-20 倒角矩形

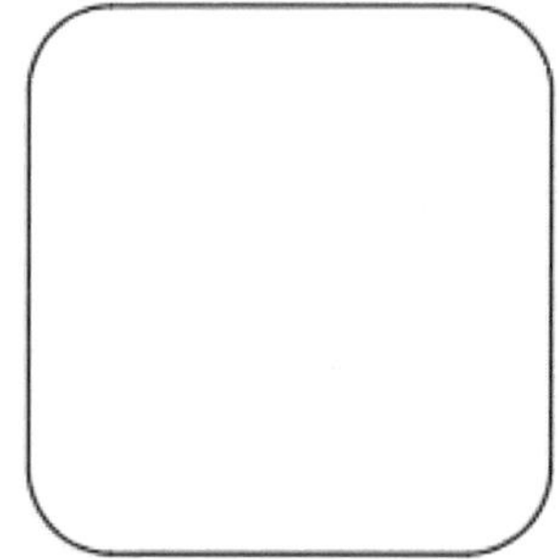

图 3-21 圆角矩形

命令行提示如下：

```
命令： _rectang
当前矩形模式： 倒角 =80.0000 x 80.0000
指定第一个角点或 [倒角 (C)/标高 (E)/圆角 (F)/厚度 (T)/宽度 (W)]: f (选择“圆角”选项)
指定矩形的圆角半径 <80.0000>: 80 (输入圆角半径)
指定第一个角点或 [倒角 (C)/标高 (E)/圆角 (F)/厚度 (T)/宽度 (W)]: (指定矩形起点)
```

```
指定另一个角点或 [面积(A)/尺寸(D)/旋转(R)]: d （选择“尺寸”选项）
指定矩形的长度 <500.0000>: （分别设置矩形长、宽数值）
指定矩形的宽度 <500.0000>:
指定另一个角点或 [面积(A)/尺寸(D)/旋转(R)]: （单击任意点，完成操作）
```

3.1.8 绘制正多边形

正多边形是由多条边长相等的闭合线段组合而成的，其各边相等，各角也相等。默认情况下，正多边形的边数为 4。用户可以通过以下方法调用多边形命令：

- 在菜单栏中执行“绘图”|“多边形”命令。
- 在“默认”选项卡的“绘图”面板中单击“多边形”按钮⬠。
- 在命令行中输入 POLYGON 命令并按回车键。

执行以上任意一种操作后，用户可以根据命令行中的提示，先输入多边形的边数，然后指定多边形的中心点，再选择内接圆或外切圆选项，最后指定圆的半径值即可。

命令行提示如下：

```
命令: _polygon 输入侧面数 <4>: 5              （输入多边形边数）
指定正多边形的中心点或 [边(E)]:               （指定多边形中心位置）
输入选项 [内接于圆(I)/外切于圆(C)] <I>:       （选择内接于圆或外切于圆）
指定圆的半径:           （输入圆半径值）
```

根据命令行提示，正多边形可以通过与虚拟的圆内接或外切的方法来绘制，也可以通过指定正多边形某一边端点的方法来绘制。

“内接于圆”是先确定正多边形的中心位置，然后输入内接圆的半径。执行“多边形”命令后，指定多边形的边数、中心点和“内接于圆”，即可绘制出内接于圆的正多边形，如图 3-22 所示。“外切于圆”同样先确定中心位置，输入圆的半径，但所输入的半径值为多边形的中心点到边线中点的垂直距离。执行“多边形”命令后，根据命令行提示，指定多边形的边数、中心点和“外切于圆”，即可绘制出外切于圆的正多边形，如图 3-23 所示。

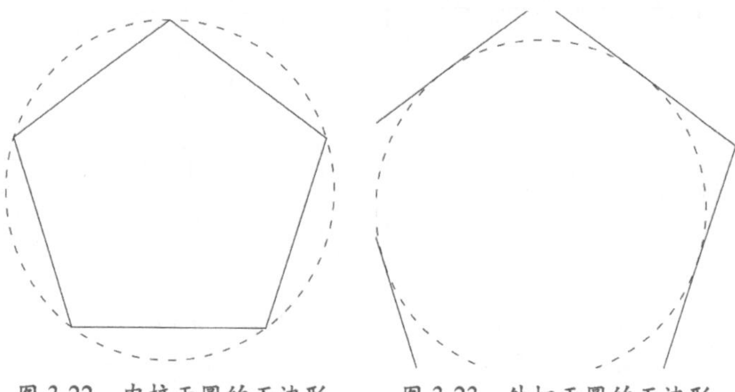

图 3-22 内接于圆的五边形　　图 3-23 外切于圆的五边形

知识点拨

在绘制多边形时，除了可以通过指定多边形的中心点来绘制正多边形之外，还可以通过指定多边形的一条边长来进行绘制。

3.2 高级绘图命令

以上讲解的是基本绘图命令的操作方法，接下来将对一些常用的高级绘图命令进行讲解，其中包括多段线、样条曲线、修订云线等操作。

3.2.1 绘制与编辑多段线

多段线是由相连的直线和圆弧曲线组成的，在直线和圆弧曲线之间可进行自由切换。在园林设计制图中，用户可用多段线命令绘制道路、花坛、木栈道、曲桥等图形。

1. 绘制多段线

多段线是由相连的直线或弧线组成的。多线段具有多样性，它可以设置宽度，也可以在一条线段中显示不同的线宽。默认情况下，当指定了多段线另一端点的位置后，将从起点到该点绘制出一段多段线。用户可以通过以下方式调用多线段命令：

- 在菜单栏中执行“绘图”|“多段线”命令。
- 在“默认”选项卡的“绘图”面板中单击“多段线”按钮。
- 在命令行中输入 PLINE（PL）命令并按回车键。

执行“多段线”命令后，用户可以根据命令行中的提示信息进行操作。在绘制的过程中，用户可以随时选择命令行中的设置选项来改变线段的属性。

命令行提示如下：

```
命令： _pline
指定起点：（指定多段线起始点）
当前线宽为 0.0000
指定下一个点或 [圆弧(A)/半宽(H)/长度(L)/放弃(U)/宽度(W)]: 1000（指定下一点，直至结束）
指定下一点或 [圆弧(A)/闭合(C)/半宽(H)/长度(L)/放弃(U)/宽度(W)]:
```

2. 编辑多段线

多段线绘制完毕后，用户可对其属性进行设置，可通过以下方式编辑多段线：

- 在菜单栏中执行“修改”|“对象”|“多段线”命令。
- 鼠标双击多段线图形对象。
- 在命令行中输入 PEDIT 命令并按回车键。

执行“多段线”命令后，选择要编辑的多段线，系统会弹出一个快捷菜单，在此可选择所需选项进行操作，如图 3-24 所示。

闭合(C)
合并(J)
宽度(W)
编辑顶点(E)
拟合(F)
样条曲线(S)
非曲线化(D)
线型生成(L)
反转(R)
放弃(U)

图 3-24　多段线编辑菜单

注意事项

将多条线段合并成一条多段线时，欲合并的线段必须首尾相连。否则，在选取各对象后 AutoCAD 就会提示：0 条线段已添加到多段线。

实例：绘制石块图形

下面将利用多段线命令绘制石块图形，具体操作如下：

Step 01 执行“多段线”命令，根据命令行提示，在绘图区中指定线段起点，如图 3-25 所示。移动鼠标指定下一点，直至终点，按回车键完成石块轮廓线的绘制，如图 3-26 所示。

Step 02 再次执行“多段线”命令，绘制石块纹路，如图 3-27 所示。

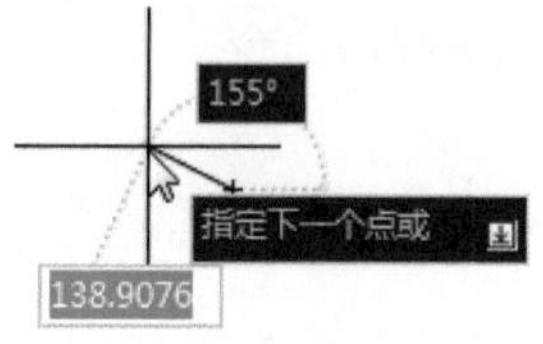

图 3-25　指定起点

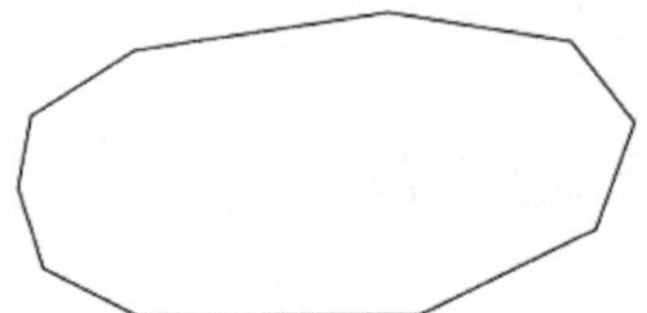

图 3-26　绘制石块轮廓

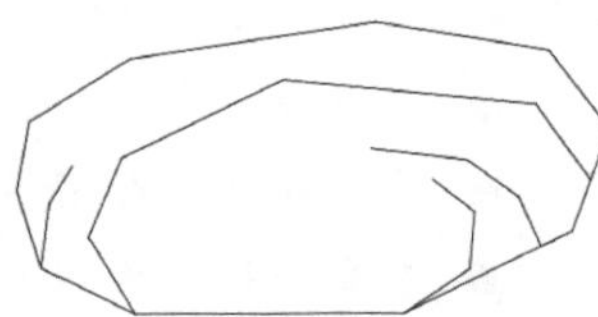

图 3-27　绘制石块纹路

Step 03 双击绘制好的石块轮廓线，在打开的快捷菜单中选择“宽度”选项，如图 3-28 所示。

Step 04 在动态输入框中指定新宽度为 10，如图 3-29 所示。

Step 05 按两次回车键，完成轮廓线宽度的更改，效果如图 3-30 所示。

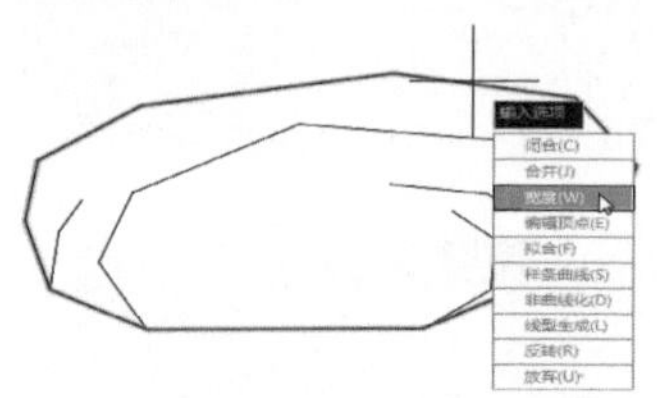

图 3-28　打开编辑多段线快捷菜单

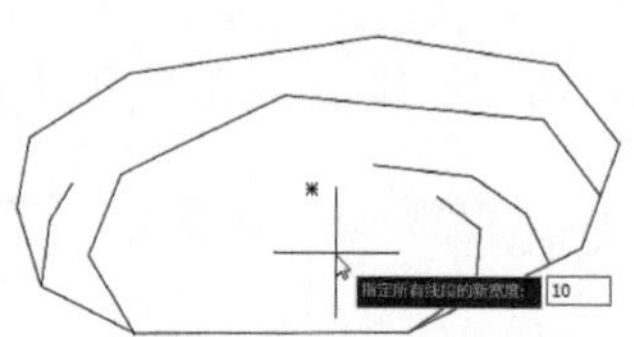

图 3-29　指定新宽度

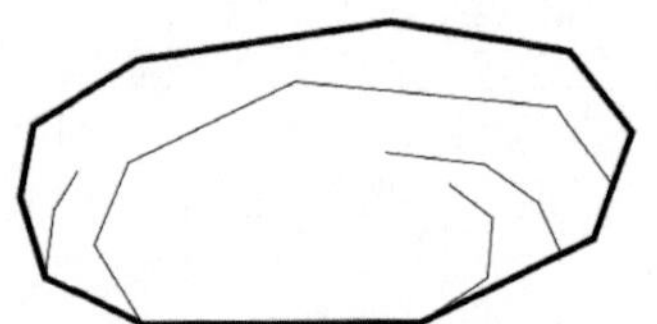

图 3-30　完成石块的绘制

3.2.2　绘制样条曲线

样条曲线是经过或接近影响曲线形状的一系列点的平滑曲线。用户可以通过以下方式调用样条曲线命令：

- 在菜单栏中执行“绘图”|“样条曲线”|“拟合点 / 控制点”命令。
- 在“默认”选项卡的“绘图”面板中单击“样条曲线拟合”按钮或“样条曲线控制点”按钮。

- 在命令行中输入 SPLINE 命令并按回车键。

用户执行“样条曲线拟合”命令后，可按照命令行中的提示信息进行绘制操作。

命令行提示如下：

```
命令： _SPLINE
当前设置： 方式 = 拟合    节点 = 弦
指定第一个点或 [ 方式 (M) / 节点 (K) / 对象 (O) ]： _M
输入样条曲线创建方式 [ 拟合 (F) / 控制点 (CV) ] < 拟合 >： _FIT
当前设置： 方式 = 拟合    节点 = 弦
指定第一个点或 [ 方式 (M) / 节点 (K) / 对象 (O) ]： （指定起点）
输入下一个点或 [ 起点切向 (T) / 公差 (L) ]：（指定下一点，直到结束）
输入下一个点或 [ 端点相切 (T) / 公差 (L) / 放弃 (U) ]： （按回车键，完成绘制）
输入下一个点或 [ 端点相切 (T) / 公差 (L) / 放弃 (U) / 闭合 (C) ]：
```

在景观园林设计过程中，用户可利用样条曲线绘制道路、水体等图形，如图 3-31 所示。选中样条曲线后，单击夹点处的倒三角符号，可进行“拟合”/“控制点”两种类型的切换，如图 3-32 所示。

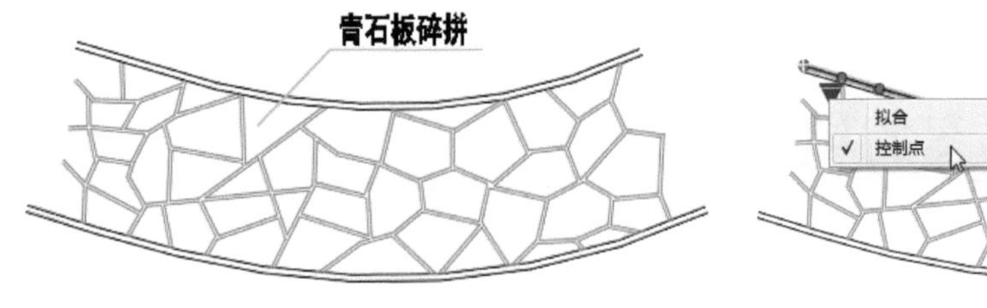

图 3-31　道路拼花　　　　图 3-32　切换曲线类型

3.2.3　绘制修订云线

修订云线是由连续圆弧组成的多段线，用于在检查阶段提醒用户注意图形的某个部分，在园林制图中也可用于绘制植物图形。修订云线可分为矩形修订云线、多边形修订云线以及徒手画 3 种方式。用户可以通过以下方式调用修订云线命令：

- 在菜单栏中执行“绘图”|“修订云线”命令。
- 在“默认”选项卡的“绘图”面板中单击“修订云线”按钮，选择绘制修订云线的方式，可以单击其下拉按钮，在弹出的列表中单击相应选项。
- 在命令行中输入 REVCLOUD 命令并按回车键。

在执行“矩形修订云线”命令后，可以根据命令行中的提示信息进行绘制操作。

命令行提示如下：

```
命令： _revcloud
最小弧长： 5    最大弧长： 10    样式： 普通    类型： 矩形
指定第一个角点或 [ 弧长 (A) / 对象 (O) / 矩形 (R) / 多边形 (P) / 徒手画 (F) / 样式 (S) / 修改
(M) ] < 对象 >： _R
```

指定第一个角点或 [弧长 (A) / 对象 (O) / 矩形 (R) / 多边形 (P) / 徒手画 (F) / 样式 (S) / 修改 (M)] <对象>: a （选择“弧长”选项）
指定最小弧长 <5>: 10 （设置最小、最大弧长参数）
指定最大弧长 <10>: 30
指定第一个角点或 [弧长 (A) / 对象 (O) / 矩形 (R) / 多边形 (P) / 徒手画 (F) / 样式 (S) / 修改 (M)] <对象>: （指定矩形云线起点）
指定对角点：（指定矩形对角点）

执行“修订云线”命令后，根据命令行提示输入 S 命令，在命令行中会出现“选择圆弧样式 [普通 (N)/ 手绘 (C)]”的提示内容，输入 N 命令按回车键后，画出的云线是普通的单线形式，如图 3-33 所示；输入 C 命令按回车键后就是手绘状态，如图 3-34 所示。

图 3-33 修订云线普通样式

图 3-34 修订云线手绘样式

3.3 图形图案的填充

在绘图过程中，为了区分不同的材料，需要为图形填充不同的图案。例如园路、水池、草坪等。下面将对图案填充功能进行详细的介绍。

3.3.1 图案填充

图案填充是一种使用图形图案对指定的图形区域进行填充的操作。用户可以通过以下方式调用图案填充命令：

- 在菜单栏中执行“绘图” | “图案填充”命令。
- 在“默认”选项卡的“绘图”面板中单击“图案填充”按钮。
- 在命令行中输入 H 命令并按回车键。

执行“图案填充”命令后，系统将自动打开“图案填充创建”选项卡，如图 3-35 所示。用户可以直接在该选项卡中设置图案填充的边界、图案、特性以及其他属性。

图 3-35 “图案填充创建”选项卡

下面将对常用的填充设置选项进行说明。

1. 图案

在“图案填充创建”选项卡的“图案”面板中单击右侧下拉按钮，可打开图案列表。用户可以在该列表中选择所需的图案进行填充，如图 3-36 所示。

2. 特性

在“特性”面板中，用户可以根据需要选择图案的类型、图案填充颜色、图案透明度、图案填充角度、图案填充比例等，如图 3-37 所示的是设置图案填充颜色。

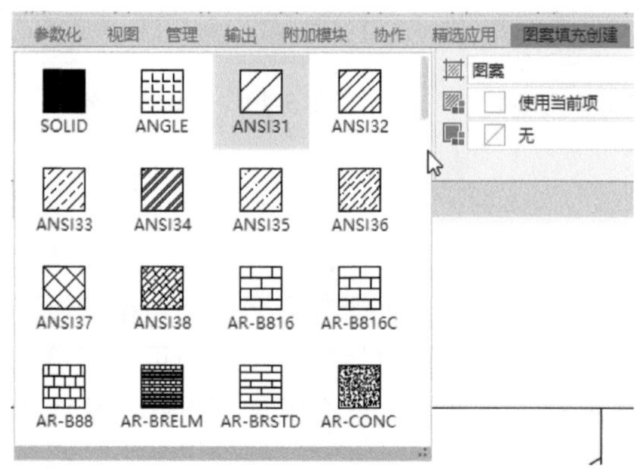

图 3-36　图案列表

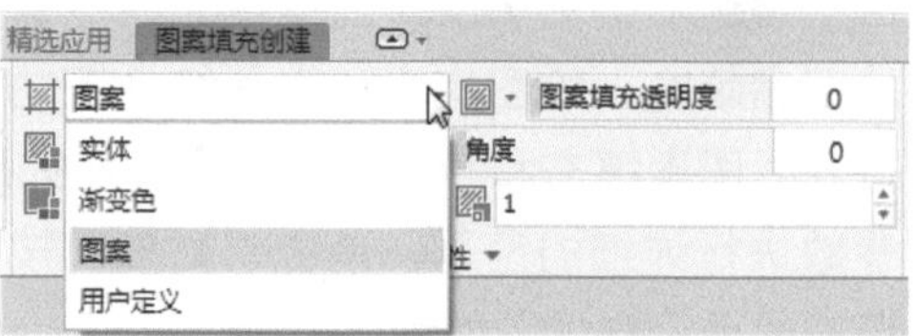

图 3-37　设置图案填充颜色

3. 原点

许多图案填充需要对齐填充边界上的某一点。在“原点”面板中可设置图案填充原点的位置。设置原点位置包括“指定的原点”和“使用当前原点”两个选项，如图 3-38 所示。

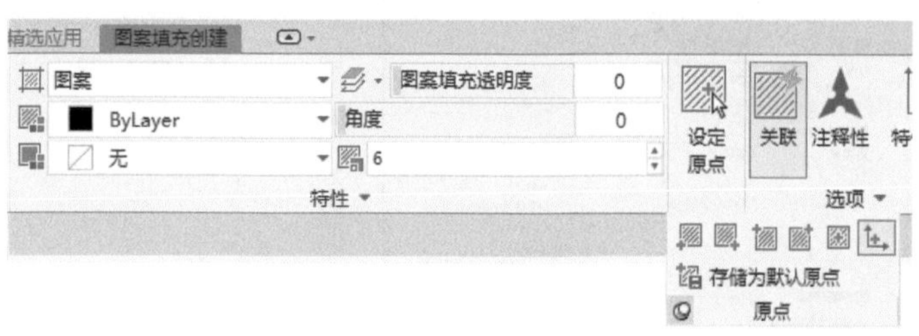

图 3-38　“原点”面板

在该面板中，用户可以自定义原点位置，通过指定左下、右下、左上、右上和中心点位置作为图案填充的原点进行填充。

- “使用当前原点”：可以使用当前 UCS 的原点（0,0）作为图案填充的原点。
- “存储为默认原点”：可以将指定的原点存储为默认的填充图案原点。

4. 边界

在“边界”面板中，用户可以选择填充图案的边界，也可以进行删除边界、重新创建边界等操作。

- 拾取点：将拾取点任意放置在填充区域上，就会预览填充效果，如图 3-39 所示，单击鼠标左键即可完成图案填充。

- 选择：根据选择的边界填充图形，随着选择的边界增加，填充的图案面积也会增加，如图 3-40 所示。
- 删除边界：在利用拾取点或者选择对象定义边界后，单击“删除边界”按钮，可以取消系统自动选取或用户选取的边界，形成新的填充区域。

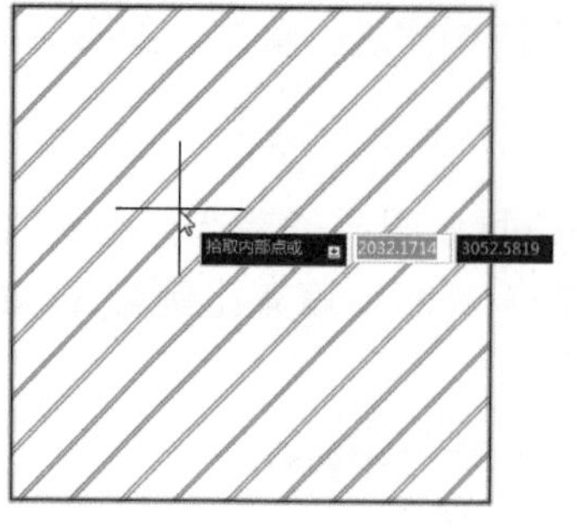

图 3-39　预览填充图案

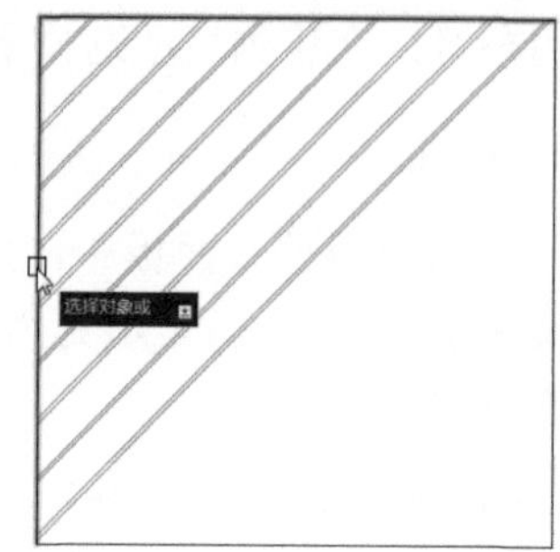

图 3-40　选择边界效果

5. 选项

该选项组用于设置图案填充的一些附属功能，其中包括注释性、关联、创建独立的图案填充、绘图次序和继承特性等功能。单击“选项”面板右侧下拉三角按钮，可打开“图案填充和渐变色”对话框，如图 3-41 所示。在该对话框中，用户可以对填充参数进行详细的设置。单击“更多”按钮，展开“孤岛”设置面板，可在此设置图案填充的显示样式，如图 3-42 所示。

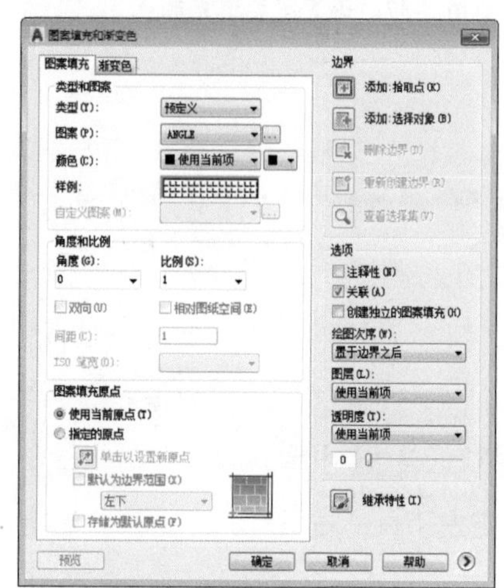

图 3-41　“图案填充”选项卡

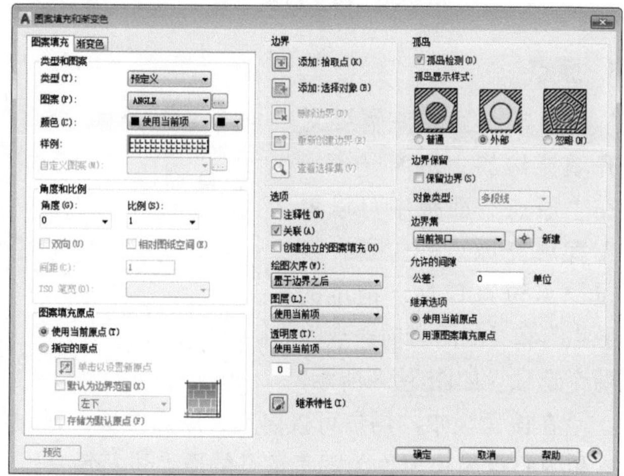

图 3-42　“孤岛”设置面板

3.3.2　渐变色填充

渐变色填充是使用渐变颜色对指定的图形区域进行填充的操作，可创建单色或者双色渐变色。在进行渐变色填充前，首先需要进行填充设置，用户既可以通过“图案填充创建”选项卡进行设置（见图 3-43），也可以在“图案填充和渐变色”对话框中进行设置。

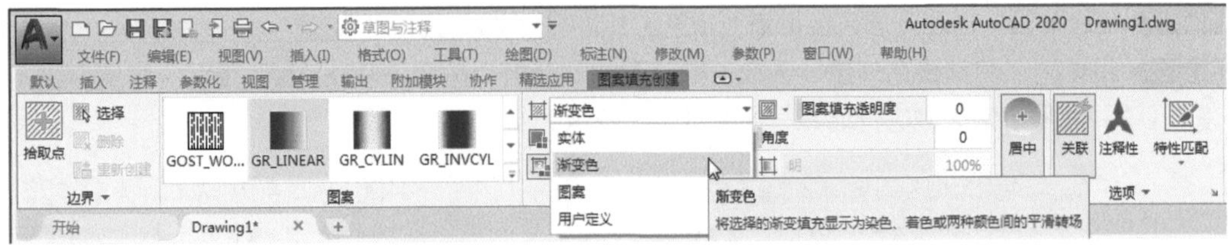

图 3-43　“图案填充创建”选项卡

用户在命令行中输入 H 快捷命令后按回车键，再输入 T 命令，即可打开“图案填充和渐变色”对话框。切换到“渐变色”选项卡，如图 3-44 和图 3-45 所示分别为单色渐变色和双色渐变色的设置面板。

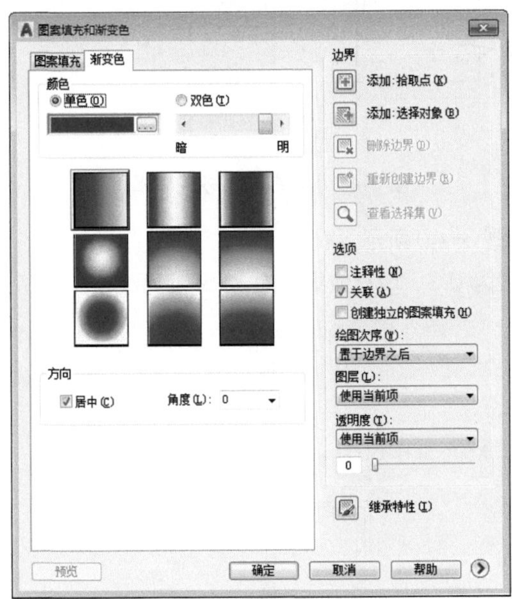

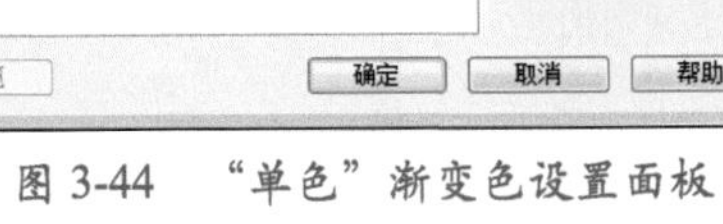

图 3-44　“单色”渐变色设置面板

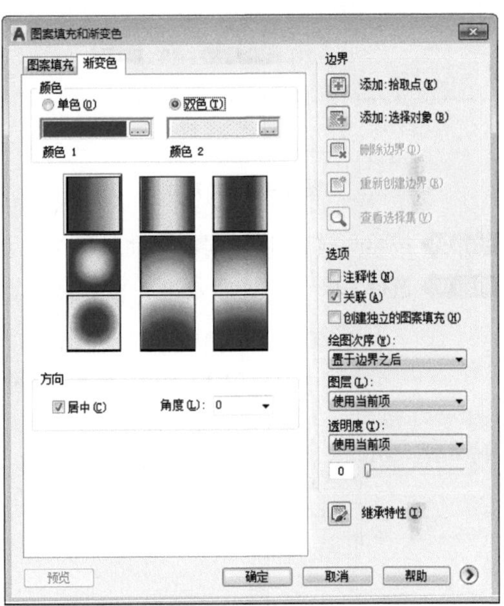

图 3-45　“双色”渐变色设置面板

实例：完善凉亭坐凳地桩图纸

下面将利用“图案填充”功能为凉亭坐凳地桩图填充图案，具体操作如下：

Step 01 打开本书附赠素材文件。执行“图案填充”命令，在“图案填充创建”选项卡的“图案”面板中选择 AR-CONC 图案，在“特性”面板中设置好填充颜色及比例参数，如图 3-46 所示。

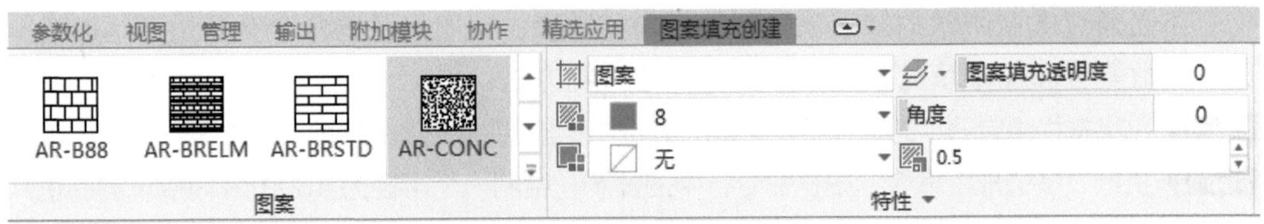

图 3-46　设置填充图案

Step 02 在绘图区中指定好填充区域进行填充，如图 3-47 所示。

Step 03 同样在“图案填充创建”选项卡的“图案”面板中选择 AR-SAND 图案，将填充比例设为 0.3，选择所需区域进行填充，如图 3-48 所示。

图 3-47　填充柱体

图 3-48　填充水泥砂浆隔层

Step 04 按照同样的方法，填充其他所需区域，如图 3-49 所示。

Step 05 选择 AR-HBONE 图案，将其填充比例设为 0.3，填充效果如图 3-50 所示。

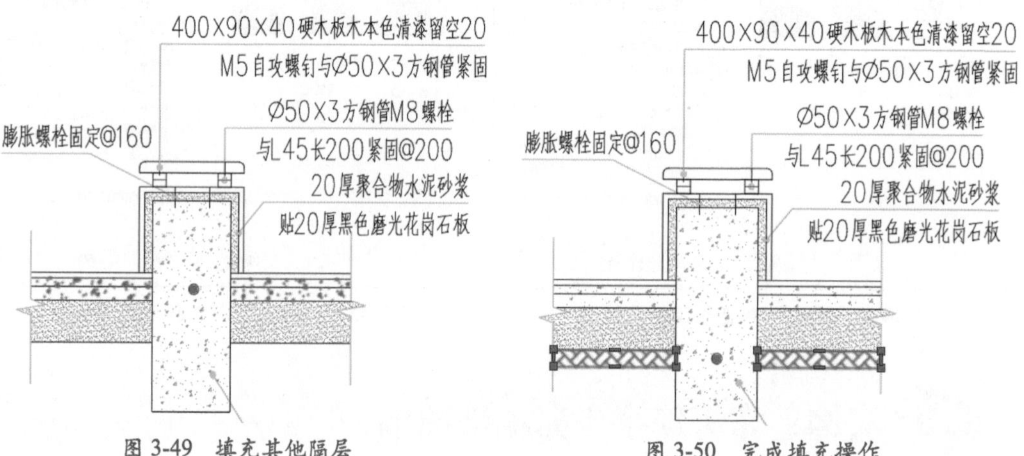

图 3-49　填充其他隔层　　　图 3-50　完成填充操作

课堂实战　绘制地面拼花图案

下面通过本章所学的知识来绘制地面拼花图案。其中涉及的命令有多边形、直线、圆、定数等分和图案填充等。下面具体介绍绘制方法：

Step 01 在状态栏中启动“对象捕捉”功能，并选中相应的捕捉模式选项，如图 3-51 所示。

Step 02 执行“多边形”命令，根据命令行中的提示，绘制一个半径为 480mm 内接于圆的正八边形，如图 3-52 所示。

命令行提示如下：

```
命令：_polygon 输入侧面数 <4>: 8 （输入多边形的边数值，按回车键）
指定正多边形的中心点或 [边 (E)]: （指定正多边形的中心点）
输入选项 [内接于圆 (I)/外切于圆 (C)] <I>: I （选择“内接于圆”选项）
指定圆的半径：<正交 开> 480 （输入内接圆半径值，按回车键）
```

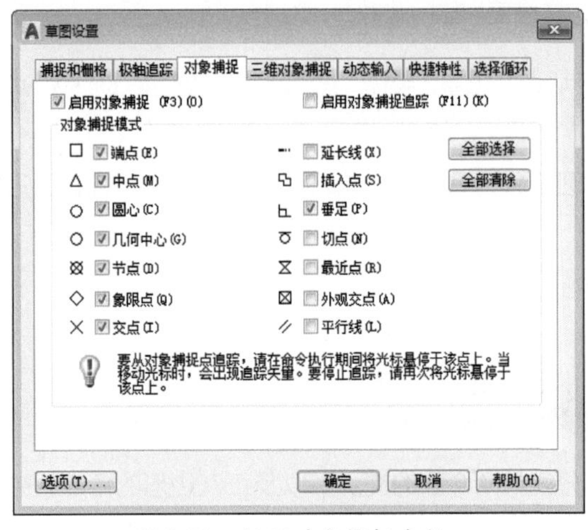

图 3-51 设置对象捕捉参数

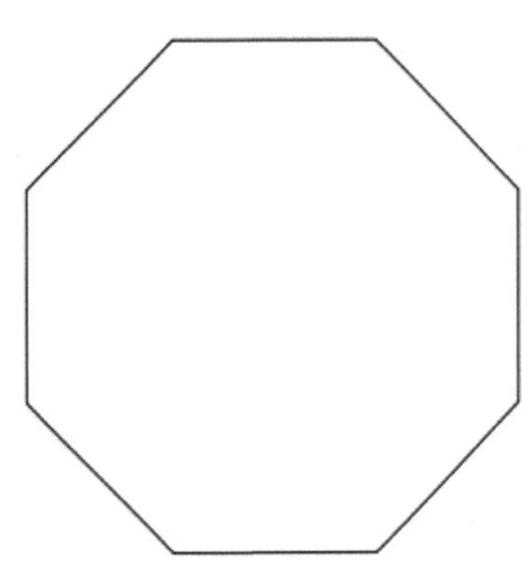

图 3-52 绘制正八边形

Step 03 执行“直线”命令，捕捉正八边形的各个角点，绘制其连接线，如图 3-53 所示。

Step 04 执行“修剪”命令，全选图形并按回车键，选择要剪掉的线段，如图 3-54 和图 3-55 所示。

命令行提示如下：

```
命令：_trim
当前设置：投影 =UCS，边 = 无
选择剪切边 ...
选择对象或 <全部选择>:  指定对角点：找到 9 个  （框选所有图形，按回车键）
选择对象：
选择要修剪的对象或按住 Shift 键选择要延伸的对象，或者
[栏选 (F)/ 窗交 (C)/ 投影 (P)/ 边 (E)/ 删除 (R)]:  （选择要剪掉的线段）
```

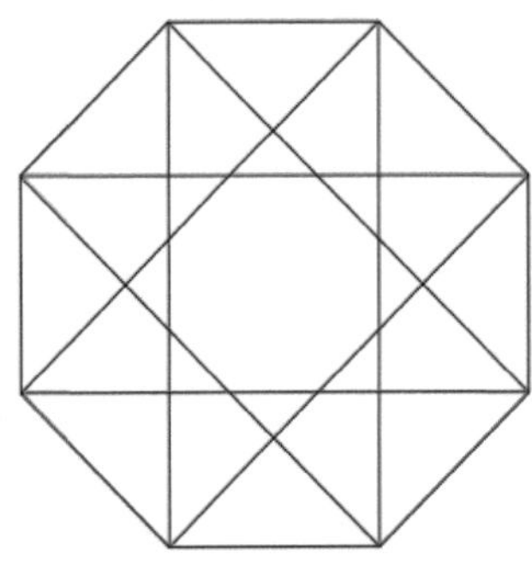

图 3-53 绘制角点连接线

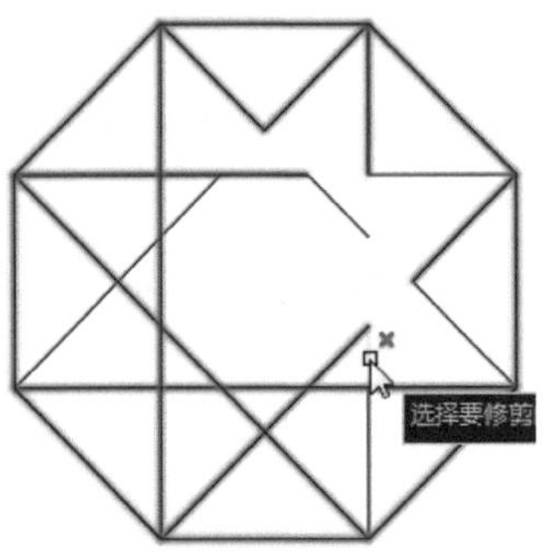

图 3-54 选择要剪掉的线段

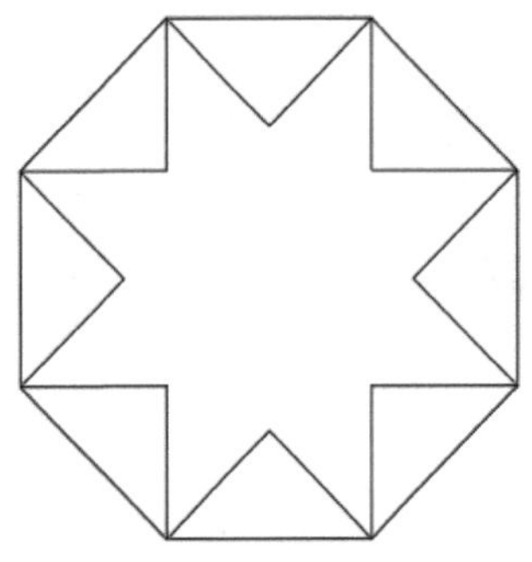

图 3-55 修剪结果

Step 05 执行“圆”命令，捕捉多边形几何中心，绘制两个半径分别为 800mm、840mm 的同心圆，如图 3-56 所示。

命令行提示如下：

```
命令： _circle
指定圆的圆心或 [三点(3P)/两点(2P)/切点、切点、半径(T)]：（捕捉几何中心点）
指定圆的半径或 [直径(D)]：800 （输入半径值，按回车键）
命令： CIRCLE
指定圆的圆心或 [三点(3P)/两点(2P)/切点、切点、半径(T)]：（再次捕捉几何中心点）
指定圆的半径或 [直径(D)] <800.0000>：840 （输入新半径值，按回车键）
```

Step 06 执行“定数等分”命令，将外侧的圆等分为 8 份。再执行“直线”命令，捕捉圆形等分点，绘制连接直线，如图 3-57 所示。

命令行提示如下：

```
命令： _divide
选择要定数等分的对象：（选择外侧圆形，按回车键）
输入线段数目或 [块(B)]：8 （输入等分数值，按回车键）
```

Step 07 执行“多段线”命令，分别捕捉等分线与两个圆的交点，以及正八边形的角点，绘制两条多段线，如图 3-58 所示。

图 3-56 绘制同心圆

图 3-57 等分并绘制直线

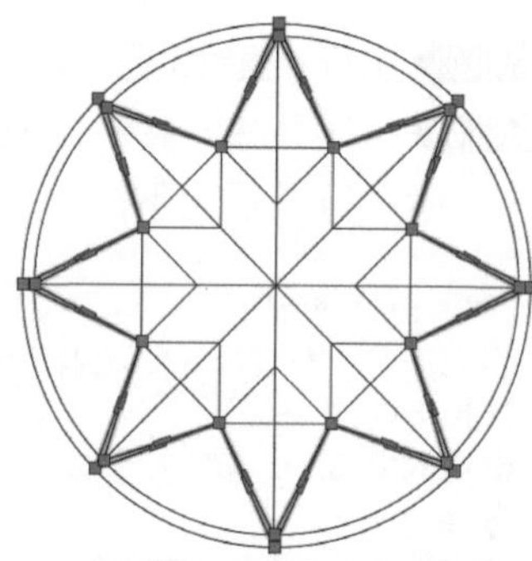

图 3-58 绘制多段线

Step 08 执行“圆”命令，捕捉同心圆的圆心，分别绘制半径为 1250mm 和 1350mm 的两个圆，如图 3-59 所示。

Step 09 执行“定数等分”命令，同样将最外侧的圆等分为 8 份，并执行“直线”命令，绘制等分线线，如图 3-60 所示。

Step 10 执行“旋转”命令，选中刚绘制的 4 条等分线，以圆心为旋转中心，捕捉正多边形的角点，旋转等分线，如图 3-61 所示。

命令行提示如下：

```
命令： _rotate
UCS 当前的正角方向： ANGDIR=逆时针 ANGBASE=0
```

```
选择对象： 找到 1 个 （选中 4 条等分线，按回车键）
选择对象： 找到 1 个，总计 2 个
选择对象： 找到 1 个，总计 3 个
选择对象： 找到 1 个，总计 4 个
选择对象：
指定基点： （指定圆心点为旋转基点）
指定旋转角度，或 [复制(C)/参照(R)] <0>: （捕捉正多边形任意一个角点）
```

图 3-59 绘制圆　　图 3-60 等分圆　　图 3-61 旋转等分线

Step 11 执行“多段线”命令，捕捉并绘制两条多段线，如图 3-62 所示。

Step 12 删除图形内部的圆、正八边形以及所有等分线，如图 3-63 所示。

Step 13 执行“圆”命令，捕捉同心圆的圆心，绘制半径为 1450mm 的圆形，如图 3-64 所示。

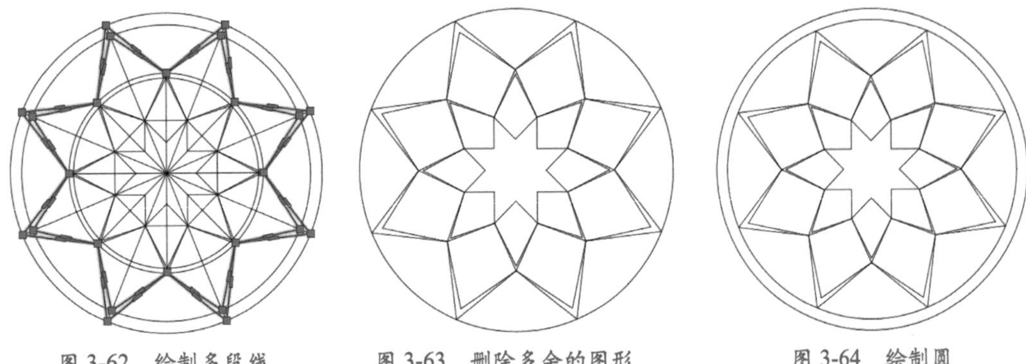

图 3-62 绘制多段线　　图 3-63 删除多余的图形　　图 3-64 绘制圆

Step 14 执行“图案填充”命令，打开“图案填充创建”选项卡。在“图案”面板中选择 SOLID 图案，其他为默认，如图 3-65 所示。

图 3-65 设置图案填充

Step 15 在绘图区中选择要填充的区域，按回车键结束填充操作，如图 3-66 所示。

Step 16 在“图案填充创建”选项卡的“图案”面板中选择 ANSI31 图案，并将其比例设为 10，继续填充图形，最终效果如图 3-67 所示。

图 3-66 选择填充的区域

图 3-67 完成填充后的效果

课后作业

为了让用户能够更好地掌握本章所学的知识内容，下面安排了一些 ACAA 认证考试的参考试题，让用户可以对所学的知识进行巩固和练习。

一、填空题

1. ________ 可以将图形按照固定的数值和相同的距离平均等分；而 ________ 是从某一端点按照指定的距离划分的点。

2. 椭圆有 ________ 和 ________ 之分，它们的值决定了椭圆曲线的形状。用户通过设置椭圆的 ________ 和 ________ 来绘制椭圆弧。

3. ________ 是由相连的直线和圆弧曲线组成的。将多条直线段合并成一条多段线时，欲合并的线段必须是 ________。

二、选择题

1. 重复执行上一次命令的按键是（　　）。

A. Enter　　B. Alt　　C. Shift　　D. F7

2. 绘制倒角矩形时，需要在命令行中输入（　　）命令。

A. R　　B. C　　C. T　　D. E

3. 在绘制正多边形时，在命令行中输入 C 命令，是执行（　　）操作。

A. 绘制内接于圆　　B. 绘制外切于圆

C. 正多边形进行倒斜角　　D. 正多边形进行倒圆角

4. 在绘制圆形时，在命令行中选用“两点（2P）”选项，则两点之间的距离是（　　）。

A. 周长　　B. 半径　　C. 直径　　D. 最短弦长

三、操作题

1. 绘制草坪图块

本实例将利用修订云线和图案填充功能绘制草坪图块，效果如图 3-68 所示。

图 3-68　绘制草坪图块

操作提示：

Step 01 执行“修订云线”命令，绘制出草坪大致轮廓。

Step 02 执行“图案填充”命令，对草坪图块进行填充。

2. 绘制遮阳棚小景

本实例将利用多边形、多段线等绘图工具绘制遮阳棚小景，效果如图 3-69 所示。

图 3-69　绘制遮阳棚小景

操作提示：

Step 01 执行“多边形”命令绘制正六边形；执行“直线”命令绘制 3 条直线；执行“弧线”命令绘制遮阳棚轮廓线，然后删除正六边形。

Step 02 执行“多段线”命令，绘制青石板路图形。

第 4 章

园林图形的编辑

内容导读

图形的绘制与编辑是一个整体，一般情况下，在绘制图形的时候，就需要根据用户需求对其图形进行基本的编辑，例如修剪、复制、缩放、旋转等。本章将向读者简单介绍一下 AutoCAD 常用的编辑功能操作。通过对本章内容的学习，用户能够熟悉并掌握编辑功能的一系列操作，以为之后绘制复杂图形打下基础。

学习目标

- ▲ 复制图形
- ▲ 改变图形的位置和方向
- ▲ 修改图形

4.1 根据不同需求复制图形

在绘制大量相同图形时，为了节省时间，减少工作量，可使用复制功能进行批量复制操作。在 AutoCAD 中复制类工具有基本复制、偏移、镜像、阵列这 4 类。下面将分别对这 4 种复制操作进行简单介绍。

4.1.1 复制图形

在 AutoCAD 中使用复制工具，可将任意图形复制到视图中任意位置。用户可通过以下方式进行简单复制操作：

- 在菜单栏中执行“修改”|“复制”命令。
- 在“默认”选项卡的“修改”面板中单击“复制”按钮 。
- 在命令行中输入 COPY（CO）命令并按回车键。

执行以上任意一项操作后，根据命令行的提示，先选择原图形，并指定好复制的基点，然后移动光标至新的基点即可，如图 4-1 和图 4-2 所示。

命令行提示如下：

```
命令： _copy
选择对象： 指定对角点： 找到 5 个 （选择要复制的图形，按回车键）
选择对象：
当前设置： 复制模式 = 多个
指定基点或 [位移(D)/模式(O)] <位移>： （指定好图形的复制基点）
指定第二个点或 [阵列(A)] <使用第一个点作为位移>：（指定新的复制基点，按回车键完成操作）
指定第二个点或 [阵列(A)/退出(E)/放弃(U)] <退出>：
```

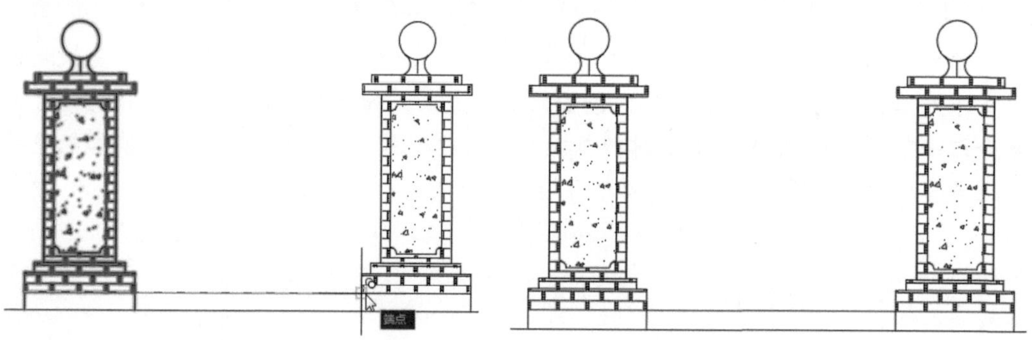

图 4-1 选择图形并指定新基点　　图 4-2 完成复制操作

4.1.2 偏移图形

使用“偏移”命令，可以将直线复制出与之平行的直线，可将圆或圆弧复制出与之平行的更大或更小的圆或圆弧，其关键点则取决于向哪一侧复制偏移，如图 4-3 所示。该命令只能够对直线、圆、圆弧、多段线、样条曲线以及各类闭合的线段进行操作。而对于图块，或各种面、块组合的图形将无效。

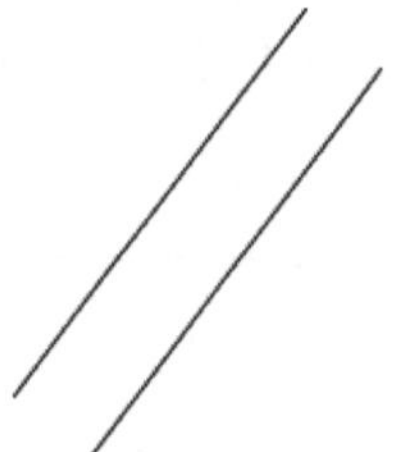

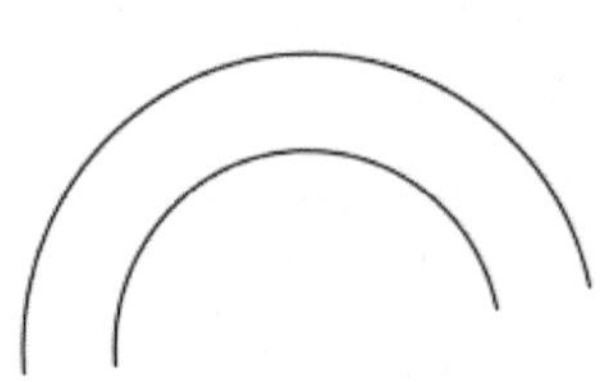

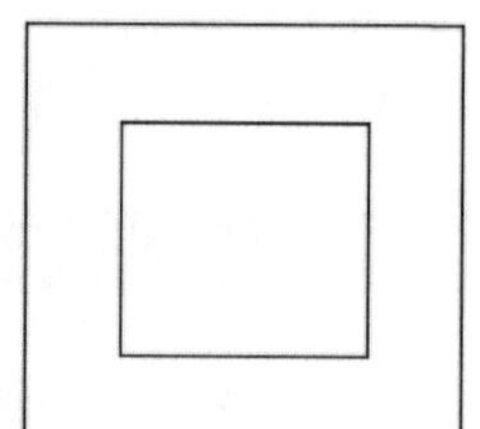

图 4-3 偏移各种线段

用户可以通过以下方式调用偏移命令：

- 在菜单栏中执行“修改”|“偏移”命令。
- 在“默认”选项卡的“修改”面板中单击“偏移”按钮⊆。
- 在命令行中输入 OFFSET（O）命令并按回车键。

执行以上任意一项操作后，用户可以根据命令行中的提示，先输入偏移的距离值，按回车键，再选择要偏移的图形，然后指定好偏移方向上任意一点即可，如图 4-4 ～图 4-6 所示。

命令行提示如下：

```
命令： _offset
当前设置： 删除源 = 否  图层 = 源  OFFSETGAPTYPE=0
指定偏移距离或 [ 通过 (T) / 删除 (E) / 图层 (L) ] <20.0000>: 180 （输入需偏移的距离，按回车键）
选择要偏移的对象，或 [ 退出 (E) / 放弃 (U) ] < 退出 >: （选择要偏移的线段）
指定要偏移的那一侧上的点，或 [ 退出 (E) / 多个 (M) / 放弃 (U) ] < 退出 >:（指定要偏移的方向）
```

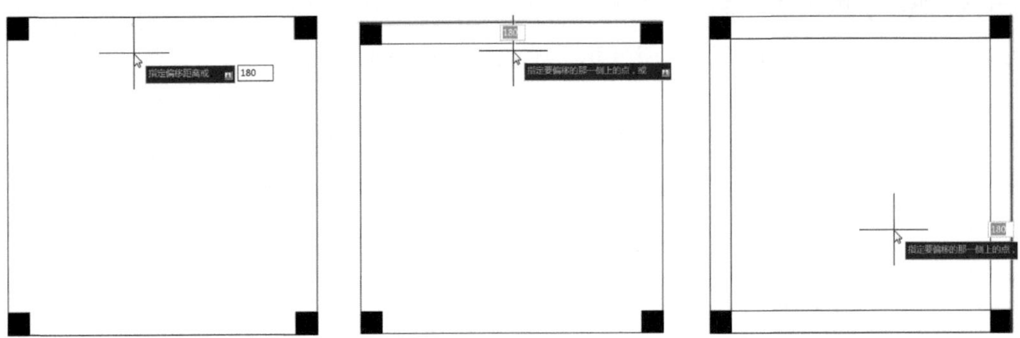

图 4-4　输入偏移距离　图 4-5　选择偏移的线段并指定偏移方向　图 4-6　偏移其他线段

注意事项

在对圆形或矩形等封闭图形进行偏移时，如果偏移方向选择向内，那么其设置的偏移距离小于图形的内径值才行，否则无法实施偏移操作。

4.1.3　镜像图形

镜像命令是将所需图形按照指定的镜像线做对称复制，该命令多用于对称图案的绘制。用户可通过以下方式调用镜像命令：

- 在菜单栏中执行“修改”|“镜像”命令。
- 在“默认”选项卡的“修改”面板中单击“镜像”按钮⚠。
- 在命令行中输入 MIRROR（MI）命令并按回车键。

执行以上任意一项操作后，用户可根据命令行中的提示，先选择原图形并按回车键，再指定镜像线的起点和端点，按回车键即可完成镜像操作。

命令行提示如下：

```
命令： _mirror
选择对象： 找到 1 个 （选择所需图形，按回车键）
选择对象：
指定镜像线的第一点： （指定镜像线起点）
指定镜像线的第二点： （指定镜像线端点）
要删除源对象吗？ [是(Y)/否(N)] <否>： （按回车键，完成操作）
```

实例：绘制凉亭剖面图

下面将利用镜像功能来完成凉亭剖面图形的绘制，具体操作如下：

Step 01 打开本书附赠的素材文件。执行“镜像”命令，根据命令行中的提示，先选择图形左侧立柱剖面图，如图 4-7 所示。

Step 02 按回车键，捕捉横梁上、下边线的中心点，如图 4-8 所示。

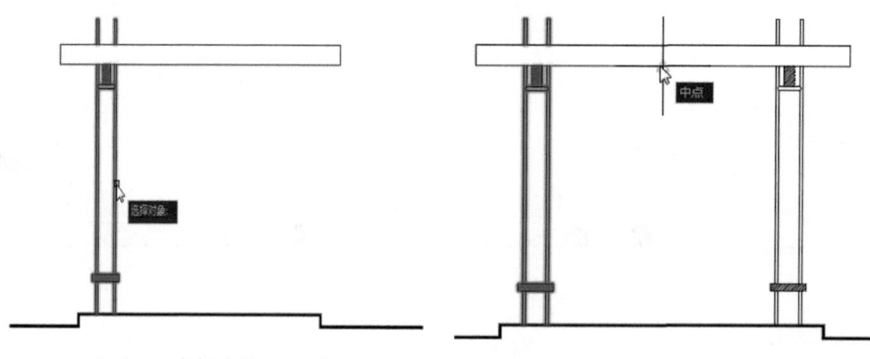

图 4-7　选择立柱剖面图　　图 4-8　指定镜像线的起点和端点

Step 03 再次按回车键，此时系统会打开两个选择项，选择“否”，系统将保留原图形；选择“是”，则会删除原图形，如图 4-9 所示。

Step 04 这里选择“否”，直接按回车键即可完成立柱剖面图的镜像复制操作，效果如图 4-10 所示。

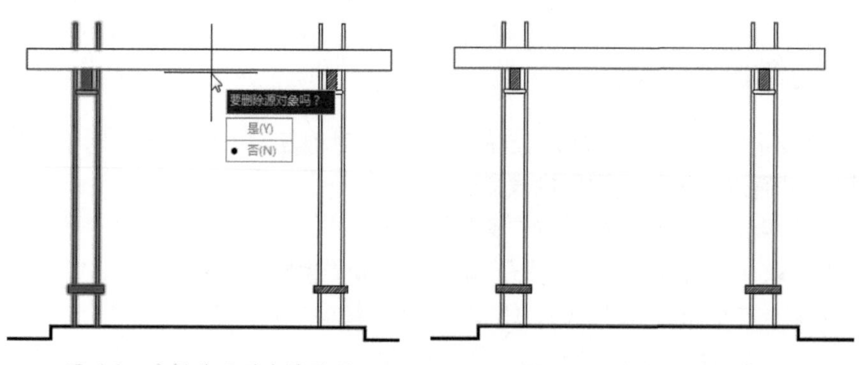

图 4-9　选择是否删除原图形　　图 4-10　完成镜像操作

4.1.4 阵列图形

阵列命令是一种有规则的复制图形命令，当绘制的图形需要规则地分布时，就可以使用该命令来解决。AutoCAD 为用户提供了矩形阵列、环形阵列和路径阵列 3 种阵列类型，用户只需根据需求选择使用即可。

1. 矩形阵列

矩形阵列是按任意行、列和层级组合分布对象副本。用户可以通过以下方法执行矩形阵列命令：

- 在菜单栏中执行“修改”|“阵列”|“矩形阵列”命令。
- 在“默认”选项卡的“修改”面板中单击“矩形阵列”按钮。
- 在命令行中输入 AR 命令，然后按回车键。

执行以上任意一项操作后，先选择阵列的对象，然后在打开的“阵列创建”选项卡中设置“列数”“行数”以及“级别”即可，如图 4-11 所示。

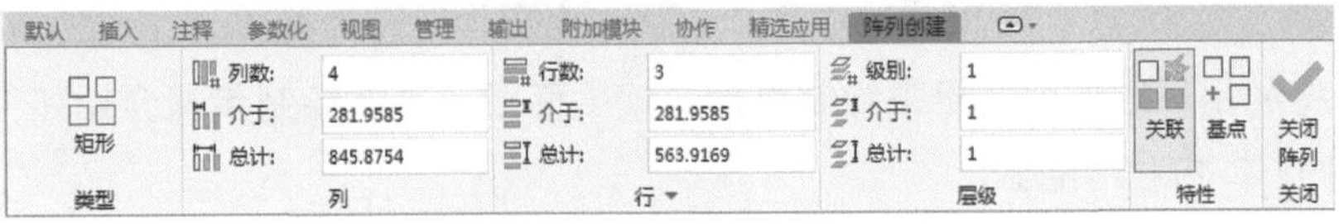

图 4-11 “阵列创建”选项卡

实例：阵列铁艺围栏造型

下面将利用矩形阵列命令来对铁艺造型进行阵列操作，其具体操作如下：

Step 01 打开本书附赠的素材文件。执行“矩形阵列”命令，选中铁艺造型，在“阵列创建”选项卡中将“列数”设为 10，将“行数”设为 1，将“介于”设为 140，如图 4-12 所示。

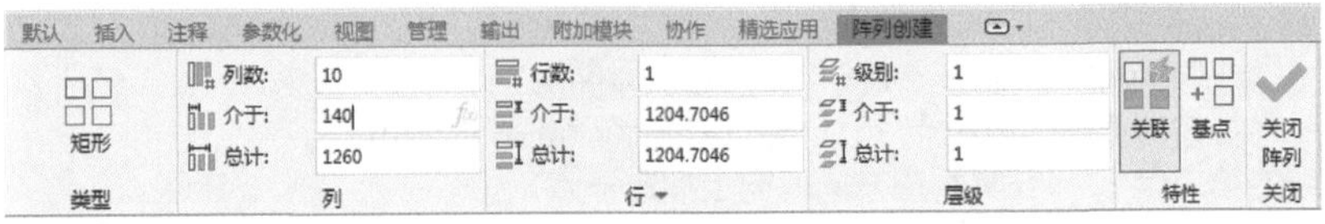

图 4-12 设置阵列参数

Step 02 设置完成后，铁艺造型已根据设定的参数进行阵列操作，效果如图 4-13和图 4-14 所示。

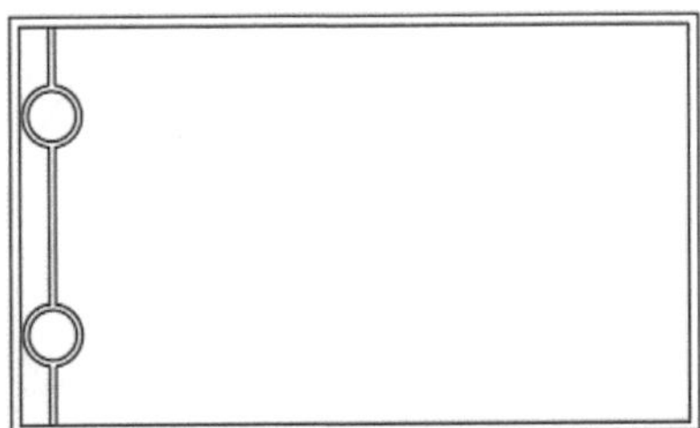

图 4-13 未阵列前

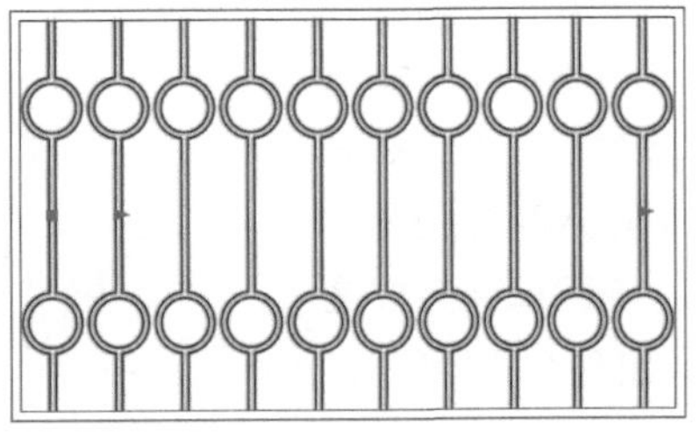

图 4-14 矩形阵列后

2. 环形阵列

环形阵列是绕某个中心点或旋转轴形成的环形图案平均分布对象副本。通过以下方法可以执行环形阵列命令：

- 在菜单栏中执行“修改”|“阵列”|“环形阵列”命令。
- 在“默认”选项卡的“修改”面板中单击“环形阵列”按钮。

执行以上任意一项操作后，先选择阵列的对象，然后在打开的“阵列创建”选项卡中设置“项目数”“行数”以及“级别”即可，如图 4-15 所示。

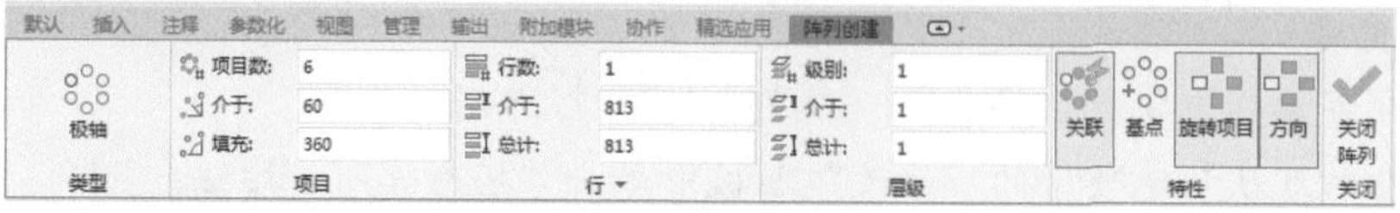

图 4-15 “阵列创建”选项卡

实例：绘制弧形花架平面图形

下面将利用环形阵列功能来绘制弧形花架平面图。具体绘制步骤介绍如下：

Step 01 打开本书附赠的素材文件。执行“直线”命令，捕捉中心绘制一条长 10000mm 的直线。再执行“镜像”命令，将凉亭以直线的中点为镜像线进行镜像操作，如图 4-16 所示。

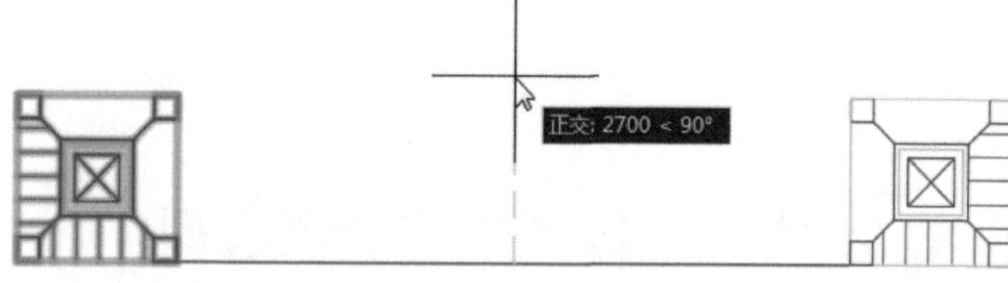

图 4-16 镜像凉亭图形

命令行提示如下：

```
命令： _mirror
选择对象： 指定对角点： 找到 24 个 （选择凉亭图形）
选择对象：  指定镜像线的第一点： （捕捉直线 10000mm 的中点）
指定镜像线的第二点： （在其垂直方向，向上指定一点）
要删除源对象吗？ [ 是 (Y) / 否 (N) ] < 否 >： * 取消 * （按回车键，完成镜像操作）
```

Step 02 执行“圆弧”|“起点、端点、半径”命令，根据命令行的提示信息，先捕捉这两个凉亭图形的中点，然后在命令行中输入半径距离为 6470mm，按回车键完成圆弧的绘制，如图 4-17 所示。

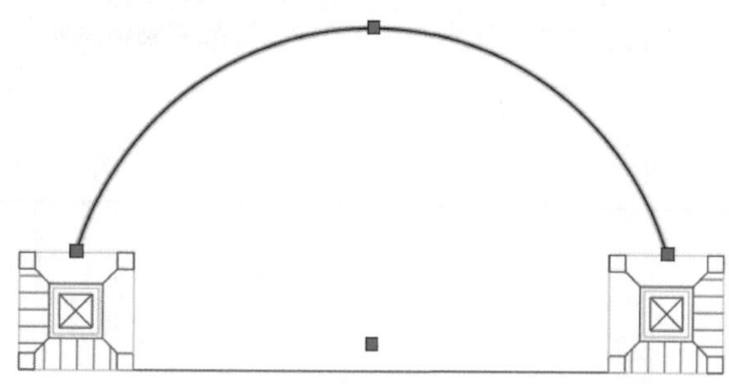
图 4-17 绘制弧线

命令行提示如下：

```
命令：_arc
指定圆弧的起点或 [圆心(C)]：（先选择右侧凉亭边线中点）
指定圆弧的第二个点或 [圆心(C)/端点(E)]：_e
指定圆弧的端点：（再选择左侧凉亭边线中点）
指定圆弧的中心点(按住 Ctrl 键以切换方向)或 [角度(A)/方向(D)/半径(R)]：_r（移动鼠标）
指定圆弧的半径(按住 Ctrl 键以切换方向)：6470 （输入圆弧半径值，按回车键）
```

注意事项

在本操作中启动“起点、端点、半径”命令后，如果按照顺序从左至右指定圆弧的起点和端点，其圆弧则为反方向显示，此时用户可以按住 Ctrl 键，来切换圆弧的方向。

Step 03 执行“偏移”命令，将绘制的弧线向两侧各偏移 750mm，如图 4-18 所示。执行“修剪”命令，按两次回车键，选择要剪去的线段。然后执行“延伸”命令，先选择凉亭的边界线并按回车键，再选择最外侧的弧线，即可将弧线延长至凉亭的边界线上，效果如图 4-19 所示。

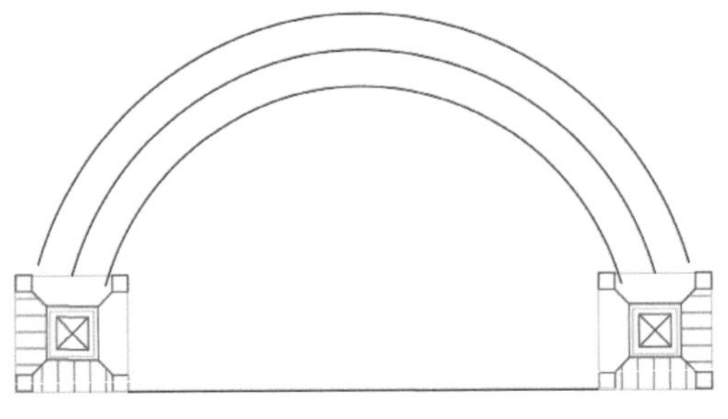

图 4-18 向两侧偏移弧线

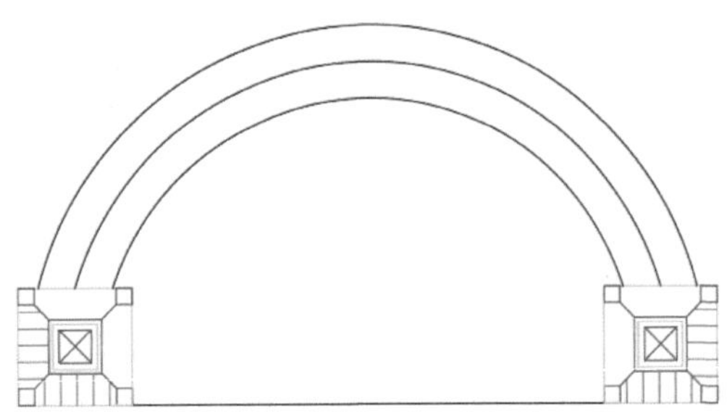

图 4-19 修剪并延伸弧线

Step 04 执行“矩形”命令，绘制 2200mm × 300mm 的矩形。然后执行“移动”命令，以矩形几何中点为移动基点，将矩形移动至中间弧线段的中心位置，如图 4-20 所示。

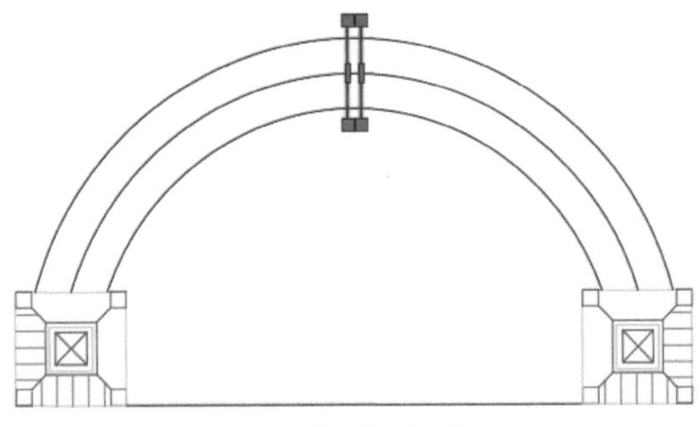

图 4-20 绘制矩形

Step 05 执行“环形阵列”命令，选择矩形，以圆弧的圆心为阵列中心，在“阵列创建”选项卡中设置“项目数”为34，如图4-21所示。设置完成后按回车键即可得到环形阵列效果，如图4-22所示。

Step 06 执行“分解”命令，选择阵列后的矩形，按回车键即可将阵列分解。然后再删除多余图形，即可完成弧形花架平面图的绘制，最终效果如图4-23所示。

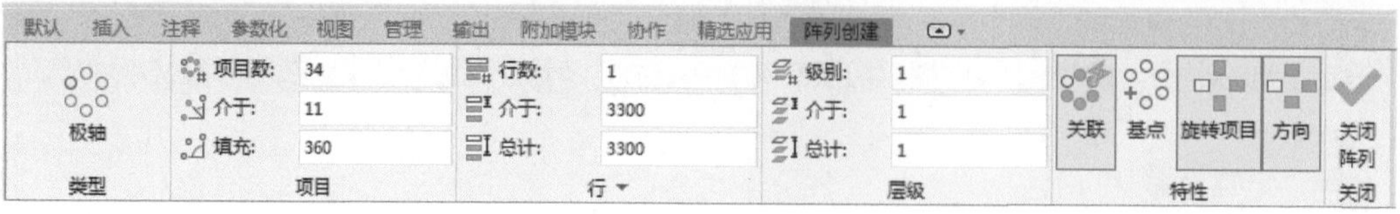

默认 插入 注释 参数化 视图 管理 输出 附加模块 协作 精选应用 阵列创建
极轴 | 项目数: 34 | 介于: 11 | 填充: 360 | 行数: 1 | 介于: 3300 | 总计: 3300 | 级别: 1 | 介于: 1 | 总计: 1 | 关联 | 基点 | 旋转项目 | 方向 | 关闭阵列
类型 | 项目 | 行 | 层级 | 特性 | 关闭

图 4-21　设置阵列项目数

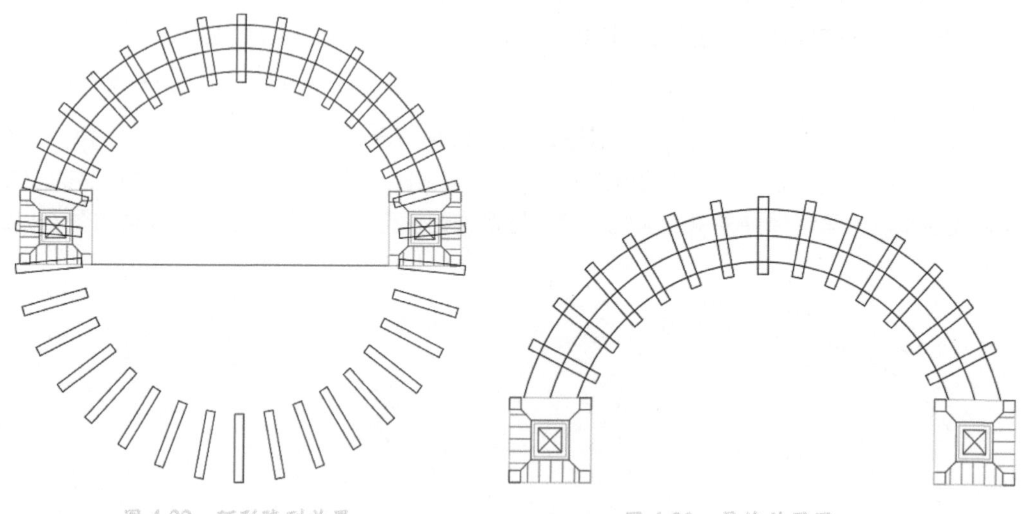

图 4-22　环形阵列效果　　　图 4-23　最终效果图

3. 路径阵列

路径阵列是图形根据指定的路径进行阵列，路径可以是曲线、弧线、折线等，执行“路径阵列”命令后，在打开的“阵列创建”选项卡中根据需要设置相关参数即可，如图4-24所示。如图4-25所示为利用路径阵列制作的步道效果。

注意事项

无论进行哪一种类型的阵列操作，其阵列后的图形都是一个整体。如果需要对其中任意一个图形进行编辑，必须先分解。

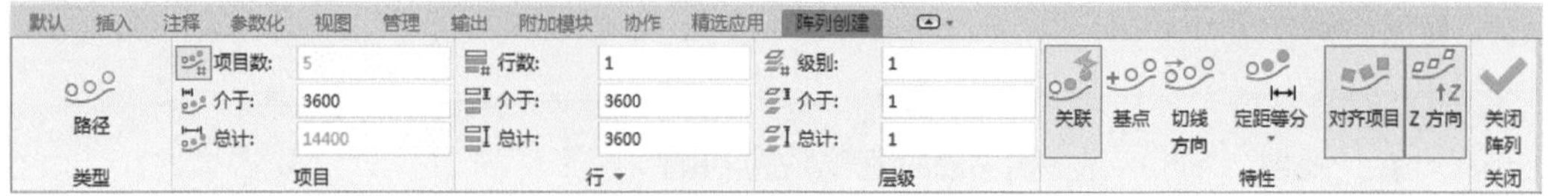

图 4-24　路径阵列设置面板

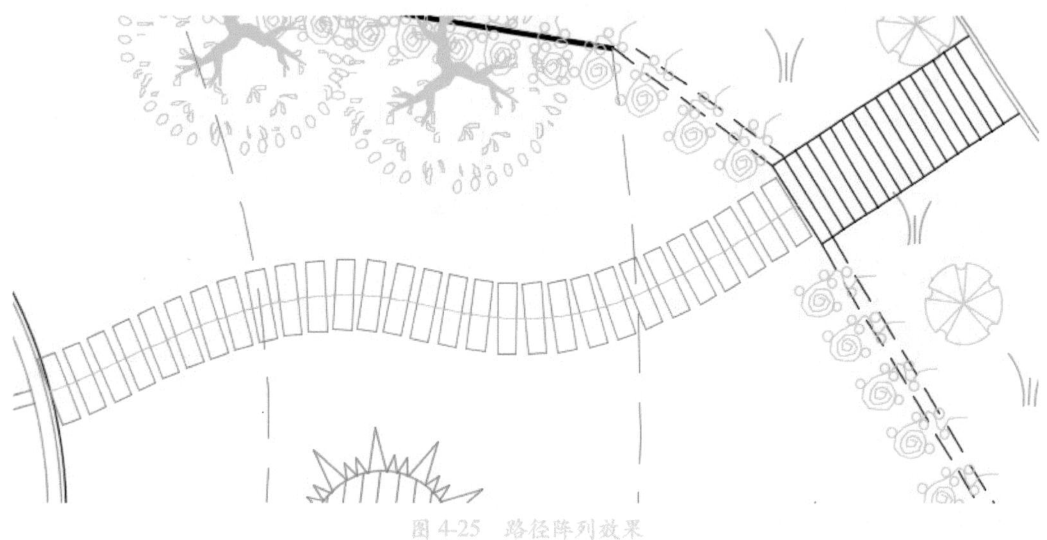

图 4-25　路径阵列效果

4.2 改变图形的位置与方向

在绘制二维图形时，经常会根据设计要求对图形进行移动、旋转、缩放等操作。下面将向用户介绍这 3 种编辑工具的使用方法。

4.2.1 移动图形

移动对象是指图形对象的重定位。用户可以在指定方向上按指定距离移动对象，对象在图纸上的位置发生了改变，但方向和大小不变。用户可以通过以下方式调用移动命令：

- 在菜单栏中执行“修改”|“移动”命令。
- 在“默认”选项卡的“修改”面板中单击“移动”按钮。
- 在命令行中输入 MOVE（M）命令并按回车键。

用户在执行移动命令后，根据命令行中的提示，选中需要移动的图形，并指定图形的移动基点、移动光标和捕捉新位置基点，即可完成移动操作，如图 4-26 ～图 4-28 所示。

命令行提示如下：

```
命令： _move
选择对象： 找到 1 个 （选择需移动的图形，按回车键）
选择对象：
指定基点或 [ 位移 (D)] < 位移 >:（指定移动基点）
指定第二个点或 < 使用第一个点作为位移 >:（指定新位置的基点）
```

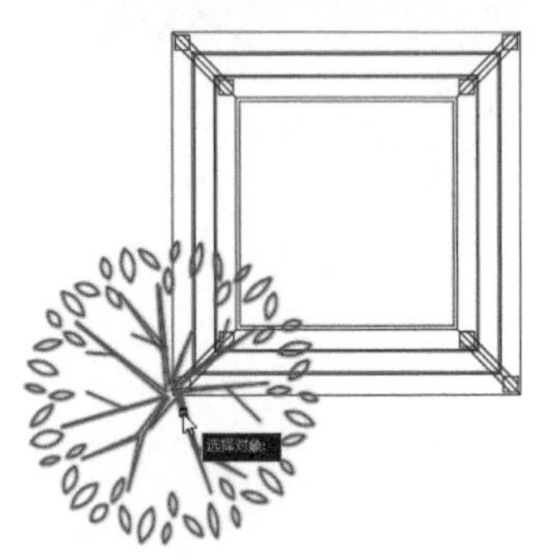

图 4-26　选择并指定移动基点

图 4-27　指定新的移动基点

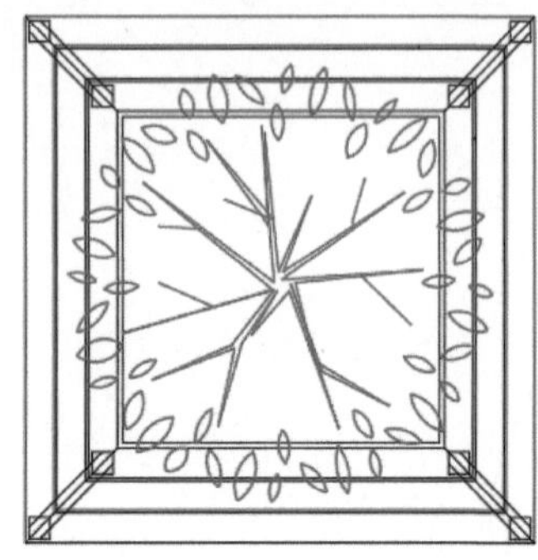

图 4-28　完成移动

4.2.2　旋转图形

旋转命令是按指定的基点和旋转角度对图形进行旋转操作，从而改变图形的方向。用户可以通过以下方式调用旋转命令：

- 在菜单栏中执行“修改”|“旋转”命令。
- 在“默认”选项卡的“修改”面板中单击“旋转”按钮。
- 在命令行中输入 ROTATE（RO）命令并按回车键。

执行以上任意一项操作后，根据命令行的提示，选择图形对象后指定旋转基点，再输入相应的角度即可进行旋转操作。

命令行提示如下：

```
命令： _rotate
UCS 当前的正角方向： ANGDIR= 逆时针 ANGBASE=0
选择对象： 找到 1 个 （选择要旋转的图形，按回车键）
选择对象：
指定基点： （执行旋转的基点）
指定旋转角度，或 [ 复制 (C) / 参照 (R)] <0>: 45 （输入旋转角度，按回车键完成）
```

知识点拨

如果用户需要在图形旋转的同时实现复制操作，那么只需在命令行中根据提示，输入 C 命令并按回车键，然后输入旋转角度即可。

实例：绘制植草砖图形

下面利用矩形、偏移、旋转、修剪等命令绘制植草砖大样图，具体绘制步骤如下：

Step 01 执行“矩形”命令，绘制长为 490mm、宽为 200mm 的矩形，如图 4-29 所示。

Step 02 执行“偏移”命令，将矩形向内偏移 55mm，如图 4-30 所示。

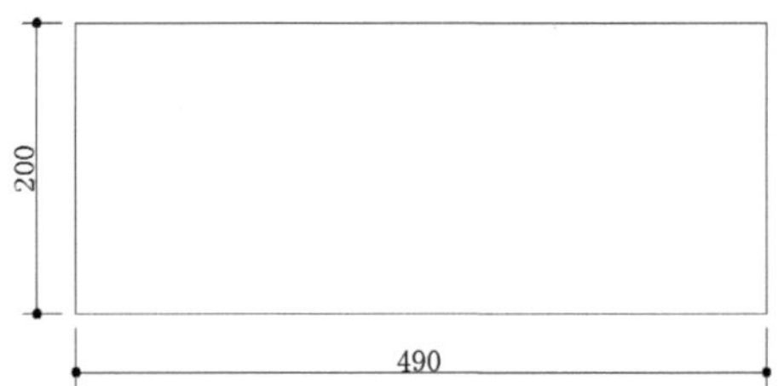

图 4-29　绘制矩形

图 4-30　偏移矩形

Step 03 执行“旋转”命令，选择两个矩形，捕捉几何中心为旋转基点，根据命令行提示输入命令 C，如图 4-31 所示。

Step 04 按回车键后移动鼠标，输入旋转角度为 90，再次按回车键完成旋转操作，效果如图 4-32 所示。

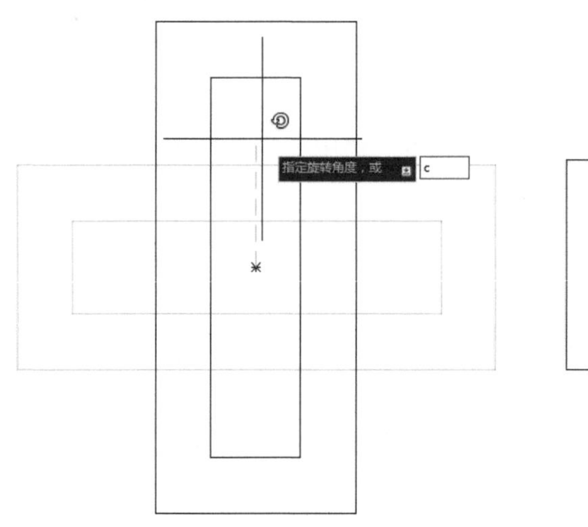

图 4-31　旋转复制两个矩形

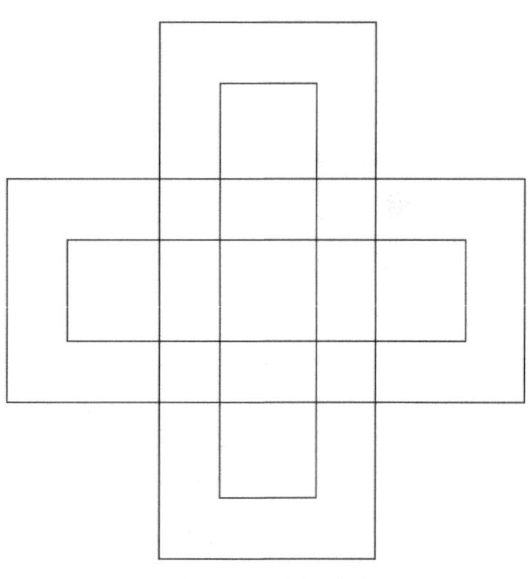

图 4-32　旋转效果

Step 05 继续执行“旋转”命令，将所有图形旋转 45°，效果如图 4-33 所示。

命令行提示如下：

```
命令： _rotate
UCS 当前的正角方向： ANGDIR= 逆时针  ANGBASE=0
选择对象： 指定对角点： 找到 4 个 （框选所有矩形，按回车键）
选择对象：
指定基点： （指定图形几何中心为旋转基点）
指定旋转角度，或 [ 复制 (C) / 参照 (R)] <90>:  45 （输入旋转角度，按回车键完成操作）
```

Step 06 执行“矩形”命令，绘制 400mm × 400mm 的矩形，并对齐到几何中心，如图 4-34 所示。

Step 07 执行“修剪”命令，按两次回车键，选择要剪掉的线段，修剪后的最终效果如图 4-35 所示。

图 4-33 旋转所有图形

图 4-34 绘制矩形

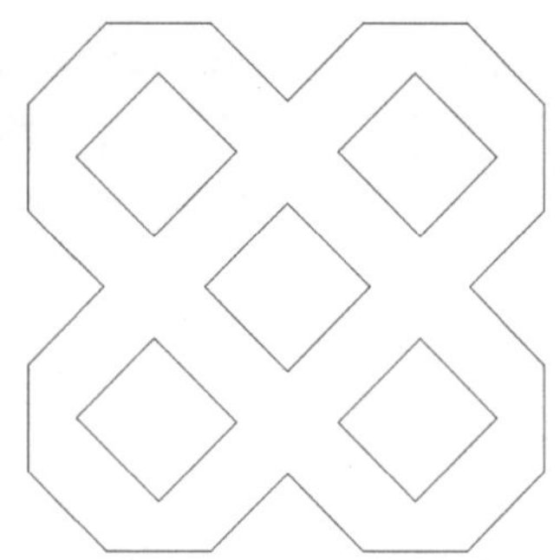

图 4-35 修剪后的图形

4.2.3 缩放图形

缩放命令是按指定的比例值，对图形进行放大或缩小操作。用户可以通过以下方式调用缩放命令：

- 在菜单栏中执行“修改”|“缩放”命令。
- 在“默认”选项卡的“修改”面板中单击“缩放”按钮。
- 在命令行中输入 SC 快捷命令并按回车键。

执行以上任意一项操作后，用户根据命令行提示，选中要缩放的图形，设定好缩放的比例值即可，图 4-36 和图 4-37 所示。

命令行提示如下：

```
命令 : SCALE
选择对象 : 指定对角点 : 找到 1 个 （选中需缩放的图形，按回车键）
选择对象 :
指定基点 : （指定图形缩放基点）
指定比例因子或 [ 复制 (C) / 参照 (R)] : 5 （输入缩放比例值）
```

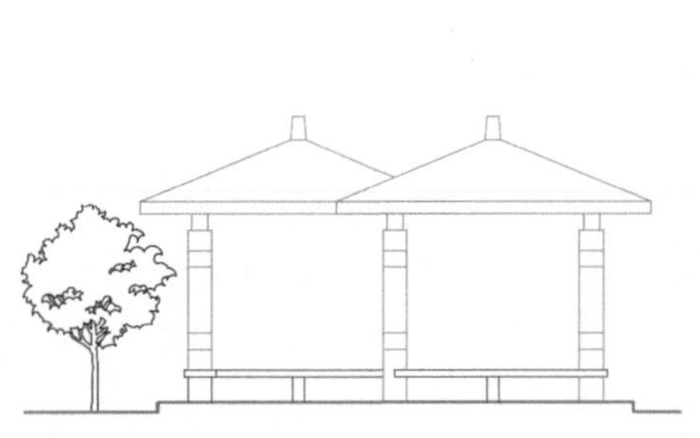

图 4-36 植物原始大小

图 4-37 植物放大后的效果

注意事项

对图形进行缩放时，其比例值大于 1，为放大图形；其比例值小于 1，例如 0.5、0.1 等参数，则为缩小图形。

4.3 修改图形的形状

在 AutoCAD 中想要调整图形的形状，可以使用一系列的修改工具，例如拉伸、分解、倒角、修剪等。下面将分别对这些工具进行简单介绍。

4.3.1 拉伸图形

拉伸图形就是通过窗选或者多边形框选的方式拉伸对象，但某些对象类型（例如圆、椭圆和块）无法进行拉伸操作。用户可以通过以下方式调用拉伸命令：

- 在菜单栏中执行“修改”|“拉伸”命令。
- 在“默认”选项卡的“修改”面板中单击“拉伸”按钮。
- 在命令行中输入 STRETCH 命令并按回车键。

执行“拉伸”命令后，使用窗选的方式（从右往左框选），选择要拉伸的图形并按回车键，再捕捉拉伸基点即可进行拉伸操作，如图 4-38 ～图 4-40 所示为拉伸前后的效果对比。

命令行提示如下：

```
命令： _stretch
以交叉窗口或交叉多边形选择要拉伸的对象 ...
选择对象： 指定对角点： 找到 1 个
选择对象：
指定基点或 [ 位移 (D)] < 位移 >:
指定第二个点或 < 使用第一个点作为位移 >:
```

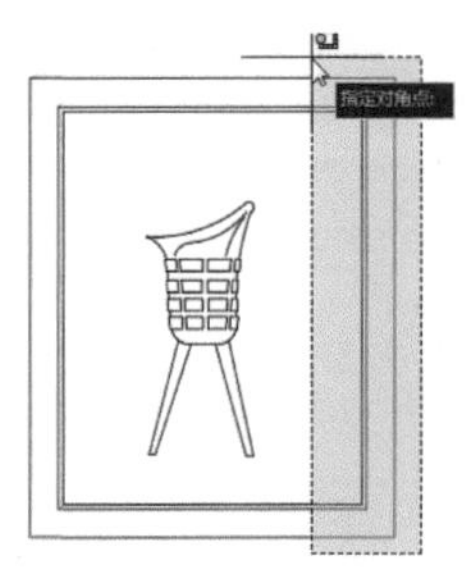
图 4-38　从右至左框选

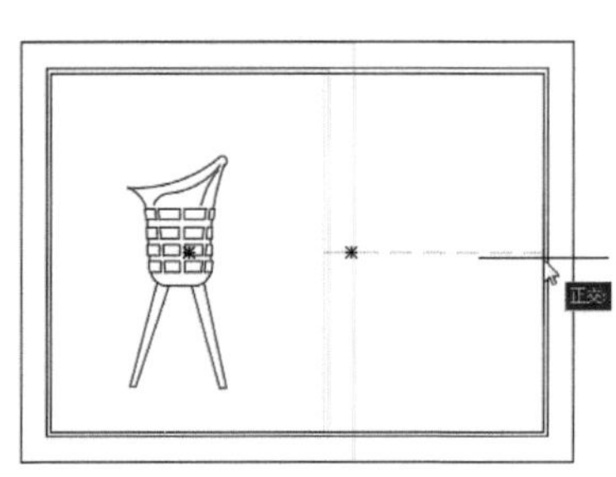
图 4-39　指定拉伸基点和新基点

图 4-40　完成拉伸操作

4.3.2 分解图形

分解命令可以将块、填充图案、尺寸标注和多边形分解成一个个简单的实体，也可以使多段线分解成独立简单的直线和圆弧对象，块和尺寸标注分解后，图形不变，但由于图层的变化，某些实体的颜色和线型可能会发生变化。如图 4-41 和图 4-42 所示为植物图块分解前后的选择效果。

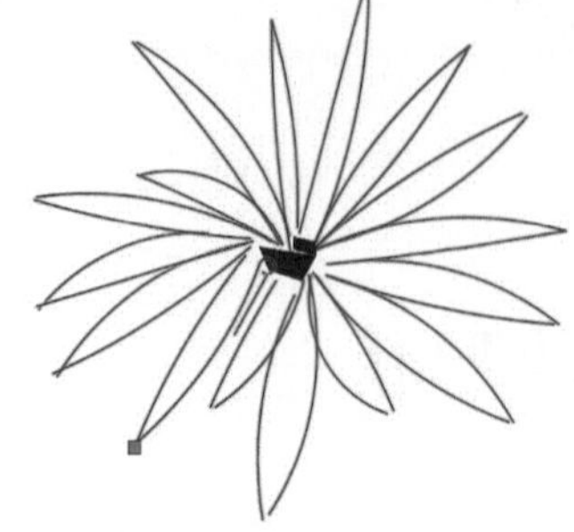
图 4-41 植物图块

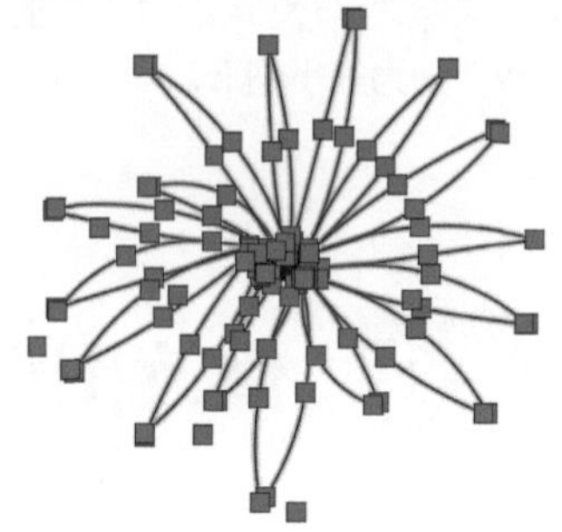
图 4-42 分解效果

用户可以通过以下方式调用分解命令：

- 在菜单栏中执行“修改”|“分解”命令。
- 在“默认”选项卡的“修改”面板中单击“分解”按钮。
- 在命令行中输入 EXPLODE（X）命令并按回车键。

执行以上任意一项操作后，根据命令行提示，选择要分解的图形，按回车键即可分解图形。

命令行提示如下：

```
命令：_explode
选择对象：找到 1 个    （选择要分解的图形，按回车键）
选择对象：
```

4.3.3 倒角和圆角

倒角和圆角可以修饰图形，对于两条相邻的边界多出的线段，倒角和圆角都可以进行修剪。倒角是对图形相邻的两条边进行修饰，圆角则是根据指定圆弧半径来进行倒角，如图 4-43 和图 4-44 所示分别为倒角和圆角操作后的效果。

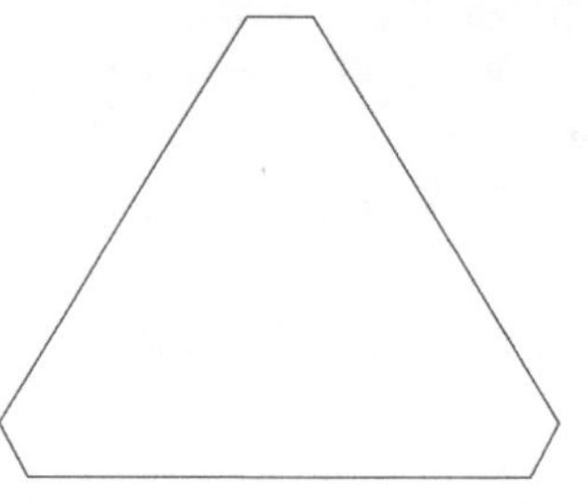
图 4-43 倒角三角图形

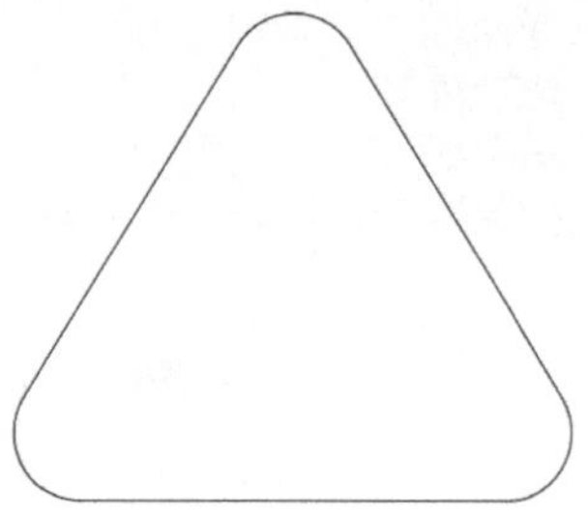
图 4-44 圆角三角图形

1. 倒角

执行“倒角”命令可以将绘制的图形进行倒角，既可以修剪多余的线段，还可以设置图形中两条边的倒角距离和角度。用户可以通过以下方式调用倒角命令：

- 在菜单栏中执行“修改”|“倒角”命令。
- 在“默认”选项卡的“修改”面板中单击“倒角”按钮。
- 在命令行中输入 CHAMFER（CHA）命令并按回车键。

用户执行“倒角”命令后，根据命令行的提示，先设置好倒角的距离，默认情况下为0。然后再根据需要选择两条倒角边线即可。

命令行提示如下：

```
命令：_chamfer
（“修剪”模式）当前倒角距离 1 = 0.0000，距离 2 = 0.0000
选择第一条直线或 [放弃(U)/多段线(P)/距离(D)/角度(A)/修剪(T)/方式(E)/多个(M)]： d （选择“距离”选项，按回车键）
指定 第一个 倒角距离 <0.0000>: 10（输入倒角距离，按回车键）
指定 第二个 倒角距离 <10.0000>: （输入第二个倒角距离，如果两个倒角相同，只需再按回车键）
选择第一条直线或 [放弃(U)/多段线(P)/距离(D)/角度(A)/修剪(T)/方式(E)/多个(M)]：（选择两条倒角边）
选择第二条直线，或按住 Shift 键选择直线以应用角点或 [距离(D)/角度(A)/方法(M)]：
```

2. 圆角

圆角和倒角有些类似，用一段圆弧在两个对象之间光滑连接。这些对象可以是直线、圆弧、构造线、射线、多段线和样条曲线。用户可以通过以下方式调用圆角命令：

- 在菜单栏中执行“修改”|“圆角”命令。
- 在“默认”选项卡的“修改”面板中单击“圆角”按钮。
- 在命令行中输入 FILLET（F）命令并按回车键。

用户执行“圆角”命令后，同样先设置圆角半径值，然后再选择两条倒角边。

命令行提示如下：

```
命令：_fillet
当前设置：模式 = 修剪，半径 = 0.0000
选择第一个对象或 [放弃(U)/多段线(P)/半径(R)/修剪(T)/多个(M)]： r （选择“半径”选项，按回车键）
指定圆角半径 <0.0000>: 20 （输入半径值，按回车键）
选择第一个对象或 [放弃(U)/多段线(P)/半径(R)/修剪(T)/多个(M)]：（选择两条倒角边）
选择第二个对象，或按住 Shift 键选择对象以应用角点或 [半径(R)]：
```

4.3.4 修剪与延伸图形

AutoCAD 提供的修剪与延伸命令都是为了使两个图形能够准确地相接。在绘制过

程中，如果绘制每一个对象都要先确定准确的端点，再输入坐标进行绘制，就大大影响了工作效率。使用修剪与延伸命令就可以快速而准确地达到需要的效果。

1. 修剪命令

修剪命令是将某一对象为剪切边修剪其他对象。用户可以通过以下方式调用修剪命令：

- 在菜单栏中执行“修改”|“修剪”命令。
- 在“默认”选项卡的“修改”面板中单击“修剪”按钮。
- 在命令行中输入 TRIM（T）命令并按回车键。

执行“修剪”命令后，根据命令行中的提示，先选择边界线并按回车键，再选择要剪掉的线段即可，如图 4-45 ～图 4-47 所示。

命令行提示如下：

```
命令：_trim
当前设置：投影 =UCS，边 = 无
选择剪切边 ...
选择对象或 < 全部选择 >：  找到 2 个 （选择边界线，按回车键）
选择对象：
选择要修剪的对象，或按住 Shift 键选择要延伸的对象，或
[ 栏选 (F) / 窗交 (C) / 投影 (P) / 边 (E) / 删除 (R) / 放弃 (U)]： （选择要剪掉的线段）
```

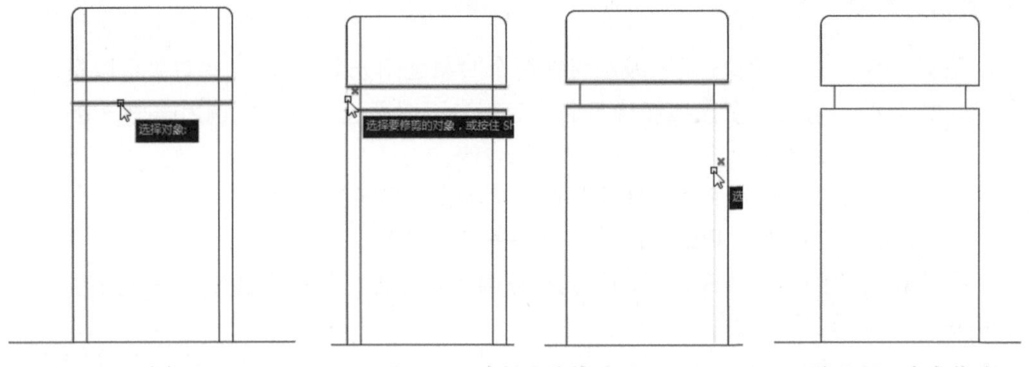

图 4-45　选择边界线　　图 4-46　选择要剪掉的线　　图 4-47　完成修剪

2. 延伸命令

延伸命令是将指定的图形延伸到指定的边界。用户可以通过以下方式调用延伸命令：

- 在菜单栏中执行“修改”|“延伸”命令。
- 在“默认”选项卡的“修改”面板中单击“延伸”按钮。
- 在命令行中输入 EXTEND（EX）命令并按回车键。

执行“延伸”命令后，先选中所需延长到的边界线并按回车键，再选择要延长的图形对象，按回车键即可完成延伸操作。

命令行提示如下：

```
命令：_extend
当前设置：投影 =UCS，边 = 无
选择边界的边 ...
选择对象或 <全部选择 >：  找到 1 个 （选择所需边界线，按回车键）
选择对象：
选择要延伸的对象，或按住 Shift 键选择要修剪的对象，或 （选择要延长的线段）
[ 栏选 (F) / 窗交 (C) / 投影 (P) / 边 (E) / 放弃 (U)]：
```

知识点拨

使用“延伸”命令可以一次性选择多条要进行延伸的线段，若要重新选择边界线，只需按住 Shift 键的同时将原来的边界对象取消即可。按 Ctrl+Z 组合键可以取消上一次的延伸操作，按 Esc 键可退出延伸操作。

实例：绘制景观柱图形

下面利用矩形、直线、偏移、修剪等命令绘制景观柱图形，具体绘制步骤介绍如下：

Step 01 执行“矩形”命令，绘制 700mm×700mm 的矩形。再执行“偏移”命令，将矩形向内偏移 60mm，如图 4-48 所示。

Step 02 执行“分解”命令，将内部矩形进行分解，执行“偏移”命令偏移图形，如图 4-49 所示。

Step 03 执行“直线”命令，捕捉绘制直线，如图 4-50 所示。

Step 04 执行“修剪”命令，修剪图形并删除多余线条，如图 4-51 所示。

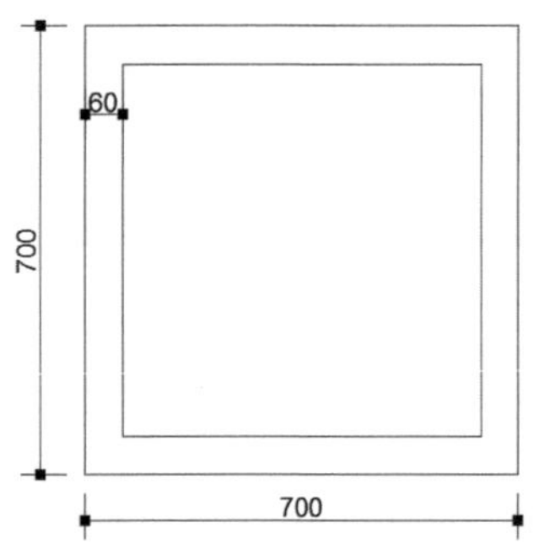

图 4-48 绘制并偏移矩形

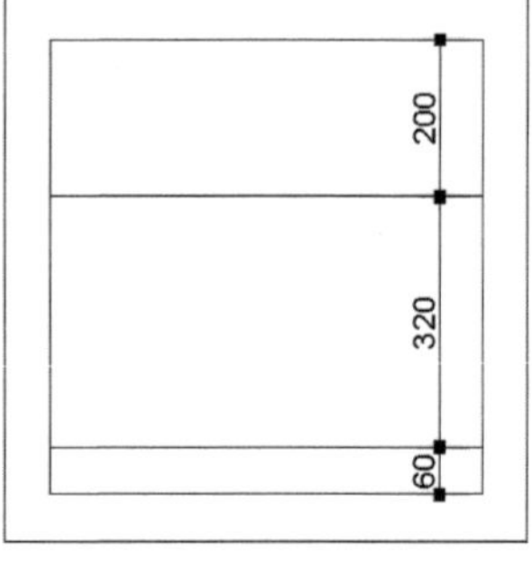

图 4-49 分解并偏移图形

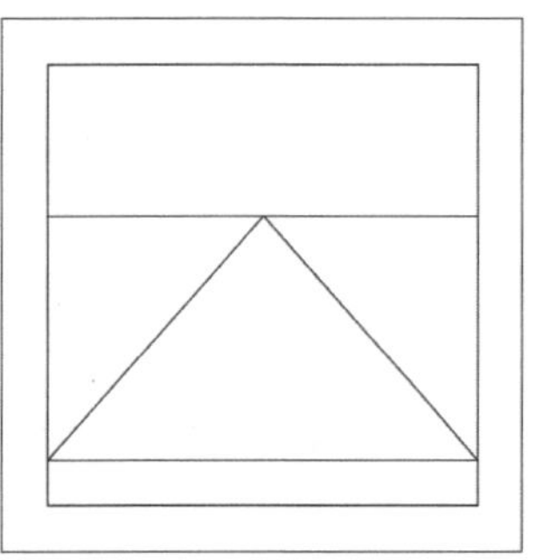
图 4-50 绘制直线

图 4-51 修剪并删除图形

Step 05 执行“偏移”命令，将图形向内偏移 45mm，如图 4-52 所示。

Step 06 执行“修剪”命令，剪掉多余的线段，再执行“圆角”命令，设置圆角半径为 0，选择相邻的线段，完成闭合图形的绘制操作，效果如图 4-53 所示。

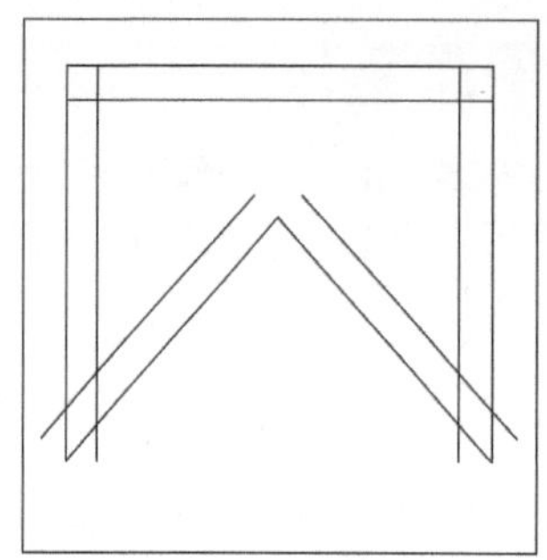

图 4-52 偏移图形

图 4-53 修剪并圆角图形

Step 07 执行“直线”命令，捕捉矩形边线中心并绘制一条长 1550mm 的直线，再执行“偏移”命令，将直线向两侧进行偏移，如图 4-54 所示。

Step 08 向下复制图形，再删除多余的直线，如图 4-55 所示。

Step 09 将矩形分解，再执行“偏移”命令，将边线向下偏移 120mm，如图 4-56 所示。

Step 10 执行“修剪”命令修剪图形，效果如图 4-57 所示。

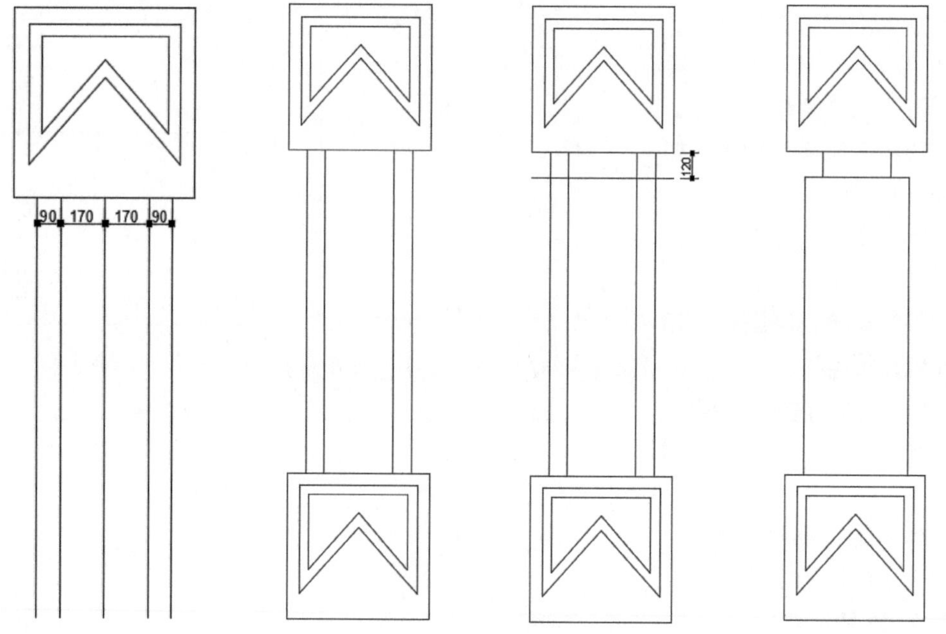

图 4-54 绘制并偏移直线 图 4-55 复制并删除图形 图 4-56 偏移图形 图 4-57 修剪图形

Step 11 执行“矩形”命令，绘制两个尺寸分别为 880mm×50mm 和 950mm×120mm 的矩形，并移动到合适的位置，如图 4-58 所示。

Step 12 执行“复制”命令，将矩形向下复制，如图 4-59 所示。

Step 13 执行“修剪”命令修剪图形，完成景观柱图形的绘制，最终效果如图 4-60 所示。

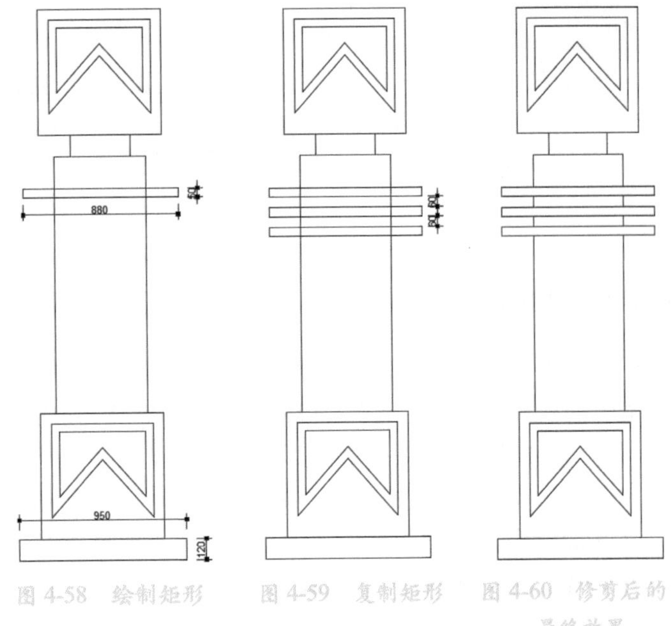

图 4-58 绘制矩形　　图 4-59 复制矩形　　图 4-60 修剪后的最终效果

4.3.5 打断图形

打断图形是指删除图形上的某一部分或将图形分成两部分。用户可以通过以下方法调用打断命令。

- 在菜单栏中执行“修改”|“打断”命令。
- 在“默认”选项卡的“修改”面板中单击“打断”按钮。
- 在命令行中输入 BREAK 命令并按回车键。

执行以上任意一种操作后，在图形中指定好两个打断点，即可完成打断操作，如图 4-61 ～图 4-63 所示。

命令行提示如下：

```
命令： _break
选择对象：                    （选择对象以及确定第一个打断点）
指定第二个打断点 或 [ 第一点 (F)]：       （指定第二个打断点）
```

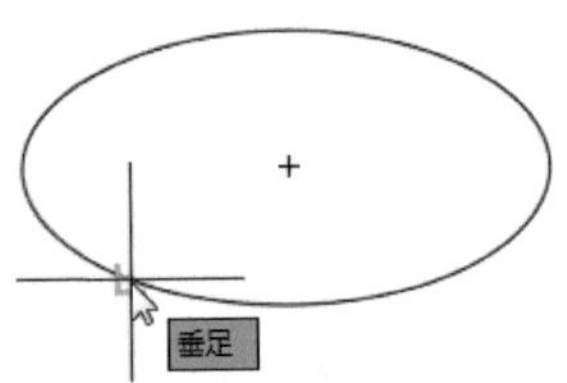

图 4-61 指定打断第一点

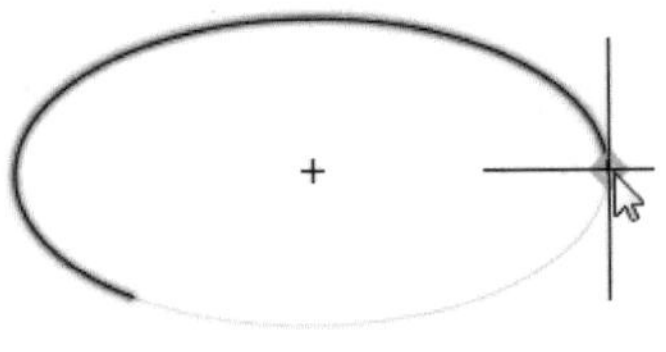

图 4-62 指定打断第二点

图 4-63 完成打断

知识点拨

在 AutoCAD 中打断命令有两种，一种是以上所介绍的“打断”命令，另一种是“打断于点”命令。该命令主要是根据指定的打断点来打断图形，也就是将图形一分为二。需要注意的是，该命令只用作于直线、样条线和弧线等开放型的图形，对闭合的图形是无法打断的。

4.3.6 删除图形

在绘制图形时，经常会因为操作的失误需要删除图形对象，删除图形对象是图形编辑中最基本的操作。用户可以通过以下方式调用删除命令：

- 在菜单栏中执行“修改”|“删除”命令。
- 在“默认”选项卡的“修改”面板中单击“删除”按钮。
- 在命令行中输入 ERASE（E）命令并按回车键。
- 在键盘上按 DELETE 键。

课堂实战　绘制围墙立面图

在学习了本章知识内容后，下面通过具体的案例练习来巩固所学的知识，利用偏移、修剪、图案填充等命令绘制围墙立面图，具体绘制方法介绍如下：

Step 01 执行“矩形”命令，绘制长 3000mm、宽 600mm 的矩形。执行“分解”命令，将矩形分解，如图 4-64 所示。

Step 02 执行“偏移”命令，根据命令行的提示信息，将矩形右侧边线向左依次偏移 100mm、50mm 和 50mm。

命令行提示如下：

```
命令：_offset
当前设置：删除源 = 否  图层 = 源  OFFSETGAPTYPE=0
指定偏移距离或 [通过 (T)/ 删除 (E)/ 图层 (L)] <100.0000>: 100 （输入偏移距离 100，按回车键）
选择要偏移的对象，或 [退出 (E)/ 放弃 (U)] <退出>: （选择矩形右侧边线）
指定要偏移的那一侧上的点，或 [退出 (E)/ 多个 (M)/ 放弃 (U)] <退出>: （指定边线左侧任意一点）
选择要偏移的对象，或 [退出 (E)/ 放弃 (U)] <退出>: （按两次回车键）
命令：
OFFSET
当前设置：删除源 = 否  图层 = 源  OFFSETGAPTYPE=0
指定偏移距离或 [通过 (T)/ 删除 (E)/ 图层 (L)] <100.0000>: 50 （输入偏移距离 50，按回车键）
选择要偏移的对象，或 [退出 (E)/ 放弃 (U)] <退出>: （选择偏移后的线段）
指定要偏移的那一侧上的点，或 [退出 (E)/ 多个 (M)/ 放弃 (U)] <退出>: （指定线段左侧任意一点）
```

```
选择要偏移的对象，或 [ 退出 (E) / 放弃 (U) ] < 退出 >:
指定要偏移的那一侧上的点，或 [ 退出 (E) / 多个 (M) / 放弃 (U) ] < 退出 >: （再次指定线段左侧任意一点）
选择要偏移的对象，或 [ 退出 (E) / 放弃 (U) ] < 退出 >: * 取消 *
```

Step 03 按照同样的方法，将矩形左侧边线向右依次偏移100mm、50mm和50mm。同时将矩形上侧边线向下依次偏移600mm、100mm、100mm、50mm、50mm、1900mm、50mm、50mm，效果如图 4-65 所示。

Step 04 执行“修剪”命令，按两次回车键，然后选择要剪掉的线段，完成立柱图形的绘制，效果如图 4-66 所示。

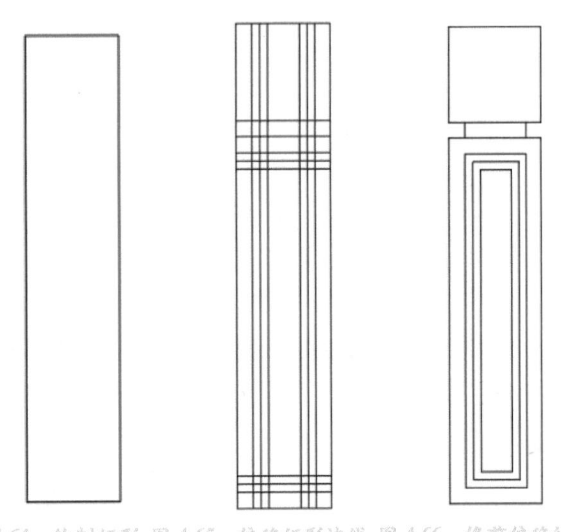

图 4-64 绘制矩形 图 4-65 偏移矩形边线 图 4-66 修剪偏移的线段

Step 05 执行“直线”命令，绘制一条地平线，长度适中即可。执行“偏移”命令，将矩形右侧边线再向右偏移 4500mm，执行“复制”命令，选中绘制好的立柱图形，以偏移后的直线端点为复制基点，将其进行复制操作，如图 4-67 所示。

命令行提示如下：

```
命令 : _copy
选择对象 : 指定对角点 : 找到 22 个 （选中立柱图形，按回车键）
选择对象 :
当前设置 : 复制模式 = 多个
指定基点或 [ 位移 (D) / 模式 (O) ] < 位移 >: （指定立柱左下角点为复制基点）
指定第二个点或 [ 阵列 (A) ] < 使用第一个点作为位移 >: （指定偏移后的直线端点）
指定第二个点或 [ 阵列 (A) / 退出 (E) / 放弃 (U) ] < 退出 >: * 取消 *
```

Step 06 执行“偏移”命令，将地平线向上依次偏移 200mm 和 1900mm，如图 4-68 所示。

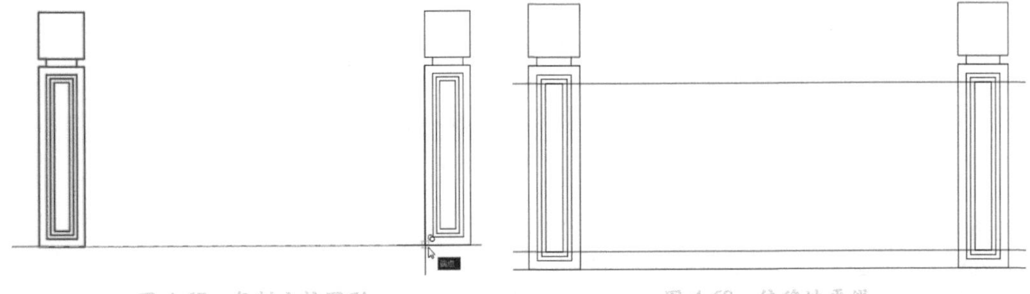

图 4-67 复制立柱图形　　图 4-68 偏移地平线

Step 07 执行“修剪”命令，对偏移后的图形进行修剪。执行“直线”命令绘制中线，完成大门轮廓的绘制，如图 4-69 所示。

Step 08 执行“偏移”命令，将大门轮廓线分别向内偏移 80mm，如图 4-70 所示。

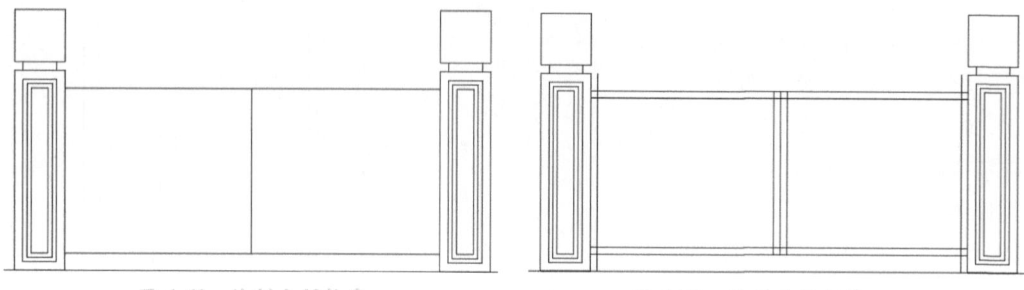

图 4-69　绘制大门轮廓　　　图 4-70　偏移大门轮廓

Step 09 执行“修剪”命令修剪偏移的线段，效果如图 4-71 所示。

Step 10 执行“偏移”命令，将大门左侧边线向右依次偏移 50mm 和 40mm，如图 4-72 所示。

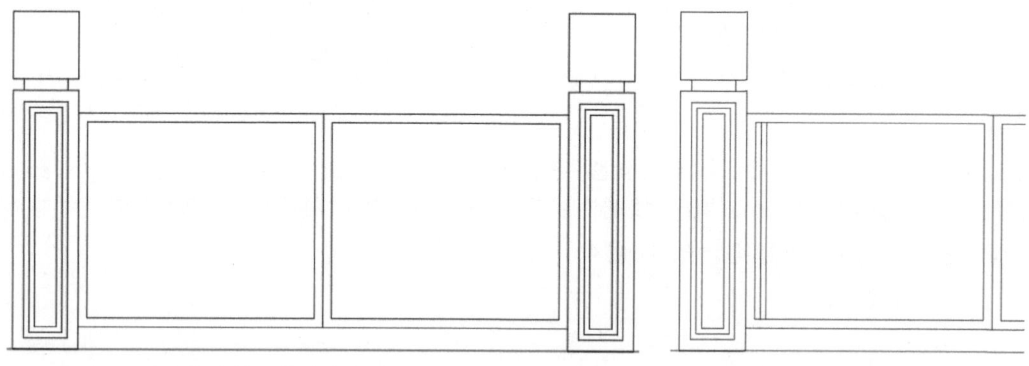

图 4-71　修剪大门图形　　　图 4-72　偏移大门边线

Step 11 执行“矩形阵列”命令，选中刚偏移的两条直线，在“阵列”选项卡中对阵列参数进行设置，如图 4-73 所示。

默认　插入　注释　参数化　视图　管理　输出　附加模块　协作　精选应用　阵列

类型	列		行		层级	
矩形	列数:	40	行数:	1	级别:	1
	介于:	50	介于:	2610	介于:	1
	总计:	1950	总计:	2610	总计:	1

特性	选项			关闭
基点	编辑来源	替换项目	重置矩阵	关闭阵列

图 4-73　设置阵列参数

Step 12 设置后的阵列效果如图 4-74 所示。

Step 13 执行“镜像”命令，将阵列后的图形进行镜像复制操作，效果如图 4-75 所示。

命令行提示如下：

```
命令： _mirror
选择对象： 找到 1 个 （选择阵列后的图形）
选择对象：  指定镜像线的第一点： （指定大门中心线起点）
```

指定镜像线的第二点：（指定大门中心线端点）
要删除源对象吗？［是（Y）/ 否（N）］<否>：（按回车键，完成操作）

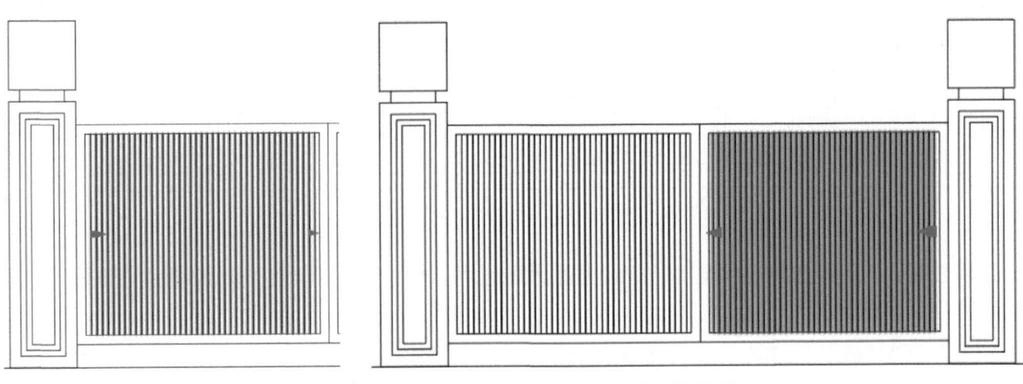

图 4-74　阵列效果　　　　图 4-75　镜像图形

Step 14 执行“复制”命令，将右侧立柱再向右复制，复制间距为 4850mm，如图 4-76 所示。

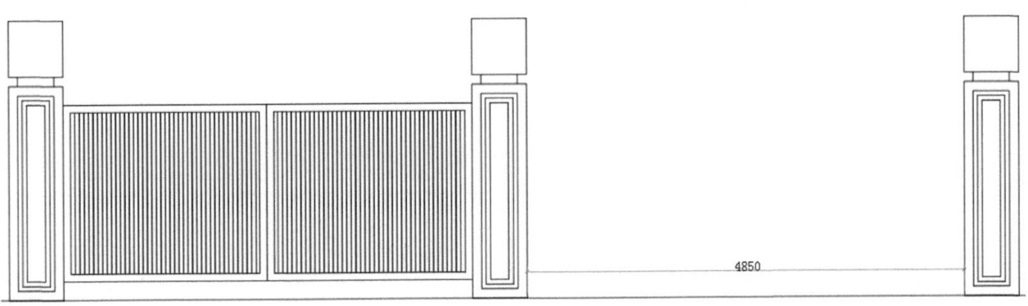

图 4-76　复制立柱

Step 15 执行“延伸”命令，将大门轮廓线延伸至最右侧立柱上，如图 4-77 所示。

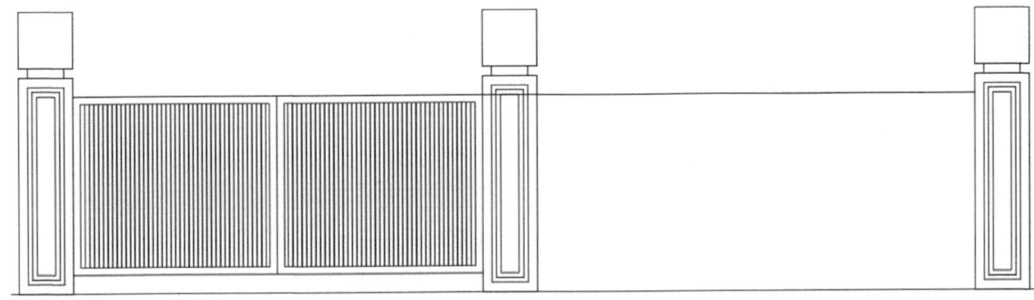

图 4-77　延伸线段

Step 16 执行“修剪”命令修剪线段。执行“偏移”命令，将修剪后的直线向下依次偏移 100mm、1700mm 和 100mm，完成围墙轮廓，效果如图 4-78 所示。

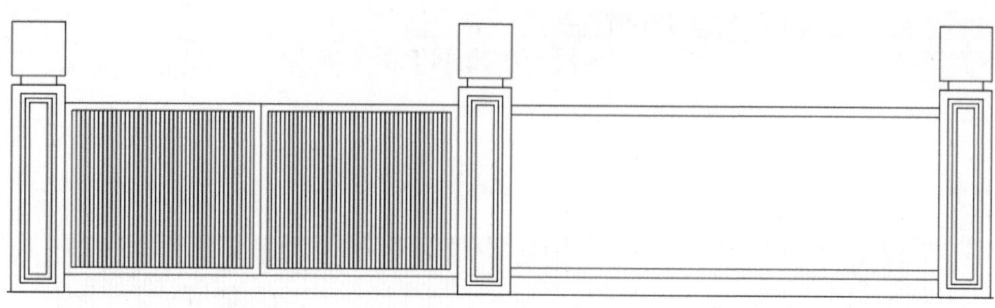

图 4-78　绘制围墙轮廓

Step 17 执行“徒手画修订云线”命令，指定云线起点，移动鼠标即可完成花坛植物图形的绘制，如图 4-79 所示。

Step 18 执行“修剪”命令，剪掉覆盖的线段。执行“图案填充”命令，将图案设为 GRASS，将其填充比例设为 3，填充颜色设为绿色，选择花坛区域进行填充，效果如图 4-80 所示。

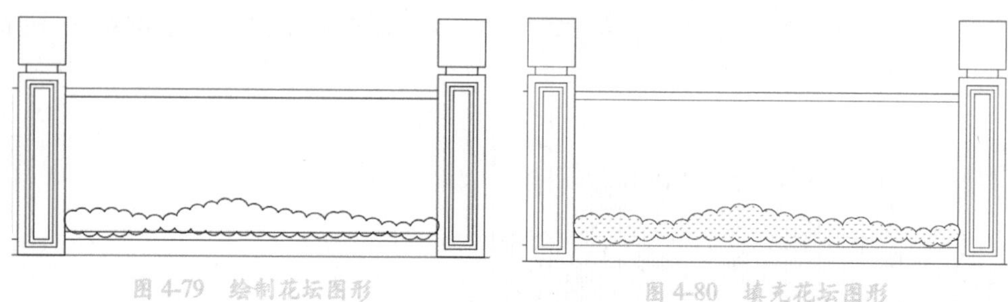

图 4-79　绘制花坛图形　　图 4-80　填充花坛图形

Step 19 执行“图案填充”命令，将图案设为 GRAVEL，将其填充比例设为 50，填充颜色设为灰色，选择围墙区域进行填充，如图 4-81 所示。

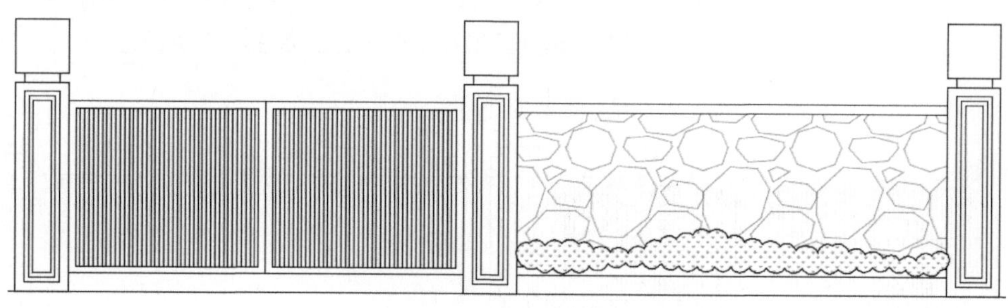

图 4-81　填充围墙图形

Step 20 执行“镜像”命令，选择绘制好的围墙、花坛以及立柱图形，将其以大门中心线进行镜像复制操作。至此，完成围墙立面图的绘制，最终效果如图 4-82 所示。

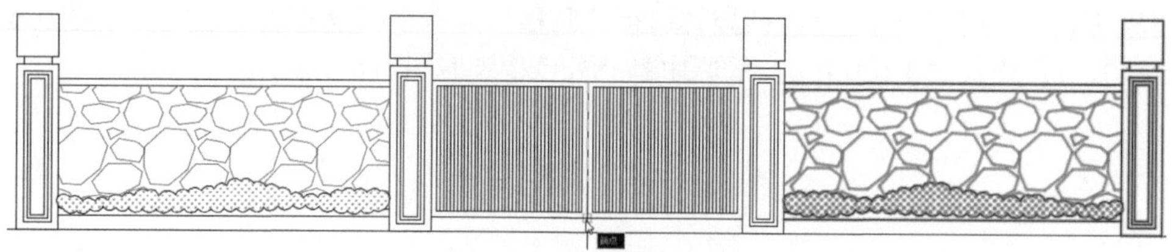

图 4-82　围墙立面效果图

课后作业

为了让用户能够更好地掌握本章所学的知识内容，下面安排了一些 ACAA 认证考试的参考试题，让用户可以对所学的知识进行巩固和练习。

一、填空题

1. 偏移命令只能够对 _______、_______、_______、_______、_______ 以及各类闭合的线段进行操作。而对于 _______ 或各种 _______ 组合的图形将无效。

2. 当绘制的图形需要规则地分布时，就可以使用 _______ 命令来解决。AutoCAD 为用户提供了 _______、_______ 和 _______3 种阵列类型。

3. 执行“拉伸”命令后，首先需要使用 _______ 框选方式选择要拉伸的图形，然后按回车键，并捕捉拉伸基点即可进行拉伸操作。

二、选择题

1. 默认情况下，执行环形阵列命令后，系统会自动阵列出（　　）个图形。

A. 8　　B. 10　　C. 4　　D. 6

2. 在对图形进行复制时，指定了基点坐标为（0,0），在指定第二个点时直接按回车键结束操作，此时复制的图形所处位置是（　　）。

A. 与原图形重合　　B. 没有复制出新的图形

C. 系统提示错误　　D. 以上都不对

3. 执行“偏移”命令后，下面正确的操作是（　　）。

A. 先指定偏移方向，再输入偏移距离

B. 先输入偏移距离，再选择偏移线段

C. 先选择要偏移的线段，再输入偏移距离

D. 以上方法都可以

4. 在命令行中，输入（　　）快捷命令，可执行“修剪”操作。

A. TR　　B. F　　C. O　　D. CO

三、操作题

1. 绘制凉亭顶面图

本实例将利用所学的绘图、编辑工具绘制凉亭顶面图，效果如图 4-83 所示。

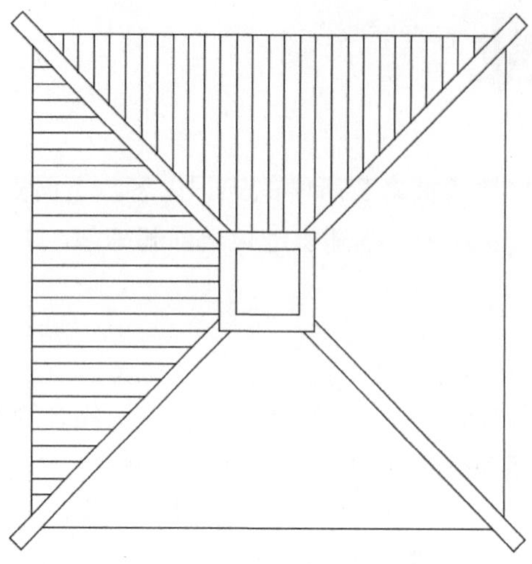

图 4-83 绘制凉亭顶面图

操作提示：

Step 01 执行“矩形”“偏移”“修剪”等命令绘制凉亭顶面轮廓并修剪图形。

Step 02 执行“图案填充”命令，对顶面区域进行填充。

2. 绘制植物图形

本实例将利用所学的绘图、编辑工具绘制植物图形，效果如图 4-84 所示。

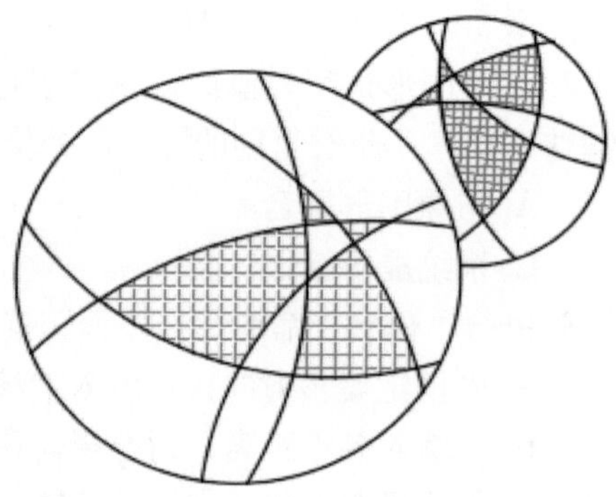

图 4-84 绘制植物图形

操作提示：

Step 01 执行“圆”“弧线”“修剪”和“图案填充”命令，绘制一个植物造型。

Step 02 执行“复制”“旋转”和“修剪”命令，绘制另一个小植物图形。

第 5 章

园林景观图纸中图块的应用

内容导读

利用图块功能是绘制大量相同图形非常有效的办法。它可以将一些常用的图形以组合块的形式来显示，并可以重复、批量使用。还可以将已有的图形文件以参照的形式插入到当前图形中。对于绘制园林图纸，用户可以将各种绿植图形以图块的方式插入，而无须自行绘制。本章将介绍图块功能的使用方法，其中包括图块的创建、图块的插入、图块的编辑等。

学习目标

- ▲ 创建图块
- ▲ 插入图块
- ▲ 编辑图块属性
- ▲ 外部参照的使用
- ▲ 设计中心的应用

5.1 创建与插入图块

图块是由一个或多个图形组成的对象集合，它将处于不同图层上的不同颜色、线型、线宽的对象定义成块。利用图块可以减少大量重复的操作步骤，从而提高设计和绘图的效果。下面将对图块的创建与插入操作进行介绍。

5.1.1 创建内部图块

内部图块是指使用“创建”命令创建的图块。内部图块是跟随当前图形文件一起保存的，存储在当前图形文件内部，因此该图块只能在当前图形中使用，不能被其他图形文件调用。用户可以通过以下方式创建块：

- 在菜单栏中执行“绘图”|“块”|“创建”命令。
- 在“默认”选项卡的“块”面板中单击“创建块”按钮。
- 在“插入”选项卡的“块定义”面板中单击“创建块”按钮。
- 在命令行中输入命令 BLOCK 并按回车键。

执行以上任意一种方法均可打开“块定义”对话框，如图 5-1 所示。在该对话框中进行相关的设置，即可将图形对象创建成块。

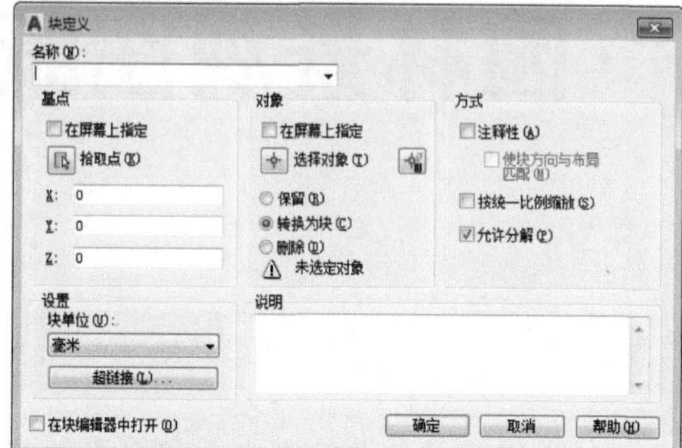

图 5-1　“块定义”对话框

在“块定义”对话框中各选项的含义介绍如下。

- 名称：用于输入块的名称，最多可使用 255 个字符。
- 基点：该选项区用于指定图块的插入基点。系统默认图块的插入基点值为（0,0,0），用户可直接在 X、Y 和 Z 数值框中输入坐标相对应的数值，也可以单击“拾取点”按钮，切换到绘图区中指定基点。
- 对象：用于设置组成块的对象。单击“选择对象”按钮，可以切换到绘图区中选择组成块的图形。
- 保留：选中该单选按钮，则表示创建块后仍在绘图窗口中保留，组成块的各对象。
- 转换为块：选中该单选按钮，则表示创建块后将组成块的各对象保留并把它们转换成块。
- 删除：选中该单选按钮，则表示创建块后删除绘图窗口中组成块的各对象。
- 设置：该选项区用于指定图块的设置。
- 方式：该选项区可以设置插入后的图块是否允许被分解、是否统一比例缩放等。
- 说明：该选项区用于指定图块的文字说明，在该文本框中可以输入当前图块说明部分的内容。
- 超链接：单击该按钮，打开“插入超链接”对话框，从中可以插入超级链接文档。
- 在块编辑器中打开：选中该复选框，当创建图块后，可以在块编辑器窗口中进行“参数”“参数集”等选项的设置。

实例：创建乔木立面图块

下面将以创建植物图块为例，来介绍创建内部图块的具体方法。

Step 01 打开本书附赠的素材文件，如图 5-2 所示。

Step 02 在“插入”选项卡中单击“创建块”按钮，打开“块定义”对话框，在该对话框中单击“选择对象”按钮，如图 5-3 所示。

图 5-2　打开素材文件

图 5-3　利用对话框选择对象

Step 03 在绘图区中选择植物图形，如图 5-4 所示。

Step 04 按回车键后返回“块定义”对话框，单击“拾取点”按钮，如图 5-5 所示。

图 5-4　选择图形对象

图 5-5　利用对话框设置拾取点

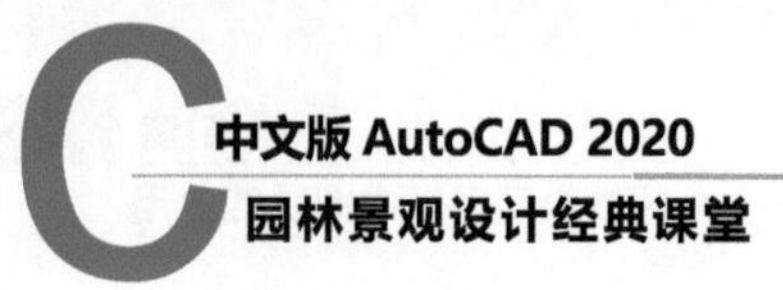

Step 05 在绘图区中指定一点作为插入基点，如图 5-6 所示。

Step 06 按回车键返回到“块定义”对话框，输入块名称，单击“确定”按钮完成该图块的创建。将光标移动到图块上，会显示出“块参照”字样的提示，如图 5-7 所示。

图 5-6　指定插入基点　　　　图 5-7　完成图块的创建

5.1.2　创建外部图块

写块也是创建块的一种，又叫储存块，它是将图块作为单独的对象保存为一个新文件，被保存的新文件可以被其他对象使用。它与内部块唯一的区别是：内部块只能在当前图纸中使用，外部块则可以被大量无限地引用。

用户可以通过以下方法执行“写块”命令：

- 在“插入”选项卡的“块定义”面板中单击“创建块”下拉按钮，从中选择“写块”选项。
- 在命令行中输入命令 WBLOCK 并按回车键。

执行以上任意一种操作后，即可打开“写块”对话框，如图 5-8 所示。在该对话框中可以设置组成块的对象来源，其主要选项的含义介绍如下。

- 块：将创建好的块写入磁盘。
- 整个图形：将全部图形写入图块。
- 对象：指定需要写入磁盘的块对象，用户可根据需要使用“基点”选项组设置块的插入基点位置；使用“对象”选项组设置组成块的对象。

图 5-8　“写块”对话框

此外，在该对话框的“目标”选项组中，用户可以指定文件的新名称和新位置以及插入块时所用的测量单位。

实例：存储地面拼花图块

下面将以创建地面拼花图块为例，来介绍存储图块的创建方法。

Step 01 打开本书附赠的素材文件，如图 5-9 所示。

Step 02 在“插入”选项卡的“块定义”面板中单击“写块”按钮，打开“写块”对话框，单击“选择对象”按钮，如图 5-10 所示。

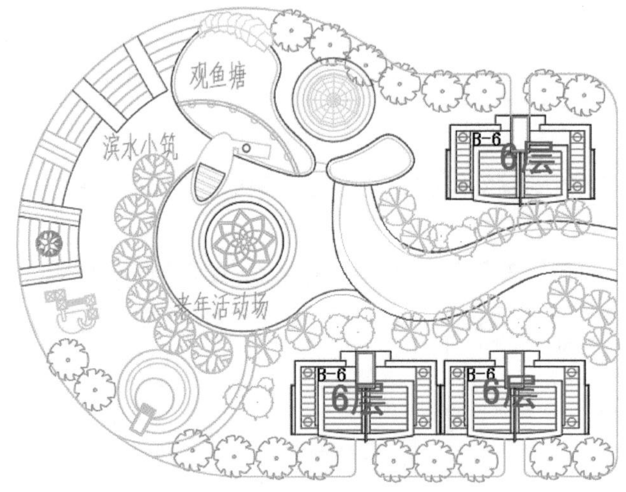

图 5-9 打开素材图形

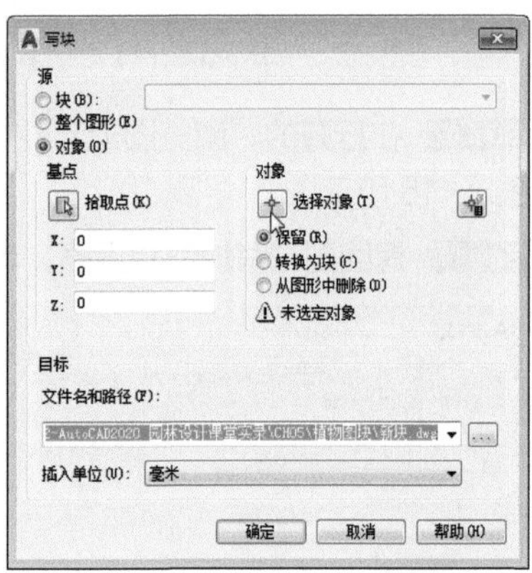

图 5-10 利用对话框选择对象

Step 03 在绘图区中选择图形对象，如图 5-11 所示。

Step 04 按回车键后返回“写块”对话框，再单击“拾取点”按钮，如图 5-12 所示。

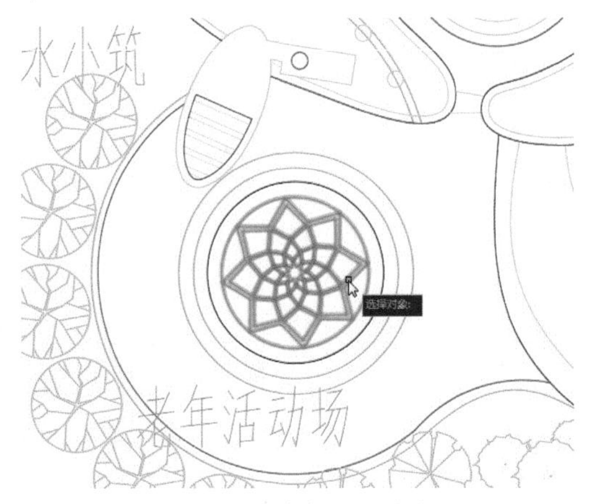

图 5-11 选择图形对象

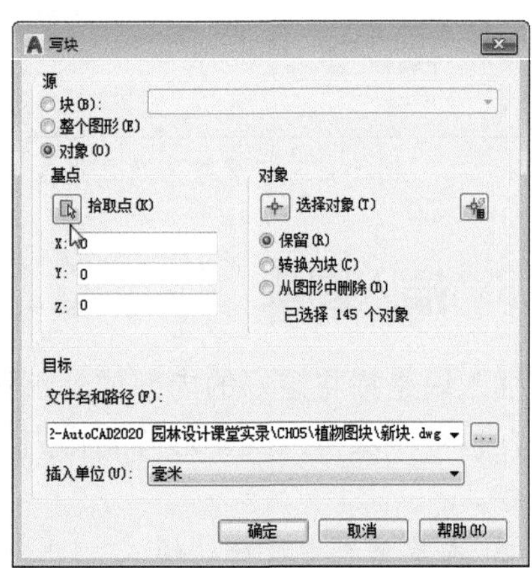

图 5-12 利用对话框设置拾取点

Step 05 在绘图区中指定一点作为插入基点，如图 5-13 所示。

Step 06 单击返回“写块”对话框，再单击“浏览文件”按钮，如图 5-14 所示。

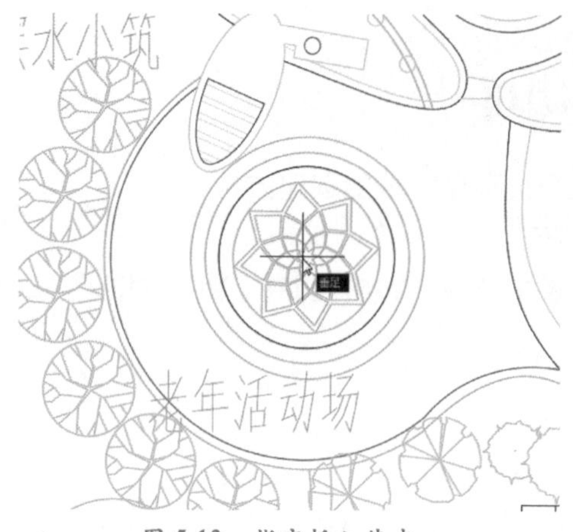

图 5-13　指定插入基点

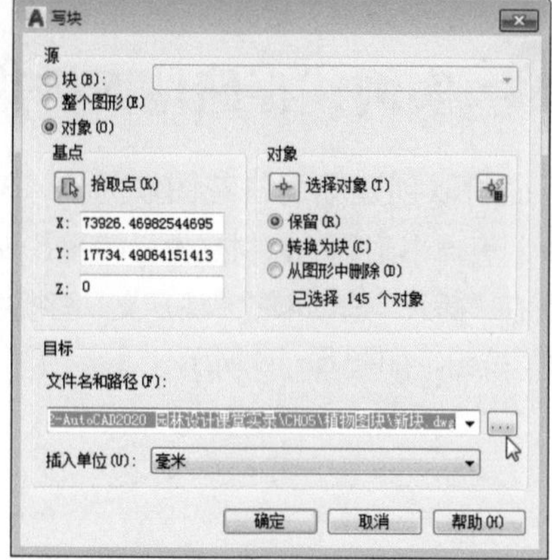

图 5-14　通过“浏览文件”按钮设置文件

Step 07 在打开的“浏览图形文件”对话框中设置文件路径及文件名，再单击“保存”按钮，如图 5-15 所示。

Step 08 返回到“写块”对话框，单击“确定”按钮即可完成图块的存储，如图 5-16 所示。

图 5-15　设置路径及文件名

图 5-16　完成图块的存储

5.1.3　插入图块

插入块是指将定好的内部或外部图块插入到当前图形中。插入块时可以一次插入一个，也可一次插入呈矩形阵列排列的多个块参照。用户可以通过以下方法调用插入块命令。

- 在菜单栏中执行“插入”|“块选项板”命令。
- 在“默认”选项卡的“块”面板中单击“插入”按钮。
- 在“插入”选项卡的“块”面板中单击“插入”按钮。
- 在命令行中输入命令 BLOCKSPALETTE（I）并按回车键。

执行以上任意一种操作后，即可打开“块”选项板，用户可以通过“当前图形”“最近使用”“其他图形”三个选项卡来插入图块，如图 5-17 所示。

- 当前图形：该选项卡将当前图形中的所有块定义显示为图标或列表。
- 最近使用：该选项卡显示所有最近插入的块，而不管当前图形为何。选项卡中的图块可以删除。
- 其他图形：该选项卡提供了一种导航到文件夹的方法（也可以从其中选择图形以作为块插入或从这些图形中定义的块中进行选择）。

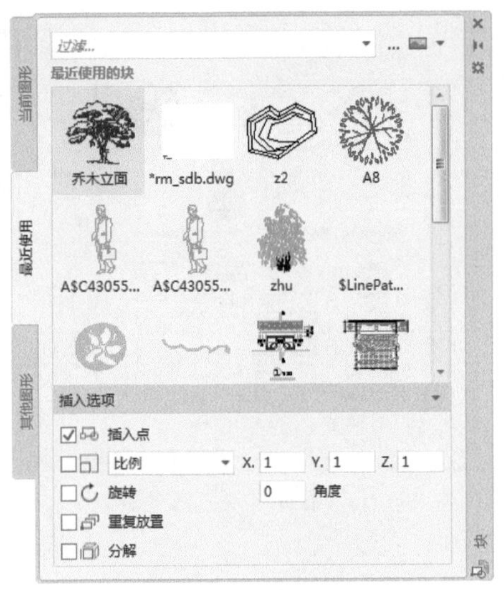

图 5-17 “块”选项板

选项卡顶部包含多个控件，包括图块名称过滤器以及缩略图大小和列表样式选项等。选项卡底部则是“插入选项”参数设置面板，包括插入点、插入比例、旋转角度、重复放置、分解等选项。

实例：为道路断面图插入图块

下面将以道路断面图为例，介绍松树和路灯图块的插入操作。

Step 01 打开本书附赠的素材文件，如图 5-18 所示。

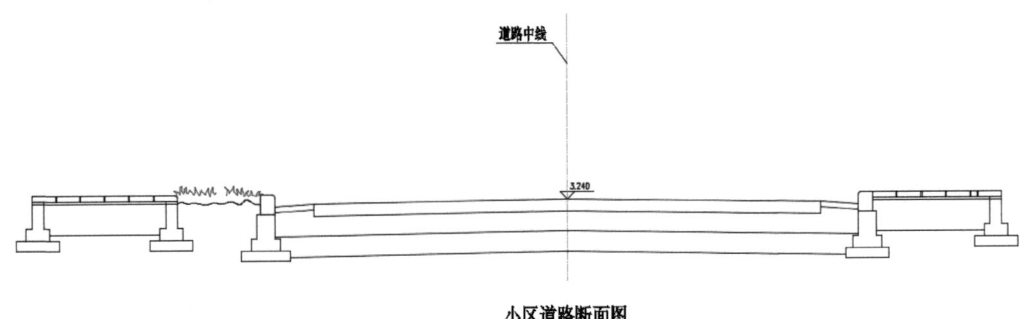

图 5-18 打开素材图形

Step 02 在命令行中输入 I 命令并按回车键，打开“块”选项板。单击选项板右上角 ··· 图标按钮，打开“选择图形文件”对话框，从中选择松树图块，如图 5-19 所示。

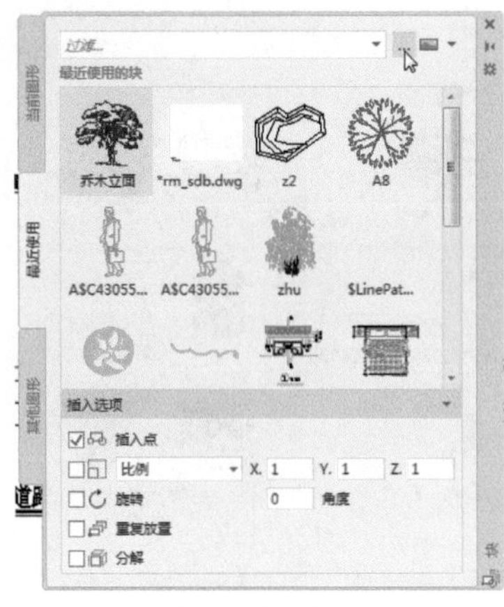

(a) 打开“块”选项板

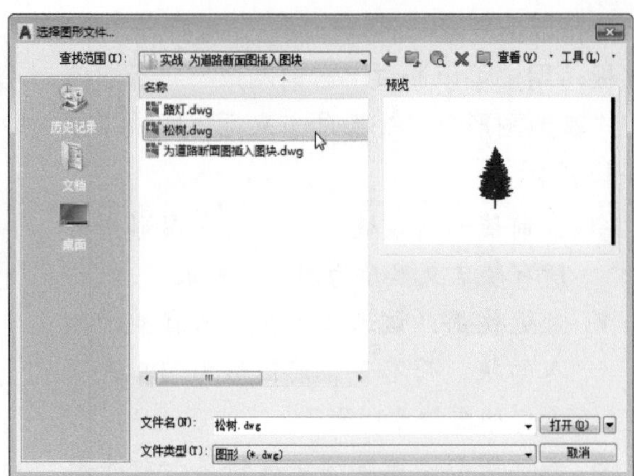

(b) 选择图块

图 5-19 选择插入的图块

Step 03 单击“打开”按钮，返回到“块”选项板。在“其他图形”选项卡中会显示松树图块。选中该图块，在绘图区中指定图块插入点即可完成松树图块的插入操作，如图 5-20 所示。

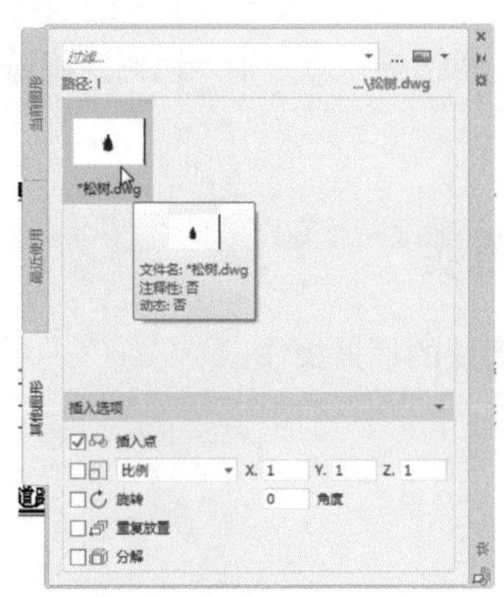

(a) 显示图块

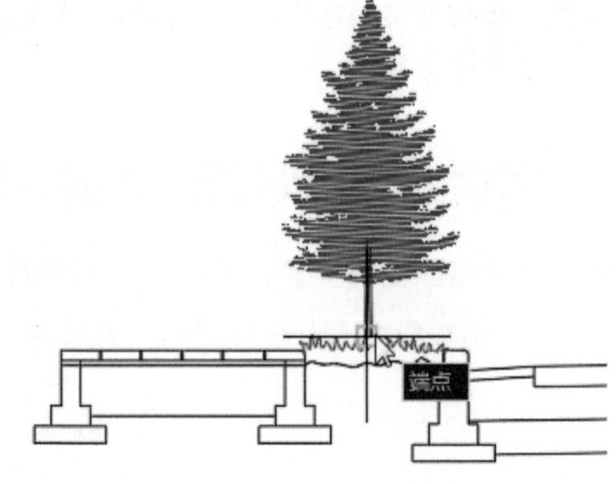

(b) 指定图块插入点

图 5-20 插入松树图块

Step 04 按照以上的操作，插入路灯图块至图形右侧合适位置，如图 5-21 所示。

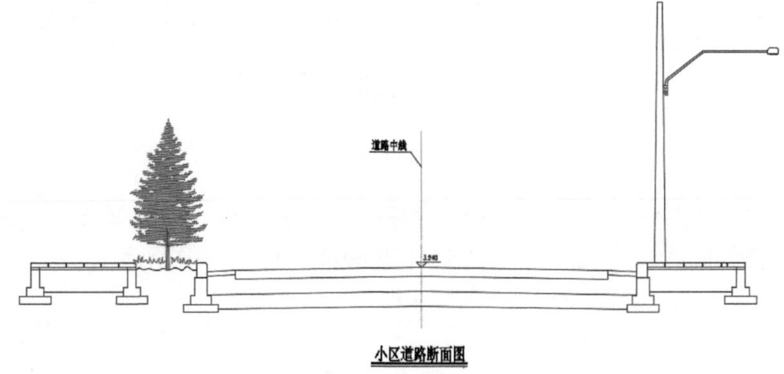

图 5-21 插入路灯图块

Step 05 执行“镜像”命令，对路灯图块进行镜像操作，并删除源文件，如图 5-22 所示。

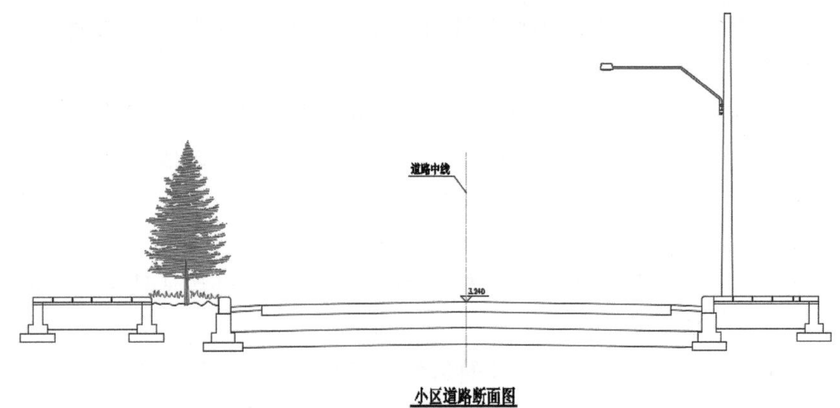

图 5-22　镜像路灯

5.2 编辑图块属性

除了可以创建普通的图块外，还可以创建带有附加信息的块，这些信息被称为属性。用户利用属性来跟踪类似于零件数量和价格等信息的数据，属性值既可以是可变的，也可以是不可变的。

5.2.1　创建与附着属性

属性块由图形对象和属性对象组成。对块增加属性，就是使块中的指定内容可以变化。要创建一个块属性，用户可使用“定义属性”命令，先建立一个属性定义来描述属性特征，包括标记、提示符、属性值、文本格式、位置以及可选模式等。

用户可以通过以下方法调用“定义属性”命令。

- 在菜单栏中执行“绘图”|“块”|“定义属性”命令。
- 在“默认”选项卡的“块”面板中单击“定义属性”按钮。
- 在“插入”选项卡的“块定义”面板中单击“定义属性”按钮。
- 在命令行中输入 ATTDEF 命令并按回车键。

执行以上任意一种操作后，系统将自动打开“属性定义”对话框，如图 5-23 所示。该对话框中各选项的含义介绍如下。

图 5-23　“属性定义”对话框

1. 模式

“模式”选项组用于在图形中插入块时，设定与块关联的属性值选项。

- 不可见：指定插入块时不显示或打印属性值。
- 固定：在插入块时赋予属性固定值。选中该复选框，插入块时属性值不发生变化。
- 验证：插入块时提示验证属性值是否正确。选中该复选框，插入块时系统将提示用户验证所输入的属性值是否正确。
- 预设：插入包含预设属性值的块时，将属性设定为默认值。选中该复选框，插入块时，系统将把“默认”文本框中输入的默认值自动设置为实际属性值，不再要求用户输入新值。
- 锁定位置：锁定块参照中属性的位置。解锁后，属性可以相对于使用夹点编辑的块的其他部分移动，并且可以调整多行文字属性的大小。
- 多行：指定属性值可以包含多行文字。选中此复选框后，可以指定属性的边界宽度。

2. 属性

“属性”选项组用于设定属性数据。

- 标记：标识图形中每次出现的属性。
- 提示：指定在插入包含该属性定义的块时显示的提示。如果不输入提示，属性标记将用作提示。如果在“模式”选项组选择“固定”模式，“提示”选项将不可用。
- 默认：指定默认属性值。单击后面的“插入字段”按钮，显示“字段”对话框，可以插入一个字段作为属性的全部或部分值；选定“多行”模式后，显示“多行编辑器”按钮，单击此按钮，将弹出具有“文字格式”工具栏和标尺的在位文字编辑器。

3. 插入点

“插入点”选项组用于指定属性位置。输入坐标值或者选中“在屏幕上指定”复选框，并使用定点设备根据与属性关联的对象指定属性的位置。

4. 文字设置

“文字设置”选项组用于设定属性文字的对正、样式、高度和旋转。

- 对正：用于设置属性文字相对于参照点的排列方式。
- 文字样式：指定属性文字的预定义样式，显示当前加载的文字样式。
- 注释性：指定属性为注释性。如果块是注释性的，则属性将与块的方向相匹配。
- 文字高度：指定属性文字的高度。
- 旋转：指定属性文字的旋转角度。
- 边界宽度：换行至下一行前，指定多行文字属性中一行文字的最大长度。此选项不适用于单行文字属性。

5. 在上一个属性定义下对齐

该选项用于将属性标记直接置于之前定义的属性的下面。如果之前没有创建属性定义，则此选项不可用。

5.2.2 编辑块的属性

当图块中包含属性定义时，属性将作为一种特殊的文本对象一同被插入。此时即可使用“块属性管理器”工具编辑之前定义的块属性，然后使用“增强属性管理器”工具将属性标记赋予新值，使之符合相似图形对象的设置要求。

知识点拨

属性块由图形对象和属性对象组成。对块添加属性后，其块中的文字内容可以改变。这些属性图块在施工图纸中也是经常被运用到的。

1. 块属性管理器

当编辑图形文件中多个图块的属性定义时，可以使用块属性管理器重新设置属性定义的构成、文字特性和图形特性等属性。

在“插入”选项卡的“块定义”面板中单击“管理属性”按钮，将打开“块属性管理器”对话框，如图 5-24 所示。

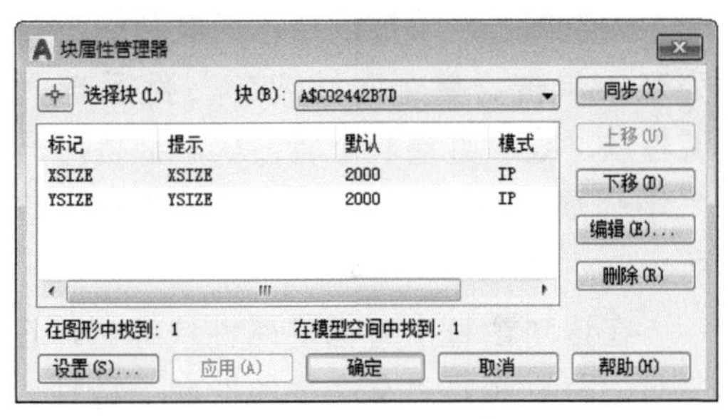

图 5-24 “块属性管理器”对话框

该对话框中各选项含义介绍如下。

- 块：列出具有属性的当前图形中的所有块定义。
- 属性列表：显示所选块中每个属性的特性。
- 同步：更新具有当前定义的属性特性的选定块的全部实例。
- 上移：在提示序列的早期阶段移动选定的属性标签。选定固定属性时，“上移”按钮不可用。
- 下移：在提示序列的后期阶段移动选定的属性标签。选定常量属性时，“下移”按钮不可用。
- 编辑：单击此按钮，可打开“编辑属性”对话框，从中可以修改属性特性，如图 5-25 所示。
- 删除：单击此按钮，可从块定义中删除选定的属性。
- 设置：单击此按钮，可打开“块属性设置”对话框，从中可以自定义“块属性管理器”中属性信息的列出方式，如图 5-26 所示。

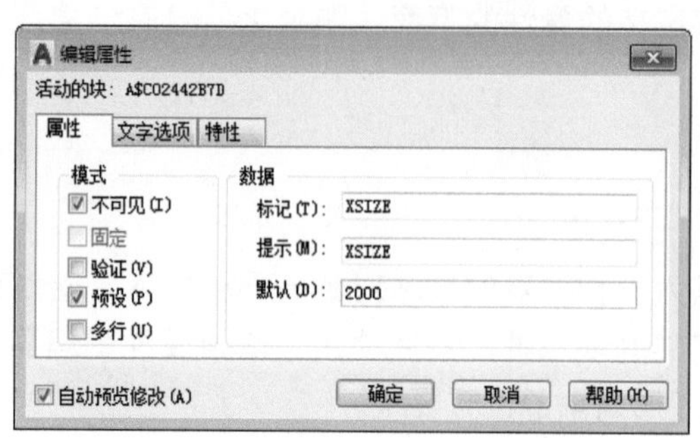

图 5-25 “编辑属性”对话框

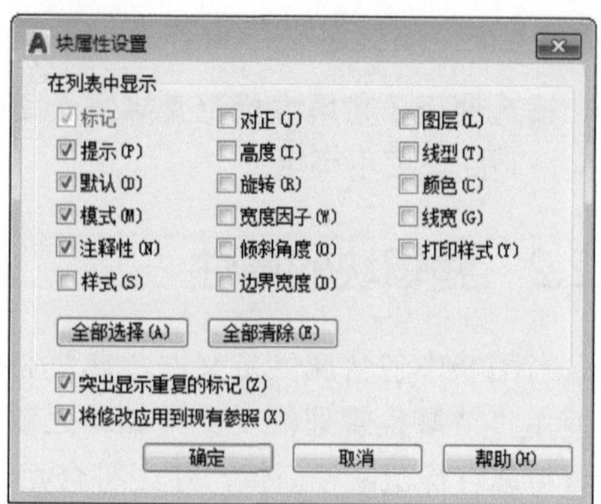

图 5-26 “块属性设置”对话框

2. 增强属性编辑器

增强属性编辑器的功能主要用于编辑块中定义的标记和值属性，与块属性管理器设置方法基本相同。

在“插入”选项卡的“块”面板中单击“编辑属性”下拉按钮，在展开的下拉列表中单击“单个”按钮，然后选择属性块，或者直接双击属性块，都将打开“增强属性编辑器”对话框，如图 5-27 所示。

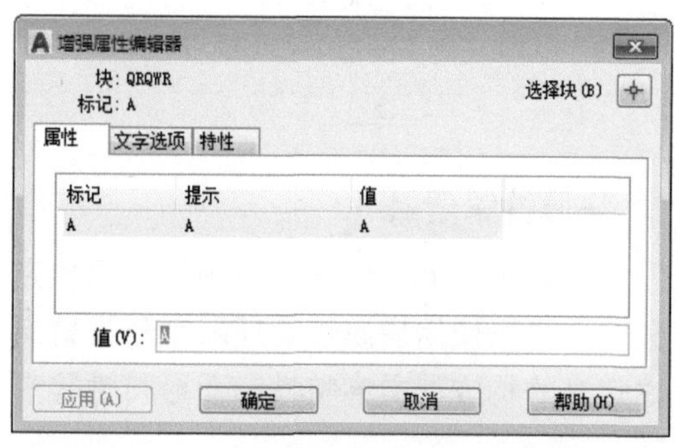

图 5-27 “增强属性编辑器”对话框

在该对话框中可指定属性块标记，在“值”文本框为属性块标记赋予值。此外，还可以分别利用“文字选项”和“特性”选项卡设置图块不同的文字格式和特性，如更改文字的格式、文字的图层、线宽以及颜色等属性。

实例：创建图示属性块

下面将利用创建属性块功能，创建人行道详图的图示内容。具体操作方法如下：

Step 01 打开本书附赠的“人行道详图”素材文件。执行“圆”命令，绘制半径为 700mm 的圆。然后执行“多段线”命令，绘制两条多段线，长度适中即可。将第 1 条多段线的宽度设为 100，效果如图 5-28 所示。

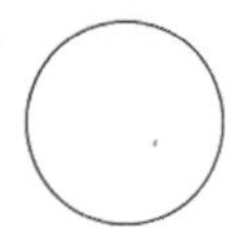

图 5-28 绘制图示

Step 02 在“插入”选项卡的“块定义”面板中单击“定义属性”按钮，打开“属性定义”对话框，将“标记”设为 1，将“文字高度”设为 700，其他为默认，如图 5-29 所示。

Step 03 单击“确定”按钮，返回到绘图区，指定好文字的插入点，效果如图 5-30 所示。

图 5-29　设置图示属性参数

图 5-30　指定文字插入点

Step 04 执行“写块”命令，打开“写块”对话框，在此设置好图示插入点、文件路径及文件名，如图 5-31 所示。

Step 05 在命令行中输入 I 命令，打开“块”选项板，选择保存好的图示图块，将其插入至图形合适位置，如图 5-32 所示。

Step 06 在打开的“编辑属性”对话框中输入属性内容，如图 5-33 所示。

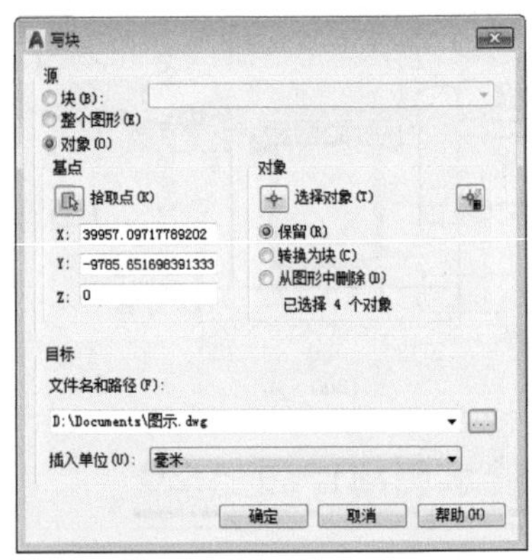

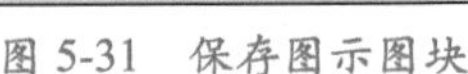

图 5-31　保存图示图块

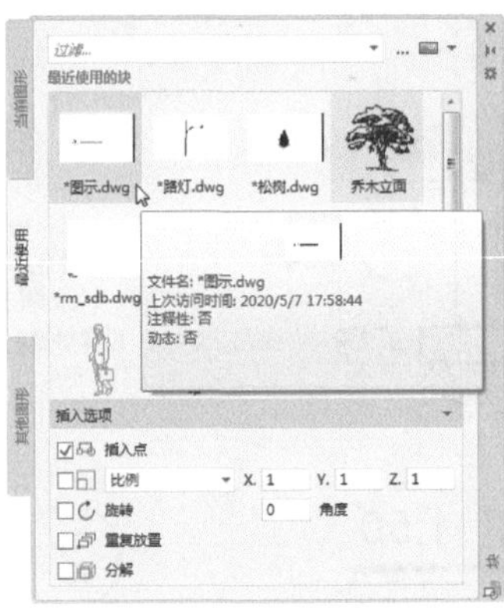

图 5-32　插入图示图块

图 5-33　输入属性内容

Step 07 执行“单行文字”命令，根据命令行中的提示设置文字的高度，指定文字插入点，输入图示内容，如图 5-34 所示。

命令行提示如下：

```
命令： _text
当前文字样式： “Standard”  文字高度： 700.0000  注释性： 否  对正： 左
指定文字的起点 或 [对正(J)/样式(S)]： （指定文字插入点）
指定高度 <700.0000>： <正交 开> 500 （输入文字高度，按回车键）
指定文字的旋转角度 <0>： （按回车键）
```

Step 08 执行“复制”命令，复制插入的图示，双击图块属性 1，在“增强属性编辑器”对话框中将“值”设为 2，如图 5-35 所示。

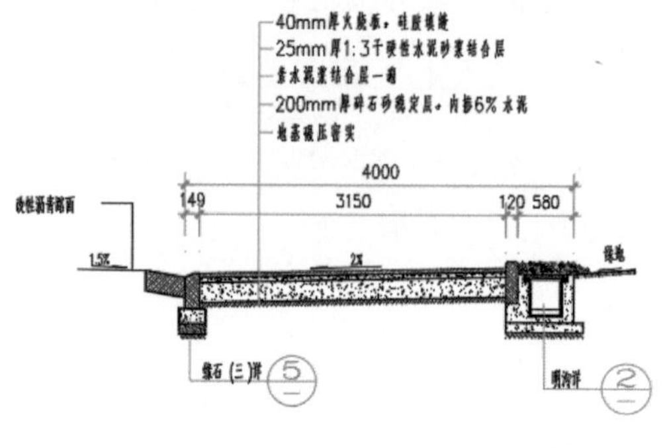

图 5-34 输入图示内容

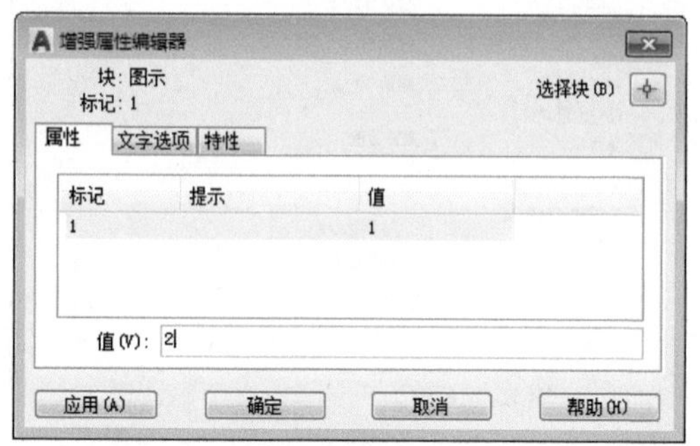

图 5-35 更改属性内容

Step 09 单击“确定”按钮，完成图示属性的更改操作，如图 5-36 所示。

Step 10 双击复制后的文字内容，进入文字编辑状态，更改其内容即可，如图 5-37 所示。

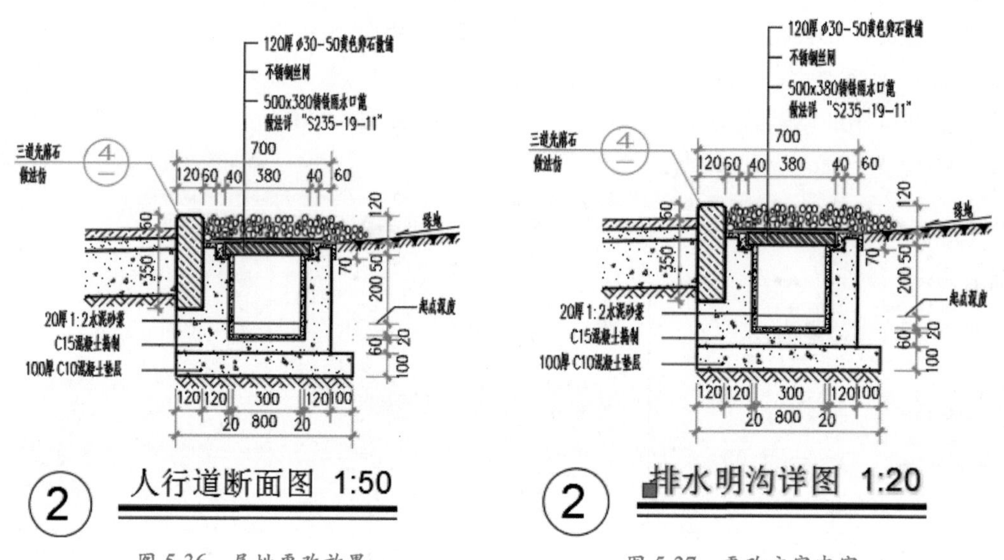

图 5-36 属性更改效果

图 5-37 更改文字内容

5.3 外部参照的使用

在实际绘图中，如果需要按照某个图进行绘制，就可以使用外部参照，外部参照可以作为图形的一部分。外部参照和块有很多相似的部分，但也有所区别，作为外部参照的图形会随着原图形的修改而更新。

5.3.1 附着外部参照

要使用外部参照图形，就要先附着外部参照文件。在“插入”选项卡的“参照”面板中单击“附着”按钮，打开“选择参照文件”对话框，选择要参照的文件，然后在“附着外部参照”对话框中单击“确定”按钮，则可插入外部参照图块，如图 5-38 和图 5-39 所示。

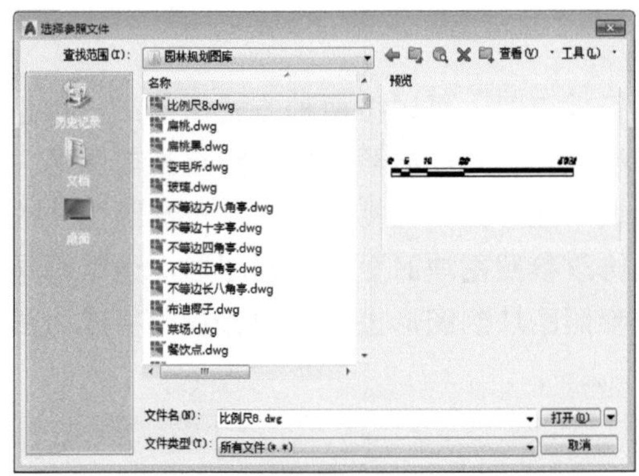

图 5-38 “选择参照文件”对话框

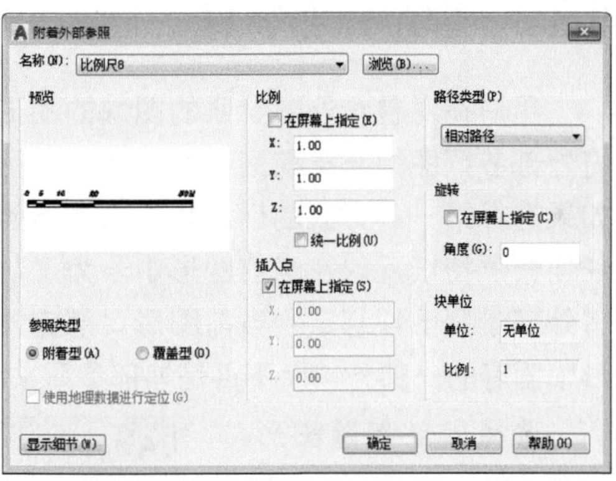

图 5-39 “附着外部参照”对话框

知识点拨

插入块后，该图块将永久性的插入到当前图形中，并成为图形的一部分。而以外部参照方式插入图块后，被插入图形文件的信息并不直接加入到当前图形中，当前图形只记录参照的关系。另外，对当前图形的操作不会改变外部参照文件的内容。

5.3.2 管理外部参照

用户可利用参照管理器对外部参照文件进行管理，如查看附着到 DWG 文件的文件参照，或者编辑附件的路径。参照管理器是一种外部应用程序，使用户可以检查图形文件可能附着的任何文件。用户可以通过以下方式打开“外部参照”选项板：

- 在菜单栏中执行“插入”|“外部参照”命令。
- 在“插入”选项卡的“参照”面板中单击右侧三角箭头按钮。
- 在命令行中输入 XREF 命令并按回车键。

执行以上任意一种方法均可打开“外部参照”选项板，如图 5-40 所示。其中各选项的含义介绍如下。

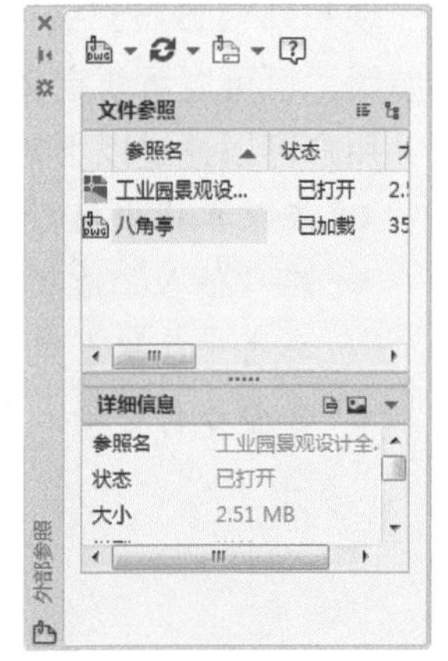

图 5-40 “外部参照”选项板

- 附着：单击该按钮，即可添加不同格式的外部参照文件。
- 文件参照：显示当前图形中各种外部参照的文件名称。
- 详细信息：显示外部参照文件的详细信息。
- 列表图：单击该按钮，设置图形以列表的形式显示。
- 树状图：单击该按钮，设置图形以树的形式显示。

5.3.3 绑定外部参照

用户在对包含外部参照的图块的图形进行保存时，可以按两种方式保存：一种是将外部参照图块与当前图形一起保存；另一种则是将外部参照图块绑定至当前图形。如果选择第一种方式的话，其要求是参照图块与图形始终保持在一起，对参照图块的任何修改持续反映在当前图形中。为了防止修改参照图块时更新归档图形，通常都是将外部参照图块绑定到当前图形。绑定外部参照图块到图形上后，外部参照将成为图形中固有的一部分，而不再是外部参照文件了。

选择外部参照图形，在菜单栏中执行“修改”|“对象”|“外部参照”命令，在打开的级联菜单中选择“绑定”命令，即可打开“外部参照绑定”对话框，如图 5-41 所示。

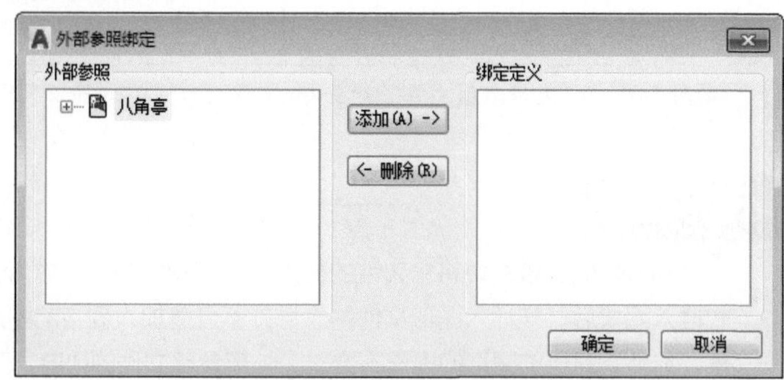

图 5-41 “外部参照绑定”对话框

5.3.4 编辑外部参照

块和外部参照都被视为参照，用户可以使用在位参照编辑来修改当前图形中的外部参照，也可以重新定义当前图形中的块。

用户可以通过以下方式打开“参照编辑”对话框：

- 在菜单栏中执行“工具”|“外部参照和块在位编辑”|“在位编辑参照”命令。
- 在“插入”选项卡的“参照”面板中单击“参照”下拉按钮，在弹出的列表中单击“编辑参照”按钮。
- 在命令行中输入 REFEDIT 命令并按回车键。

5.4 设计中心的应用

AutoCAD 设计中心提供了一个直观高效的工具，用户可以浏览、查找、预览和管理 AutoCAD 图形，可以将原图形中的任何内容拖动到当前图形中，还可以对图形进行修改，使用起来非常方便。

5.4.1 “设计中心”选项板

用户可以通过以下方法打开如图 5-42 所示的选项板。

图 5-42 “设计中心”选项板

- 在菜单栏中执行“工具”|“选项板”|“设计中心”命令。
- 在“视图”选项卡的“选项板”面板中单击“设计中心”按钮▦。
- 按 Ctrl+2 组合键。

“设计中心”选项板主要由工具栏、选项卡、内容窗口、树状视图窗口、预览窗口和说明窗口 6 个部分组成。

1. 工具栏

工具栏用于控制内容区中信息的显示和搜索。下面具体介绍各选项的含义。

- 加载：单击“加载”按钮，显示“加载”对话框，可以浏览本地和网络驱动器的 Web 文件，然后选择文件加载到内容区域。
- 上一级：返回显示上一个文件夹和上一个文件夹中的内容及内容源。
- 搜索：对指定位置和文件名进行搜索。
- 主页：返回到默认文件夹，单击“树状图”按钮，在文件上单击鼠标右键即可设置默认文件夹。
- 树状图切换：显示和隐藏树状图，更改内容窗口的大小显示。

- 预览：显示或隐藏内容区域选定项目的预览。
- 说明：显示和隐藏内容区域窗格中选定项目的文字说明。
- 视图：更改内容窗口中文件的排列方式。
- 内容窗口：显示选定文件夹中的文件。

2. 选项卡

“设计中心”选项板是由文件夹、打开的图形和历史记录组成的。

- 文件夹：可浏览本地磁盘或局域网中所有的文件、图形和内容。
- 打开的图形：显示软件已经打开的图形。
- 历史记录：显示最近编辑过的图形名称及目录。

5.4.2 图形内容的搜索

在菜单栏中执行“工具”|“选项板”|“设计中心”命令，打开“设计中心”选项板，单击“搜索”按钮，打开“搜索”对话框，单击“搜索”下拉按钮并选择搜索类型，然后指定好搜索路径，并根据需要设定搜索条件，单击“立即搜索”按钮即可，如图 5-43 和图 5-44 所示。

图 5-43 “搜索”对话框

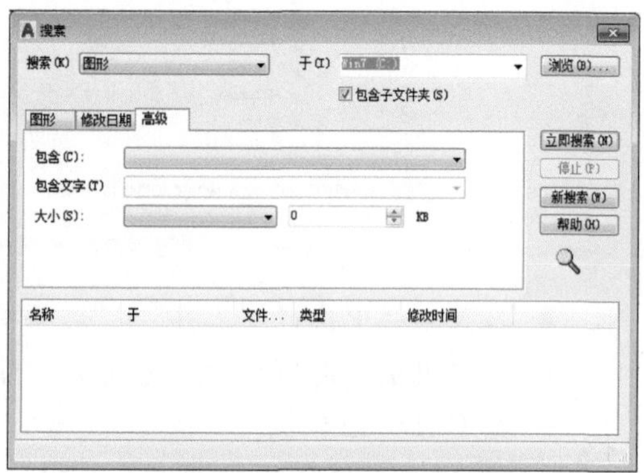

图 5-44 使用“高级”功能搜索

5.4.3 插入图形内容

使用设计中心可以方便地在当前图形中插入块，引用光栅图像、外部参照，并在图形之间复制图层、线型、文字样式和标注样式等各种内容。

1. 插入块

设计中心提供了两种插入图块的方法：一种是按照默认缩放比例和旋转方式进行操作；另一种则是精确指定坐标、比例和旋转角度方式。

使用设计中心执行图块的插入时，首先选中所要插入的图块，然后按住鼠标左键，并将其拖至绘图区后释放鼠标，最后调整图形的缩放比例以及位置。

用户也可在“设计中心”选项板中用鼠标右键单击所需插入的图块，在弹出的快捷菜单中选择“插入为块”命令，然后在打开的“插入”对话框中根据需要确定插入基点、插入比例等数值，最后单击“确定”按钮即可完成，如图 5-45 和图 5-46 所示。

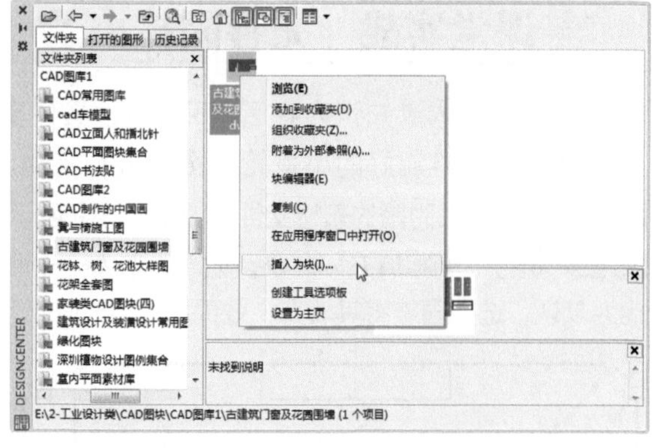

图 5-45　右键插入块操作

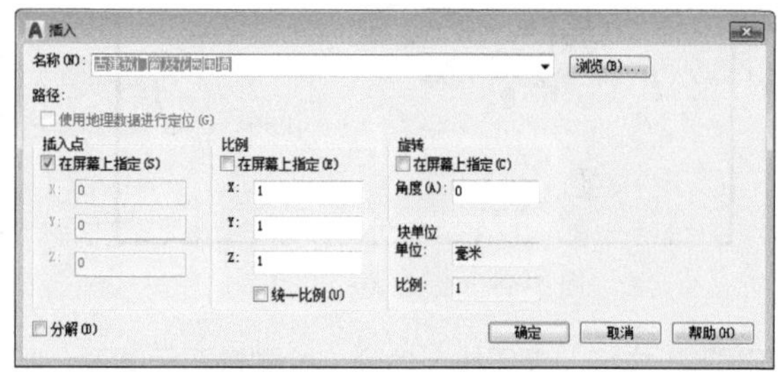

图 5-46　设置插入图块

2. 引用光栅图像

除了可向当前图形中插入块外，还可以将数码照片或其他抓取的图像插入到绘图区中。光栅图像类似于外部参照，需按照指定的比例或旋转角度插入。

在“设计中心”选项板左侧树状图中指定图像的位置，然后在右侧内容区域中用鼠标右键单击所需图像，在弹出的快捷菜单中选择“附着图像”命令，接着在打开的“附着图像”对话框中根据需要设置插入比例等选项，最后单击“确定”按钮，在绘图区中指定好插入点即可，如图 5-47 和图 5-48 所示。

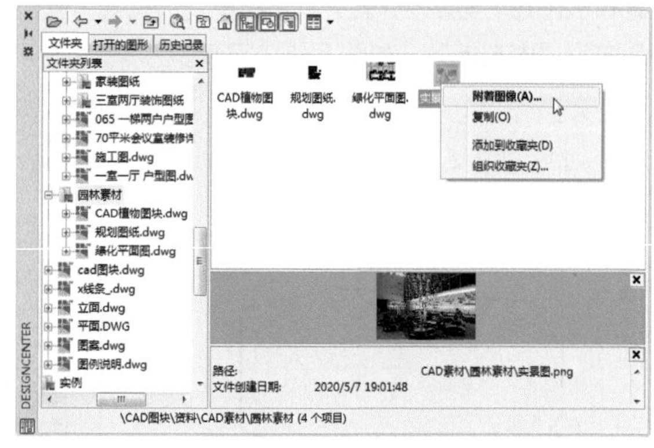

图 5-47　选择图像

图 5-48　设置插入比例

课堂实战　完善园林小景

在学习了本章知识内容后，下面通过具体案例来巩固所学的知识，以做到学以致用。本例将对已经绘制好的小景轮廓图形进行完善，具体操作方法如下：

Step 01 打开本书附赠的素材文件，如图 5-49 所示。

Step 02 执行“图案填充”命令，选择图案 AR-HBONE，设置比例为 3，填充颜色为灰色，其他为默认，选择园路将其填充，效果如图 5-50 所示。

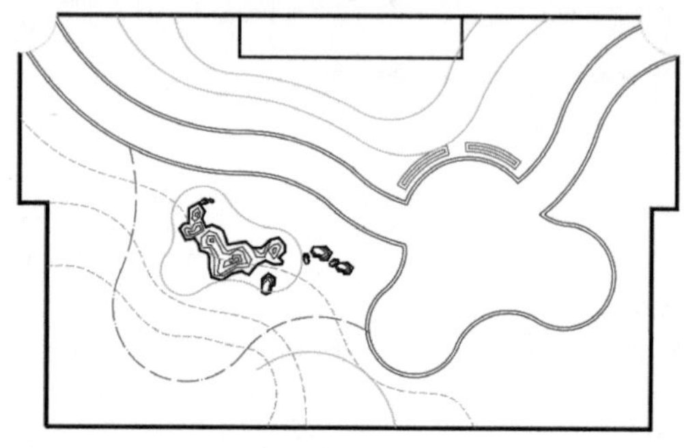

图 5-49　打开素材图形

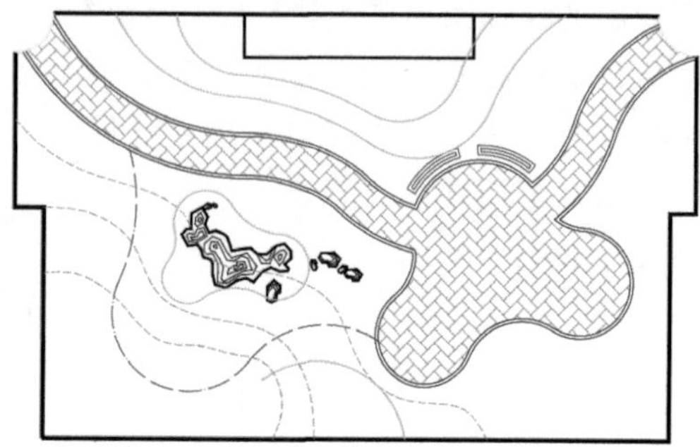

图 5-50　填充园路

Step 03 执行“多段线”命令，绘制青石板图形，将轮廓线宽度设为 3，效果如图 5-51 所示。

Step 04 执行“创建块”命令，在“块定义”对话框中单击“选择对象”按钮，在绘图区中框选青石板图形，返回到对话框，单击“拾取点”按钮，指定青石板几何中心为基点，并将该图块命名为“青石板”，如图 5-52 所示。

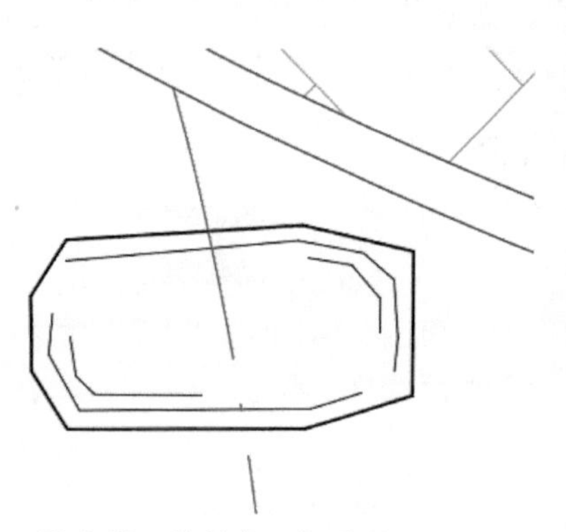

图 5-51　绘制青石板图形

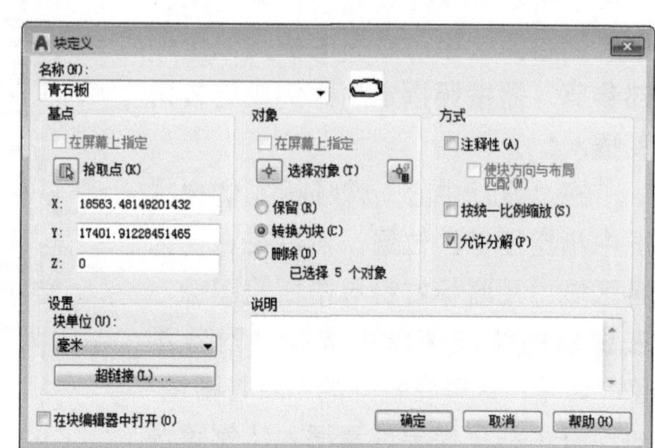

图 5-52　创建青石板图块

Step 05 执行“路径阵列”命令，根据命令行中的提示信息，将青石板图形按照红色中心线进行阵列，如图 5-53 所示。

命令行提示如下：

```
命令：_arraypath
选择对象：找到 1 个（选择青石板图块，按回车键）
```

```
选择对象：
类型 = 路径  关联 = 是
选择路径曲线：（选择红色中心线）
选择夹点以编辑阵列或 [关联(AS)/方法(M)/基点(B)/切向(T)/项目(I)/行(R)/层(L)/对齐项目(A)/z 方向(Z)/退出(X)] <退出>: I （选择“项目”选项）
指定沿路径的项目之间的距离或 [表达式(E)] <1185.8494>: 600 （输入间距值，按回车键）
最大项目数 = 26
指定项目数或 [填写完整路径(F)/表达式(E)] <26>: 25 （输入阵列数值，按回车键）
选择夹点以编辑阵列或 [关联(AS)/方法(M)/基点(B)/切向(T)/项目(I)/行(R)/层(L)/对齐项目(A)/z 方向(Z)/退出(X)] <退出>:
```

Step 06 在“插入”选项卡的“块”面板中执行“插入”命令，在打开的“块”选项板中单击“最近使用”标签，打开“最近使用”选项卡，单击该选项卡右上角的 … 图标按钮，在打开的“选择图形文件”对话框中选择青皮竹图块，如图 5-54 所示。

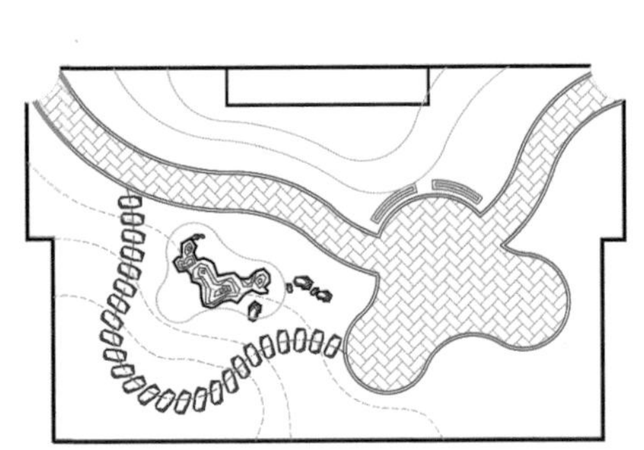

图 5-53　阵列青石板图块

图 5-54　选择插入的图块

Step 07 单击“打开”按钮，此时青皮竹图块已显示在“块”选项板中。选中该图块，将其移至图形中，如图 5-55 所示。

Step 08 执行“复制”命令，将青皮竹植物图块复制到其他所需位置，效果如图 5-56 所示。

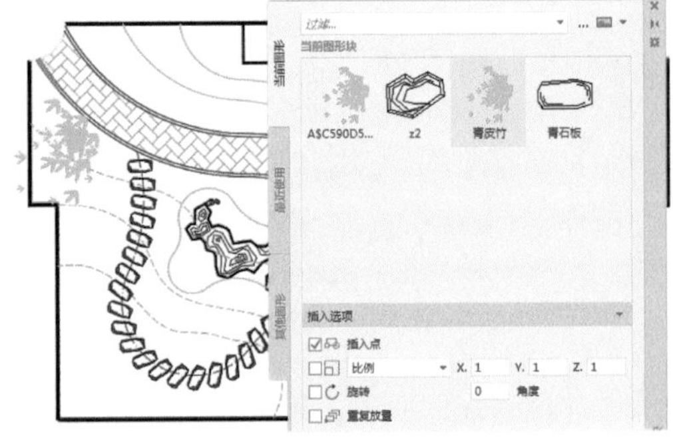

图 5-55　插入青皮竹植物图块

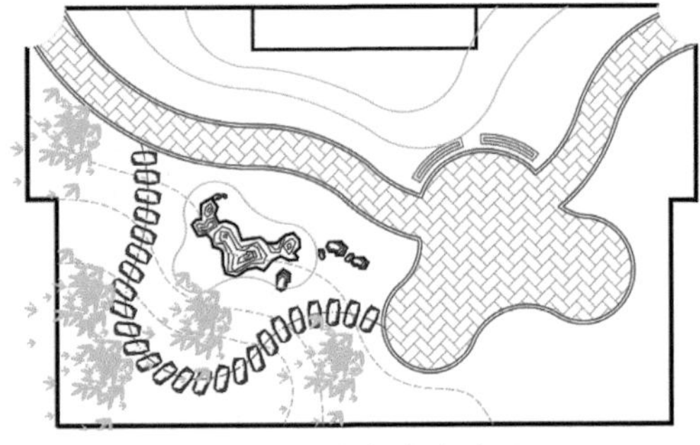

图 5-56　复制青皮竹图块

Step 09 用同样的方法在“块”选项板中调入茶花植物图块，并将其插入至图形中。同样执行“复制”命令，复制茶花图块至其他位置，如图 5-57 所示。

Step 10 继续执行“插入”和“复制”命令，插入其他植物图块。至此，园林小景图形已绘制完毕，最终效果如图 5-58 所示。

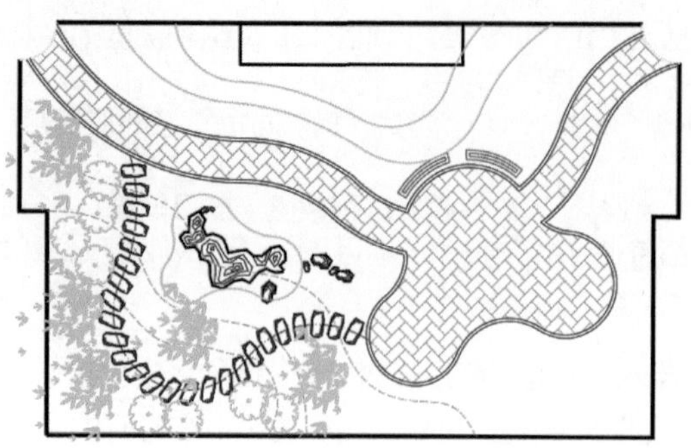

图 5-57 插入茶花植物图块

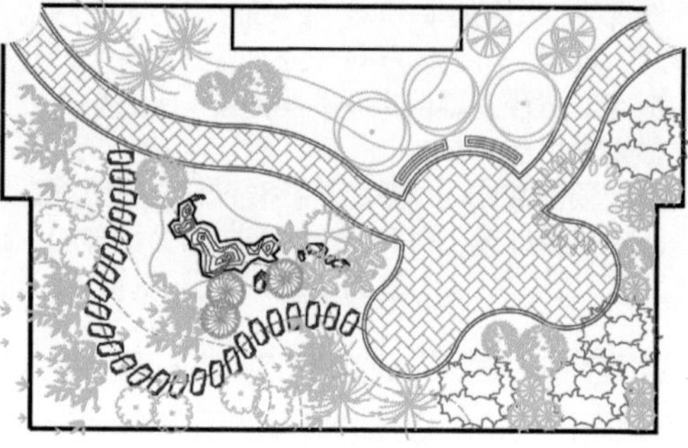

图 5-58 最终效果图

课后作业

为了让用户能够更好地掌握本章所学的知识内容，下面安排了一些 ACAA 认证考试的参考试题，让用户可以对所学的知识进行巩固和练习。

一、填空题

1. _______ 是跟随当前图形文件一起保存的，存储在当前图形文件内部。因此，该图块只能在当前图形中使用，不能被其他图形文件调用。

2. 写块也是创建块的一种，又叫储存块。它与内部块唯一的区别就是，_____ 只能在当前图纸中使用，_______ 则可以被大量无限地引用。

3. 使用“_______”命令，先建立一个属性定义来描述属性特征，包括 _______、_______、_______、_______、_______ 以及可选模式等。

二、选择题

1. 不能使用“块属性管理器”对话框进行修改的选项是（　　）。
   A. 属性的可见性
   B. 属性的个性
   C. 属性文字如何显示
   D. 属性所在的图层和属性行的颜色、宽度及类型

2. 如果对属性块进行分解，那么其属性将会显示为（　　）。
   A. 标记　　B. 提示　　C. 属性值　　D. 什么都不显示

3. 如果要创建带属性的图块，那么其属性将会显示为（　　）。
   A. 默认　　B. 提示　　C. 标记　　D. 固定

4. 使用（　　）快捷键，可打开设计中心。
   A. Ctrl+2　　B. Ctrl+3　　C. Ctrl+L　　D. Ctrl+A

三、操作题

1．完善花架立面图

本实例将利用“插入”命令，为花架立面图插入绿植图块，效果如图 5-59 所示。

图 5-59　完善花架立面图

操作提示：

Step 01 执行“插入”命令，插入绿植图块至花架合适位置。

Step 02 执行“缩放”命令，对插入的绿植图块进行缩放操作。

2. 创建丹桂绿植图块

本实例先利用绘图工具绘制出丹桂图形，然后再利用“创建块”命令，将丹桂创建成图块，效果如图 5-60 所示。

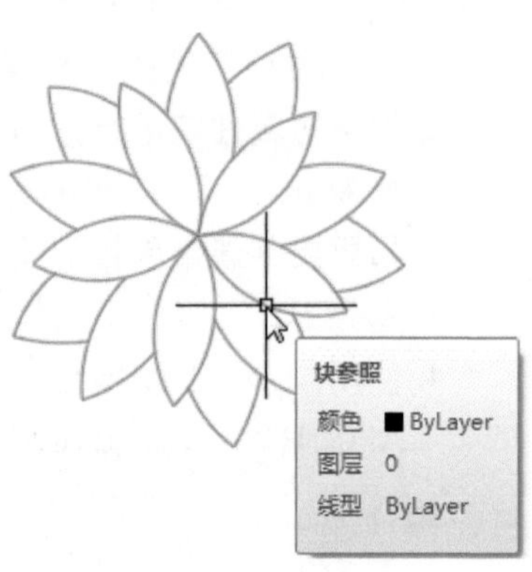

图 5-60　创建丹桂图块

操作提示：

Step 01 执行“圆弧”“阵列”“修剪”命令，绘制出丹桂绿植图形。

Step 02 执行“创建块”命令，将其创建成图块。

第 6 章

为图纸添加文字与表格

内容导读

在设计图纸中添加文字、表格元素是非常必要的。特别是对于园林类的大型规划图纸，文字说明和植物配置表是不可或缺的。本章将向读者介绍文字和表格功能在AutoCAD软件中的应用，其中包括文字、表格样式的设置、单行/多行文本的添加与编辑、表格的创建等。

学习目标

▲ 文字功能的应用
▲ 表格功能的应用

6.1 文字功能的应用

文字是图纸构成中非常重要的一项元素，是园林制图中不可缺少的组成部分。在一个完整的图样中，通常都包含一些文字注释来标注图样中的一些非图形信息。在AutoCAD 中创建文字的方法有两种，分别是单行文字和多行文字。下面将分别对其操作进行简单介绍。

6.1.1 设置文字样式

所有文字都有与之相关联的文字样式。在创建文字注释和尺寸标注时，AutoCAD 通常使用的是当前的文字样式，用户也可以根据具体要求重新设置文字样式或创建新的样式。

文字样式需要在“文字样式”对话框中进行设置，用户可以通过以下方式打开“文字样式”对话框，如图 6-1 所示。

- 执行菜单栏中的“格式”|“文字样式”命令。
- 在“默认”选项卡的“注释”面板中单击其下拉按钮，在打开的列表中单击“文字注释”按钮 A。
- 在“注释”选项卡的“文字”面板中单击右下角箭头 ↘。
- 在命令行中输入 ST 快捷命令并按 Enter 键。

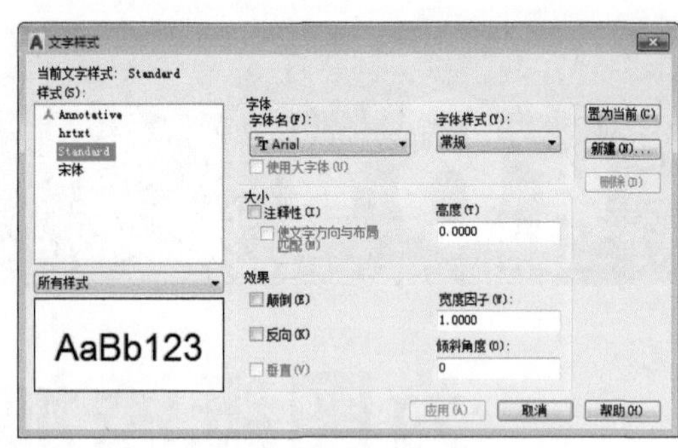

图 6-1 “文字样式”对话框

执行以上任意一项操作后，可打开“文字样式”对话框，用户可以在当前的文字样式中进行设置，例如样式、字体、字体样式、大小、高度、效果等。

知识点拨

AutoCAD 提供了符合标注要求的字体文件：gbenor.shx、gbeitc.shx 和 gbcbig.shx 文件。其中，gbenor.shx、gbeitc.shx 字体分别用于标注直体和斜体字母及数字，gbcbig.shx 字体则用于标注中文。

下面将对“文字样式”对话框中一些常用的设置选项进行简单说明。

- 样式：显示已有的文字样式。单击“所有样式”列表框右侧的三角符号，在弹出的列表中可以选择样式类别。
- 字体：包含“字体名”和“字体样式”选项。“字体名”用于设置文字注释的字体；“字体样式”用于设置字体格式，例如斜体、粗体或者常规字体。
- 大小：包含“注释性”“使文字方向与布局匹配”和“高度”选项，其中，“注释性”用于指定文字为注释性，“高度”用于设置字体的高度。
- 效果：修改字体的特性，如垂直、宽度因子、倾斜角以及是否颠倒显示。
- 置为当前：将选定的样式置为当前。
- 新建：创建新的文字样式，如图 6-2 和图 6-3 所示。

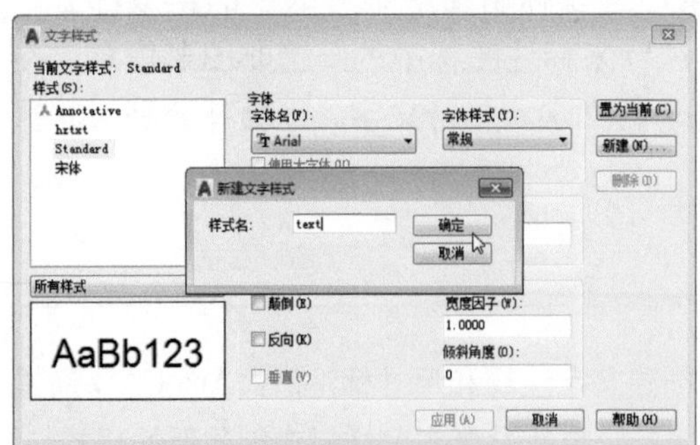

图 6-2 新建文字样式

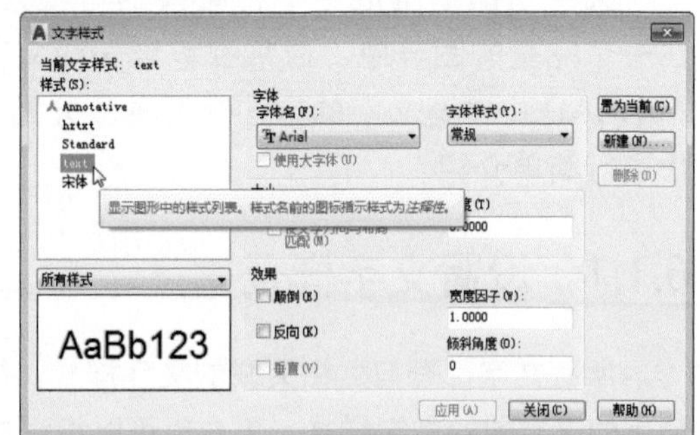

图 6-3 完成新建文字样式操作

- 删除：单击“样式”列表框中的样式名，会激活“删除”按钮，单击该按钮即可删除样式。

如果在绘制图形时，创建的文字样式太多，这时可以通过“重命名”和“删除”命令来管理文字样式。执行“格式”|“文字样式”命令，打开“文字样式”对话框，在文字样式上单击鼠标右键，然后在弹出的快捷菜单中选择“重命名”命令，即可对当前样式进行重命名，如图 6-4 所示，用同样的方法选择“删除”命令，即可删除该样式，如图 6-5 所示。

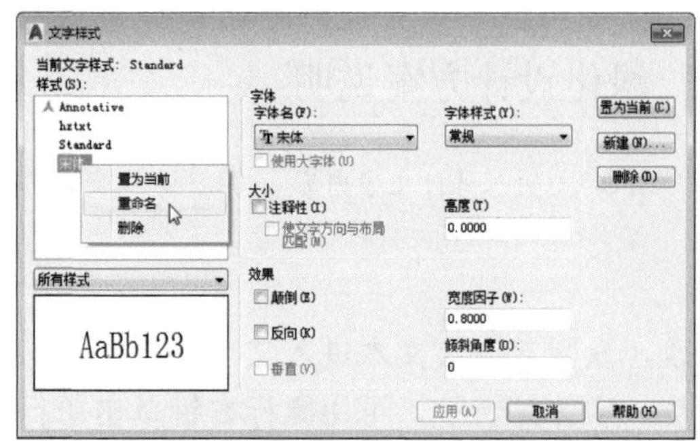

图 6-4　重命名文字样式

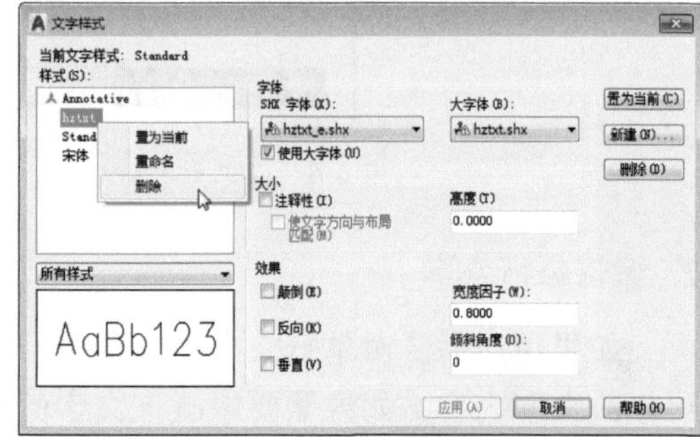

图 6-5　删除文字样式

如果文字样式处于当前使用状态，则无法删除。除此之外，附属图块参照的文字样式以及系统自带的样式也是不能够被删除的。

6.1.2　创建并编辑单行文字

单行文本主要用于创建简短的文本内容。在输入过程中，按回车键即可将单行文本分为两行。每行文字是一个独立的文字对象。用户可对每行文字对象进行单独的修改。

1. 创建单行文字

用户可以通过以下方式调用单行文字命令：

- 在菜单栏中执行“绘图”|“文字”|“单行文字”命令。
- 在“默认”选项卡的“注释”面板中单击“文字” A 下拉按钮，在打开的列表中选择“单行文字” A 选项。
- 在“注释”选项卡的“文字”面板中单击“多行文字”下拉按钮，在弹出的列表中选择“单行文字”选项。
- 在命令行中输入 TEXT 命令并按回车键。

执行“单行文字”命令后，在绘图区中指定一点作为文字起点，根据提示输入高度值、旋转角度后按 Enter 键，此时系统会自动打开文本编辑框，在此输入文字内容后，在文本编辑框外单击一下或按 Esc 键即可完成输入操作，如图 6-6 和图 6-7 所示。

命令行提示如下：

```
命令： _text
当前文字样式： "Standard" 文字高度： 50.0000 注释性： 否 对正： 左
指定文字的起点 或 [对正(J)/样式(S)]： (指定文本的起始点)
指定高度 <50.0000>: 100 (输入文字高度值，按 Enter 键)
指定文字的旋转角度 <0>: 0 (默认旋转角度为 0，按 Enter 键)
```

图 6-6 指定文字高度

绿化设计方案说明

图 6-7 输入单行文字内容

2. 编辑单行文字

如果用户需要对单行文字的内容进行修改，只需双击该文本进入文字编辑状态即可修改文字内容。如果需要修改该文字的高度、字体等特性，可用鼠标右键单击单行文字，在弹出的快捷菜单中选择“特性”命令，如图 6-8 所示。在打开的“特性”选项板中，用户可根据需要对其参数进行设置，如图 6-9 所示。

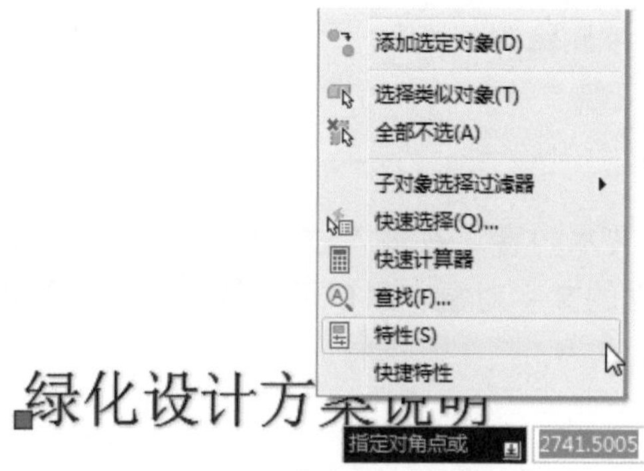

图 6-8 启动“特性”选项板

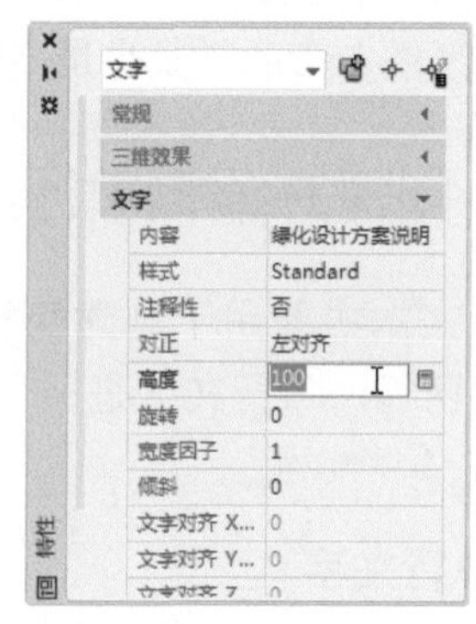

图 6-9 设置文字的特性参数

实例：创建图纸比例尺

在园林景观图纸中，指北针和比例尺两个元素是缺一不可的。下面将利用矩形、单行文字等命令为喷泉图纸创建相应的比例尺。具体操作步骤如下：

Step 01 打开本书附赠的素材文件。执行“矩形”命令，绘制长 2500mm、宽 900mm 的矩形，执行“复制”命令，将矩形进行错位复制，如图 6-10 所示。

Step 02 执行“图案填充”命令，选择 SOLID 图案，将绘制的矩形进行填充，如图 6-11 所示。

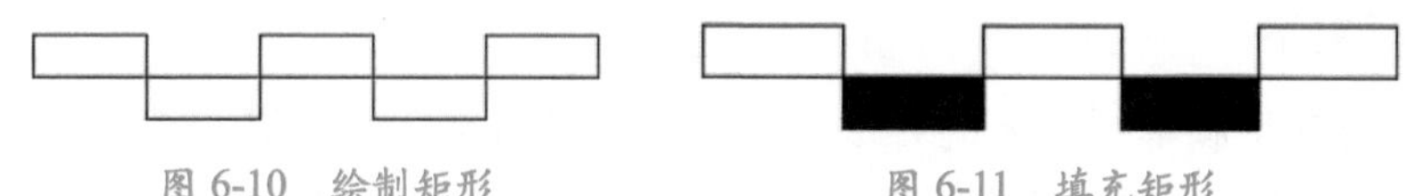

图 6-10　绘制矩形　　　　图 6-11　填充矩形

Step 03 执行“单行文字”命令，在矩形上方合适位置指定文字的起点，然后在命令行中输入文字高度为 800，按 Enter 键，将旋转角度设为默认 0，再次按 Enter 键，进入文字编辑状态，在此输入比例值，如图 6-12 所示。

命令行提示如下：

```
命令： _text
当前文字样式： “Standard”  文字高度： 2.5000  注释性： 否  对正： 左
指定文字的起点 或 [对正(J)/样式(S)]: （指定文字的起始点）
指定高度 <2.5000>: 800 （输入文字高度，按Enter键）
指定文字的旋转角度 <0>: （按回车键，输入文字内容）
```

Step 04 执行“复制”命令，复制该比例值至比例尺其他位置，双击该数值即可更改其数值，如图 6-13 所示。至此，图纸比例尺图形绘制完成。

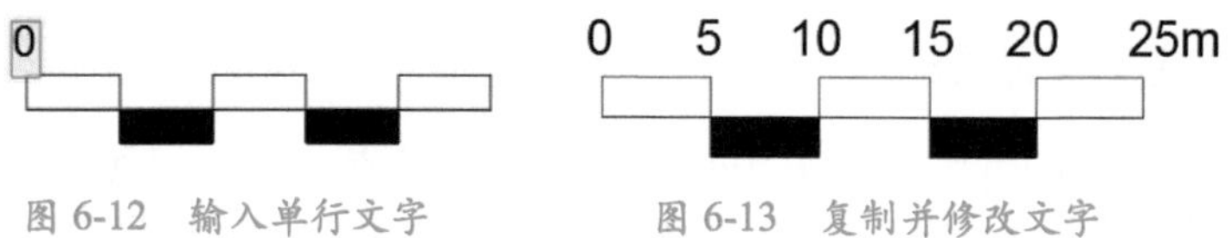

图 6-12　输入单行文字　　　　图 6-13　复制并修改文字

6.1.3　创建并编辑多行文字

多行文字又称为段落文字，是一种更易于管理的文字对象，它可以由两行以上的文字组成，而且各行文字都是作为一个整体处理。在园林制图中，常使用多行文字功能创建较为复杂的文字说明，如图样的施工要求等。

1. 创建多行文字

用户可以通过以下方式调用多行文字命令：

- 在菜单栏中执行“绘图”|“文字”|“多行文字”命令。
- 在“默认”选项卡的“文字注释”面板中单击“多行文字”按钮A。
- 在“注释”选项卡的“文字”面板中单击“多行文字”按钮A。
- 在命令行中输入 MTEXT 命令并按回车键。

执行“多行文字”命令后，在绘图区指定文本输入框对角点即可输入多行文字。输入完成后单击文本框外任意点即可完成多行文本的创建，如图 6-14 和图 6-15 所示。

图 6-14　指定文本框对角点　　　　图 6-15　输入文字

2. 编辑多行文字

编辑多行文字和单行文字的方法一致，双击多行文字即可进入编辑状态，同时，系统会自动打开“文字编辑器”选项卡，用户可根据需要设置相应的文字样式，如图 6-16 所示。

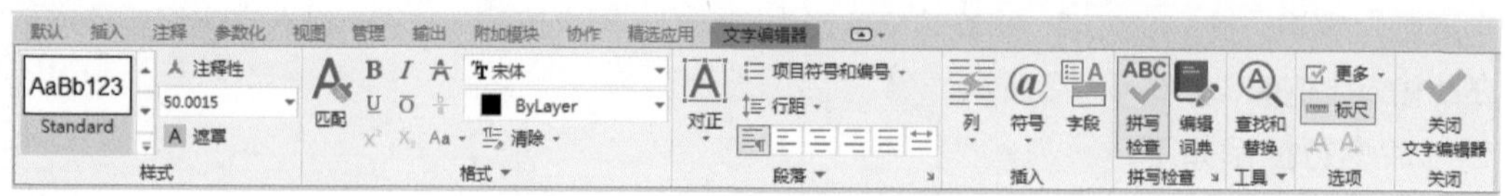

图 6-16　“文字编辑器”选项卡

6.1.4　特殊字符的输入

在实际设计中，往往需要标注一些特殊的字符。例如，在文字上方或下方添加上下画线、标注度（°）、±、ϕ 等符号。这些特殊符号不能从键盘上直接输入，因此，AutoCAD 提供了相应的控制字符，以实现这些标注要求。

1. 单行文字中特殊字符的输入

输入单行文字时，用户可通过 AutoCAD 提供的控制码来实现特殊字符的输入。控制码由两个百分号和一个字母（或一组数字）组成。常用的特殊字符及其对应控制码如表 6-1 所示。

表 6-1　特殊字符控制码对应表

<table>
<tr><th>序号</th><th>特殊字符</th><th>控制码</th><th>输入形式</th><th>最终结果</th><th>备注</th></tr>
<tr><td>1</td><td>度数“°”</td><td>%%D</td><td>45%%D</td><td>45°</td><td rowspan="5">1. 控制码输入时字母不区分大小写
2. 一般常用字体均可正常显示特殊符号</td></tr>
<tr><td>2</td><td>公差“±”</td><td>%%P</td><td>%%P0.000</td><td>±0.000</td></tr>
<tr><td>3</td><td>直径“ϕ”</td><td>%%C</td><td>%%C50</td><td>ϕ50</td></tr>
<tr><td>4</td><td>文字上画线</td><td>%%O</td><td>%%O 汉字 ABC</td><td>汉字 ABC</td></tr>
<tr><td>5</td><td>文字下画线</td><td>%%U</td><td>%%U 汉字 ABC</td><td>汉字 ABC</td></tr>
<tr><td>6</td><td>Ⅰ级钢筋符号 A</td><td>%%130</td><td>%%13010</td><td>A10</td><td rowspan="4">为了正常显示特殊符号内容，在“文字样式”对话框中，无论是否选中“使用大字体”复选框，SHX 字体均应选择 txt 或 tssdeng 之类字体；大字体选择范围较广，可选常用字体，如 hztxt</td></tr>
<tr><td>7</td><td>Ⅱ级钢筋符号 B</td><td>%%131</td><td>%%13112</td><td>B12</td></tr>
<tr><td>8</td><td>Ⅲ级钢筋符号 C</td><td>%%132</td><td>%%13218</td><td>C18</td></tr>
<tr><td>9</td><td>Ⅳ级钢筋符号 D</td><td>%%133</td><td>%%13320</td><td>D20</td></tr>
</table>

2. 多行文字中特殊字符的输入

输入多行文字时，可以通过“符号”列表选择相应的特殊字符，如图 6-17 所示。用户可以通过以下方式打开“符号”列表：

- 单击文字编辑器“插入”面板中的“符号”下拉按钮。
- 在多行文字编辑框中单击鼠标右键，在弹出的快捷菜单中选择“符号”命令，即可打开级联菜单。

选择相应文字后，单击上画线按钮和下画线按钮，设置上画线和下画线（表 6-1 序号 4 和 5）。用户也可以通过控制码的方式，输入表 6-1 序号 1 ～ 3 中的特殊字符。

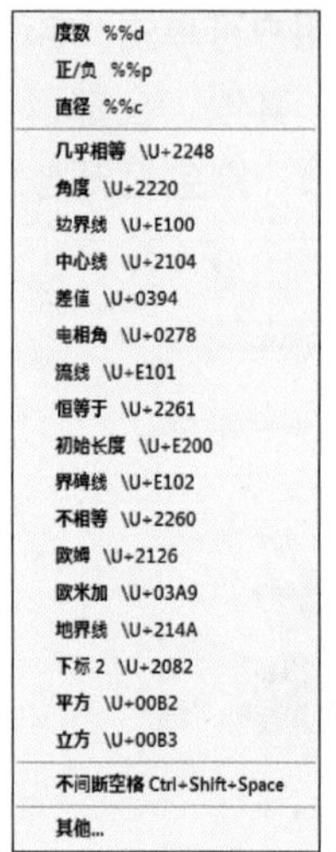

图 6-17　“符号”列表

知识点拨

在多行文字中输入钢筋的四个符号前，需搜集字体 STQY 并将其添加到 C:\Windows\Fonts 中。之后重新启动 AutoCAD 软件，激活多行文字的“文字样式”对话框。在不改变该多行文字“样式”的前提下，仅单击“文字”栏选择字体 SJQY，再分别输入大小写字母 A、B、C 或 D，即可得到相应的钢筋符号 A、B、C 或 D。用户也可以先输入大小写字母 A、B、C 或 D，在选中相应字母后修改其“文字”为字体 SJQY。

6.1.5　使用字段

施工图中经常会用到一些在设计过程中发生变化的文字和数据，比如在图纸中引用的视图方向、修改设计中的建筑面积、重新编号后的图纸、更改后的出图尺寸和日期以及公式的计算结果等。这些数据、文字，用户可使用字段功能来操作。当字段所代表的内容发生变化时，字段则会自动更新。下面将简单介绍字段功能的操作方法。

1. 插入字段

双击所有文本，进入多行文字编辑框，将光标移至要显示字段的位置，单击鼠标右键，在弹出的快捷菜单中选择“插入字段”命令，在打开的“字段”对话框中选择合适的字段即可，如图 6-18 所示。

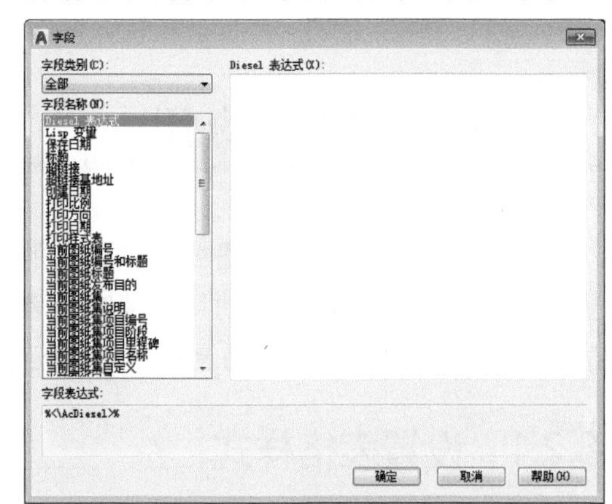

图 6-18　“字段”对话框

用户可单击“字段类别”下拉按钮，在打开的列表中选择字段的类别，其中包括打印、对象、其他、全部、日期和时间、图纸集、文档和已链接这 8 个类别选项，选择其中任意选项，则会打开与之相应的样例列表，并对其进行设置，如图 6-19 和图 6-20 所示。

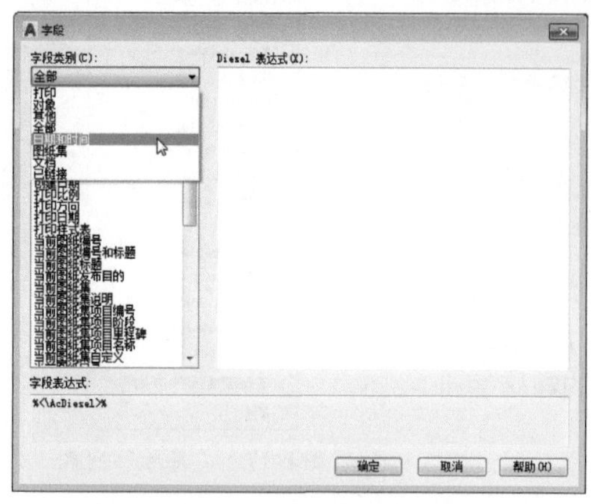

图 6-19　字段类别

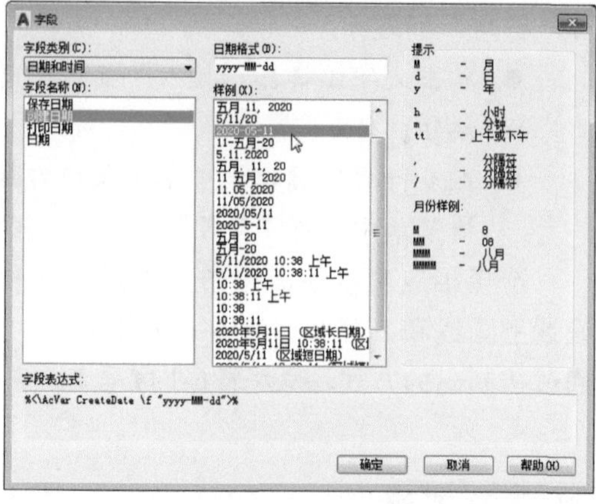

图 6-20　样例

字段文字所使用的文字样式与其插入到文字对象所使用的样式相同。默认情况下，在 AutoCAD 中的字段将使用浅灰色进行显示。

2. 更新字段

字段更新时，将显示最新的值。在此可单独更新字段，也可在一个或多个选定文字对象中更新所有字段。用户可以通过以下方式进行更新字段的操作：

- 选择文本，右击，在弹出的快捷菜单中选择“更新字段”命令。
- 在命令行中输入 UPD 命令并按回车键。
- 在命令行中输入 FIELDEVAL 命令并按回车键，根据提示输入合适的位码即可。该位码是常用标注控制符中任意值的和。如果仅在打开、保存文件时更新字段，可输入数值 3。

6.2 表格的应用

表格是一种以行和列格式提供信息的工具，在园林图纸中常用来制作注释植物配置信息。使用表格可以帮助用户清晰地表达一些统计数据。下面将主要介绍如何设置表格样式、创建和编辑表格及调用外部表格等知识。

6.2.1 设置表格样式

在创建表格前需要设置表格样式，方便之后调用。用户可以通过以下方式打开“表格样式”对话框：

- 在菜单栏中执行“格式”|“表格样式”命令。
- 在“注释”选项卡中单击“表格”面板右下角的箭头。
- 在命令行中输入 TABLESTYLE 命令并按 Enter 键。

打开“表格样式”对话框后单击“新建”按钮，在“创建新的表格样式”对话框中输入表格名称，如图 6-21 所示。单击“继续”按钮，即可打开“新建表格样式”对话框，如图 6-22 所示。

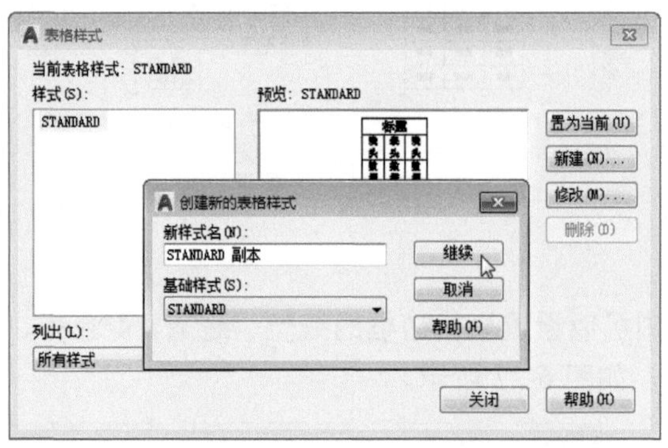

图 6-21 输入表格名称

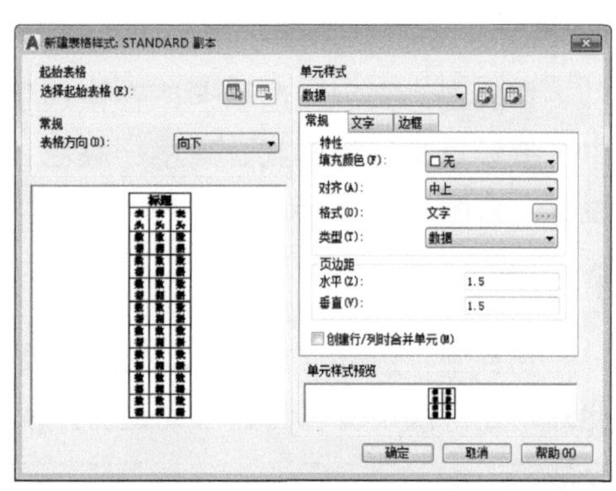

图 6-22 “新建表格样式”对话框

在“新建表格样式”对话框“单元样式”选项组的“标题”下拉列表框中包含“数据”“标题”和“表头”3 个选项，如图 6-23 所示。在“常规”“文字”和“边框”3 个选项卡中，可以分别设置“数据”“标题”和“表头”的相应样式。

图 6-23 “单元样式”类型

1. 常规

在“常规”选项卡中可以设置表格的颜色、对齐方式、格式、类型和页边距等特性。下面具体介绍该选项卡中各选项的含义。

- 填充颜色：设置表格的背景填充颜色。
- 对齐：设置表格文字的对齐方式。
- 格式：设置表格中的数据格式，单击右侧的...按钮，即可打开“表格单元格式”对话框，从中可以设置表格的数据格式，如图 6-24 所示。

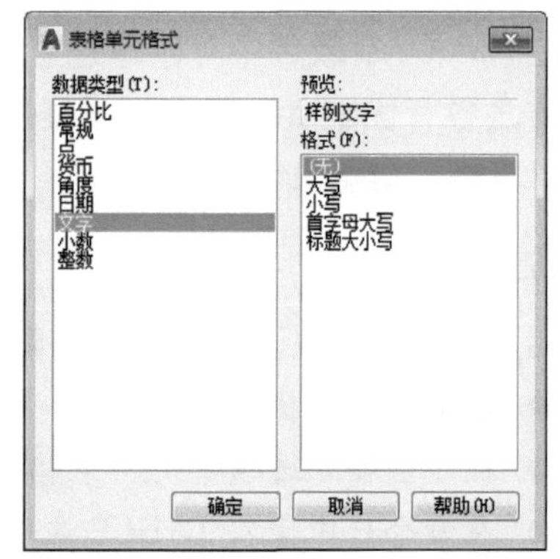

图 6-24 “表格单元格式”对话框

- 类型：设置是数据类型还是标签类型。
- 页边距：设置表格内容距边线的水平和垂直距离，如图 6-25 所示。

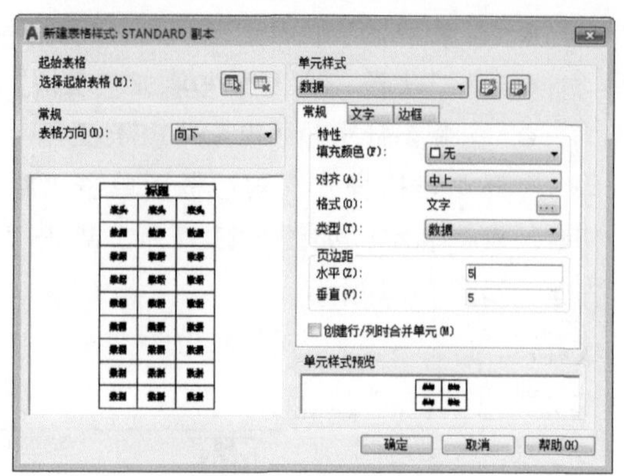

图 6-25　设置页边距

2. 文字

切换到“文字”选项卡，在该选项卡中主要设置文字的样式、高度、颜色、角度等，如图 6-26 所示。

3. 边框

切换到“边框”选项卡，在该选项卡中可以设置表格边框的线宽、线型、颜色等，此外，还可以设置有无边框或是否是双线，如图 6-27 所示。

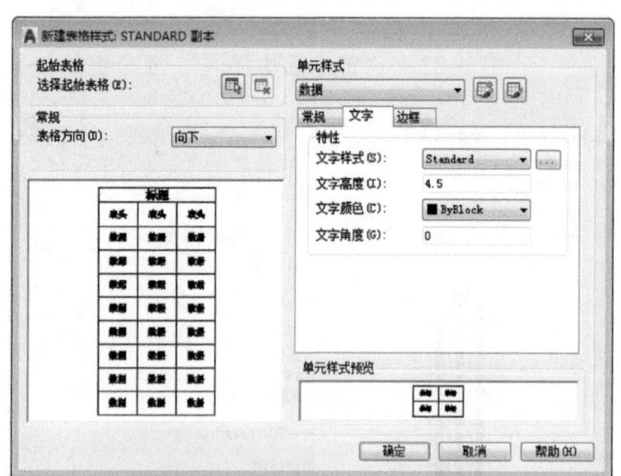

图 6-26　“文字”选项卡

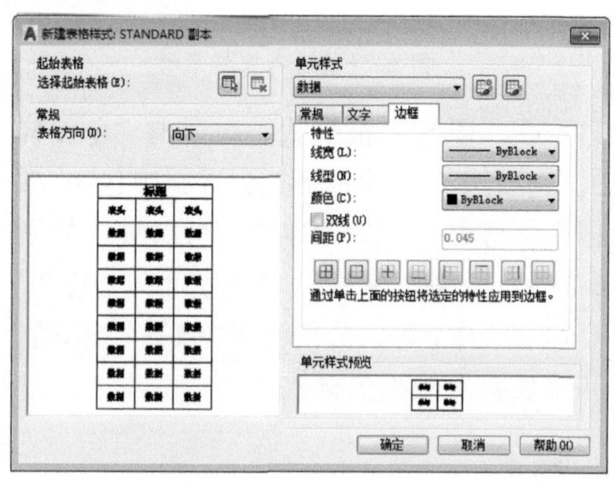

图 6-27　“边框”选项卡

6.2.2　创建与编辑表格

在 AutoCAD 软件中可以通过直线绘制表格，也可以通过“表格”命令来创建表格。两种方法各有优缺点，用户可根据表格难易程度来选择创建的方法。下面将介绍如何使用“表格”功能来创建表格。

1. 创建表格

用户可以通过以下方式调用创建表格命令。

- 在菜单栏中执行“绘图”|“表格”命令。
- 在“注释”选项卡的“表格”面板中单击“表格”按钮。
- 在命令行中输入 TABLE 命令并按 Enter 键。

打开“插入表格”对话框后，设置列和行的相应参数，单击“确定”按钮，然后在绘图区中指定插入点即可创建表格。

知识点拨

如果需要删除多余的行，使用窗交方式选中行，单击功能区中的“删除行”按钮，即可删除行，若需要合并单元格，则使用窗交方式选中单元格后，在“合并”面板中单击“合并全部”按钮即可。

2. 编辑表格

当创建表格后，如果对创建的表格不满意，可以对表格进行编辑。例如，表格整体宽度及表格的列宽、行高等。这些用户都可以通过单击并拖动相应的夹点进行调整，如图 6-28 所示。

拖动夹点调整列宽并拉伸表格　　整体拉伸表格宽度

	A	B	C	D
1	苗木表			
2	名称	图例	规格	数量
3	杜　英		杆径10cm，高3m，冠3m	5株
4	落羽杉		杆径8-10cm，高3-3.5m，冠3m	12株
5	青皮竹		6-8根一丛，高3-4m，冠3m	7丛
6	细叶女贞球		高1.4m，冠1.2m	4株
7	垂　柳		杆径8cm，高2.8m，冠3m	4株
8	龙爪槐		地径8cm，高1.5m，冠1.2m	2株
9	垂丝海棠		杆径6cm，高2.5m，冠2.6m	7株
10	红桎木球		高1m，冠1m	14株
11	海桐球		高1m，冠1m	11株
12	苏　铁		杆径20cm，高1.5m，冠1.6-2m	6株
13	龙舌兰		高0.8-1m，冠0.6-0.8m	14株
14	金心黄杨		高30m，冠30m	2640株
15	夏　娟		高30m，冠30m	1360株
16	细叶十大功劳		高30m，冠30m	6000株
17	百慕大草		满铺，覆盖率95%	1120株
18	法国冬青		高30m，冠30m	840株

表格打断点

整体拉伸表格高度　　整体拉伸表格宽度和高度

图 6-28　调整表格示意图

在表格中单击需要编辑的单元格，系统会自动打开“表格单元”选项卡，在此，用户可以对其表格的格式、文字的对齐方式等项目进行详细设置，如图 6-29 所示。

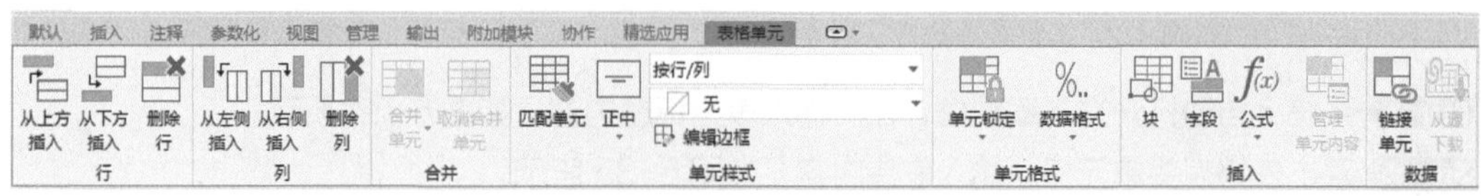

图 6-29　编辑表格内容

实例　为广场电路图创建材料说明表

下面将以创建电路材料说明表为例，来对创建表格的操作方法进行详细介绍。

Step 01 在菜单栏中执行“格式”|“表格样式”命令，打开“表格样式”对话框，单击“修改”按钮，打开“修改表格样式”对话框，在此将“标题”的“文字高度”设为 1000，将“表头”的“文字高度”设为 800，将“数据”的“文字高度”设为 750，如图 6-30 所示。

Step 02 设置好后单击“确定”按钮，返回到上一层对话框，单击“置为当前”按钮，将表格样式设为当前使用样式，如图 6-31 所示。

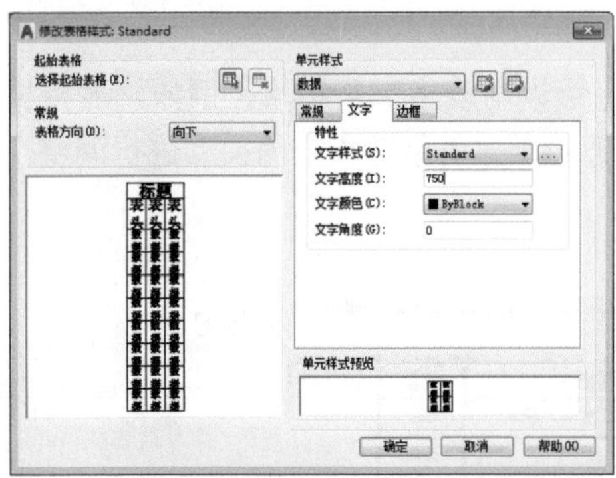

图 6-30　修改表格内容

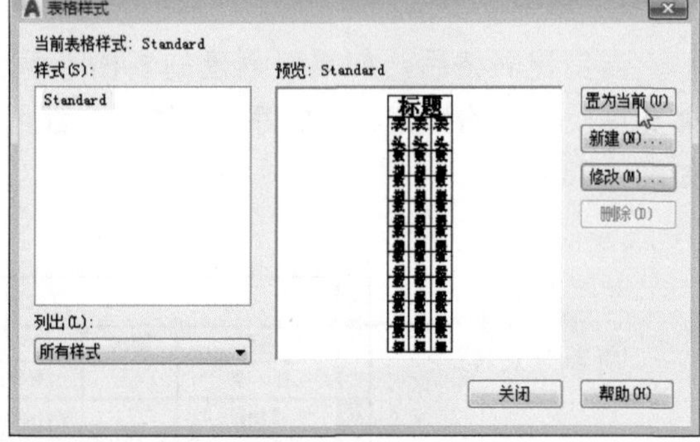

图 6-31　设为当前使用样式

Step 03 在“注释”选项卡中单击“表格”按钮，打开“插入表格”对话框，在此设置表格的列数、列宽、行数、行高参数，如图 6-32 所示。

Step 04 设置完成后单击“确定”按钮，在绘图区中指定表格插入点后插入表格，如图 6-33 所示。

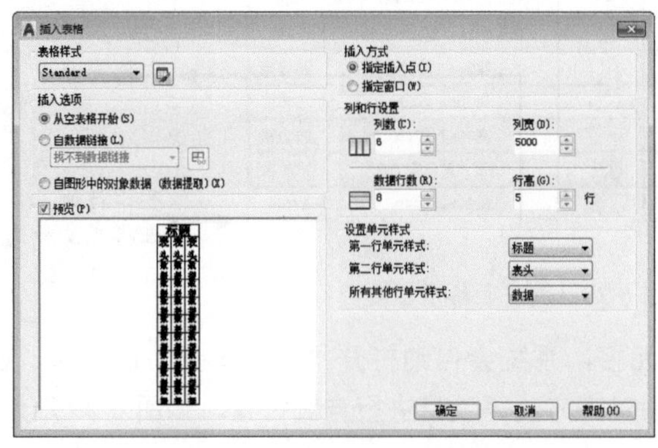

图 6-32　设置表格行 / 列参数

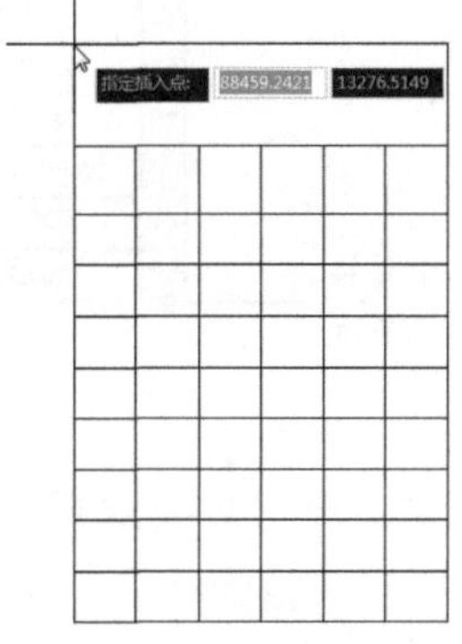

图 6-33　指定表格插入点

Step 05 系统会自动打开文本编辑框，在此输入表格标题内容，如图 6-34 所示。

Step 06 双击表格表头单元格，输入表头内容，如图 6-35 所示。

Step 07 双击表格数据单元格，完成表格所有内容的输入操作，如图 6-36 所示。

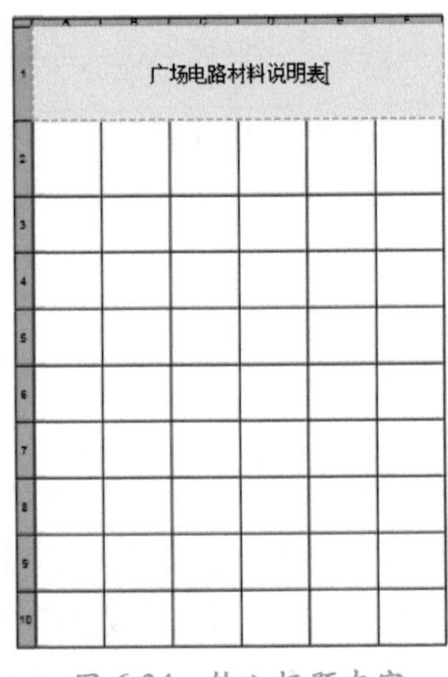

广场电路材料说明表					

图 6-34　输入标题内容

广场电路材料说明表					
图例	名称	型号	单位	数量	备注

图 6-35　输入表头内容

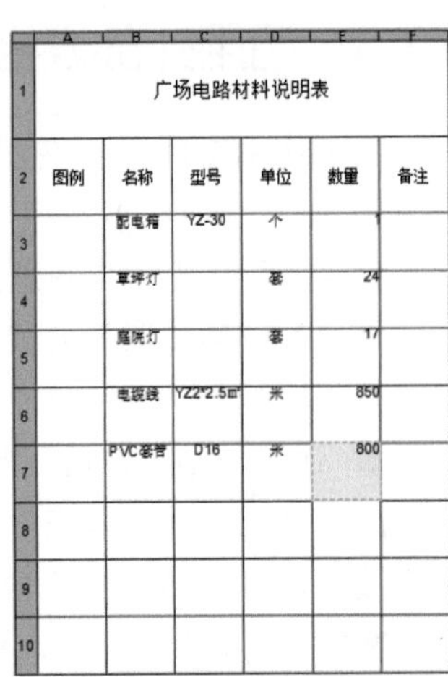

广场电路材料说明表					
图例	名称	型号	单位	数量	备注
	配电箱	YZ-30	个	1	
	草坪灯		套	24	
	庭院灯		套	17	
	电缆线	YZ2*2.5㎡	米	850	
	PVC套管	D16	米	800	

图 6-36　输入表格内容

Step 08 单击表格边框，并选中表格右下角夹点，调整表格整体宽度和高度，如图 6-37 所示。

Step 09 框选表格内容，在“表格单元”选项卡的“对齐”下拉列表中选择“正中”选项，调整内容对齐方式，如图 6-38 所示。

广场电路材料说明表					
图例	名称	型号	单位	数量	备注
	配电箱	YZ-30	个		
	草坪灯		套	24	
	庭院灯		套	17	
	电缆线	YZ2*2.5㎡	米	850	
	PVC套管	D16	米	800	

图 6-37　调整表格整体宽度和高度

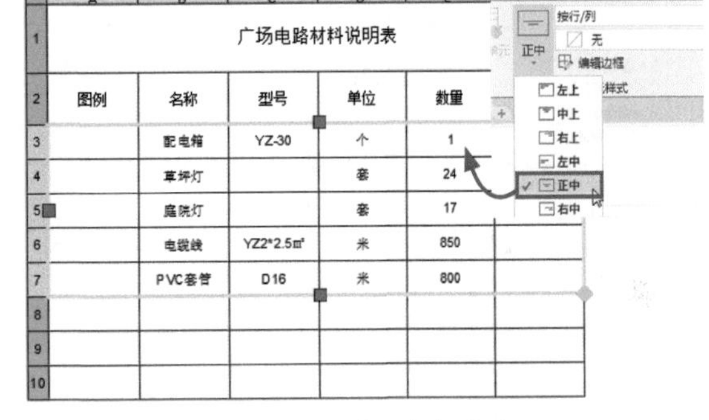

广场电路材料说明表					
图例	名称	型号	单位	数量	
	配电箱	YZ-30	个	1	
	草坪灯		套	24	
	庭院灯		套	17	
	电缆线	YZ2*2.5㎡	米	850	
	PVC套管	D16	米	800	

图 6-38　对正表格内容

Step 10 框选所有空白单元格，在“表格单元”选项卡中单击“删除行”按钮将其删除，如图 6-39 所示。

Step 11 将材料图块插入至表格中，如图 6-40 所示。至此，电路图材料说明表绘制完成。

广场电路材料说明表					
图例	名称	型号	单位	数量	备注
	配电箱	YZ-30	个	1	
	草坪灯		套	24	
	庭院灯		套	17	
	电缆线	YZ2*2.5㎡	米	850	
	PVC套管	D16	米	800	

图 6-39　删除空白行

广场电路材料说明表					
图例	名称	型号	单位	数量	备注
	配电箱	YZ-30	个	1	
	草坪灯		套	24	
	庭院灯		套	17	
—	电缆线	YZ2*2.5㎡	米	850	
○	PVC套管	D16	米	800	

图 6-40　完成材料表的创建

6.2.3 调用外部表格

在工作中有时需要在图纸中创建一些复杂数据的表格，而通过表格功能来创建确实需要耗费一些时间，所以如果有现成的表格文档，例如 Word 表格、Excel 表格等，可以直接调用，无须再重新绘制。

用户可以通过以下方式调用外部表格：

- 从 Word 或 Excel 中选择并复制表格，粘贴到 AutoCAD 中。
- 通过“插入表格”对话框中的“自数据链接”选项进行设置。

执行“绘图”|“表格”命令，在打开的“插入表格”对话框中选中“自数据链接”单选按钮，并单击右侧“数据链接管理器”按钮，在打开的“选择数据链接”对话框中选择“创建新的 Excel 数据链接”选项，单击“确定”按钮，打开“输入数据链接名称”对话框，输入文件名，如图 6-41 所示。然后在“新建 Excel 数据链接”对话框中单击“浏览”按钮，如图 6-42 所示。打开“另存为”对话框，选择要插入的 Excel 文件，单击“打开”按钮，返回到上一层对话框，依次单击“确定”按钮返回到绘图区，指定好表格插入点即可。

图 6-41 输入数据链接名称

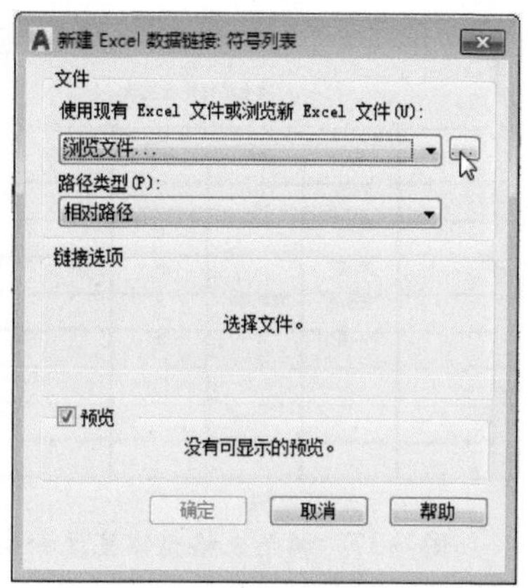

图 6-42 查找调用的文件

知识点拨

直线绘制的表格耗时较长，且表格中的边框和文字都是独立的图元。而直接复制粘贴的表格则会成为一个整体，在 AutoCAD 中是无法对其修改的。用户若是想编辑表格，可以双击表格的外边框，系统会启动 Excel 应用程序并创建一个新的文件，打开该表格即可。但从外部导入的表格，可以直接在 AutoCAD 软件中进行编辑。

实例：在 AutoCAD 中调用 Excel 电子表格

下面将利用调用外部表格功能，将“园林规划表 .xlsx”格式的表格调入 AutoCAD 软件中，以便使用和编辑。下面具体介绍调用外部表格的操作方法。

Step 01 执行“绘图”|“表格”命令，打开“插入表格”对话框，选中“自数据链接”单选按钮，再单击“数据链接管理器”按钮，如图 6-43 所示。

Step 02 系统会打开“选择数据链接”对话框，如图 6-44 所示。

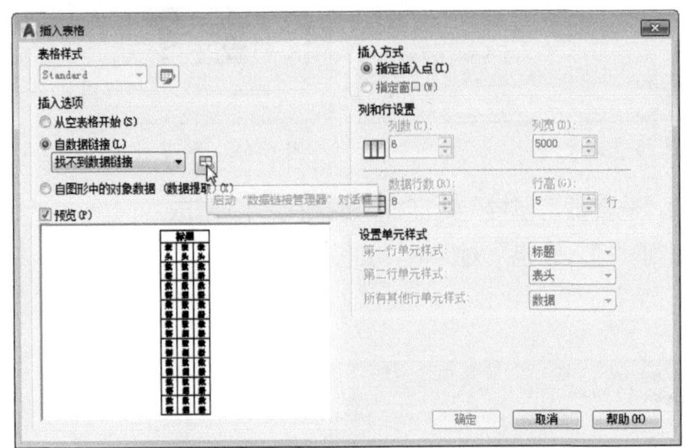

图 6-43 “插入表格”对话框

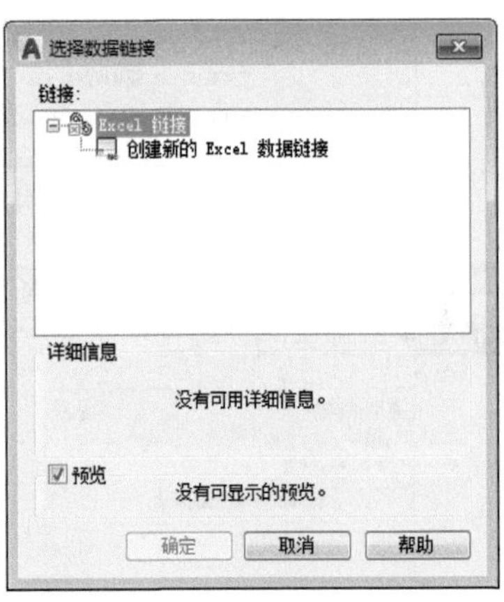

图 6-44 “选择数据链接”对话框

Step 03 选择“创建新的 Excel 数据链接”选项，在弹出的“输入数据链接名称”对话框中输入名称，如图 6-45 所示。

Step 04 单击“确定”按钮，进入“新建 Excel 数据链接”对话框，再单击“浏览”按钮，如图 6-46 所示。

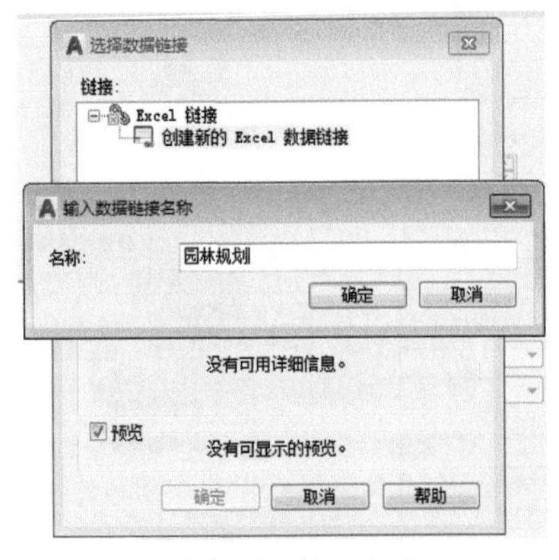

图 6-45 输入名称

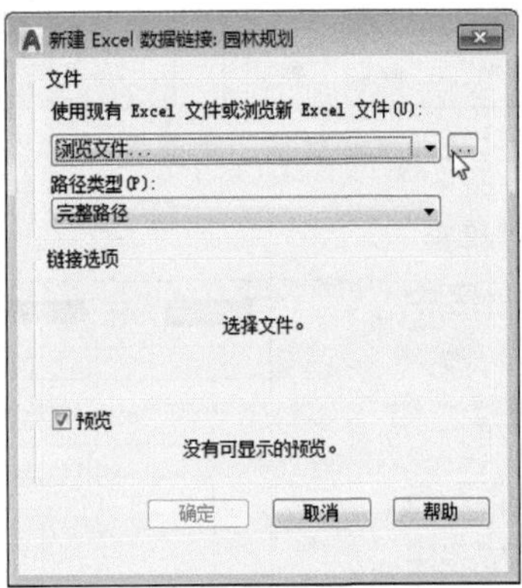

图 6-46 单击“浏览”按钮

Step 05 在打开的“另存为”对话框中选择合适的表格文件，单击“打开”按钮，如图 6-47 所示。

Step 06 返回到“新建 Excel 数据链接”对话框，从中可以预览表格效果，如图 6-48 所示。

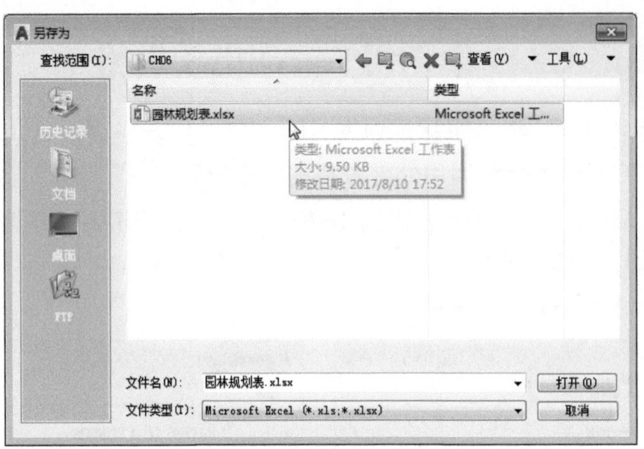

图 6-47　选择表格文件

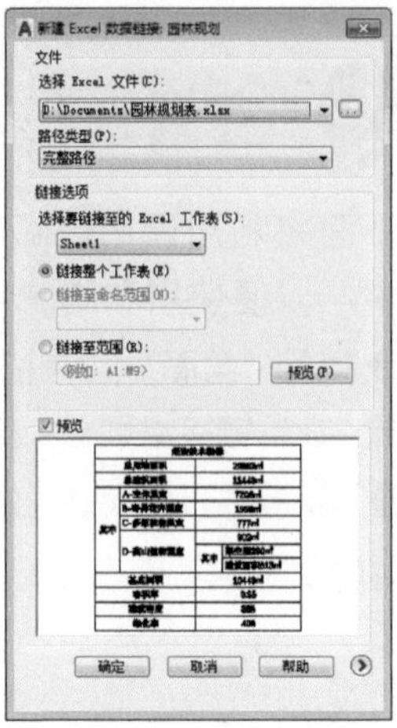

图 6-48　预览效果

Step 07 单击“确定”按钮，再返回到“选择数据链接”对话框，如图 6-49 所示。

Step 08 继续单击“确定”按钮，返回到“插入表格”对话框，如图 6-50 所示。

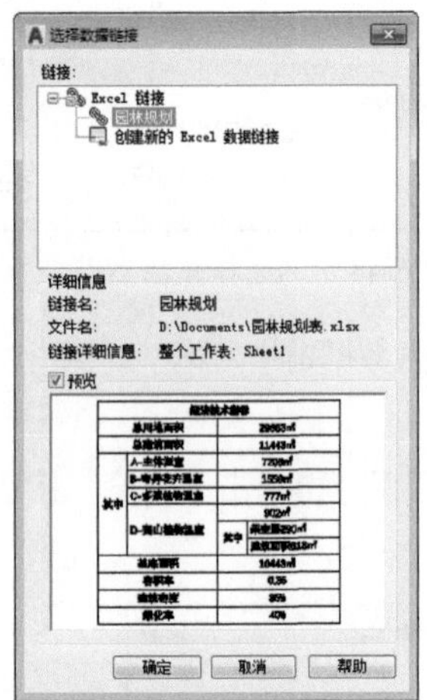

图 6-49　返回“选择数据链接”对话框

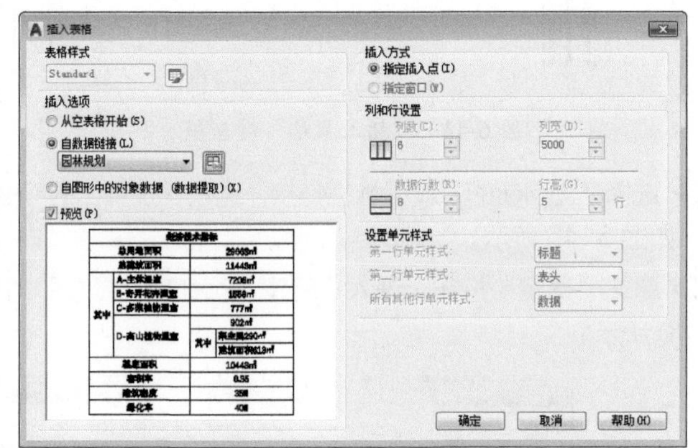

图 6-50　返回“插入表格”对话框

Step 09 单击“确定”按钮，在绘图区中指定表格插入点，如图 6-51 所示。

Step 10 确定插入点后单击即可完成表格的调用，如图 6-52 所示。

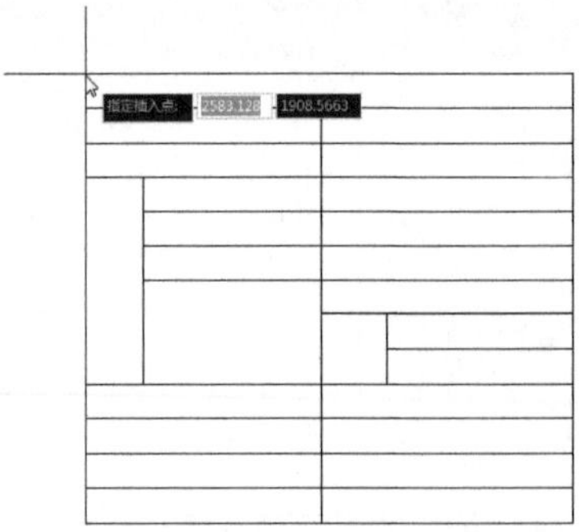

图 6-51　指定插入点

经济技术指标			
总用地面积			29663㎡
总建筑面积			11443㎡
其中	A-主体温室		7206㎡
	B-奇异花卉温室		1558㎡
	C-多浆植物温室		777㎡
	D-高山植物温室		902㎡
		其中	架空层290㎡
			建筑面积613㎡
基底面积			10443㎡
容积率			0.35
建筑密度			35%
绿化率			40%

图 6-52　完成调用表格操作

课堂实战　为公园改造项目添加设计说明

在学习了本章知识内容后，下面将以添加设计说明为例，来对所学的知识进行巩固，以做到学以致用。下面具体介绍绘制方法。

Step 01 打开事先绘制好的图框素材文件。执行“单行文字”命令，根据命令行提示设置好文字高度，并输入标题内容，如图 6-53 所示。

命令行提示如下：

```
命令：_text
当前文字样式："Standard"  文字高度：2.5000  注释性：否  对正：左
指定文字的起点 或 [对正(J)/样式(S)]：（指定文字的起点）
指定高度 <2.5000>: 10 （输入文字高度值，按回车键）
指定文字的旋转角度 <0>: （按 Enter 键完成设置）
```

Step 02 执行“多段线”命令，在标题文字下方绘制分隔线，如图 6-54 所示。

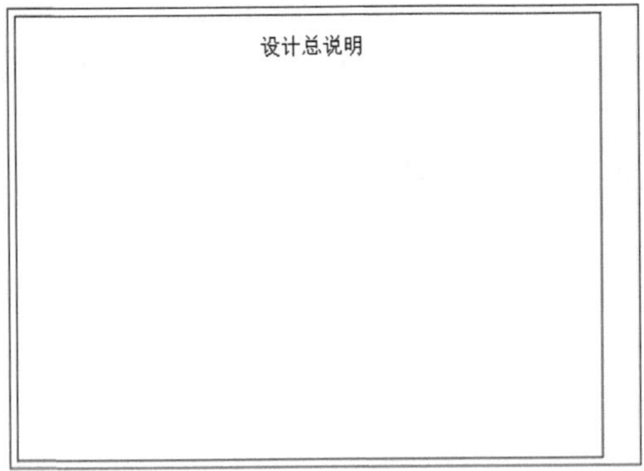

图 6-53　输入标题

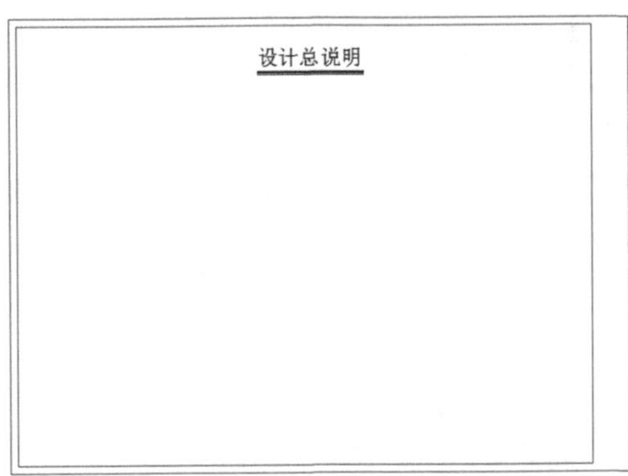

图 6-54　绘制分隔线

Step 03 再次执行“单行文字”命令，将文字高度设为 6，并输入节标题内容，效果如图 6-55 所示。

Step 04 执行“多行文字”命令，在标题下方合适位置，使用鼠标拖曳的方法指定好文字区域，如图 6-56 所示。

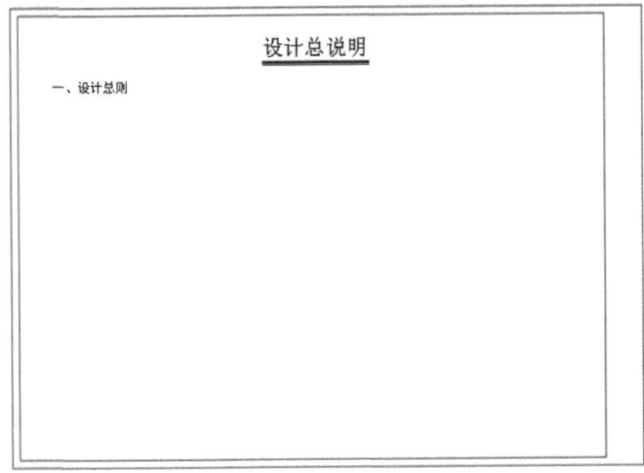

图 6-55　输入节标题内容

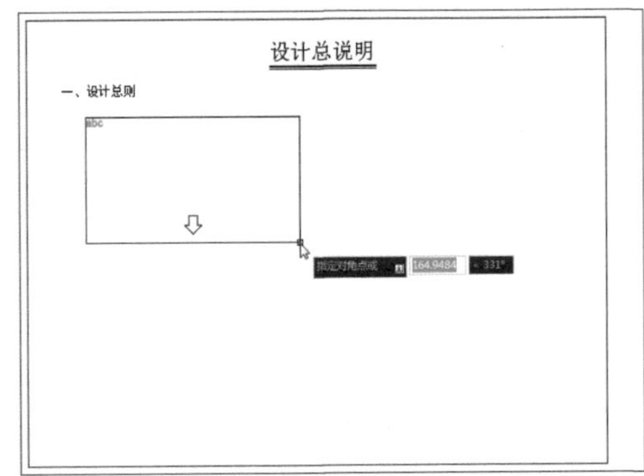

图 6-56　指定文字区域

Step 05 在指定的区域中输入该节文字内容。选中该内容，在“文字编辑器”选项卡中将“文字高度”设为 4，效果如图 6-57 所示。

Step 06 在“文字编辑器”选项卡的“段落”面板中，将“行距”设为 1.5x，效果如图 6-58 所示。

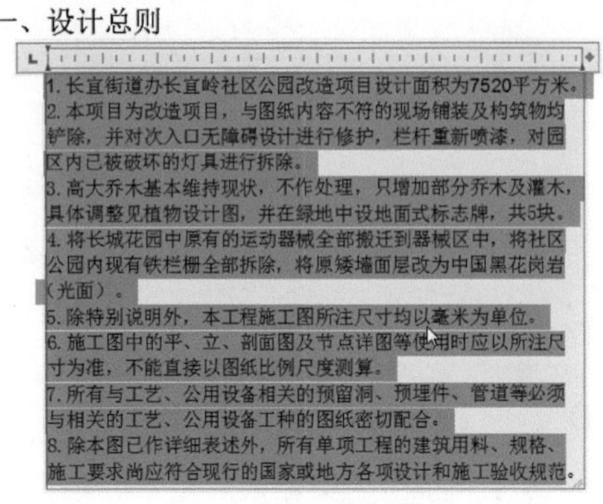

图 6-57 设置字体高度

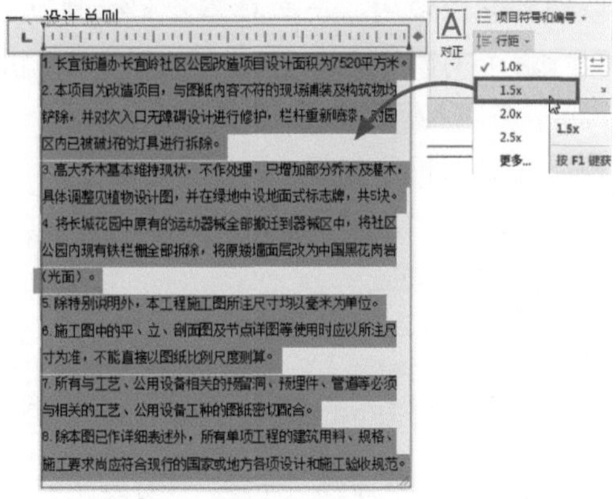

图 6-58 设置段落行距

Step 07 复制“一、设计总则”节标题内容至合适位置，双击复制的内容对其进行修改，如图 6-59 所示。

Step 08 按照同样的方法完成其他说明文本的输入操作，效果如图 6-60 所示。至此，项目设计总说明输入完成。

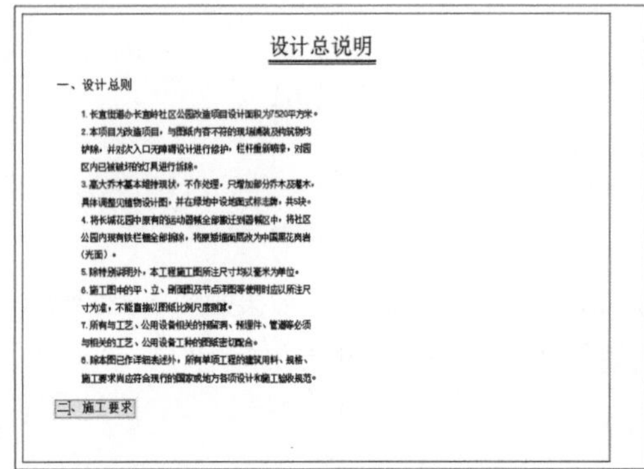

图 6-59 复制并修改文字内容

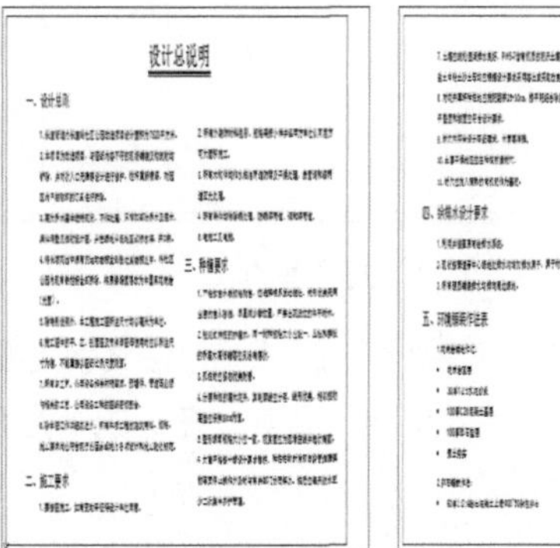

图 6-60 完成其他内容输入操作

课后作业

为了让用户能够更好地掌握本章所学的知识内容，下面安排了一些 ACAA 认证考试的参考试题，让用户可以对所学的知识进行巩固和练习。

一、填空题

1. 文本输入完毕后，如果想要快速地查找到某一词语或修改某一文字，可使用 _______ 命令进行操作。

2. 如果要对多行文本添加编号，则需在“文字编辑器”选项卡的“_______”面板中，单击“_______”。

3. 想要修改单行文字的大小，在 _______ 选项板中设置 _______ 参数即可。

二、选择题

1. 对多行文本的字体格式进行设置，需在（　　）面板中进行设置操作。

A. 样式　　B. 格式　　C. 选项　　D. 工具

2. 输入文字时会出现“？”的原因是（　　）。

A. 文字的字体无法显示　　B. 文字太大无法显示

C. 特殊符号无法显示　　D. 文字输入错误无法显示

3. 在输入多行文字时，如果输入 %%P、%%C、%%D 字符后，系统会显示（　　）。

A. 正负、直径、度数　　B. 直径、正负、度数

C. 下画线、直径、正负　　D. 正负、度数、下画线

4. 要调用外部表格的话，需在（　　）对话框中进行设置操作。

A. 表格样式　　B. 修改表格样式

C. 提取数据　　D. 插入表格

三、操作题

1. 创建图纸封面内容

本实例将利用“多行文字”命令创建施工图图纸的封面，如图 6-61 所示。

海滨县文城路道路工程

施工图设计

江苏省市政道路建设工程有限公司

图 6-61　创建图纸封面内容

操作提示：

Step 01 执行“多行文字”命令，输入图纸封面内容。

Step 02 在“文字编辑器”选项卡中对文字的字体、大小等格式进行设置。

2. 调用外部 Excel 表格文件

本实例通过调入外部表格功能，将“绿化植物配置明细表 .xlsx”文件导入到 AutoCAD 中，效果如图 6-62 所示。

绿化植物配置明细表											
序号	植物名称	小区数量	种类	科名	生态习性	阳光	观赏特性及园林用途	广东	适用地区	学名	本科特点
1	黑松		常绿乔木	松科	强阳性，耐寒，要求海岸气候	强阳	庭荫树，行道树，防潮林，风景林	可	华东沿海地区	Pinus thunbergiana Franco-P.thunbergii Parl. non Thunb.	
2	矮紫杉		常绿乔木	红豆杉科	阴性，耐寒，耐修剪		枝叶密生；庭园点缀，盆景，绿篱	可	长江以南各地	Taxus cuspidata cv. Nana	
3	冬青		常绿乔木	冬青科	喜光，稍耐荫，耐寒力尚强，喜温湿肥沃的沙质壤土		叶长卵形，花紫红色，有香气，花期5-6	可	长江以南地区	Ilex purpurea Hassk.-I. Chinensis auct. non Sims	
4	水葱		水生植物	莎草科					上海分布	Scipus juncoides Roxb.	
5	水晶蛇尾兰		水生植物	百合科	喜温暖半阴环境和排水良好的肥沃沙壤土，不耐霜冻	半阴	室内盆栽		上海栽培	Haworthia cymbiformis (Haw.) H. Duval	
6	睡莲、子午莲、水浮莲、水芹花		水生植物	睡莲科	耐寒，喜强光与温暖环境	强阳	花白色或具紫色花期5-10，水景材料或观赏花卉	可	我国南北各地	Nyphaea tetragona Georgi	
7	白睡莲		水生植物	睡莲科	耐寒性强，喜强光、温暖环境	强阳	叶圆形，亮绿，群花期5-10，作水景，观赏花卉	可	南北各地	Nymphaea alba L.	
8	荷花，荷、古称荷华、芙蕖、扶蕖、芙蓉、水芝、水华、水芙蓉		水生植物	睡莲科	喜光，喜肥沃塘泥	强阳	花有白、淡红、深红，花期6-9月，水景，观赏	可	南北各地	Nelumbo nucifera Gaertn.	
9	宽叶香蒲		水生植物	香蒲科	喜温暖、向阳、湿润，较耐寒，适应强，生于沼泽，浅滩		叶宽剑形，花密集黄褐色，挺水观叶植物		上海栽培	Typha latifolia L.	
10	大叶莲		水生植物	天南星科	喜温暖、湿润气候，不耐寒				上海郊区	Pistia stratioes L.	
11	凤眼莲		水生植物	雨久花科	喜暖热气候，适生于肥沃的泥沼地，能随水漂流而广为传播		叶直立，花被带紫色，花中央鲜红色，花期7-9，水景		上海地区	Eichhornia crassipes (Mart.) Solms-Laub.	
12	虎耳草		草坪植物	虎耳草科	喜阴湿环境，在向阳阴湿地方也能生长，不甚耐寒		叶片肾形，上面深绿色，下面及叶柄紫红色，地被	可	长江以南各地	Saxifraga stolonifera Curt.	
13	马蹄金		草坪植物	旋花科	喜光，喜温暖湿润气候和肥沃土壤；抗性较强	阳性	观赏草坪	可	长江流域以南各地，云南	Dichondra micrantha Urb.	
14	假俭草		草坪植物	禾本科	暖地型草种，喜光，稍耐半阴，耐旱，耐踏，耐修剪		粗壮，短节，多叶，草坪草	可	长江流域以南各地	Eremochloa ophiuroides (Munro) Hack.	禾本科具有无花被，有内外颖壳，雄蕊3或6枚，雌蕊有两个羽毛状柱头，茎多中空有节，叶多带形等特征
15	草地早熟禾		草坪植物	禾本科	冷地型草种，喜温暖湿润气候，耐寒，冬生长繁茂，耐修		观赏性草坪草种		上海地区	Poa pratensis L.	禾本科具有无花被，有内外颖壳，雄蕊3或6枚，雌蕊有两个羽毛状柱头，茎多中空有节，叶多带形等特征

图 6-62 导入 Excel 表格文件

操作提示：

Step 01 执行“表格”命令，打开“插入表格”对话框。

Step 02 选中“自数据链接”单选按钮，再单击“数据链接管理器”按钮，并依次根据提示进行设置即可。

第 7 章

为园林图纸添加尺寸标注

内容导读

尺寸标注是工程图中的一项重要内容，它主要是为了方便他人能够快速地了解图形真实大小，以及与其他图形之间的位置关系，是实际生产的重要依据。本章将向读者介绍尺寸标注在园林图纸中的应用，其中包括创建与设置标注样式、编辑标注、创建多重引线标注等内容。

学习目标

- ▲ 尺寸标注的应用
- ▲ 编辑尺寸标注
- ▲ 快速引线
- ▲ 创建多重引线

7.1 了解尺寸标注

尺寸标注在制图中起着至关重要的作用，除此之外，它也是直接影响图纸整体美观度的重要因素。因此，如果想要图纸更加美观、工整，合理的标注样式以及恰到好处的尺寸标注是非常关键的。一个完整的尺寸标注由尺寸界线、尺寸线、箭头和标注文字组成，如图 7-1 所示。

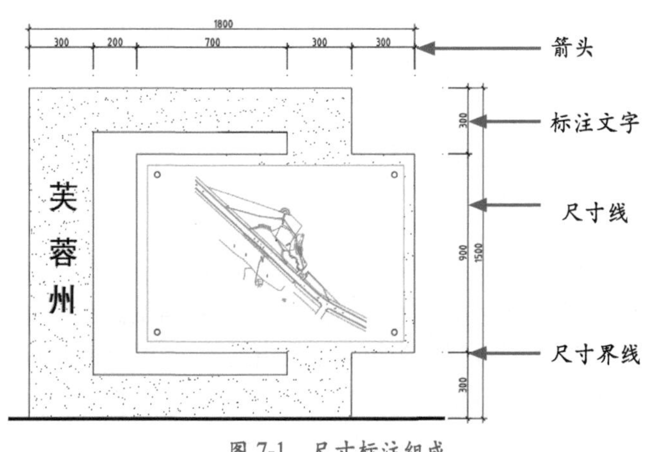

图 7-1　尺寸标注组成

- 箭头：用于显示标注的起点和终点，箭头的表现方法有很多种，可以是斜线、块和其他用户自定义符号。
- 尺寸线：显示标注的范围，一般情况下与图形平行。在标注圆弧和角度时是圆弧线。
- 标注文字：显示标注所属的数值。用来反映图形的尺寸，数值前会有相应的标注符号。
- 尺寸界线：也称为投影线。一般情况下与尺寸线垂直，特殊情况可将其倾斜。

下面通过基本规则、尺寸线、尺寸界线、标注尺寸的符号、尺寸数字等 5 个方面介绍尺寸标注的常识。

1. 基本规则

在进行尺寸标注时，应遵循以下 4 个规则：

（1）图形中的每个尺寸一般只标注一次，并且标注在最容易查看物体相应结构特征的部位上。

（2）在进行尺寸标注时，若使用的单位是 mm，不需要计算单位和名称；若使用其他单位，则需要注明相应计量的代号或名称。

（3）尺寸的配置要合理，功能尺寸应该直接标注，尽量避免在不可见的轮廓线上标注尺寸，数字之间不允许有任何图线穿过，必要时可以将图线断开。

（4）图形上所标注的尺寸数值应是工程图完工的实际尺寸，否则需要另外说明。

2. 尺寸线

（1）尺寸线的终端可以使用箭头和实线这两种，可以设置它的大小。

（2）当尺寸线与尺寸界线处于垂直状态时，可以采用一种尺寸线终端的方式，采用箭头时，如果空间位置不足，可以使用圆点和斜线代替箭头。

（3）在标注角度时，尺寸线会更改为圆弧，而圆心是该角的顶点。

3. 尺寸界线

（1）尺寸界线用细线绘制，与标注图形的距离相等。

（2）标注角度的尺寸界线从两条线段的边缘处引出一条弧线，标注弧线的尺寸界线是平行于该弦的垂直平分线。

（3）通常情况下，尺寸界线应与尺寸线垂直。标注尺寸时拖动鼠标，将轮廓线延长，从它们的交点处引出尺线界线。

4. 标注尺寸的符号

（1）标注角度的符号为“°”，标注半径的符号为“R”，标注直径的符号为“φ”，标注圆弧的符号为“⌒”。标注尺寸的符号受文字样式的影响。

（2）当需要指明半径尺寸是由其他尺寸所确定时，应用尺寸线和符号“R”标出，但不要注写尺寸数。

5. 尺寸数字

（1）通常情况下，尺寸数字在尺寸线的上方或尺寸线内，若将标注文字对齐方式更改为水平时，尺寸数字则显示在尺寸线中央。

（2）在线性标注中，如果尺寸线是与 X 轴平行的线段，尺寸数字在尺寸线的上方；如果尺寸线与 Y 轴平行，尺寸数字则在尺寸线的左侧。

（3）尺寸数字不可以被任何图线所经过，否则必须将该图线断开。

7.2 添加尺寸标注

在对尺寸标注的规则有了大致的了解后，下面就可以为图形添加相应的尺寸标注。在制图过程中，常用的标注类型有线性标注、对齐标注、角度标注、弧长标注、半径/直径标注、连续标注、坐标标注等。下面将分别对其操作进行简单介绍。

7.2.1 创建标注样式

标注样式有利于控制标注的外观，通过使用创建和设置过的标注样式，使标注更加整齐。在“标注样式管理器”对话框中可以创建新的标注样式。

用户可以通过以下方式打开“标注样式管理器”对话框，如图 7-2 所示。

- 在菜单栏中执行“格式”|“标注样式”命令。
- 在“默认”选项卡的“注释”面板中单击“注释”下三角按钮，从中单击“标注样式”按钮。
- 在“注释”选项卡的“标注”面板中单击右下角的箭头。
- 在命令行中输入 DIMSTYLE 命令并按 Enter 键。

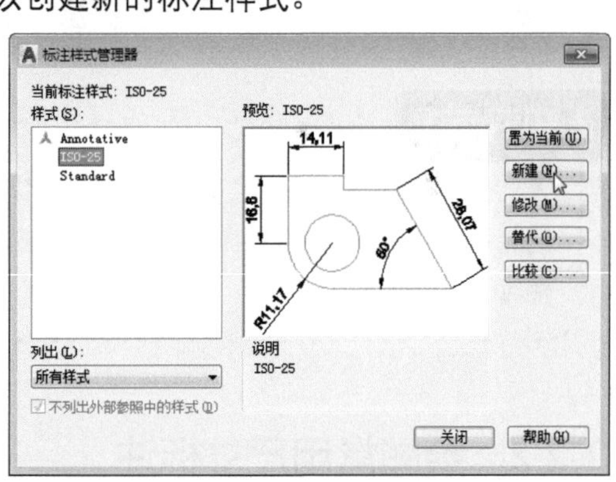

图 7-2　“标注样式管理器”对话框

如果标注样式中没有需要的样式类型，用户可以进行新建标注样式操作。在“标注样式管理器”对话框中单击“新建”按钮，将打开“创建新标注样式”对话框，如图 7-3 所示。在此可以重命名新的样式名称。

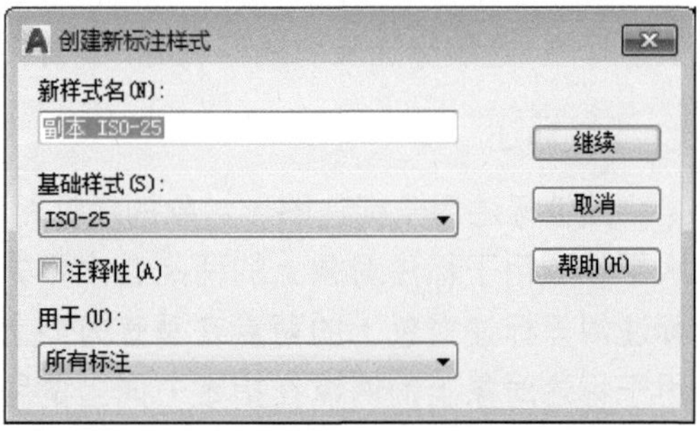

图 7-3　“创建新标注样式”对话框

单击“继续”按钮后，就可在“新建标注样式”对话框中对新的标注样式进行设置，如图 7-4 所示。标注样式由线、符号和箭头、文字、调整、主单位、换算单位、公差 7 个选项卡组成。下面将对各选项卡的功能进行介绍。

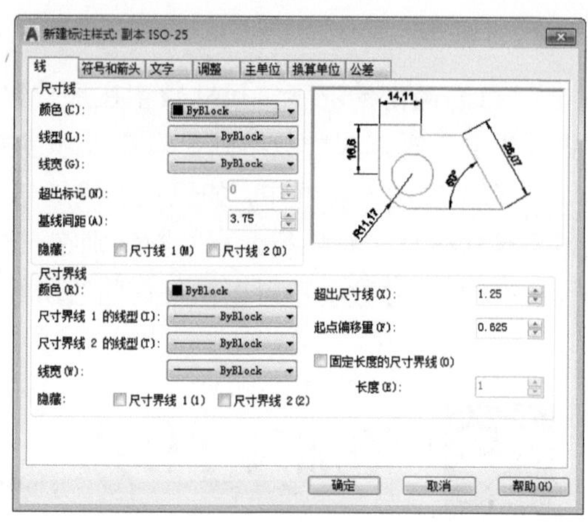

图 7-4 “新建标注样式”对话框

- 线：该选项卡用于设置尺寸线和尺寸界线的一系列参数。
- 符号和箭头：该选项卡用于设置箭头、圆心标记、折线标注、弧长符号、半径折弯标注等一系列参数。
- 文字：该选项卡用于设置文字的外观、文字位置和文字的对齐方式。
- 调整：该选项卡用于设置箭头、文字、引线和尺寸线的放置方式。
- 主单位：该选项卡用于设置标注单位的显示精度和格式，并可以设置标注的前缀和后缀。
- 换算单位：该选项卡用于设置标注测量值中换算单位的显示，并设定其格式和精度。
- 公差：该选项卡用于设置标注文字中公差的显示及格式。

知识点拨

在“标注样式管理器”对话框中，除了可对标注样式进行编辑修改外，也可以进行重命名、删除和置为当前等管理操作。用户只需右击选中需管理的标注样式，在弹出的快捷菜单中选择相应的选项即可。

7.2.2 绘图常用尺寸标注

尺寸标注分为线性标注、对齐标注、角度标注、弧长标注、半径标注、直径标注、快速标注、连续标注及引线标注等，下面将介绍园林图纸中常见的几种标注的创建方法。

1. 线性标注

线性标注用于标注图形对象的线性距离或长度，包括水平、垂直和旋转 3 种类型。水平标注用于标注对象上的两点在水平方向上的距离，尺寸线沿水平方向放置；垂直标注用于标注对象上的两点在垂直方向上的距离，尺寸线沿垂直方向放置；旋转标注用于标注对象上的两点在指定方向上的距离，尺寸线沿旋转角度方向放置。用户可以通过以下方式调用线性标注命令：

- 在菜单栏中执行“标注”|“线性”命令。
- 在“注释”选项卡的“标注”面板中单击“线性”按钮⊢⊣。
- 在命令行中输入 DIMLINEAR 命令并按 Enter 键。

调用“线性”标注命令后，捕捉标注对象的两个端点，再根据提示沿水平或者垂直方向指定标注位置即可，如图 7-5 所示。

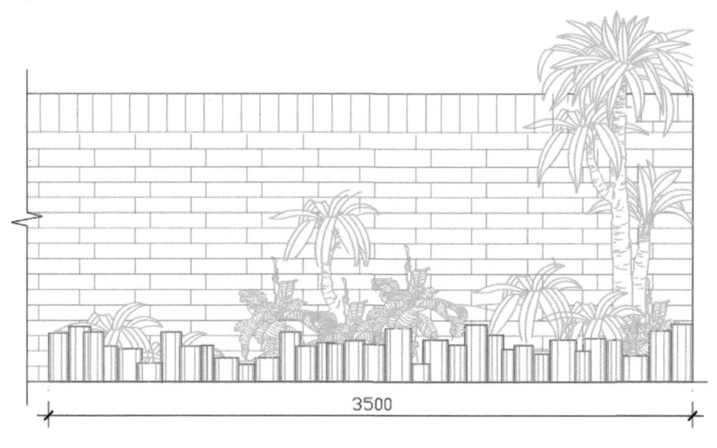

图 7-5　线性标注效果

2. 对齐标注

对齐标注可以创建与标注对象平行的尺寸，也可以创建与指定位置平行的尺寸。对齐标注的尺寸线总是平行于两个尺寸延长线的原点连成的直线。用户可以通过以下方法调用对齐标注命令：

- 在菜单栏中执行“标注”|“对齐”命令。
- 在“注释”选项卡的“标注”面板中单击“对齐”按钮。
- 在命令行中输入 DIMALIGNED 命令并按回车键。

调用“对齐”标注命令后，捕捉标注对象的两个端点，再根据提示指定标注位置即可，如图 7-6 所示。

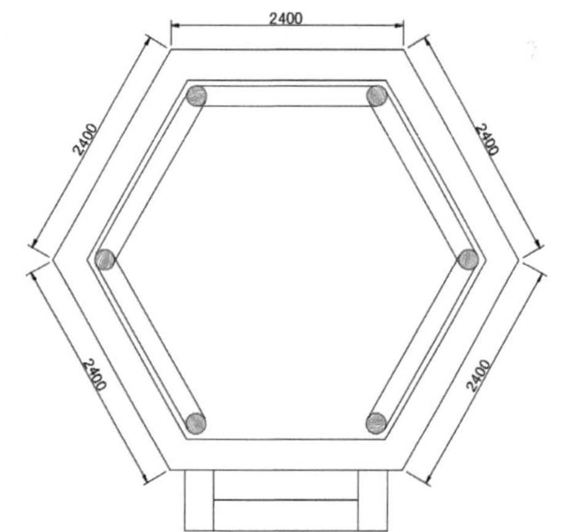

图 7-6　对齐标注效果

3. 角度标注

角度标注用来测量两条或三条直线之间的角度，也可以测量圆或圆弧的角度。用户可以通过以下方式调用角度标注命令：

- 在菜单栏中执行“标注”|“角度”命令。
- 在“注释”选项卡的“标注”面板中单击“角度”按钮。

- 在命令行中输入 DIMANGULAR 命令并按 Enter 键。

调用“角度”标注命令后，捕捉需要测量夹角的两条边，再根据提示指定标注位置即可，如图 7-7 所示。

4. 弧长标注

弧长标注是标注指定圆弧或多线段的距离，它可以标注圆弧和半圆的尺寸。用户可以通过以下方式调用弧长标注命令：

- 在菜单栏中执行“标注”|“弧长”命令。
- 在“默认”选项卡的“标注”面板中单击“线性”下拉按钮，选择“弧长”选项。
- 在“注释”选项卡的“标注”面板中单击“线性”下拉按钮，选择“弧长”选项。
- 在命令行中输入 DIMARC 命令并按 Enter 键。

调用“弧长”标注命令后，选择圆弧，再根据提示拖动鼠标指定标注位置即可，如图 7-8 所示。

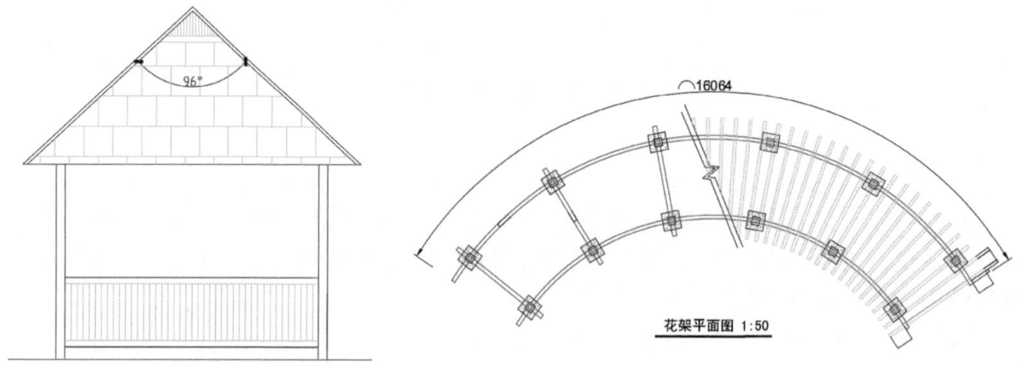

图 7-7　角度标注效果　　　　图 7-8　弧长标注效果

5. 半径 / 直径标注

半径 / 直径标注主要是标注圆或圆弧的半径 / 直径尺寸。用户可以通过以下方式调用半径 / 直径标注命令：

- 在菜单栏中执行“标注”|“半径 / 直径”命令。
- 在“默认”选项卡的“标注”面板中单击“线性”下拉按钮，选择“半径” / “直径”选项。
- 在“注释”选项卡的“标注”面板中单击“线性”下拉按钮，从中选择“半径”/“直径”选项。
- 在命令行中输入 DIMRADIUS 命令并按 Enter 键进行半径标注，在命令行中输入 DIMDIAMETER 命令并按 Enter 键进行直径标注。

执行“半径” / “直径”标注命令后，选中所需的圆弧或者圆形，并指定好标注位置即可，如图 7-9 和图 7-10 所示分别为半径标注和直径标注的效果。

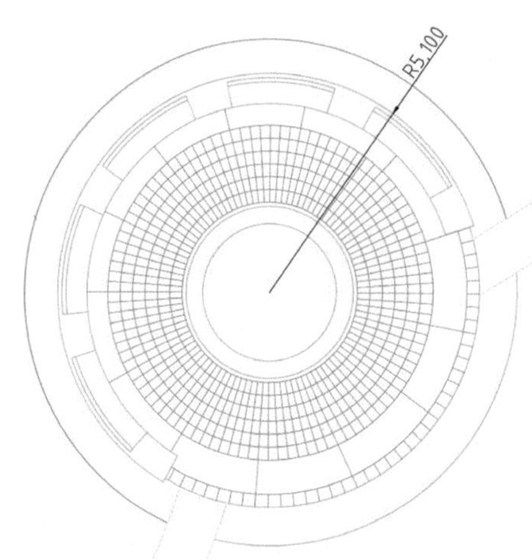

图 7-9　半径标注效果

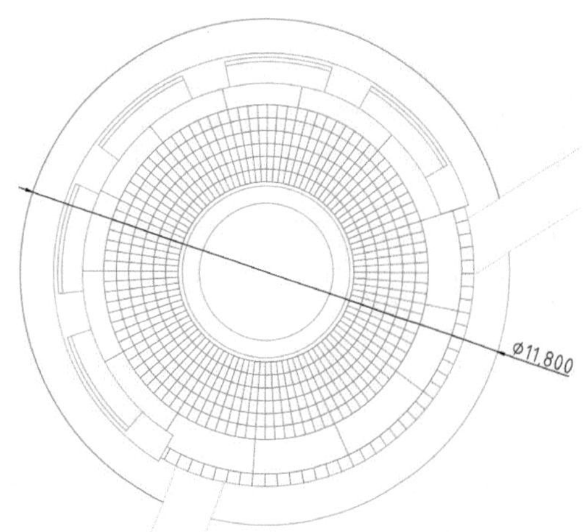

图 7-10　直径标注效果

6. 连续标注

连续标注是指连续进行线性标注、角度标注和坐标标注。在使用连续标注之前首先要进行线性标注、角度标注或坐标标注，创建其中一种标注之后再进行连续标注，它会根据之前创建的标注的尺寸界线作为下一个标注的原点进行连续标注。用户可以通过以下方式调用连续标注命令：

- 在菜单栏中执行“标注”|“连续”命令。
- 在“注释”选项卡的“标注”面板中单击“连续”按钮。
- 在命令行中输入 DIMCONTINUE 命令并按 Enter 键。

执行“连续”标注命令后，根据命令行中的提示，先选中上一个尺寸界线，然后依次捕捉下一个测量点，直到结束并按 Enter 键即可，如图 7-11 所示。

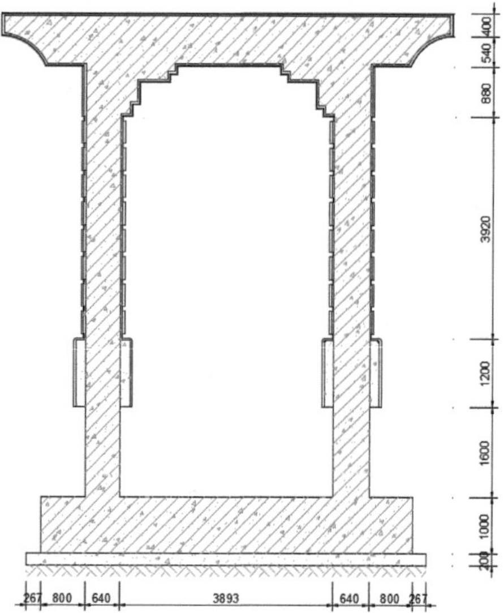

图 7-11　连续标注效果

7. 坐标标注

坐标标注在园林规划平面图纸中是很常见的。坐标标注主要用于标注指定点的 *X* 轴或 *Y* 轴的位置。用户可以通过以下方式调用坐标标注命令：

- 在菜单栏中执行“标注”|“坐标”命令。
- 在“注释”选项卡的“标注”面板中单击“坐标”按钮。

执行“坐标”标注命令后，捕捉图形标注点，根据命令行的提示，选择 X 或 Y 选项并按回车键，指定好标注线位置即可，如图 7-12 所示。

命令行提示如下：

```
命令： _DIMORDINATE
指定点坐标：　（捕捉需测量的坐标点）
指定引线端点或 [X 基准(X)/Y 基准(Y)/多行文字(M)/文字(T)/角度(A)]: x （输入X，按回车键）
指定引线端点或 [X 基准(X)/Y 基准(Y)/多行文字(M)/文字(T)/角度(A)]: （指定X坐标引线位置）
标注文字 = 286538
命令： DIMORDINATE
指定点坐标：　（捕捉需测量的坐标点）
指定引线端点或 [X 基准(X)/Y 基准(Y)/多行文字(M)/文字(T)/角度(A)]: y （输入Y，按回车键）
指定引线端点或 [X 基准(X)/Y 基准(Y)/多行文字(M)/文字(T)/角度(A)]: （指定Y坐标引线位置）
标注文字 = 75619
```

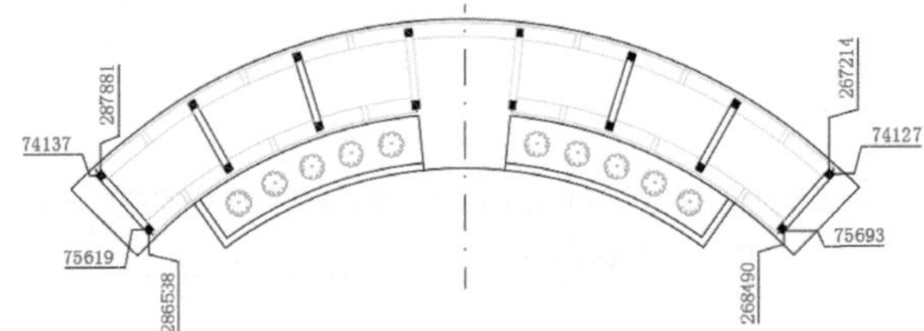

图 7-12　坐标标注效果

8. 智能标注

当用户设置好标注样式后，利用“标注”命令，只需选中要标注的线段，系统会自动识别线段的类型（直线、弧线）并为其添加尺寸。用户可以通过以下方式调用智能标注命令。

- 在“默认”选项卡的“注释”面板中单击“标注”按钮。
- 在“注释”选项卡的“标注”面板中单击“标注”按钮。

执行“标注”命令后，用户选择要标注的对象，并指定好尺寸线的位置即可完成标注操作，如图 7-13 和图 7-14 所示。

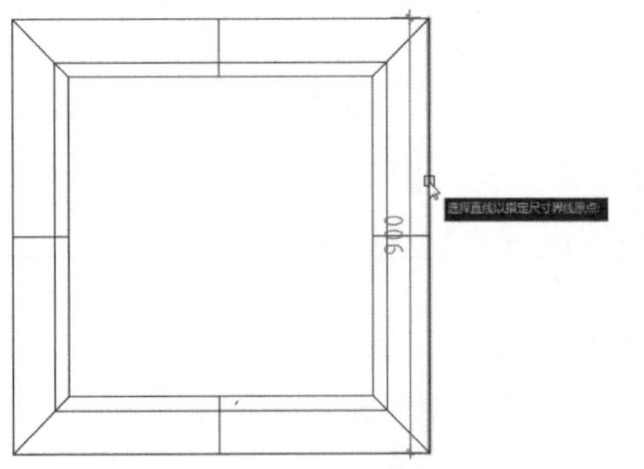

图 7-13　选择要标注的线段

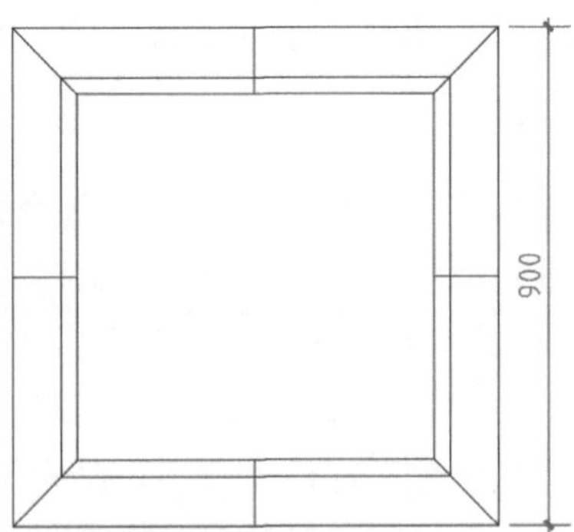

图 7-14　指定好标注线位置

实例：为花架平面图添加尺寸标注

下面将以花架顶平面图为例，来为其添加尺寸标注。具体操作方法如下：

Step 01 打开本书配套的凉亭平面素材文件。在菜单栏中执行“格式”|“标注样式”命令，打开“标注样式管理器”对话框，如图 7-15 所示。

Step 02 单击“修改”按钮，打开“修改标注样式”对话框，切换到“文字”选项卡，将“文字高度”设为 150，将其“文字颜色”设为红色，如图 7-16 所示。

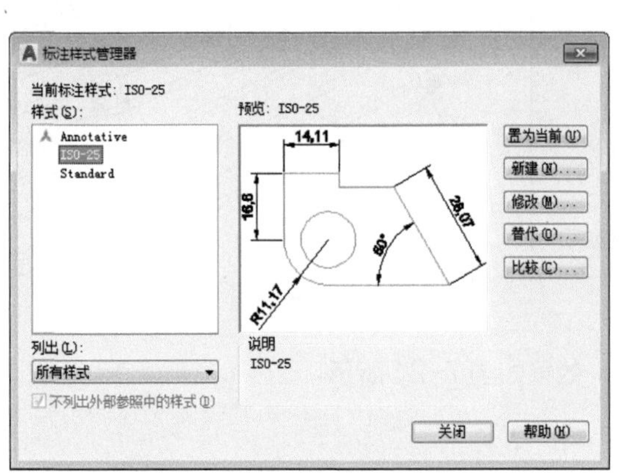

图 7-15 “标注样式管理器”对话框

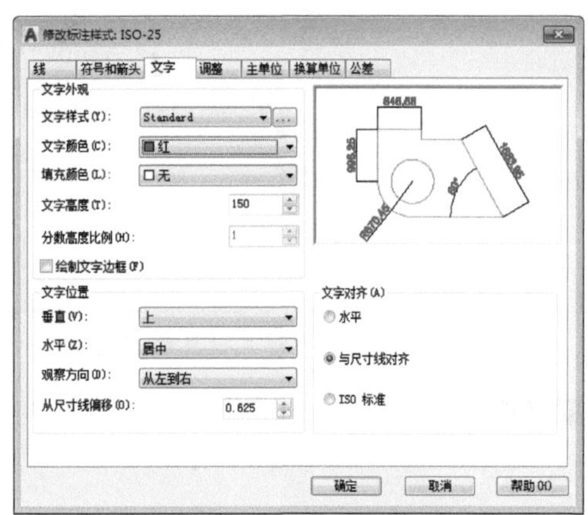

图 7-16 “文字”选项卡

Step 03 切换到“符号和箭头”选项卡，将箭头样式设为“建筑标记”，将引线样式设为“小点”，将“箭头大小”设为 80，如图 7-17 所示。

Step 04 切换到“主单位”选项卡，将“精度”设为 0；切换到“线”选项卡，将“尺寸线”和“尺寸界线”的颜色都设为灰色，将“超出尺寸线”设为 50，将“起点偏移量”设为 50，如图 7-18 所示。

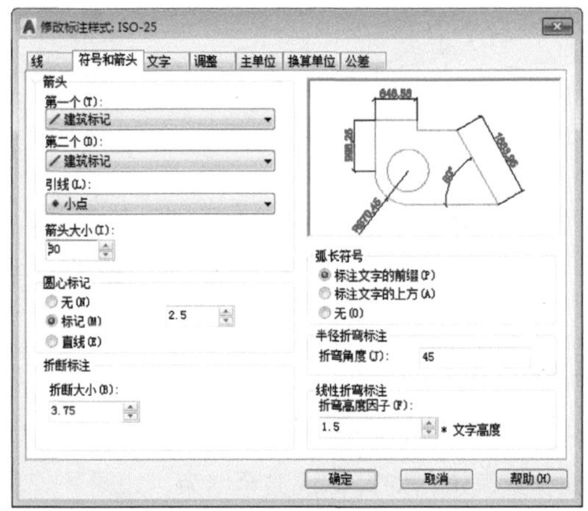

图 7-17 “符号和箭头”选项卡

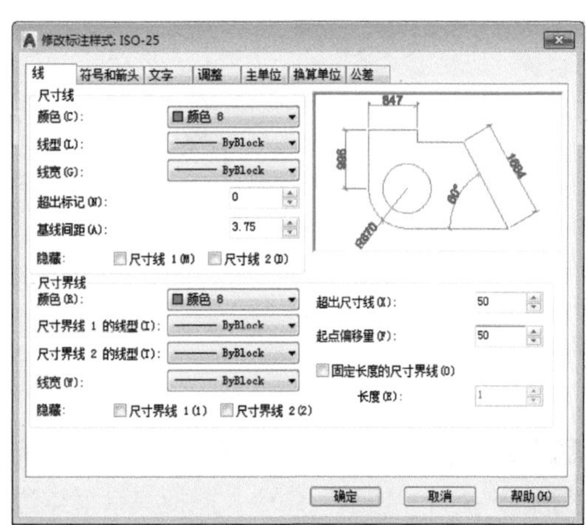

图 7-18 “线”选项卡

Step 05 设置完成后，单击“确定”按钮，返回到上一层对话框，单击“置为当前”按钮，将其样式应用于当前，如图 7-19 所示。

Step 06 执行“角度”命令，选择所需标注的线段，并指定好标注线位置，完成该圆弧角度的尺寸标注，如图 7-20 所示。

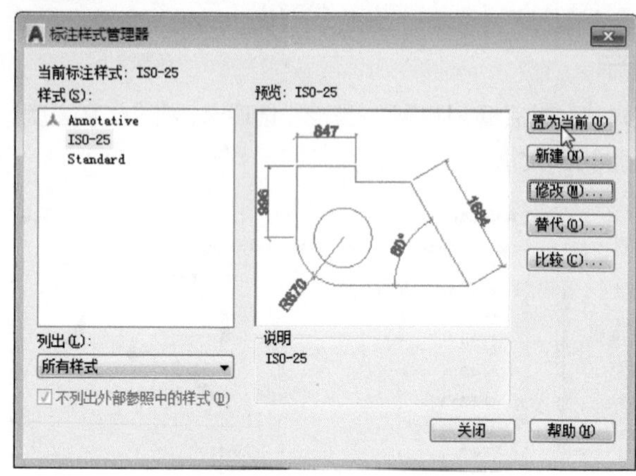

图 7-19　将样式设置为当前

图 7-20　圆弧角度标注效果

Step 07 按照同样的操作完成其他圆弧尺寸标注，效果如图 7-21 所示。

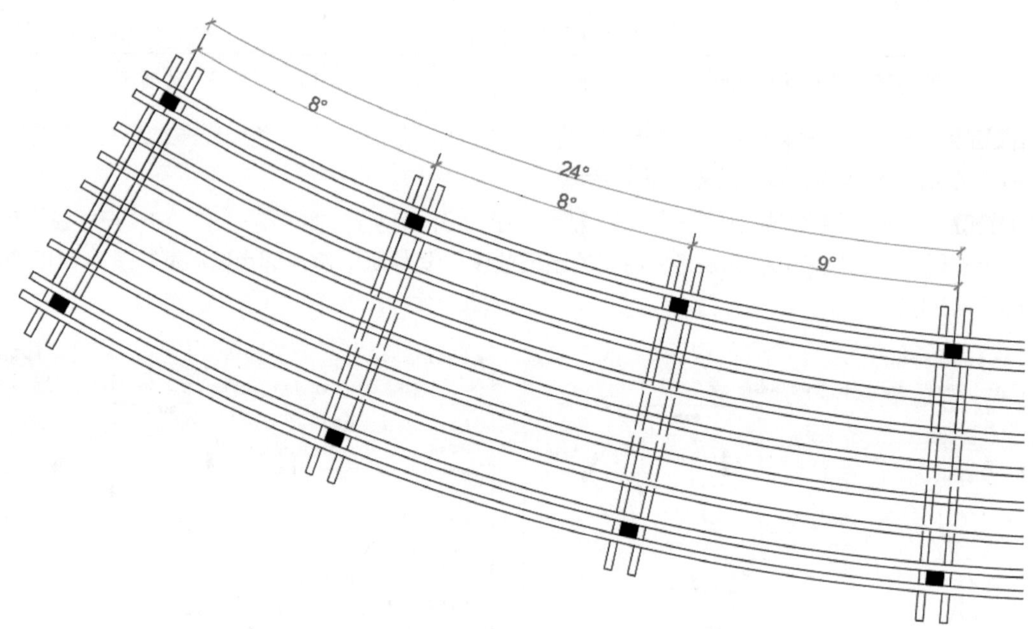

图 7-21　标注其他圆弧尺寸

Step 08 执行“对齐”命令，对花架的框架进行标注，如图 7-22 所示。

Step 09 执行“连续”命令，捕捉其余框架边界线，继续进行对齐标注直至结束，如图 7-23 所示。

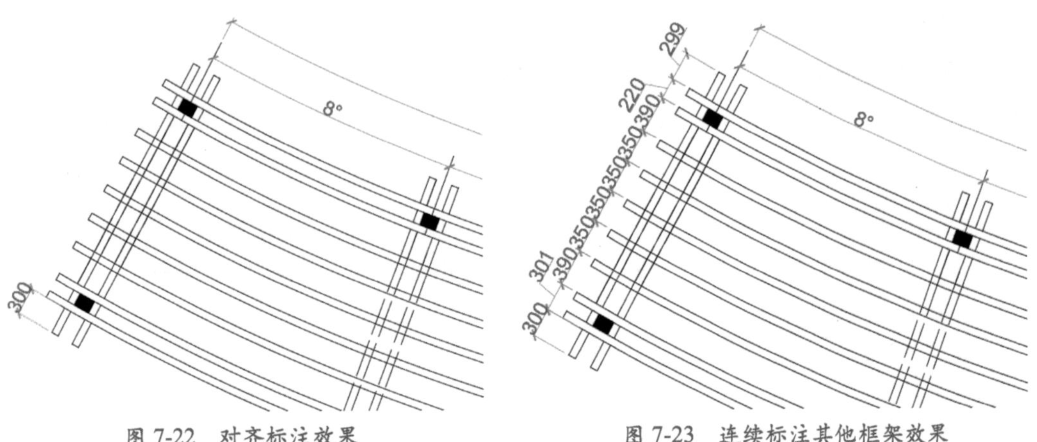

图 7-22　对齐标注效果　　　　图 7-23　连续标注其他框架效果

Step 10 继续执行“对齐”和“连续”命令，完成其他框架尺寸的标注操作，最终效果如图 7-24 所示。

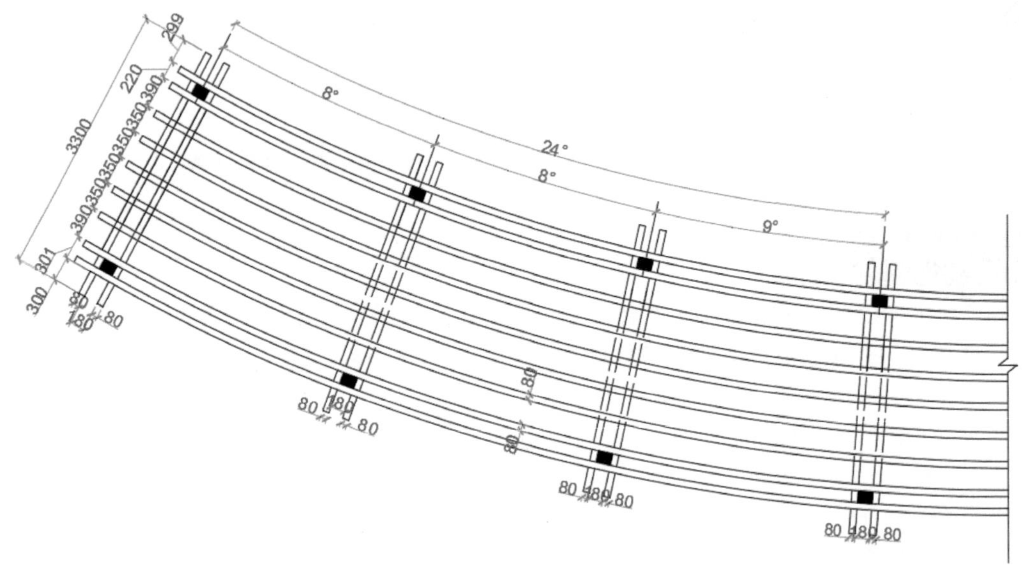

图 7-24　完成花架平面图尺寸的标注

7.2.3 快速引线

在绘图过程中，除了尺寸标注外，快速引线工具的运用也是必不可少的。在进行图纸的绘制时，为了清晰地表现出材料和尺寸，就需要将尺寸标注和引线标注结合起来，这样图纸才能一目了然。

在 AutoCAD 的菜单栏与功能面板中并没有“快速引线”这项功能按钮，用户只能通过输入命令 QLEADER（QL）调用该命令。通过“快速引线”命令可以创建以下形式的引线标注。

1. 直线引线

调用“快速引线”命令，在绘图区中指定一点作为第一个引线点，再移动光标指定下一点，按 Enter 键 3 次，输入注释文字即可完成引线标注，如图 7-25 所示。

2. 转折引线

调用“快速引线”命令，在绘图区中指定一点作为第一个引线点，再移动光标指定两点，按回车键 2 次，输入注释文字即可完成引线标注，如图 7-26 所示。

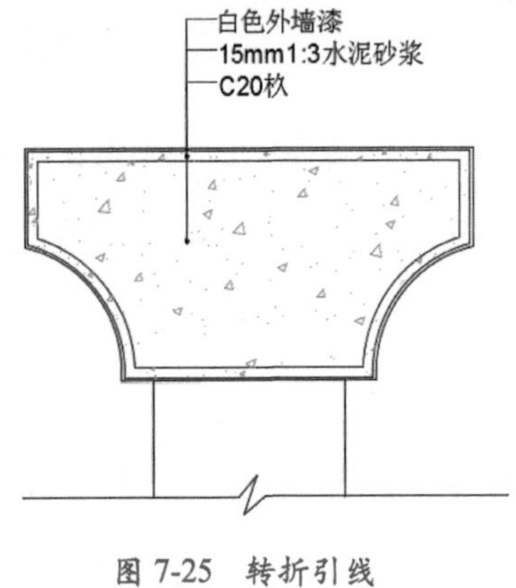

图 7-25　转折引线

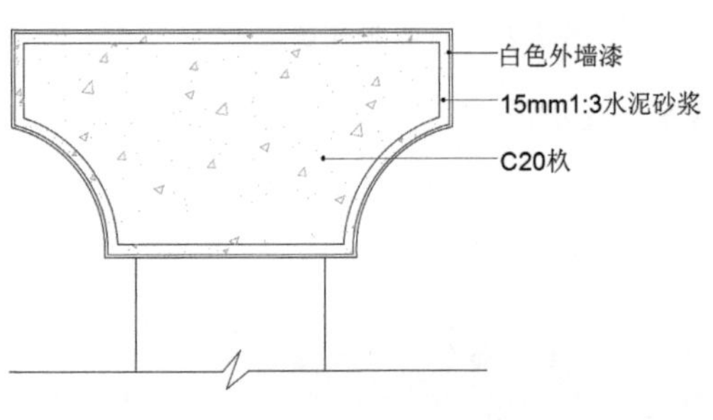

图 7-26　直线引线

知识点拨

快速引线的样式设置同尺寸标注，也就是说，在“标注样式管理器”对话框中创建好标注样式后，用户就可直接进行尺寸标注与快速引线标注。

另外，也可以通过“引线设置”对话框创建不同的引线样式。调用“快速引线”命令，根据提示输入命令 S，按回车键即可打开“引线设置”对话框，如图 7-27 所示。在“附着”选项卡中选中“最后一行加下画线”复选框即可。

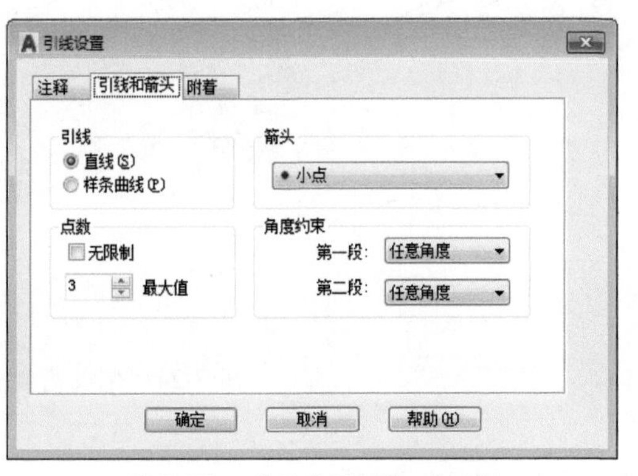

图 7-27　“引线设置”对话框

实例：为园路剖面图添加引线标注

下面将为绘制好的园路剖面图添加引线标注，绘制步骤如下：

Step 01 打开本书配套的素材文件，如图 7-28 所示。

Step 02 在命令行中输入快捷命令 LE，按 Enter 键后在图形中指定第一个引线点，如图 7-29 所示。

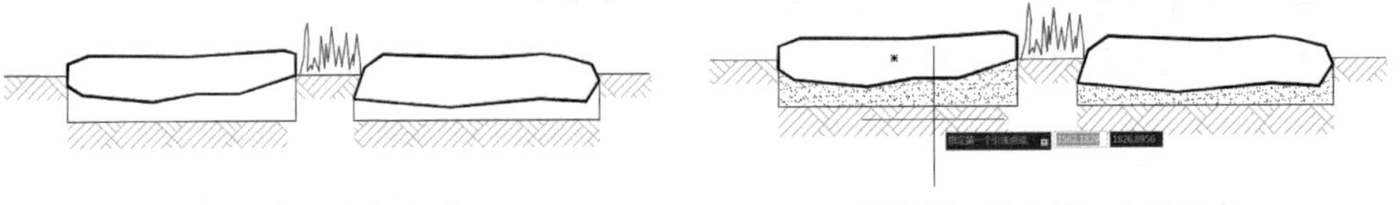

图 7-28　打开素材文件　　　　图 7-29　指定第一个引线点

Step 03 陆续再指定第二、第三个引线点，如图 7-30 所示。

Step 04 按回车键 2 次，输入引线标注的内容，如图 7-31 所示。

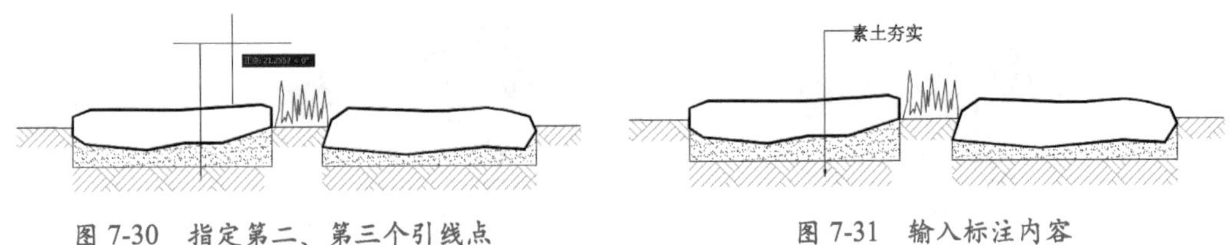

图 7-30　指定第二、第三个引线点　　　　图 7-31　输入标注内容

Step 05 向上复制引线标注，如图 7-32 所示。

Step 06 双击编辑文字内容，再调整标注，完成本次操作，如图 7-33 所示。

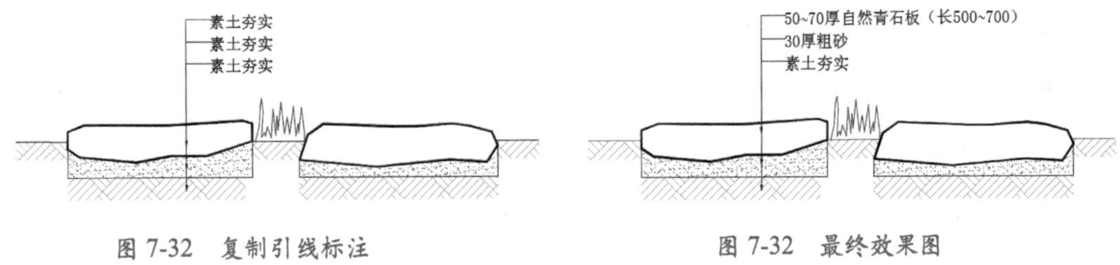

图 7-32　复制引线标注　　　　图 7-32　最终效果图

7.3 编辑标注的尺寸

对图形进行尺寸标注后，用户可以对标注好的文本内容、位置等进行再次编辑。下面将对尺寸标注的编辑与修改进行介绍。

7.3.1 编辑标注文本

如果创建的标注文本内容或位置没有达到要求，用户可以编辑标注文本的内容和对标注文本的位置进行调整。

1）编辑标注文本的内容

在标注图形时，如果标注的端点不处于平行状态，那么测量的距离会出现不准确的情况，用户可以通过以下方式编辑标注文本内容：

- 在菜单栏中执行"修改"|"对象"|"文字"|"编辑"命令。
- 在命令行中输入 TEXTEDIT 命令并按 Enter 键。
- 双击需要编辑的标注文字。

执行以上任意一种方式后，其标注的文字即可进入编辑状态，在此更改其文字后，按 Enter 键即可完成操作，如图 7-34 和图 7-35 所示。

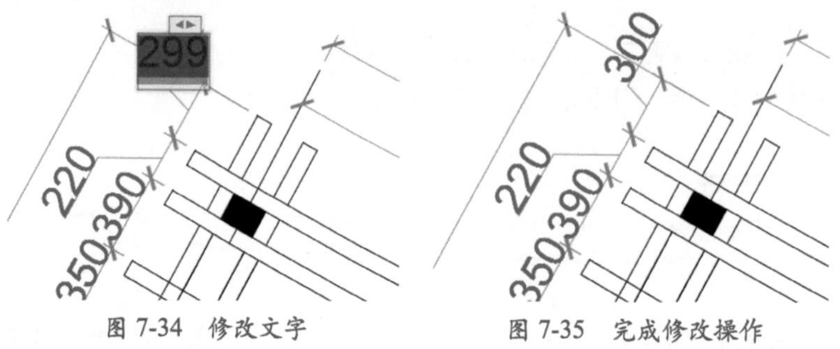

图 7-34 修改文字　　图 7-35 完成修改操作

2）调整标注文本位置

除了可以编辑文本内容之外，还可以调整标注文本的位置，用户可以通过以下方式调整标注文本的位置：

- 在菜单栏中执行"标注"|"对齐文字"命令的子菜单命令，如图 7-36 所示。
- 选择标注，再将鼠标指针移动到文本位置的夹点上，在弹出的快捷菜单中进行操作，如图 7-37 所示。
- 在命令行中输入 DIMTEDIT 命令并按 Enter 键。

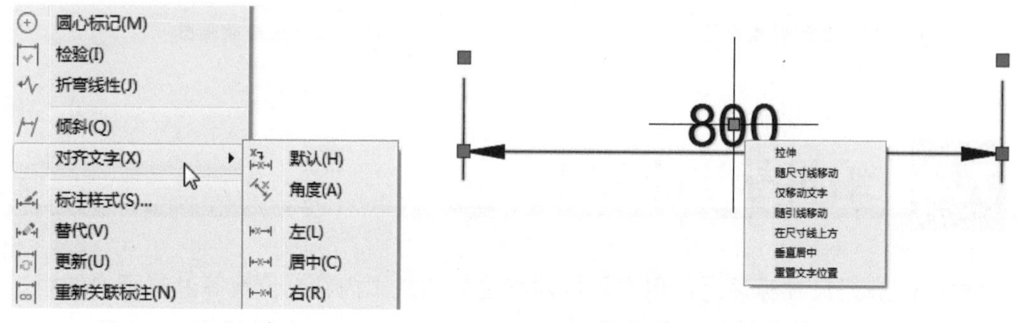

图 7-36 菜单栏命令　　图 7-37 快捷菜单命令

7.3.2 使用"特性"选项板编辑尺寸标注

选择需要编辑的尺寸标注，右击，在弹出的快捷菜单中选择"特性"命令，即可打开"特性"选项板，如图 7-38 所示。

编辑尺寸标注的"特性"选项板由常规、其他、直线和箭头、文字、调整、主单位、换算单位和公差这 8 个卷展栏组成。这 8 个选项与"修改标注样式"对话框中的内容基本一致，设置方法也是相同的。

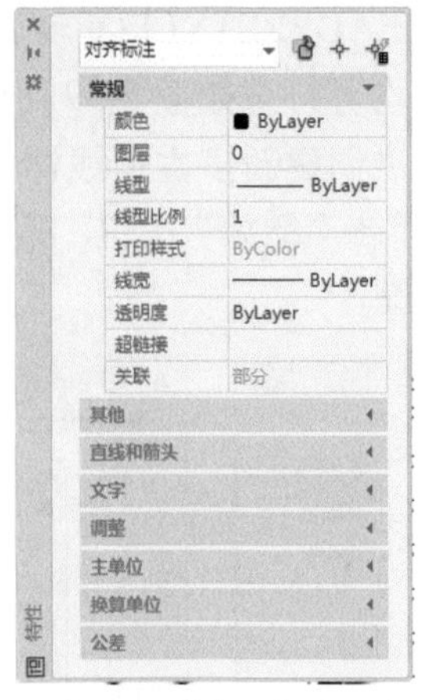

图 7-38　“特性”选项板

7.3.3　更新尺寸标注

更新尺寸标注是指用选定的标注样式更新标注对象。如果要更改当前标注的样式，用户就可以使用“更新”命令，更新标注的尺寸即可。通过以下方式可以调用更新尺寸标注命令：

- 在菜单栏中执行“标注”|“更新”命令。
- 在“注释”选项卡的“标注”面板中单击“更新”按钮。
- 在命令行中输入 DIMSTYLE 命令并按回车键。

执行“更新”命令后，选择要更新的尺寸标注，按回车键即可完成更新操作。

7.4　创建多重引线

多重引线主要用于对图形进行注释说明。引线对象可以是直线，也可以是样条曲线。引线的一端带有箭头标识，另一端带有多行文字或块。下面将对多重引线的操作进行简单介绍。

7.4.1　创建多重引线样式

在添加多重引线时，单一的引线样式往往不能满足设计的要求，这就需要预先定义新的引线样式，即指定基线、引线、箭头和注释内容的格式，用户可通过“多重引线样式管理器”对话框创建并设置多重引线样式。在 AutoCAD 中通过以下方法可调出该对话框：

- 在菜单栏中执行“格式”|“多重引线样式”命令。
- 在“默认”选项卡的“注释”面板中单击“多重引线样式”按钮
- 在“注释”选项卡的“引线”面板中单击右下角箭头。

● 在命令行中输入命令 MLEADERSTYLE 并按 Enter 键。

执行以上任意一种操作后，均可打开如图 7-39 所示的“多重引线样式管理器”对话框，单击“新建”按钮，打开“创建新多重引线样式”对话框，如图 7-40 所示。从中输入样式名并选择基础样式，单击“继续”按钮，即可在打开的“修改多重引线样式”对话框中对各选项进行详细的设置。

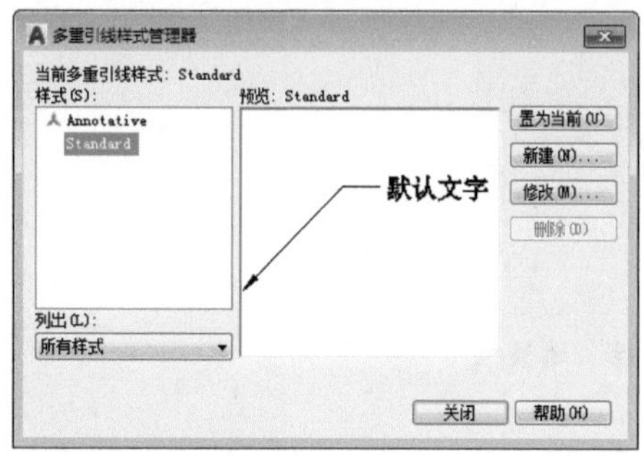

图 7-39 “多重引线样式管理器”对话框

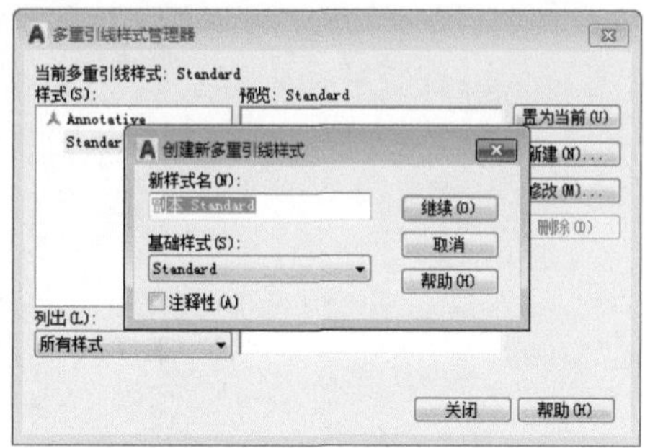

图 7-40 输入新样式名

7.4.2 添加多重引线

设置好引线样式后就可以创建引线标注了，用户可以通过以下方式调用多重引线命令：

● 在菜单栏中执行“标注”|“多重引线”命令。

● 在“默认”选项卡的“注释”面板中单击“多重引线”按钮。

● 在“注释”选项卡的“引线”面板中单击“多重引线”按钮。

● 在命令行中输入命令 MLEADER 并按 Enter 键。

执行以上任意一种操作后，用户可以根据命令行中的提示，先指定引线箭头的位置，然后再指定引线基线的位置，最后输入文本内容即可。

命令行提示如下：

```
命令：_MLEADER
指定引线箭头的位置或 [引线基线优先(L)/内容优先(C)/选项(O)] <选项>：（指定箭头位置）
指定引线基线的位置：（指定基线端点）
```

注意事项

多重引线添加完成后，用户可以对其进行简单的编辑操作，例如对齐引线、添加新的引线、删除多余的引线等。这些选项用户在“注释”选项卡的“引线”面板中，根据需要执行相应的操作命令即可，如图 7-41 所示。

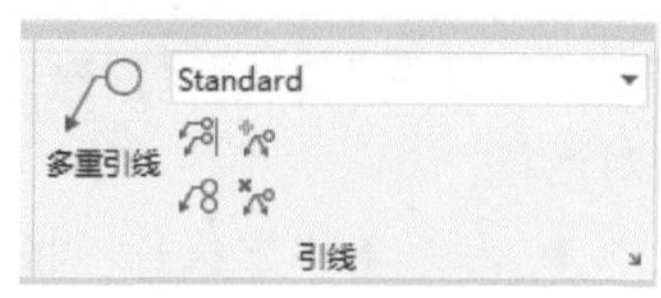

图 7-41 编辑多重引线

课堂实战　为水景剖面图创建标注

在学习了本章知识内容后，下面将通过案例练习来巩固所学知识。用户需要对水景剖面添加尺寸及文字标注，以完善整个图纸效果。

Step 01 打开绘制好的剖面图，可以看到图形的尺寸以及材料还未标注，如图 7-42 所示。

Step 02 执行“标注样式”命令，打开“标注样式管理器”对话框，如图 7-43 所示。

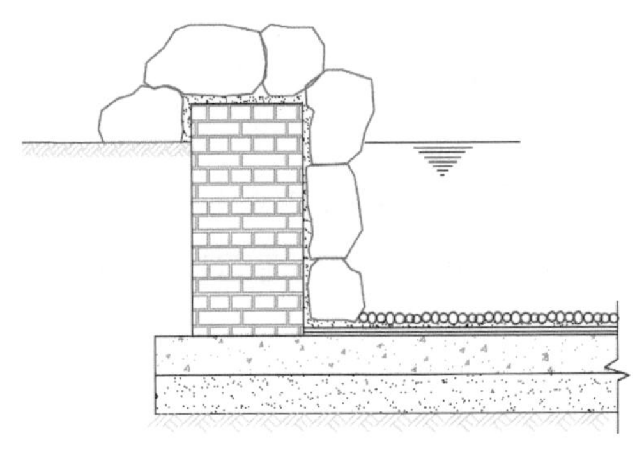

图 7-42　打开的图形

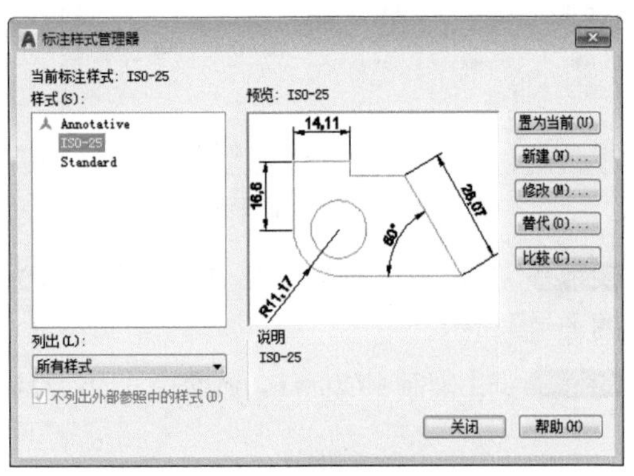

图 7-43　“标注样式管理器”对话框

Step 03 单击“修改”按钮，打开“修改标注样式”对话框，将“主单位”选项卡的“精度”设为 0，在“调整”选项卡中选中“文字始终保持在尺寸界线之间”单选按钮，如图 7-44 所示。

Step 04 将“文字”选项卡的“文字高度”设为 40，将“符号和箭头”选项卡的箭头样式设为“实心闭合”，将引线箭头设为“小点”，“箭头大小”设为 30，如图 7-45 所示。

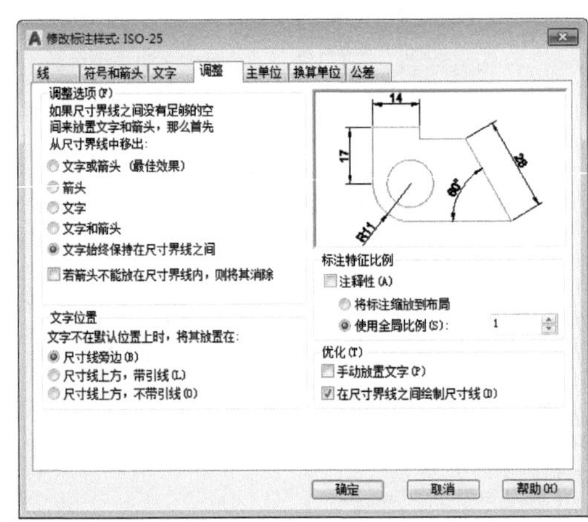

图 7-44　“调整”选项卡

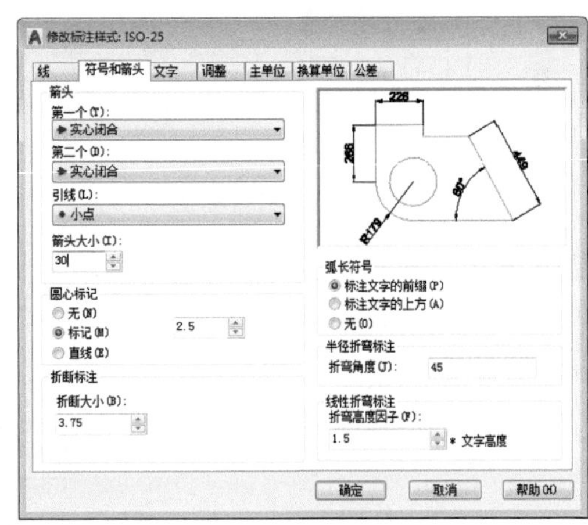

图 7-45　“符号和箭头”选项卡

Step 05 在“线”选项卡中设置尺寸线及尺寸界线的参数，如图 7-46 所示。

Step 06 执行“线性”和“连续”标注命令，为剖面图添加尺寸标注，效果如图 7-47 所示。

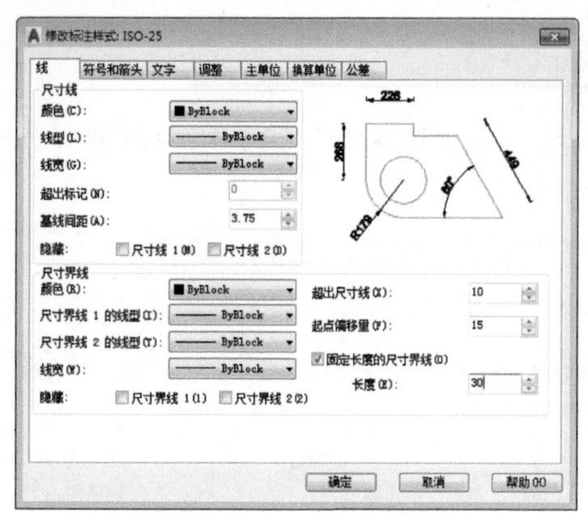

图 7-46 “线”选项卡

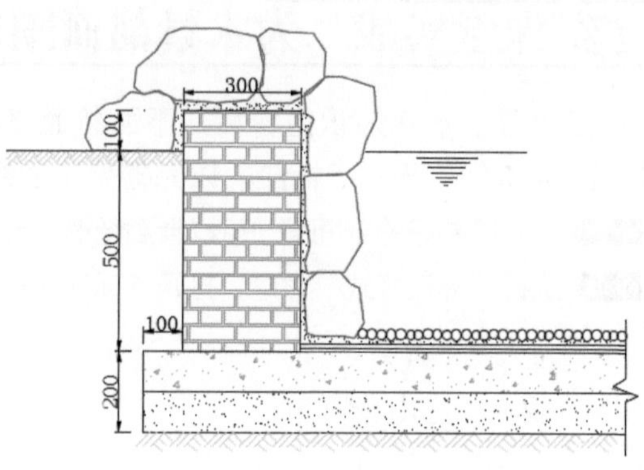

图 7-47 创建尺寸标注

Step 07 在命令行中输入 QL 快捷命令，启动“快速引线”命令，为其剖面创建引线标注，如图 7-48 所示。

Step 08 向上复制引线标注，调整标注内容及标注箭头位置，如图 7-49 所示。

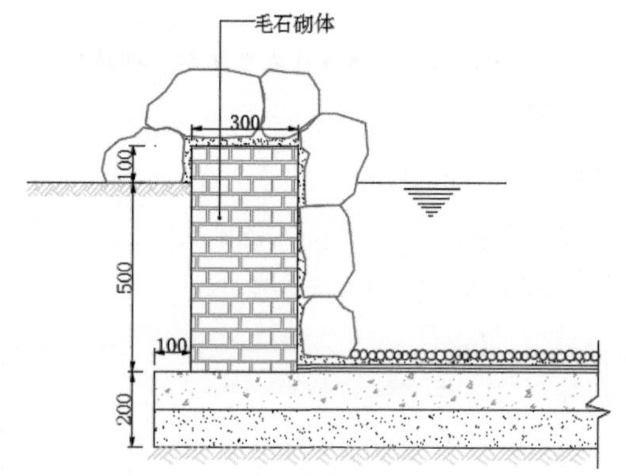

图 7-48 创建引线标注

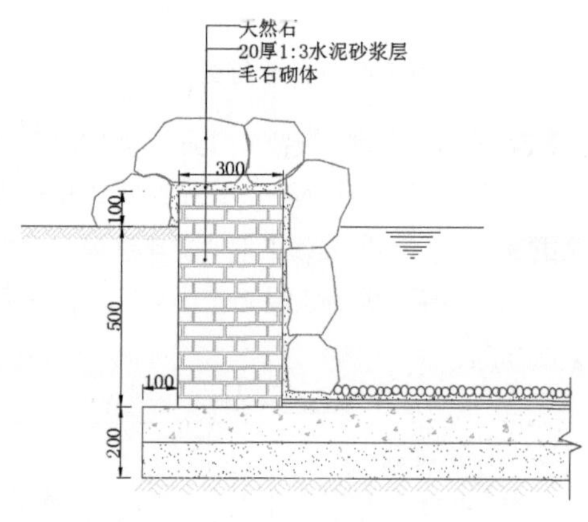

图 7-49 复制并调整引线

Step 09 用同样的方法完成其他引线标注的创建，最终效果如图 7-50 所示。

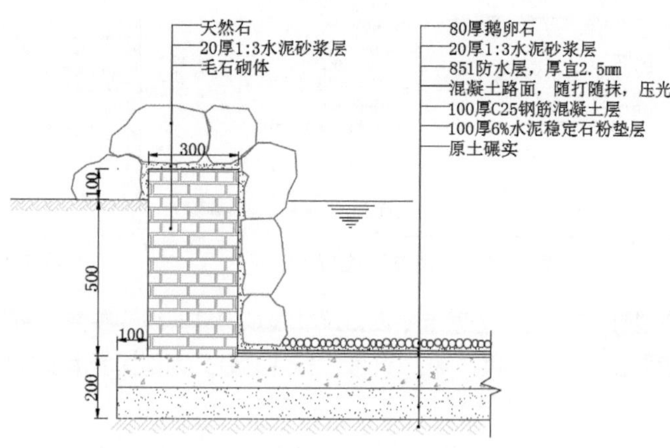

图 7-50 最终效果图

课后作业

为了让用户能够更好地掌握本章所学的知识内容，下面安排了一些 ACAA 认证考试的参考试题，让用户可以对所学的知识进行巩固和练习。

一、填空题

1. 一个完整的尺寸标注是由 _______、_______、_______ 和 _______ 这 4 个要素组成的。

2. 在“标注样式管理器”对话框中，想要对所设置的标注样式进行编辑或修改，可使用 _______ 命令进行操作。

3. 在进行图纸的绘制时，为了清晰地表现出材料和尺寸，就需要将 _______ 和 _______ 结合起来，这样图纸才能一目了然。

4. 使用编辑标注命令可以改变尺寸文本。在命令行中输入 _______ 快捷命令并按回车键即可。

二、选择题

1. 下面线段不能够作为多重引线的线型类型是（　　）。

A. 多段线　　B. 直线
C. 样条曲线　　D. 以上均可以

2. 创建一个标注样式，此标注样式的基准标注为（　　）。

A. ISO-25　　B. 当前标注样式
C. 应用最多的标注样式　　D. 命名最靠前的标注样式

3. 在“标注样式管理器”对话框中，如果想要应用当前设置的标注样式，可单击（　　）。

A. 置为当前　　B. 新建
C. 修改　　D. 更新

4. 带有标注的图形被放大 3 倍，那么标注尺寸值将（　　）。

A. 是原尺寸的 3 倍
B. 是原尺寸的 6 倍
C. 不会发生变化
D. 不会发生变化，但其文字高度将放大 3 倍

三、操作题

1．为宣传栏立面图添加尺寸标注

本实例将运用相关标注命令，为宣传栏进行尺寸标注，效果如图 7-51 所示。

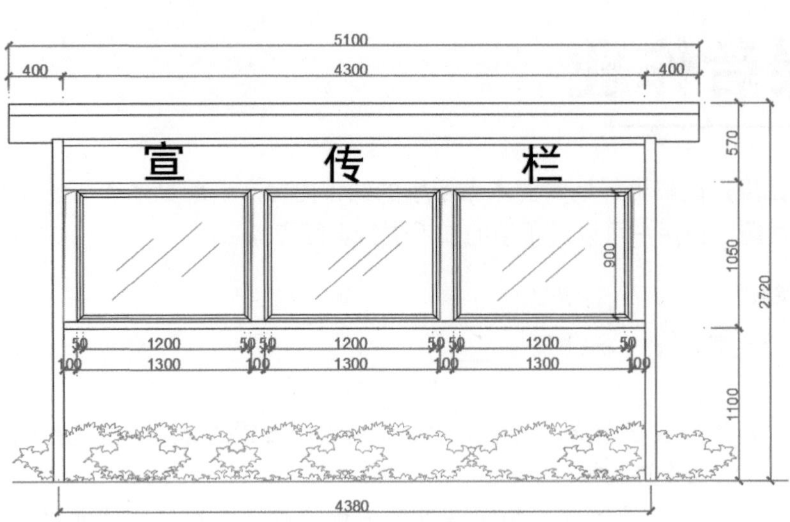

图 7-51 为宣传栏添加尺寸标注

操作提示：

Step 01 执行“标注样式”命令，设定好标注的样式。

Step 02 执行“线性”和“连续”命令，为宣传栏添加尺寸标注。

2. 为喷泉水体大样图添加引线标注

本实例将运用“标注”“快速引线”命令，为喷泉水体大样图添加尺寸标注及文字注释，效果如图 7-52 所示。

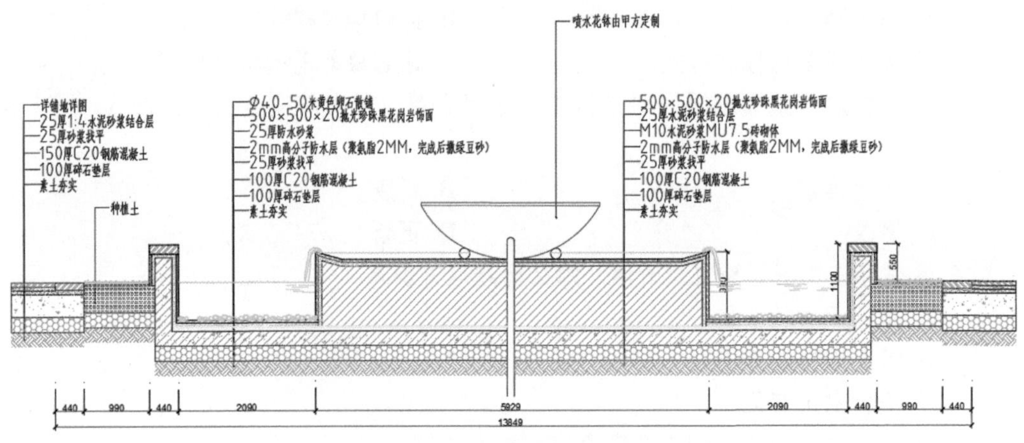

图 7-52 为喷泉水体大样图标注尺寸

操作提示：

Step 01 执行“线性”和“连续”命令，标注其大样图尺寸。

Step 02 执行“快速引线”命令，为其添加文字注释。

第 8 章

图纸的输出与打印

内容导读

图形的输出是设计工作中的最后一步，此操作也是必不可少的。本章将介绍图纸的输入与输出，以及在打印图形中的布局设置操作。通过本章的学习，读者能够掌握图纸基本的打印与输出操作。

学习目标

- ▲ 图纸的输入与输出
- ▲ 模型空间与图纸空间
- ▲ 布局视口
- ▲ 打印图纸

8.1 图形的输入与输出

在实际工作中，用户通过 AutoCAD 提供的输入和输出功能，不仅可以将在其他应用软件中处理好的数据导入到 AutoCAD 中，还可以将在 AutoCAD 中的图形输出成其他格式的文件。

8.1.1 输入图纸

在 AutoCAD 中，用户可以将各种格式的文件输入到当前图形中。用户可以通过以下方式输入图纸：

- 在菜单栏中执行“文件”|“输入”命令。
- 在“插入”选项卡的“输入”面板中单击“输入”按钮。
- 在命令行中输入 IMPORT 命令并按 Enter 键。

执行以上任意一种操作即可打开“输入文件”对话框，如图 8-1 所示。从中选择相应的文件，单击“打开”按钮即可将文件插入。在“文件类型”下拉列表中可以选择需要输入文件的类型，如图 8-2 所示。

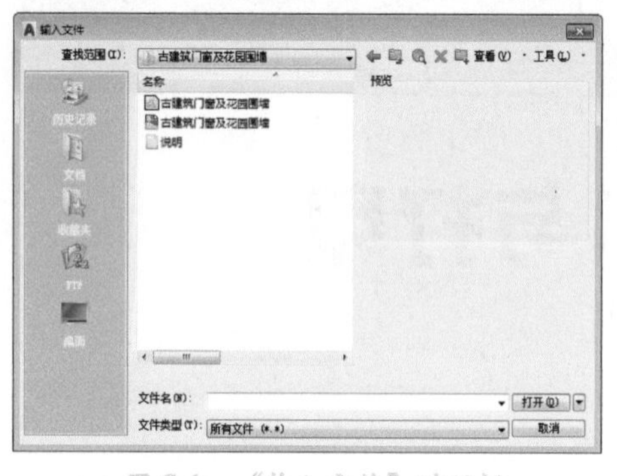

图 8-1 “输入文件”对话框

文件名(N):
打开(O)
文件类型(T): 3D Studio (*.3ds)
取消
3D Studio (*.3ds)
ACIS (*.sat)
CATIA V4 (*.model;*.session;*.exp;*.dlv3)
CATIA V5 (*.CATPart;*.CATProduct)
FBX (*.fbx)
IGES (*.igs;*.iges)
Inventor (*.ipt;*.iam)
JT (*.jt)
图元文件 (*.wmf)
MicroStation DGN (*.dgn)
NX (*.prt)
Parasolid 二进制文件(*.x_b)
Parasolid 文本文件(*.x_t)
PDF 文件(*.pdf)
Pro/ENGINEER (*.prt*;*.asm*)
Pro/ENGINEER Granite (*.g)
Pro/ENGINEER Neutral (*.neu*)
Rhino (*.3dm)
SolidWorks (*.prt;*.sldprt;*.asm;*.sldasm)
STEP (*.ste;*stp;*.step)
所有 DGN 文件 (*.*)
所有文件 (*.*)

图 8-2 输入文件类型

8.1.2 插入 OLE 对象

OLE 是指对象链接与嵌入，用户可以将其他 Windows 应用程序的对象链接或嵌入到 AutoCAD 图形中，或在其他程序中链接或嵌入 AutoCAD 图形。插入 OLE 文件可以避免图片丢失、文件丢失这些问题，所以使用起来非常方便。用户可以通过以下方式调用 OLE 对象命令：

- 在菜单栏中执行“插入”|“OLE 对象”命令。
- 在“插入”选项卡的“数据”面板中单击“OLE 对象”按钮。
- 在命令行中输入 INSERTOBJ 命令并按 Enter 键。

执行以上任意操作，都可打开“插入对象”对话框，根据需要选中“新建”或“由文件创建”单选按钮，并根据对话框中的提示进行下一步操作即可，如图 8-3 所示的是选中“新建”单选按钮的界面，图 8-4 所示的是选中“由文件创建”单选按钮的界面。

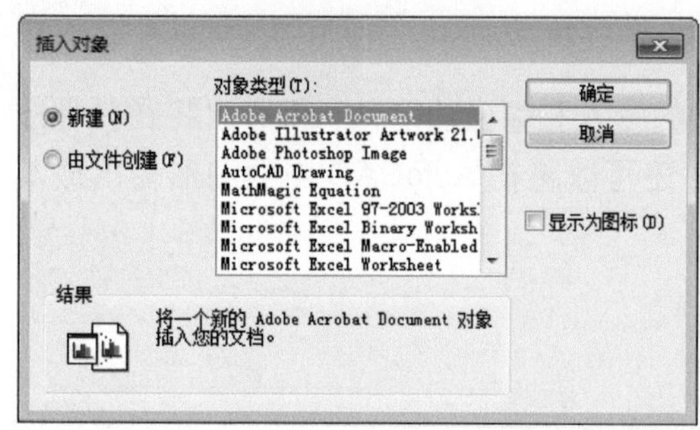

图 8-3 选中“新建”单选按钮

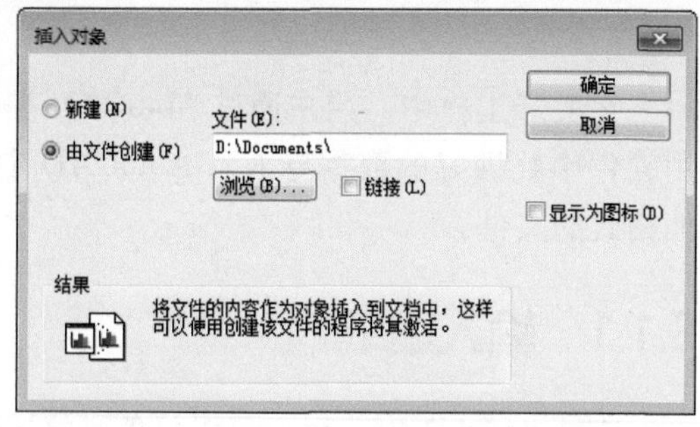

图 8-4 选中“由文件创建”单选按钮

选中“新建”单选按钮后，在“对象类型”列表中选择需要导入的应用程序，单击“确定”按钮，系统会启动其应用程序，用户可在该程序中进行输入编辑操作。完成后关闭应用程序，此时在 AutoCAD 绘图区中就会显示相应的内容。

选中“由文件创建”单选按钮后，单击“浏览”按钮，在打开的“浏览”对话框中可以直接选择现有的文件，单击“打开”按钮返回到上一层对话框，单击“确定”按钮即可导入。

实例：为喷泉图纸添加示意图片

下面就利用插入 OLE 对象命令，将示意图片插入到 AutoCAD 中，其操作步骤介绍如下：

Step 01 打开本书配套的素材文件，如图 8-5 所示。

Step 02 在菜单栏中执行“插入”|“OLE 对象”命令，打开“插入对象”对话框，选中“由文件创建”单选按钮，再单击“浏览”按钮，如图 8-6 所示。

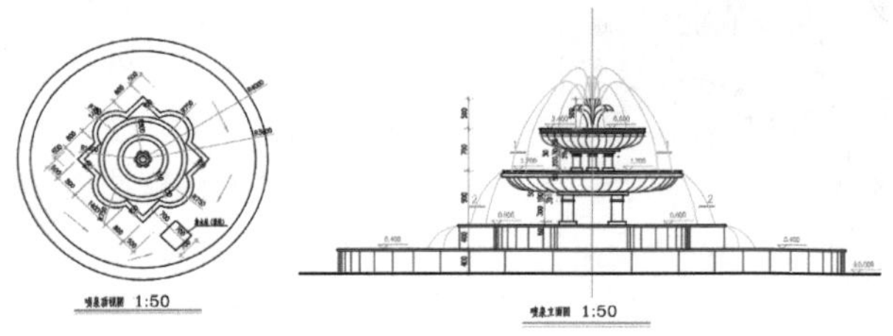

图 8-5 打开素材图形

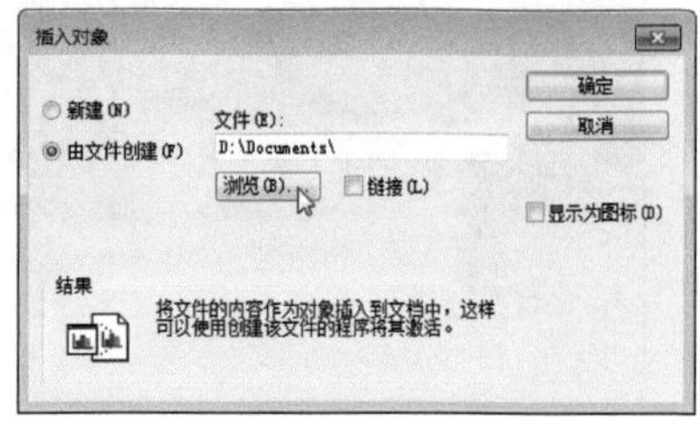

图 8-6 由文件创建插入对象

Step 03 打开“浏览”对话框，从中选择需要插入的示意图，单击“打开”按钮，如图 8-7 所示。

Step 04 返回到“插入对象”对话框，可以看到文件路径已经发生改变，再选中“链接”复选框，如图 8-8 所示。

图 8-7 选择插入的对象

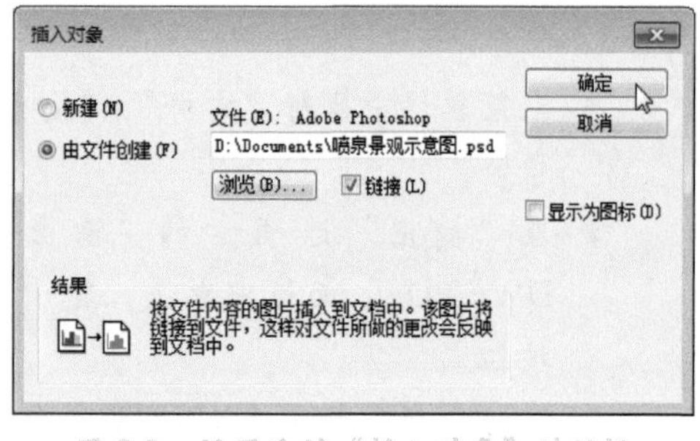

图 8-8 设置后的“插入对象”对话框

Step 05 单击“确定”按钮完成插入操作，即可看到已经将 PSD 格式的图片文件插入到图纸中，在此适当调整一下图片的大小，如图 8-9 所示，与此同时系统也会自动启动 Photoshop 软件。

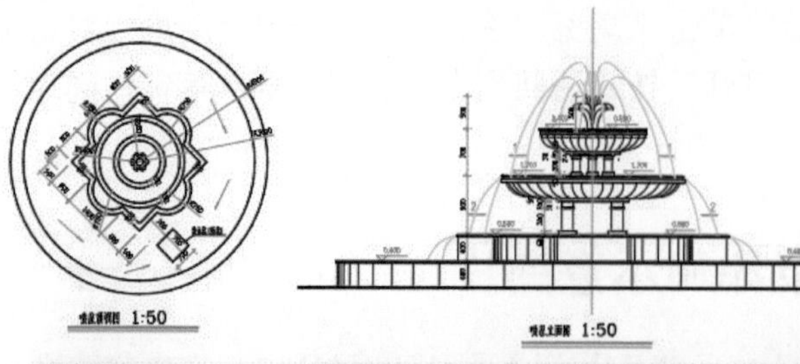

图 8-9　插入图片后的效果图

> **知识点拨**
>
> 除了用以上方法插入图片外，用户还可以使用“光栅图像参照”功能插入所需的图片素材。在菜单栏中执行“插入”|“光栅图像参照”命令，在打开的“选择参照文件”对话框中选择所需的图片素材，单击“打开”按钮，在“附着图像”对话框中单击“确定”按钮，然后返回到绘图区中，使用鼠标拖曳的方法框选出图片显示区域即可。
>
> 当图片是以 PSD 格式显示时，建议使用插入 OLE 对象功能操作；而当图片是以 JPG 或 PNG 格式显示时，最好使用光栅图像参照功能操作。

8.1.3　输出图纸

用户可以将绘制好的图形按照指定格式进行输出，调用输出命令的方式包含以下几种：

- 在菜单栏中执行“文件”|“输出”命令。
- 在“输出”选项卡的“输出为 DWF/PDF”面板中单击“输出”按钮。
- 在命令行中输入 EXPORT 命令并按 Enter 键。

通过以上任意一项操作，都可打开“输出数据”对话框，单击“文件类型”下拉按钮，选择所需的文件格式，并设置其保存路径，单击“保存”按钮即可，如图 8-10 所示。

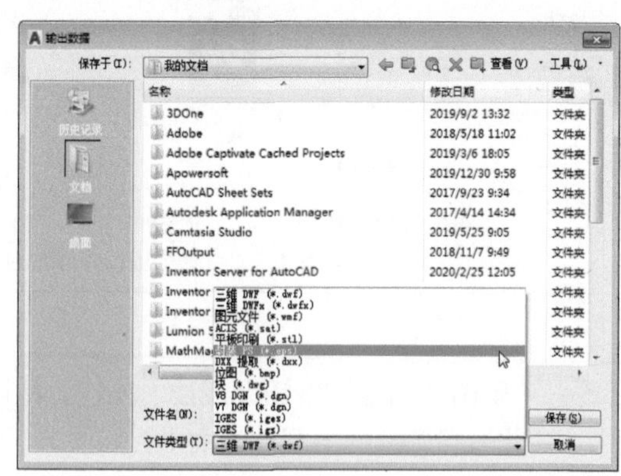

图 8-10　“输出数据”对话框

8.2 模型空间与图纸空间

模型空间和图纸空间（布局空间）是 AutoCAD 的两种绘图环境。在模型空间中，用户可按 1 ∶ 1 比例绘图，完成后再以放大或缩小的比例打印图形。而图纸空间则提供了一张虚拟图纸，在该图纸上布置模型空间的图纸，并设定好缩放比例，打印出图时，将设置好的虚拟图纸以 1 ∶ 1 的比例打印出来。

8.2.1 模型空间和图纸空间的概念

模型空间和图纸空间都能出图。绘图一般是在模型空间进行。如果一张图中只有一种比例，用模型空间出图即可；如果一张图中同时存在几种比例，则应该用图纸空间出图。

这两种空间的主要区别在于：模型空间针对的是图形实体空间；图纸空间则是针对图纸布局空间。模型空间需要考虑的只是单个图形能否绘制出或正确与否，而不必担心绘图空间的大小。图纸空间侧重于图纸的布局，在图纸空间中，用户几乎不需要再对任何图形进行修改和编辑。如图 8-11 和图 8-12 所示分别为模型空间和图纸空间的界面。

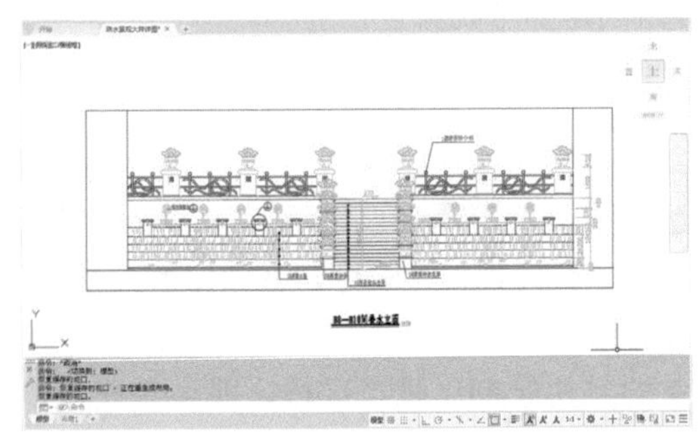

图 8-11 模型空间界面

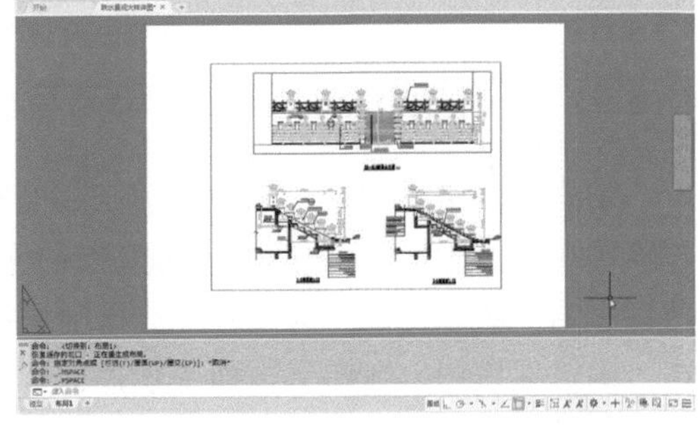

图 8-12 图纸空间界面

一般在绘图时，先在模型空间内进行绘制与编辑，完成上述工作之后，再进入图纸空间进行布局调整，直至最终出图。

8.2.2 模型空间和图纸空间的切换

模型空间与图纸空间是可以相互切换的，下面将对其切换方法进行介绍。

1. 从模型空间向图纸空间切换

- 将光标放置在文件选项卡上，然后选择“布局 1”选项，如图 8-13 所示。
- 单击绘图窗口左下角的“布局 1”选项卡，如图 8-14 所示。
- 单击状态栏中的“模型”按钮，该按钮会变为“图纸”按钮。

2. 从图纸空间向模型空间切换

- 将光标放置在文件选项卡上，然后选择“模型”选项。
- 单击绘图窗口左下角的“模型”选项卡。

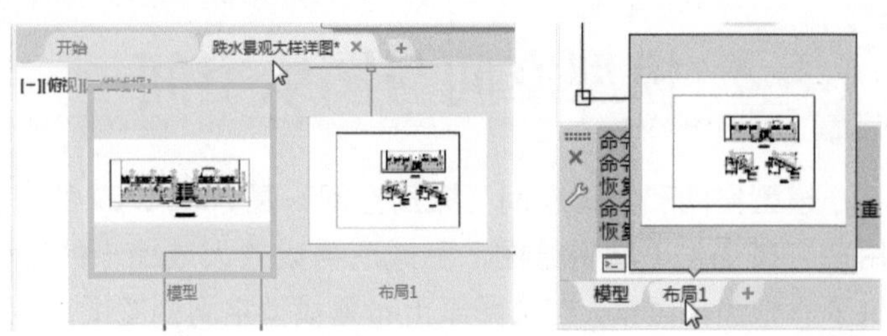

图 8-13 利用文件选项标签切换 图 8-14 利用状态栏标签切换

- 单击状态栏中的“图纸”按钮，该按钮会变为“模型”按钮。
- 在命令行中输入命令 MSPACE 并按 Enter 键，可以将布局中最近使用的视口置为当前活动视口，在模型空间中工作。

8.3 布局视口的管理

布局是模拟一张图纸并提供预置的打印设置。用户可以根据需要在布局空间创建视口，视图中的图形则是打印时所见到的图形。默认情况下，系统将自动创建一个浮动视口，若用户需要查看模型的不同视图，可以创建多个视口进行查看。

8.3.1 创建视口

切换到图纸空间后，系统会显示一个默认的视口。选择视口边框，按 Delete 键可删除该视口。在菜单栏中执行“视图”|“视口”|“新建视口”命令，在弹出的“视口”对话框的“新建视口”选项卡中选择创建视口的数量及排列方式，如图 8-15 所示。单击“确定”按钮，在布局页面中使用鼠标拖曳的方法绘制出视口区域，即可完成视口的创建操作，如图 8-16 所示。

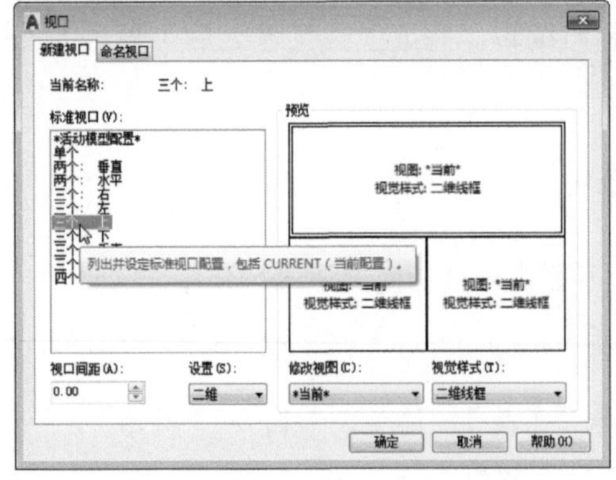

图 8-15 选择创建视口的数量及排列方式

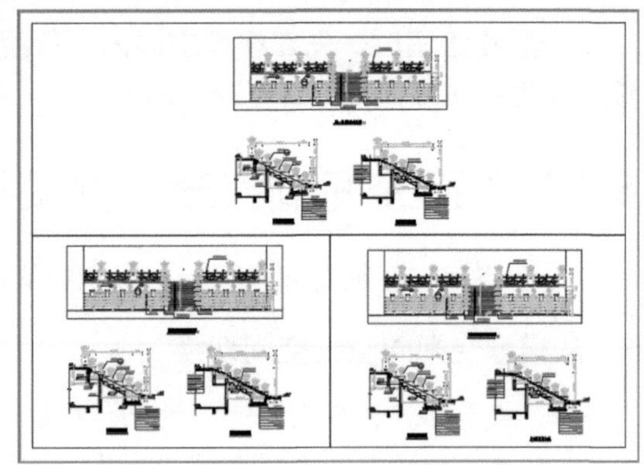

图 8-16 创建视口

知识点拨

用户还可以使用功能区中的命令进行创建。切换到“布局 1”视图界面后，在“布局”选项卡的“布局视口”面板中单击“矩形”按钮，可以创建一个矩形视口。除此之外，还可以创建多边形、对象等视口，如图 8-17 所示。

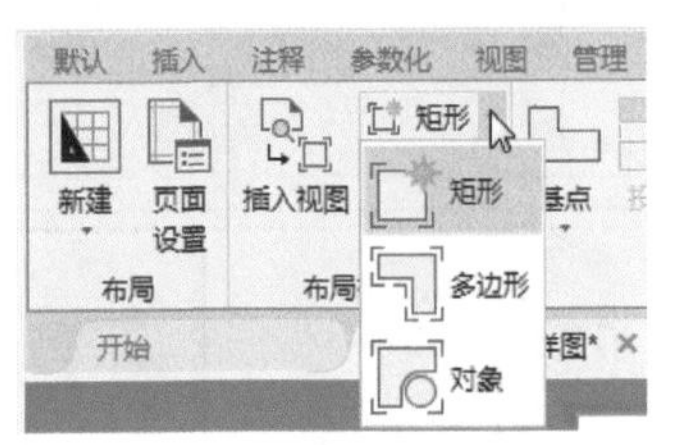

图 8-17　创建各种视口形状

8.3.2　管理视口

创建视口后，如果对创建的视口不满意，还可以根据需要调整布局视口。

1. 更改视口大小

如果创建的视口不符合用户的需求，可以利用夹点调整视口的大小。选中所需调整的视口，将光标移动至视口边框夹点上，拖曳该夹点至合适位置即可，如图 8-18 和图 8-19 所示。

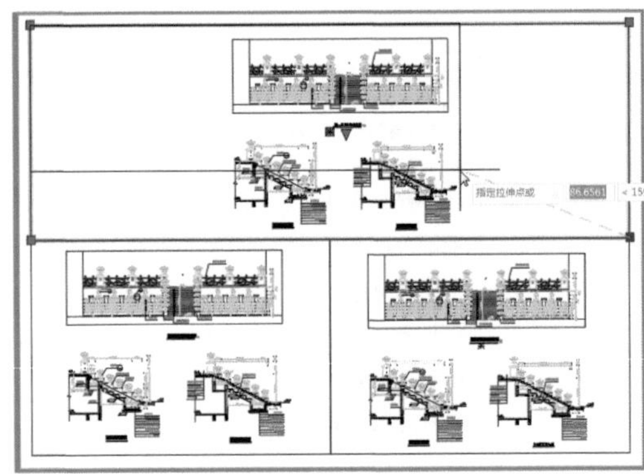

图 8-18　选中视口边框夹点

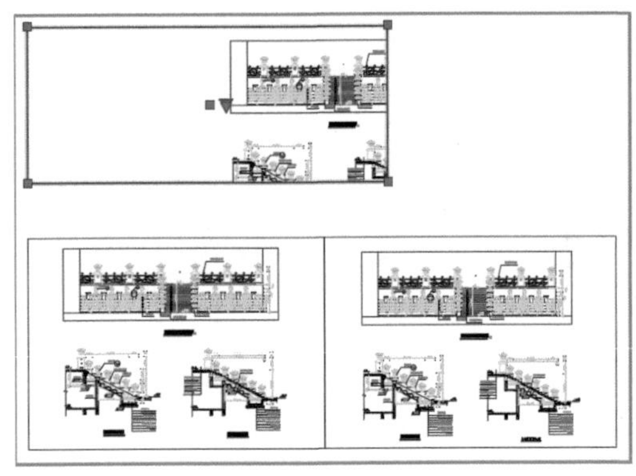

图 8-19　更改视口大小

2. 删除和复制布局视口

通过 Ctrl+C 和 Ctrl+V 组合键可以进行视口的复制粘贴；按 Delete 键即可删除视口；也可通过单击鼠标右键，在弹出的快捷菜单中进行相应操作。

3. 调整视口中的图形显示大小

在“布局”选项卡中可以调整图形显示大小。默认情况下，视口会显示出模型空间中所有的图形。双击视口即可将其激活，此时窗口边框变为加粗显示，滚动鼠标中键，可调整图形显示的大小，如图 8-20 所示。

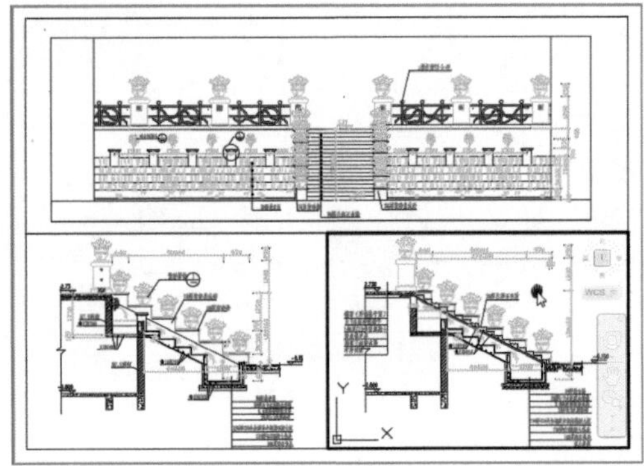

图 8-20　调整视图显示大小

知识点拨

激活视口后，用户除了可调整图形的大小外，还可以对图形进行修改，其操作与在模型空间中是相同的。图形修改完成后，其他视口中的图形会随之发生相应的改变。

实例：为园林图纸添加图框

下面为绘制完毕的园林图纸添加图框，以便于后期进行打印输出，操作步骤介绍如下：

Step 01 打开本书配套的素材文件，如图 8-21 所示。

Step 02 右键单击状态栏的“模型”按钮，在弹出的快捷菜单中选择“从样板”命令，如图 8-22 所示。

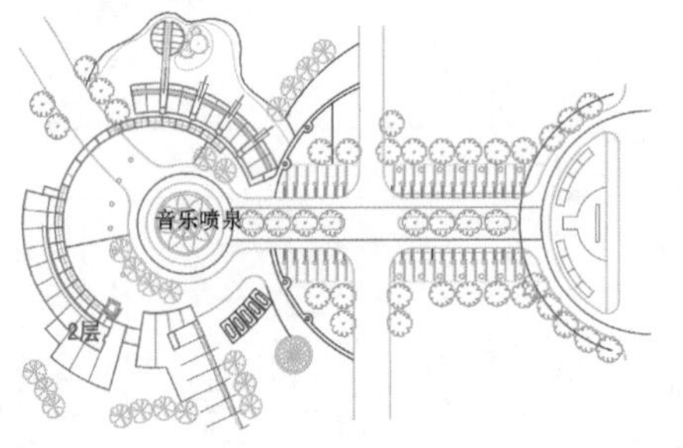

图 8-21　打开素材图形

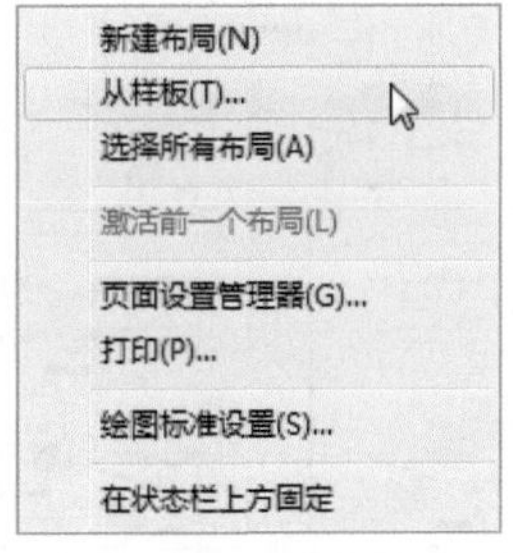

图 8-22　选择“从样板”命令

Step 03 在“从文件选择样板”对话框中选择合适的样板文件，如图 8-23 所示。

Step 04 在弹出的“插入布局”对话框中单击“确定”按钮，如图 8-24 所示。

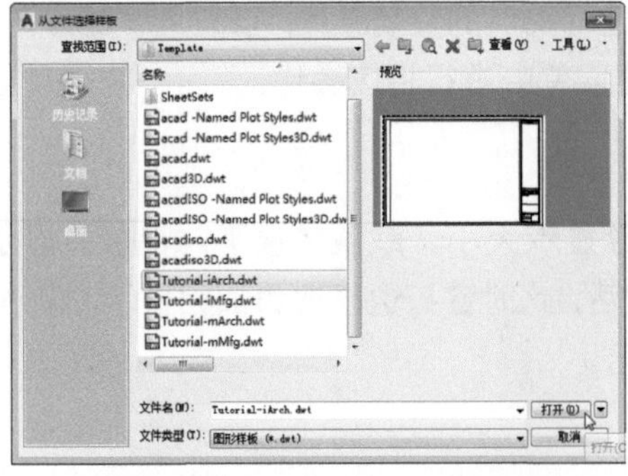

图 8-23　“从文件选择样板”对话框

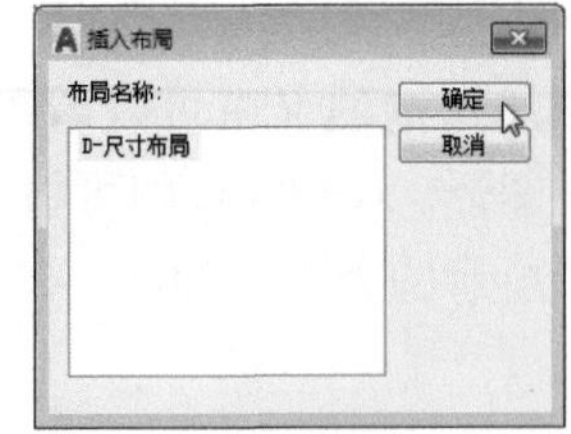

图 8-24　“插入布局”对话框

Step 05 此时在状态栏的“布局”标签中会新增名为“D-尺寸布局”的布局空间，单击该按钮，进入布局空间，删除蓝色的视图边框，如图 8-25 所示。

Step 06 在菜单栏中执行“视图”|“视口”|“一个视口”命令，在视图中指定对角点，如图 8-26 所示。

图 8-25 删除视图边框

图 8-26 指定视图对角点

Step 07 创建完毕后，可以看到布局空间中的图纸显示效果，如图 8-27 所示。

Step 08 在视图边框内部双击鼠标，边框线会以粗黑线显示，视图内的图形进入可编辑状态，如图 8-28 所示。

图 8-27 查看视口效果

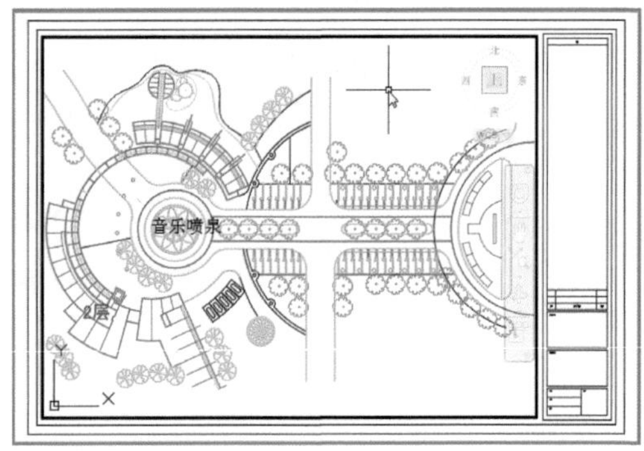

图 8-28 激活视口

Step 09 调整图纸的显示后，再在视图边框外双击鼠标，退出编辑模式，如图 8-29 所示。

Step 10 设置完毕后用户即可对图纸进行打印输出等操作。

图 8-29 调整图纸显示

8.4 打印图纸

图纸绘制好后，通常会将这些图纸打印成纸质文件，以便给各级部门审批查阅。图纸打印的关键点在于打印比例。图样是按 1 ∶ 1 的比例绘制的，输出图形时，需考虑选用多大幅面的图纸及图形的缩放比例，有时还要调整图形在图纸上的位置和方向。

8.4.1 设置打印参数

在打印之前通常需要对打印参数进行一些必要的设置，如图纸尺寸、打印方向、打印区域、打印比例等。用户可通过以下方式打开“打印”对话框，并从中进行参数设置，如图 8-30 所示。

- 在菜单栏中执行“文件”|“打印”命令。
- 在快速访问工具栏中单击“打印”按钮。
- 在“输出”选项卡的“打印”面板中单击“打印”按钮。
- 在命令行中输入 PLOT 命令并按 Enter 键。

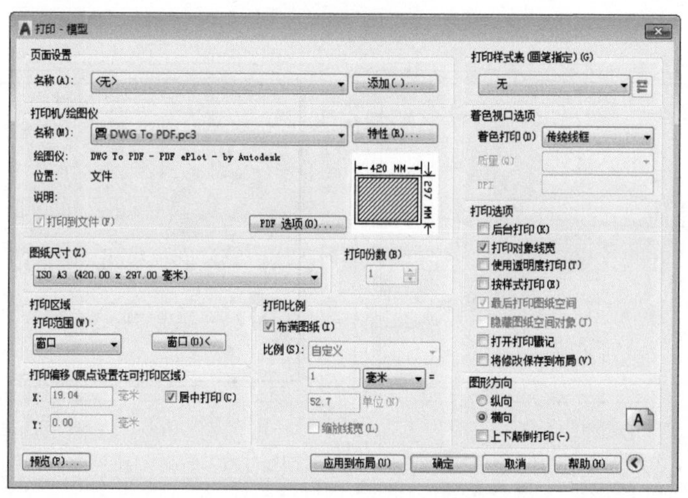

图 8-30 “打印”对话框

注意事项

在进行打印参数设定时，用户应根据与电脑连接的打印机类型来综合考虑打印参数的具体值，否则将无法实施打印操作。

8.4.2 打印预览

打印参数设置好后，可以预览整体的打印效果。通过打印效果查看是否符合要求，如果不符合要求再关闭预览进行更改，如果符合要求即可继续进行打印。用户可以通过以下方式调用打印预览命令：

- 执行“文件”|“打印预览”命令。
- 在“输出”选项卡中单击“预览”按钮。
- 在“打印”对话框中设置打印参数后，单击左下角的“预览”按钮。

执行以上操作后即可进入预览模式，如图 8-31 所示。如果确认无误，按 Esc 键取消预览模式，返回到“打印”对话框，单击“打印”按钮即可进行打印操作。

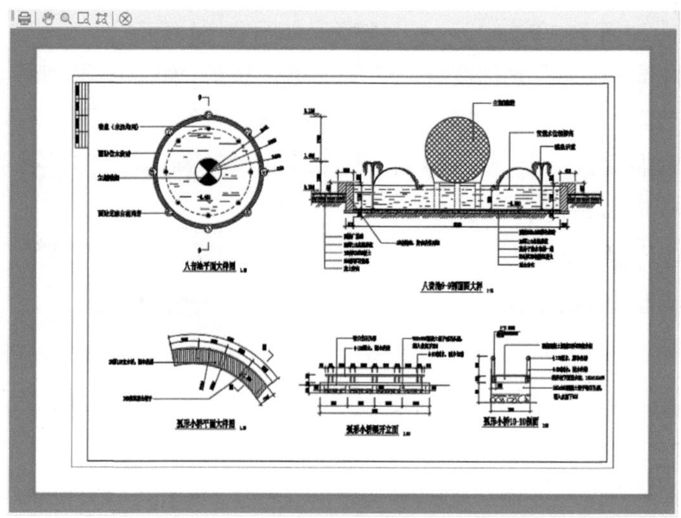

图 8-31　预览模式

知识点拨

打印预览是将图形在打印机上打印到图纸之前，在屏幕上显示打印输出图形后的效果，其主要包括图形线条的线宽、线型和填充图案等。预览后若需要进行修改，则先关闭该视图，进入设置页面再次进行修改。

8.4.3 添加打印样式

打印样式用于修改图形的外观。选择某个打印样式后，图形中的每个对象或图层都具有该打印样式的属性。下面将对其操作进行具体介绍。

Step 01 执行菜单栏中的“文件”|“打印”|“管理打印样式”命令，在资源管理器中，双击“添加打印样式表向导”图标，如图 8-32 所示。

Step 02 在“添加打印样式表”对话框中单击“下一步”按钮，如图 8-33 所示。

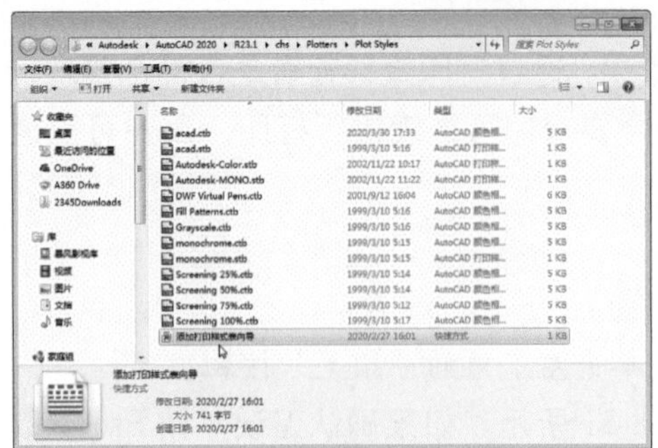

图 8-32　资源管理器列表

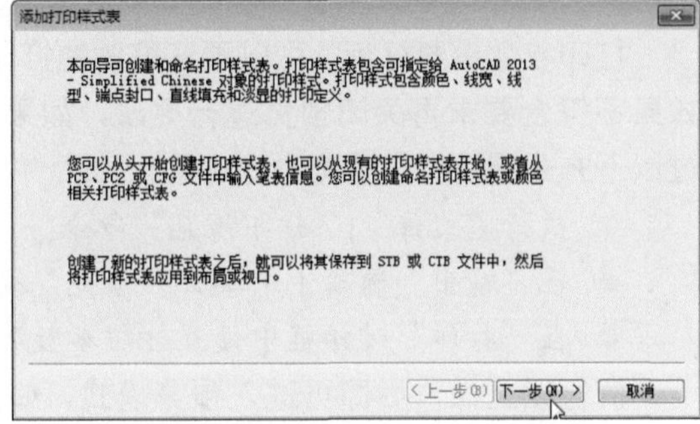

图 8-33　“添加打印样式表”对话框

Step 03 在“开始”对话框中单击“下一步”按钮，如图 8-34 所示。

Step 04 在“选择打印样式表”对话框中单击“下一步”按钮，如图 8-35 所示。

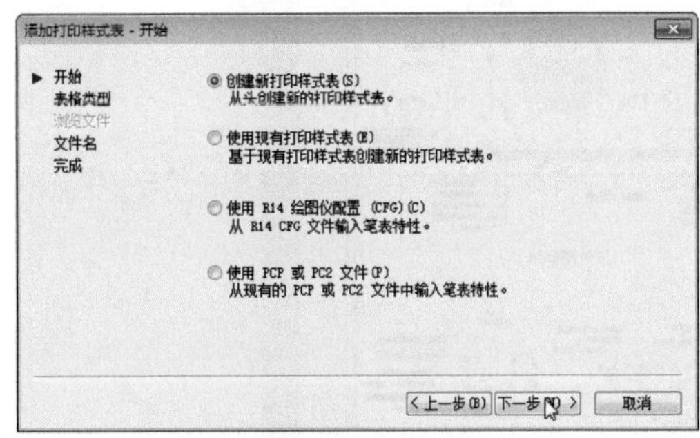

图 8-34　“开始”对话框

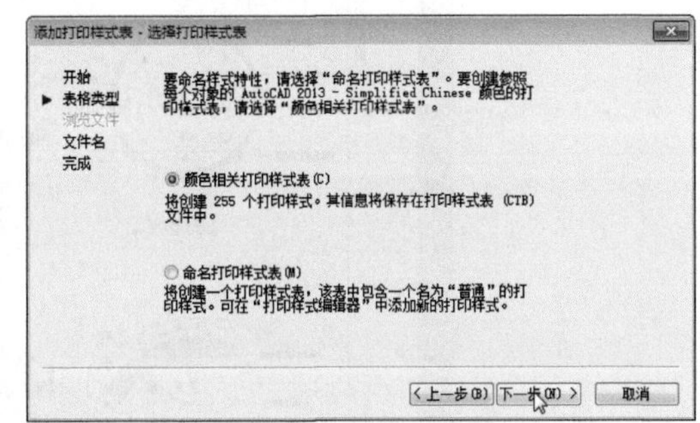

图 8-35　“选择打印样式表”对话框

Step 05 在“文件名”对话框中输入文件名，单击“下一步”按钮，如图 8-36 所示。

Step 06 在“完成”对话框中单击“完成”按钮，完成打印样式的设置，如图 8-37 所示。

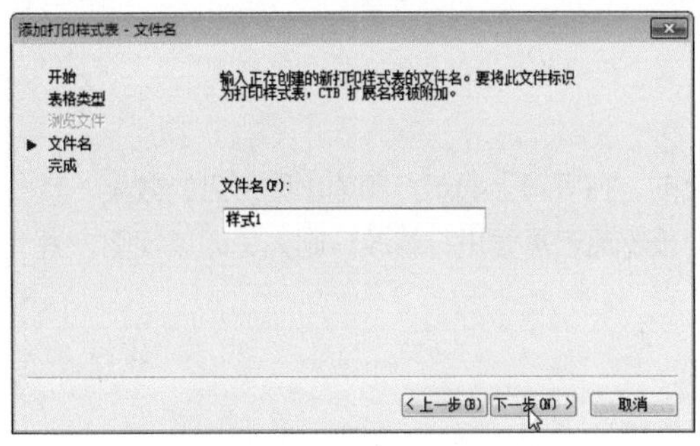

图 8-36　输入文件名

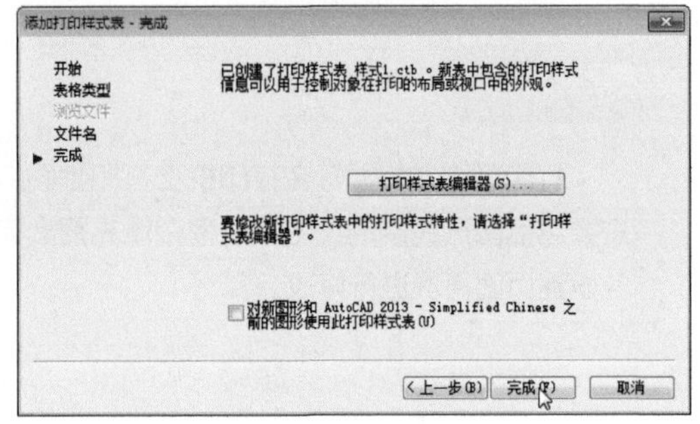

图 8-37　完成打印样式设置

知识点拨

在“打印-模型”对话框中，默认“打印样式”选项为隐藏。若要对其选项进行操作，只需单击“更多选项”按钮，则可在打开的扩展列表框中显示“打印样式表”选项内容。

若要对设置好的打印样式进行编辑修改，可执行“打印”命令，打开“打印 - 模型”对话框，在“打印样式表”下拉列表中选择要编辑的样式列表，如图 8-38 所示。然后会打开提示对话框，在此单击“是”按钮，再单击“打印样式表”右侧的“编辑”按钮，在打开的“打印样式表编辑器”对话框中根据需要进行相关修改即可，如图 8-39 所示。

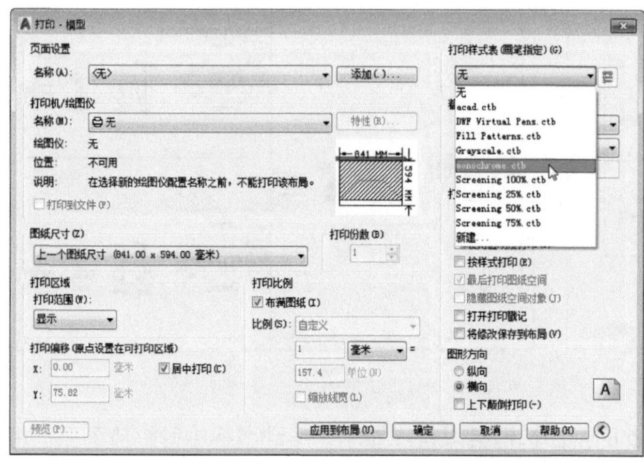

图 8-38　选择打印样式选项

图 8-39　修改打印样式

课堂实战　将围墙施工图输出为 PDF 格式

在学习了本章知识内容后，下面将通过案例练习来巩固所学知识。用户需要将围墙施工图纸输出为 PDF 格式的文件，以方便他人传阅。

Step 01 打开本书配套的素材文件。在状态栏左侧单击“布局 1”按钮，进入布局空间，如图 8-40 所示。

Step 02 在该空间中选中默认的视口，按 Delete 键将其删除，如图 8-41 所示。

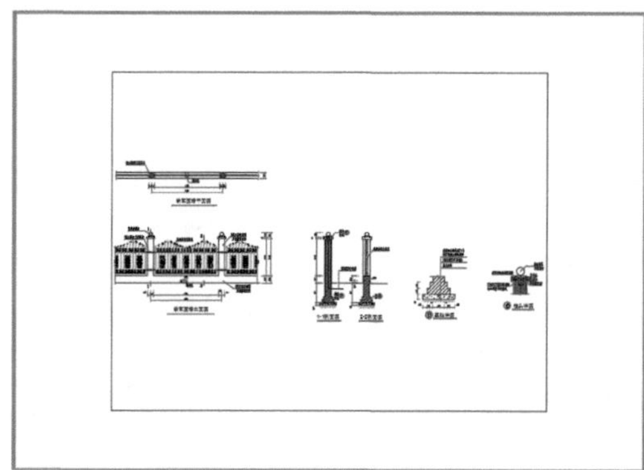
图 8-40　进入布局空间

图 8-41　删除默认视口

Step 03 在菜单栏中执行“视图”|“视口”|“新建视口”命令，在打开的“视口”对话框中选择“三个：左”视口样式，如图 8-42 所示。

Step 04 单击“确定”按钮，返回到布局空间，使用鼠标拖曳的方法绘制出三个视口，如图 8-43 所示。

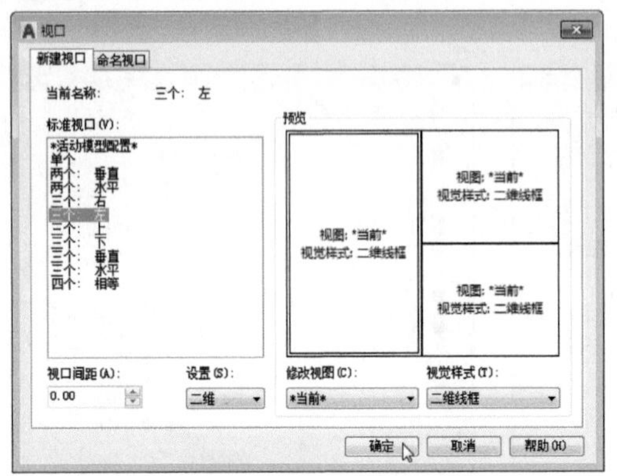

图 8-42 新建视口

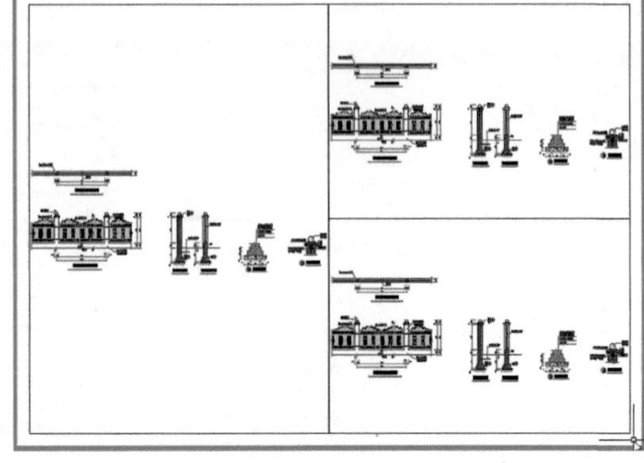

图 8-43 创建视口

Step 05 双击左侧单个视口进行激活，此时视口边框会以粗线显示，滚动鼠标中键缩放窗口。将围墙平面图和立面图完全显示在该视口中，如图 8-44 所示。

Step 06 按照同样的方法调整其他两个视口，如图 8-45 所示。

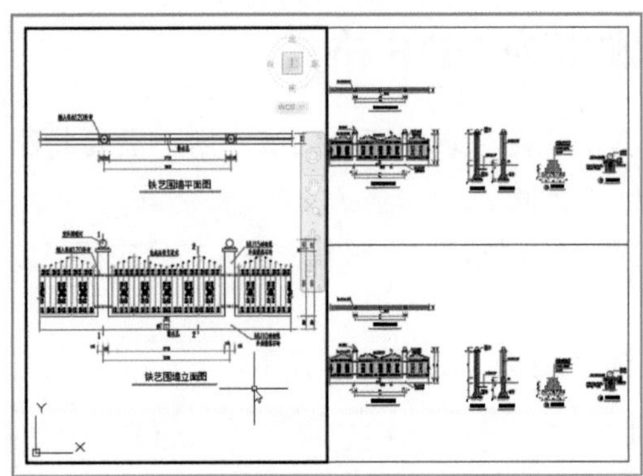

图 8-44 激活左侧视口并调整视图显示

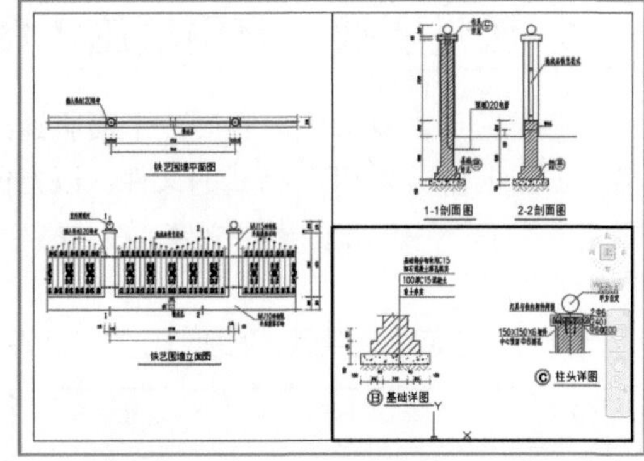

图 8-45 调整其他视口图形的显示

Step 07 执行“打印”命令，打开“打印 - 布局 1”对话框，将“打印机 / 绘图仪”名称设为 DWG To PDF.pc3，如图 8-46 所示。

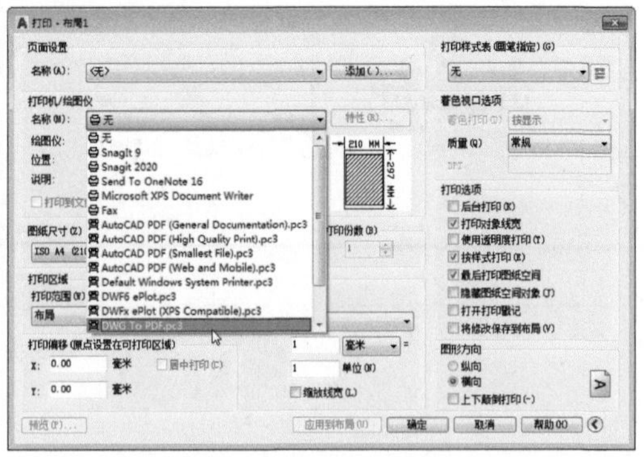

图 8-46 设置打印机名称

Step 08 在该对话框中设置好图纸尺寸，选中“布满图纸”及“居中打印”复选框，再设置图形方向为“纵向”，设置打印范围为“窗口”，如图 8-47 所示。

Step 09 在图纸中捕捉左侧单个视口范围，再返回到“打印”对话框，单击“预览”按钮，即可观察预览效果，如图 8-48 所示。

Step 10 按 Esc 键退出预览，返回到“打印 - 布局 1”对话框，单击“确定”按钮，在“浏览打印文件”对话框中设置保存的路径及文件名，单击“保存”按钮，如图 8-49 所示。

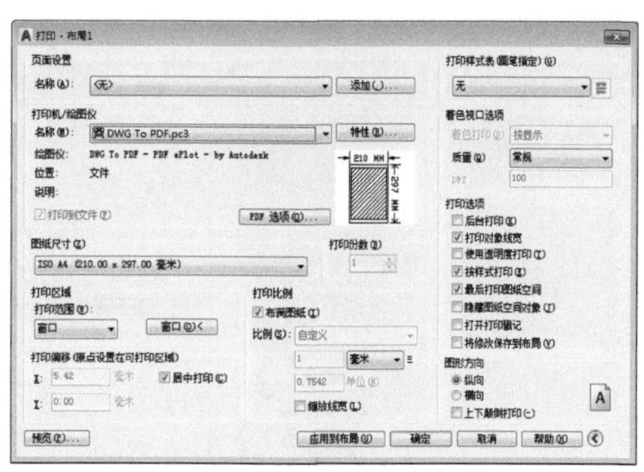

图 8-47　设置打印参数

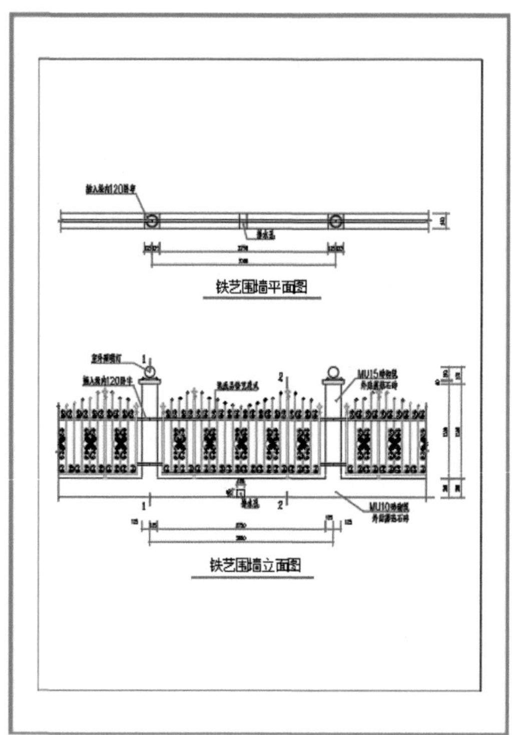

图 8-48　窗口预览效果

图 8-49　输出 PDF 格式文件

Step 11 稍等片刻，系统会使用 PDF 软件打开刚保存的图纸文件，效果如图 8-50 所示。按照同样的操作，将右侧两个视口图形进行输出保存操作，如图 8-51 所示。

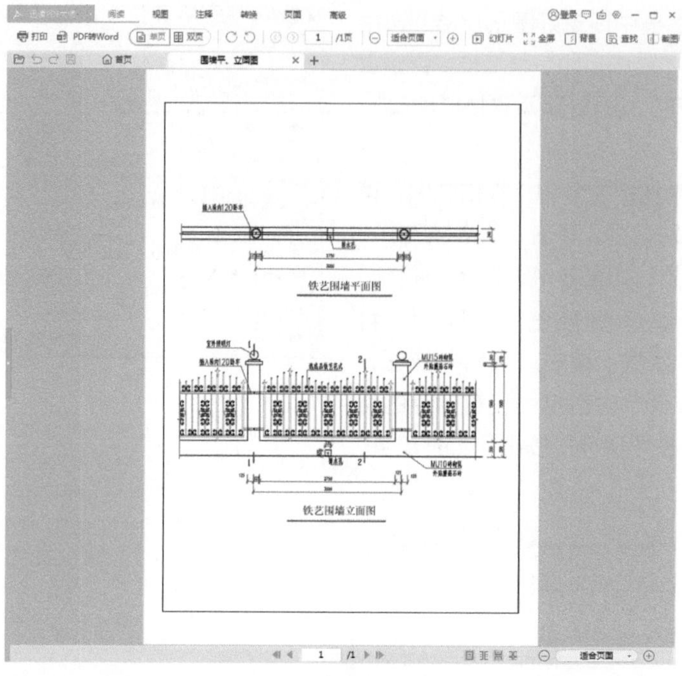

图 8-50　查看输出效果

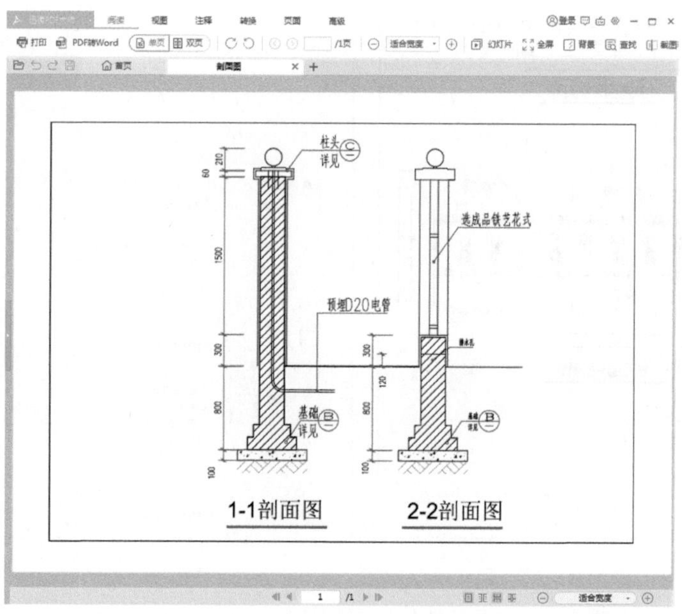

图 8-51　输出其他视口图形

课后作业

为了让用户能够更好地掌握本章所学的知识内容，下面安排了一些 ACAA 认证考试的参考试题，让用户可以对所学的知识进行巩固和练习。

一、填空题

1. OLE 是指 _______，用户可以将 _______ 链接或嵌入到 AutoCAD 图形中，或在 _______ 中链接或嵌入 AutoCAD 图形。

2. 默认情况下，打开布局空间后是不显示图形的，需要在其布局中 _______ 才可显示图形。

3. 如果当前空间为图纸空间，双击布局视口后，即可切换到 _______ 空间。

4. 在打印图形之前需要对打印参数进行设置，如 _______、_______、_______、_______ 等。

二、选择题

1. 如果需要对创建的视口进行合并，那么就必须（　　）。

A. 在模型空间中合并

B. 在布局空间中合并

C. 视口一样大小

D. 是模型空间视口并且共享长度相同的公共边

2. 在状态栏中单击左下角（　　）按钮，可切换至图纸空间。

A. 模型　　B. 图纸　　C. 布局　　D. 自定义

3. 当前布局中有 3 个视口，在其中一个视口中绘制了新图形并进行全图平移操作，那么其他视口将会（　　）。

A. 生成新图形，并同步平移

B. 生成新图形，但不会同步平移

C. 不会生成新图形，也不会同步平移

D. 不会生成新图形，但会同步平移

4. 在“布局”选项卡中，执行以下（　　）命令，可创建视口。

A. 视口布局　　B. 布局　　C. 创建视图　　D. 修改视图

三、操作题

1. 创建视口

本实例将利用“新建视口”命令，在图纸空间创建两个视口，并调整好视图显示状态，效果如图 8-52 所示。

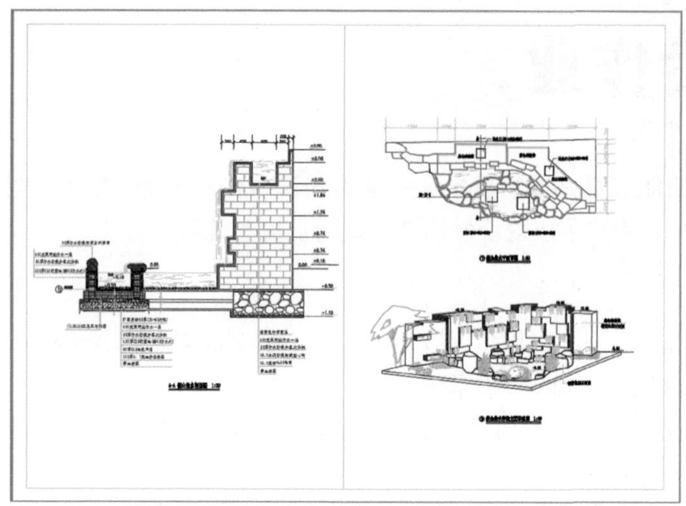

图 8-52　创建两个视口

操作提示：

Step 01 执行“新建视口”命令，在“视口”对话框中设置视口数量及布局。

Step 02 创建视口，并调整好每个视口的显示情况。

2. 将 AutoCAD 文件输出成 JPG 图片文件

本实例通过设置“打印”对话框中的相关参数，将园林小景图纸文件转换为 JPG 格式文件，效果如图 8-53 所示。

操作提示：

Step 01 在“打印”对话框中选择打印机参数为 PublishToWeb JPG.pc3 选项，并进行其他参数设置。

Step 02 设置好文件保存的位置即可。

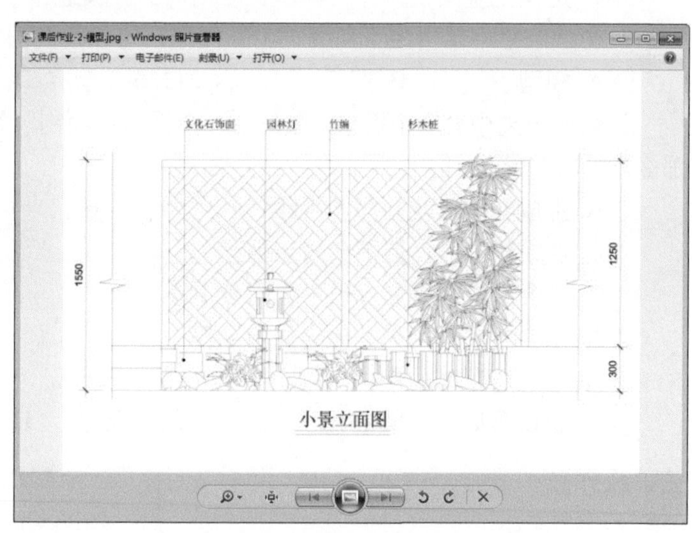

图 8-53　JPG 图片效果

第 9 章

绘制园林景观小品图形

内容导读

园林景观小品是园林环境中的一个组成部分，通常它们具有体型小、数量多、功能简单、造型别致等特性，在整个园林设计中起到了装饰点缀作用。本章将以 4 种常见的景观小品图为例，来向读者详细介绍景观设计图的绘制方法及技巧。

学习目标

- ▲ 绘制花坛平面、立面图形
- ▲ 绘制树池平面、立面图形
- ▲ 绘制宣传栏立面图形
- ▲ 绘制廊架平面、立面图形

9.1 绘制花坛小品设计图

在绿化带、城市广场、小公园里，花坛是很常见的，其造型风格各式各样，大多以欧式风格为主。下面将以欧式花坛小品为例，来介绍其平面、立面图的绘制方法。

9.1.1 绘制花坛平面图

花坛平面图相对于其他小品图要简单一些，比较适合初学者练习。下面将介绍具体的绘制方法。

Step 01 打开“图层特性管理器”选项板，单击“新建图层”按钮，创建新图层，如图 9-1 所示。

Step 02 将 P- 01 图层设为当前层。执行“圆”命令，绘制花钵平面，设置圆半径为 650mm，执行“偏移”命令，将圆依次向内偏移 50mm、75mm，如图 9-2 所示。

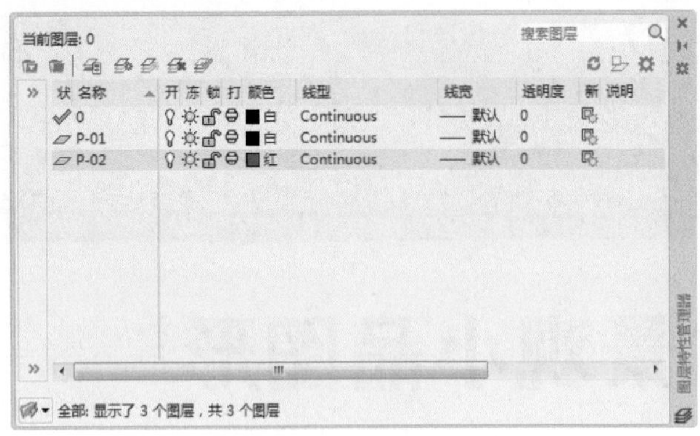

图 9-1　创建图层

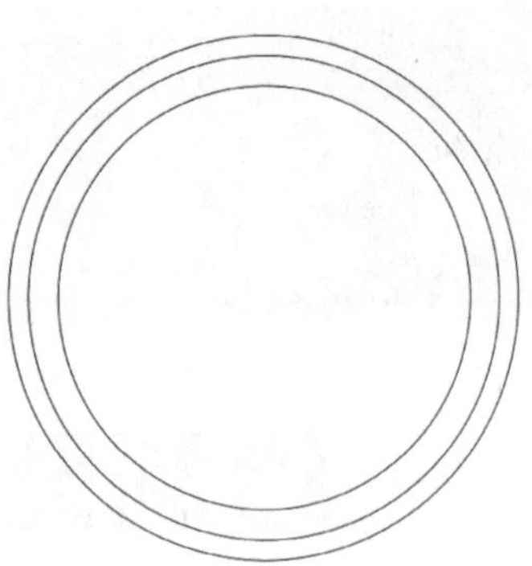

图 9-2　绘制并偏移圆

Step 03 执行“偏移”命令，将圆向内偏移 125mm。执行“特性”命令，打开“特性”选项板，设置颜色为红色，线型为HIDDEN，如图9-3所示。

Step 04 执行“直线”命令，以圆心为起点向下绘制长度为1250mm的直线。执行“偏移”命令，将直线向左偏移250mm，执行“直线”命令，连接直线，如图 9-4 所示。

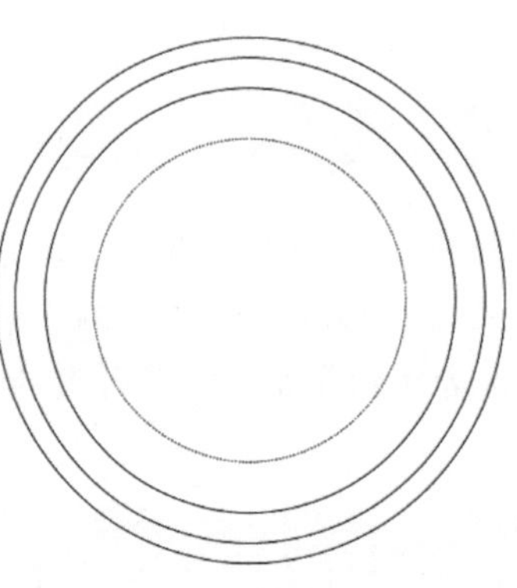

图 9-3　偏移并设置圆属性

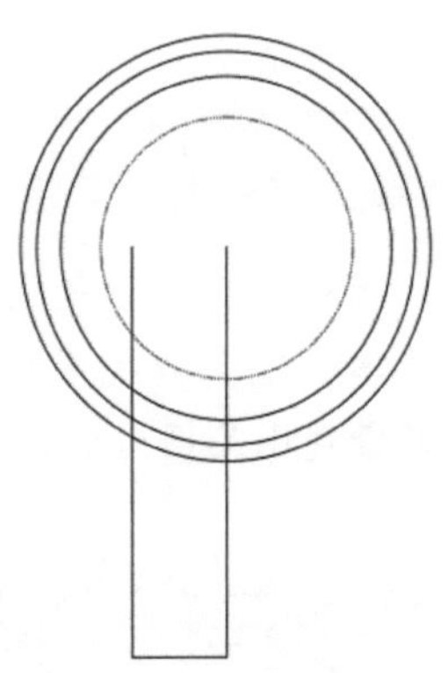

图 9-4　绘制并偏移直线

Step 05 执行“偏移”命令，将外圆向外偏移 350mm，执行“直线”命令，绘制连接直线，如图 9-5 所示。

Step 06 执行“修剪”命令修剪圆形，如图 9-6 所示。

Step 07 执行“图案填充”命令，设置填充图案为 AR-CONC，设置填充图案比例为 1，效果如图 9-7 所示。

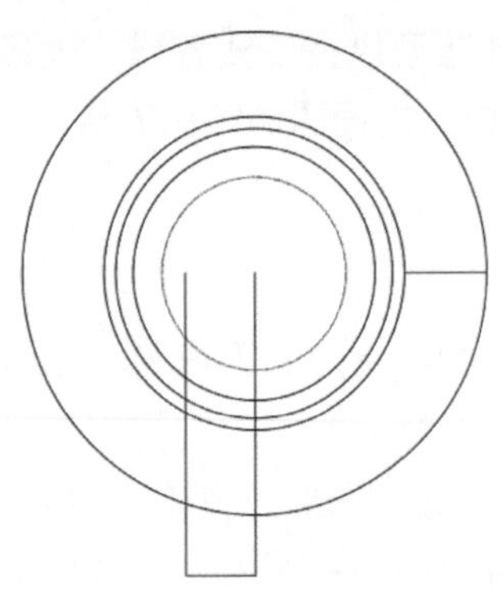

图 9-5　偏移圆形并绘制直线

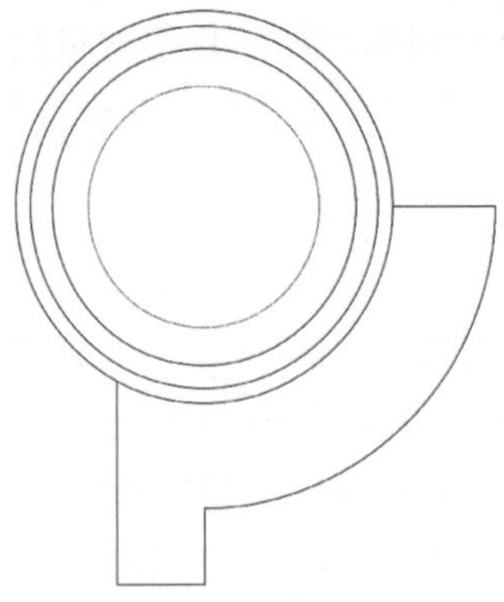

图 9-6　修剪后的图形

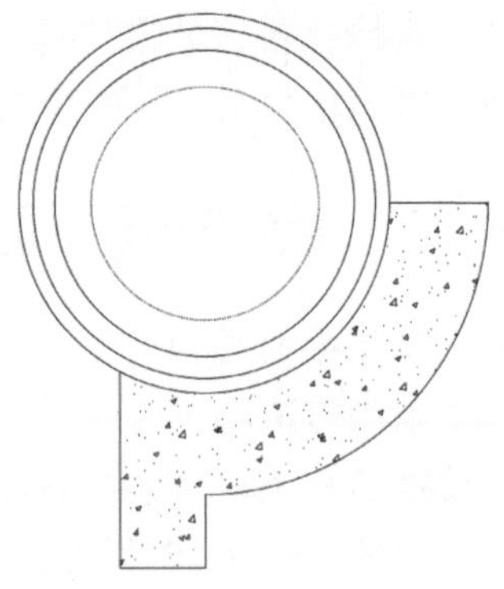

图 9-7　填充图形

Step 08 执行“直线”命令，以花钵中心为起点向右绘制长度为 8000mm 的直线，如图 9-8 所示。

Step 09 执行“镜像”命令，以直线中心点为镜像中心复制花钵，如图 9-9 所示。

图 9-8　绘制直线

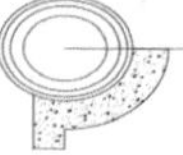

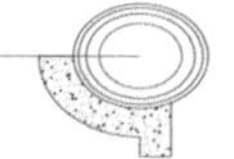

图 9-9　镜像复制花钵

Step 10 执行“圆弧”命令，选择“起点、端点、半径”选项，绘制半径为 6000mm 的圆弧，如图 9-10 所示。

Step 11 执行“偏移”命令，将圆弧向外偏移 400mm，执行“延伸”命令延伸圆弧，如图 9-11 所示。

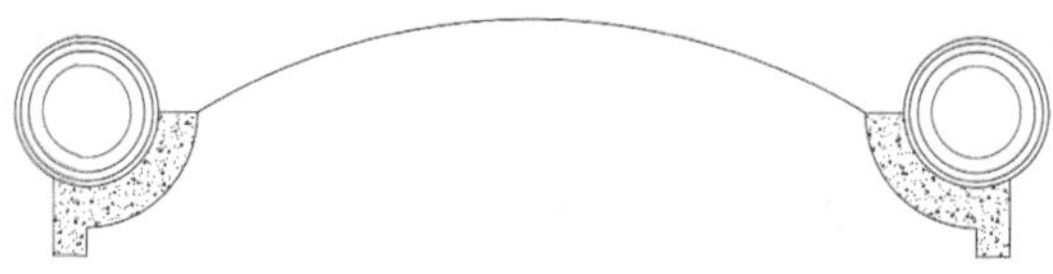

图 9-10　绘制圆弧

图 9-11　偏移圆弧

Step 12 执行“图案填充”命令，设置填充图案为 AR-CONC，设置填充图案比例为 1，效果如图 9-12 所示。

Step 13 插入植物图块至花钵中，如图 9-13 所示。

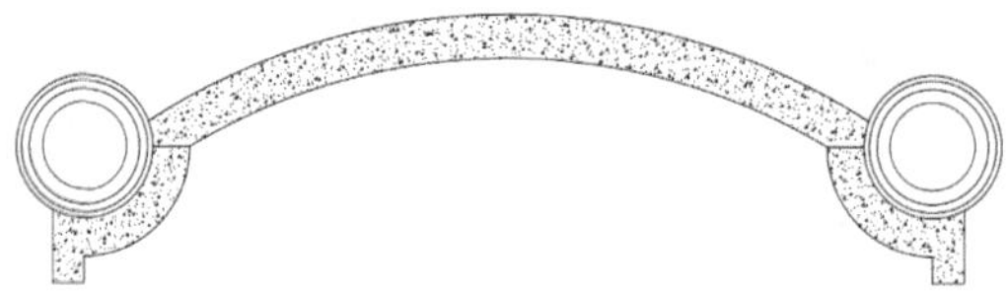

图 9-12　填充图案

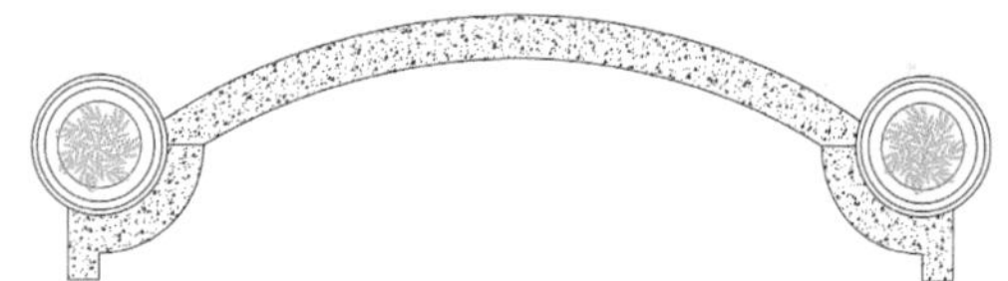

图 9-13　插入植物图块

Step 14 执行“样条曲线”命令，关闭“正交限制光标”功能，绘制假山平面，如图 9-14 所示。

Step 15 导入植物图块，根据需要复制并粘贴图块至合适位置，如图 9-15 所示。

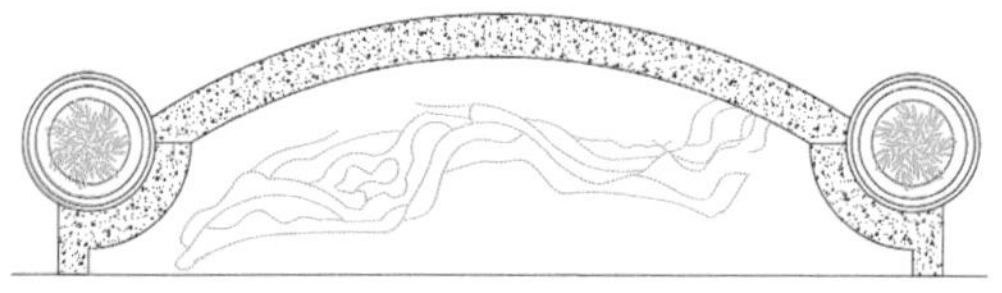

图 9-14　绘制曲线

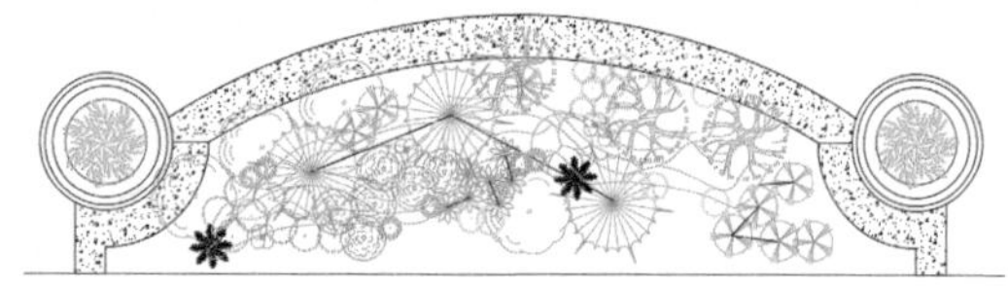

图 9-15　复制粘贴图块

Step 16 打开“标注样式管理器”对话框，新建样式 P-50，如图 9-16 所示。

Step 17 在弹出的对话框中打开“符号和箭头”选项卡，更改第一、第二个箭头为“建筑标记”，如图 9-17 所示。

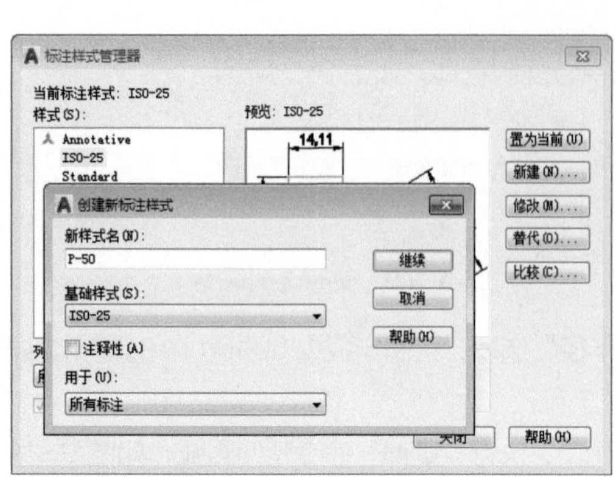

图 9-16　新建标注样式

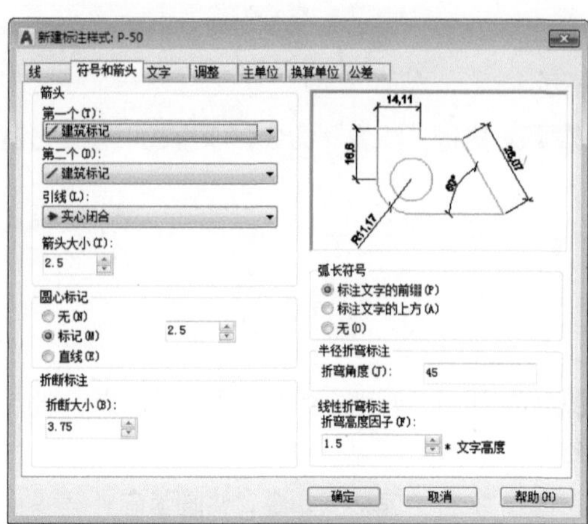

图 9-17　调整箭头

Step 18 切换到“文字”选项卡，所有参数值为默认值，切换到“主单位”选项卡，将其精度设为 0，如图 9-18 所示。

Step 19 切换到“调整”选项卡，将“使用全局比例”调整为 50，如图 9-19 所示。

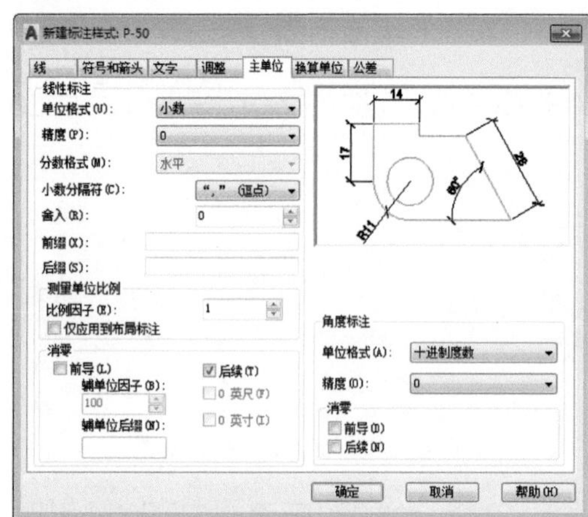

图 9-18　设置精度

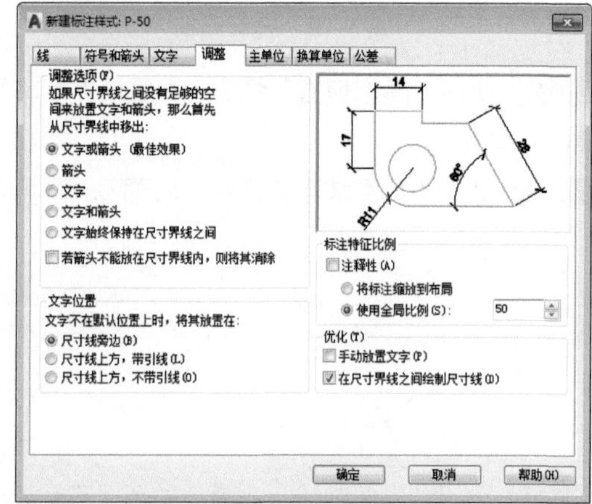

图 9-19　调整全局比例

Step 20 执行“线性标注”“快速标注”命令标注尺寸，如图 9-20 所示。

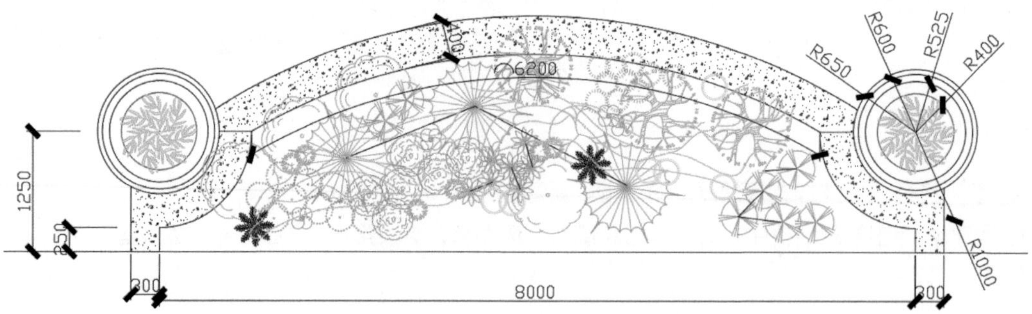

图 9-20　标注尺寸

Step 21 执行“多段线”命令绘制引线，执行“多行文字”命令，输入图例说明文字，如图 9-21 所示。

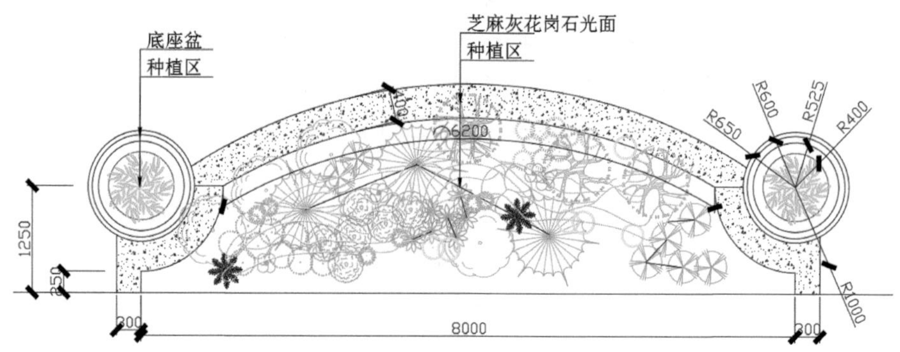

图 9-21　标注文字

Step 22 执行“圆”命令，绘制剖面符号，绘制半径为 260mm 的圆，执行“偏移”命令，将圆向内偏移 20mm，如图 9-22 所示。

Step 23 执行“直线”命令，绘制长度为 2000mm 的直线，如图 9-23 所示。

Step 24 执行“多段线”命令，设置线宽为 30mm，绘制长度为 1500mm 的直线，如图 9-24 所示。

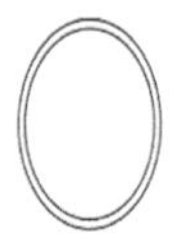

图 9-22　绘制圆形

图 9-23　绘制直线

图 9-24　绘制多段线

Step 25 执行“多行文字”命令，标注剖切符号名称，如图 9-25 所示。

Step 26 执行“移动”命令，将图例说明移动到相应位置，如图 9-26 所示。

图 9-25　标注文字

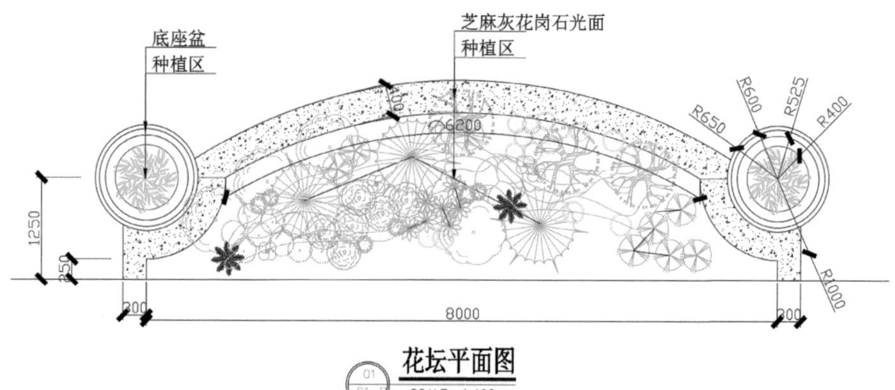

图 9-26　花坛平面图

9.1.2 绘制花坛立面图

立面图能反映出地形设计、水池山石的位置等。本案例花坛立面图分三部分：花钵立面、花台立面、植物立面。下面将对花坛立面图进行绘制操作。

Step 01 执行“直线”命令，根据平面尺寸图绘制 650mm×800mm 的长方形，如图 9-27 所示。

Step 02 执行“偏移”命令，分别将直线向下偏移 220mm，两边直线向两侧偏移 50mm，执行“倒角”命令，修剪直角，如图 9-28 所示。

Step 03 执行“偏移”命令，将直线依次向上偏移 20mm、30mm、20mm、50mm，将右侧直线依次向右偏移 20mm、25mm、30mm，如图 9-29 所示。

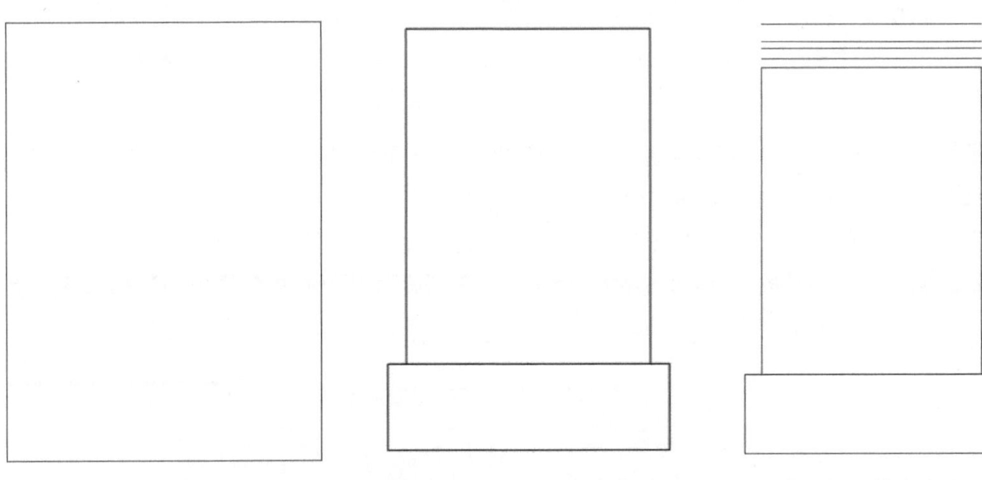

图 9-27 绘制长方形　　图 9-28 偏移、修剪直线　　图 9-29 偏移直线

Step 04 执行“圆角”命令，设置圆角半径为 0，修剪圆角，如图 9-30 所示。

Step 05 执行“圆弧”命令，分别绘制圆弧角线，删除多余直线，如图 9-31 所示。

Step 06 执行“镜像”命令，选择右侧叠级造型，进行镜像复制，如图 9-32 所示。

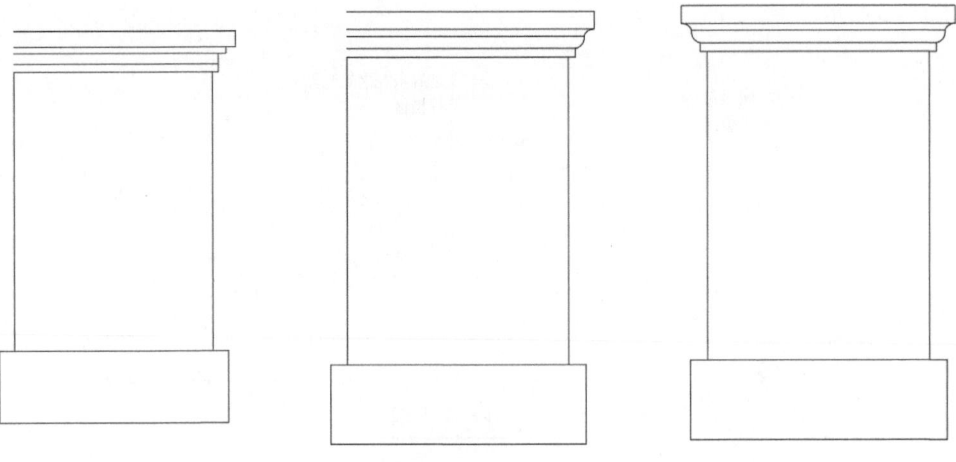

图 9-30 修剪圆角　　图 9-31 绘制圆弧　　图 9-32 镜像复制

Step 07 执行“直线”命令，绘制 275mm×50mm 的长方形，如图 9-33 所示。

Step 08 执行“偏移”命令，分别将直线向上偏移 110mm、20mm、20mm，向右偏移 150mm、10mm，如图 9-34 所示。

Step 09 执行“修剪”命令，修剪多余直线，如图 9-35 所示。

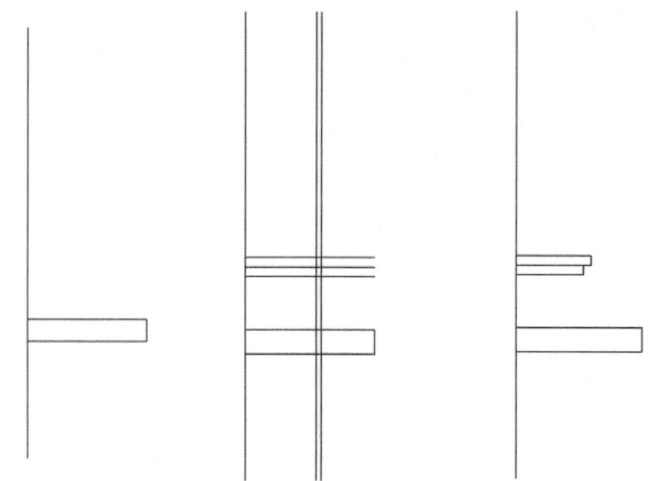

图 9-33 绘制长方形 图 9-34 偏移直线 图 9-35 修剪直线

Step 10 继续执行“偏移”“修剪”命令，绘制图形，如图 9-36 所示。

Step 11 执行“圆角”命令，分别设置圆角半径，绘制圆角，如图 9-37 所示。

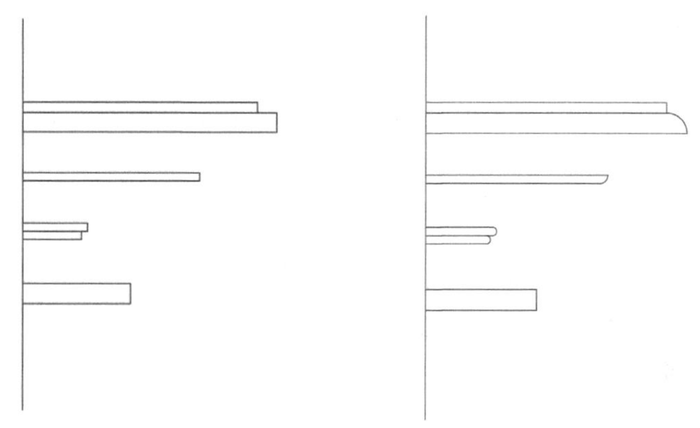

图 9-36 修剪直线 图 9-37 修剪圆角

Step 12 执行“圆弧”|“三点”命令，绘制圆弧，如图 9-38 所示。

Step 13 执行“镜像”命令，以中线为镜像轴，镜像复制图形，如图 9-39 所示。

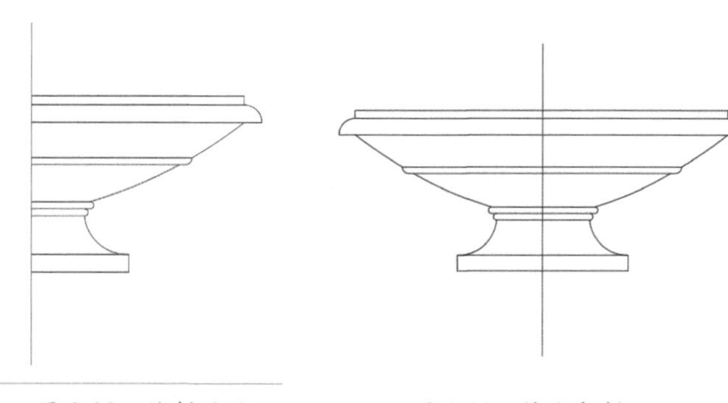

图 9-38 绘制圆弧 图 9-39 镜像复制

Step 14 执行“移动”命令，指定中心点，将花钵移动至相应位置，如图 9-40 所示。

Step 15 插入植物立面图块至花坛中，如图 9-41 所示。

Step 16 执行“复制”命令，以花钵中心为基点，向右 8000mm 处复制花钵，如图 9-42 所示。

Step 17 执行“直线”命令连接花坛，执行“偏移”命令，依次向上偏移 150mm、200mm，50mm。执行“延伸”命令延伸直线，如图 9-43 所示。

图 9-40 移动花钵图形

图 9-41 插入植物图块

图 9-42 复制花钵

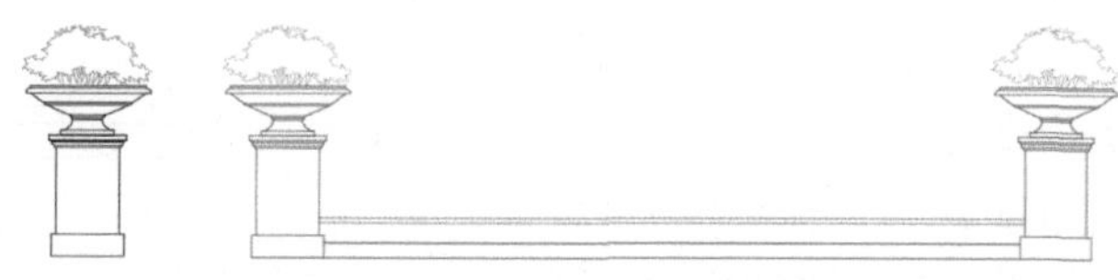

图 9-43 连接直线

Step 18 执行“偏移”命令依次偏移直线；执行“修剪”命令修剪直线，如图 9-44 所示。

Step 19 执行“镜像”命令镜像复制花坛，如图 9-45 所示。

图 9-44 偏移直线

图 9-45 镜像复制

Step 20 执行“图案填充”命令填充图案，设置填充图案为 AR-CONC，设置填充图案比例为 1，如图 9-46 所示。

Step 21 插入植物立面图块。执行“修剪”命令修剪图形，如图 9-47 所示。

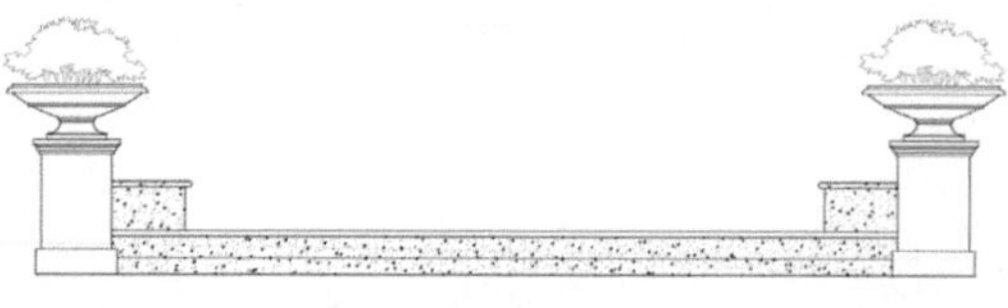

图 9-46 填充图案

图 9-47 导入植物

Step 22 执行“线性标注”“快速标注”命令标注立面尺寸，如图 9-48 所示。

Step 23 执行“引线”和“多行文字”命令标注材料名称，如图 9-49 所示。

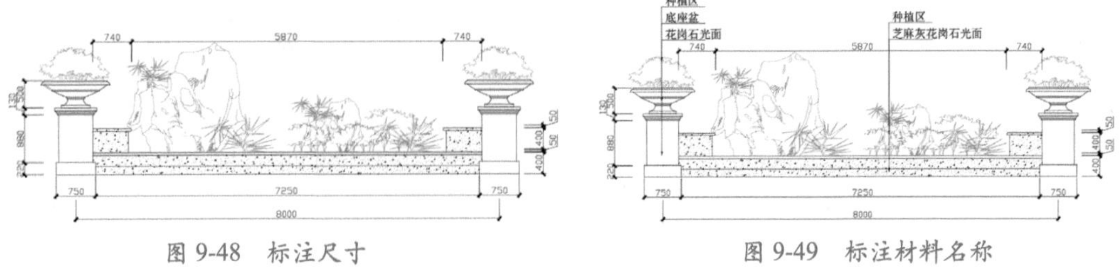

图 9-48　标注尺寸　　　　图 9-49　标注材料名称

Step 24 执行“圆”“多段线”“多行文字”命令绘制图例说明，花坛立面图如图 9-50 所示。

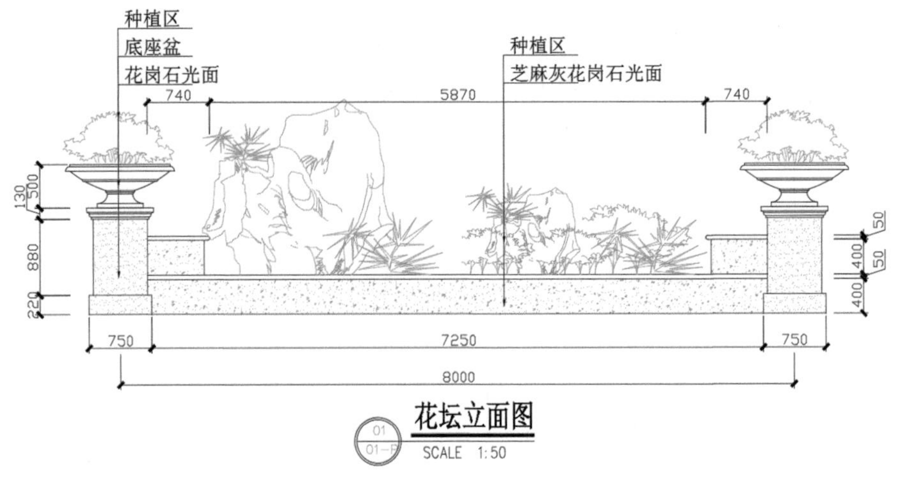

图 9-50　花坛立面图

9.2 绘制宣传栏设计图

在户外，宣传栏也是随处可见的景观小品，它主要用于自我宣传及展示。下面将以简约风格的宣传栏为例，来介绍其设计图的绘制方法。

9.2.1 绘制宣传栏正立面图

本小节将利用直线、矩形、多段线、偏移、修剪、图案填充等命令来绘制宣传栏立面图形，具体操作步骤如下：

Step 01 执行“矩形”命令，绘制 2600mm × 1400mm 的矩形。执行“偏移”命令，将矩形向内偏移 80mm，如图 9-51 所示。

Step 02 再次执行“矩形”命令，绘制 500mm × 30mm 的矩形作为节能灯，并进行复制操作，再将其移动到合适的位置，效果如图 9-52 所示。

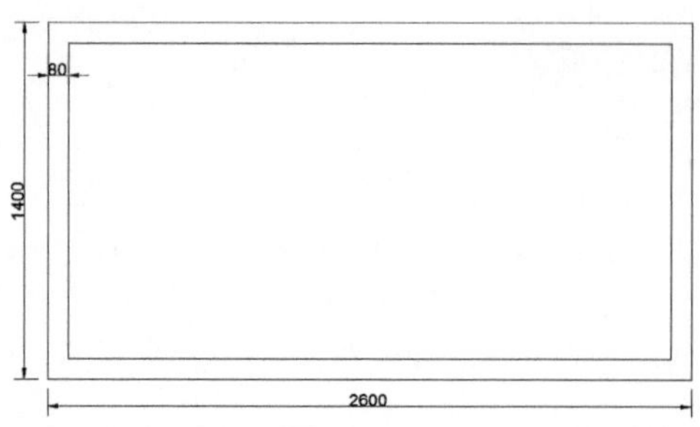

图 9-51 绘制并偏移矩形

图 9-52 绘制并复制矩形

Step 03 继续执行“矩形”命令，分别绘制 200mm×2100mm 和两个 5mm×600mm 的矩形作为柱子造型，并将其移动到合适的位置，如图 9-53 所示。

Step 04 执行“镜像”命令，将柱子图形镜像到另一侧，如图 9-54 所示。

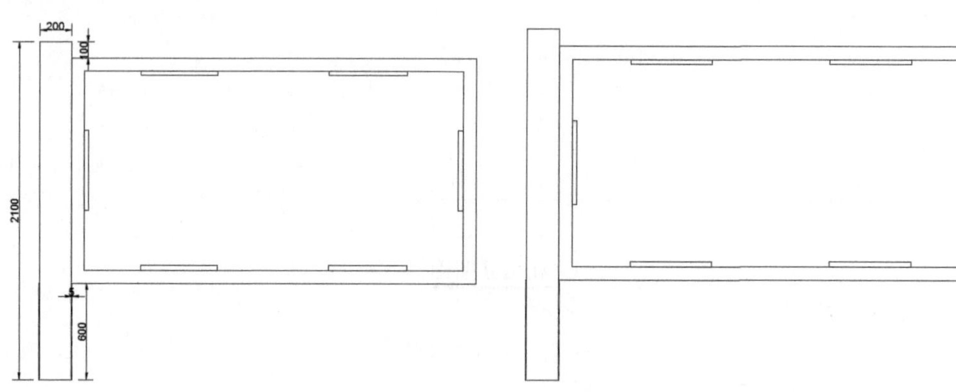

图 9-53 绘制矩形柱子

图 9-54 镜像复制图形

Step 05 执行“矩形”“复制”命令，绘制 32mm×100mm 的矩形并进行复制，如图 9-55 所示。

Step 06 执行“矩形”“偏移”命令，绘制 3645mm×149mm 的矩形并向内偏移 45mm，移动到图形上方合适位置作为宣传栏雨挡，如图 9-56 所示。

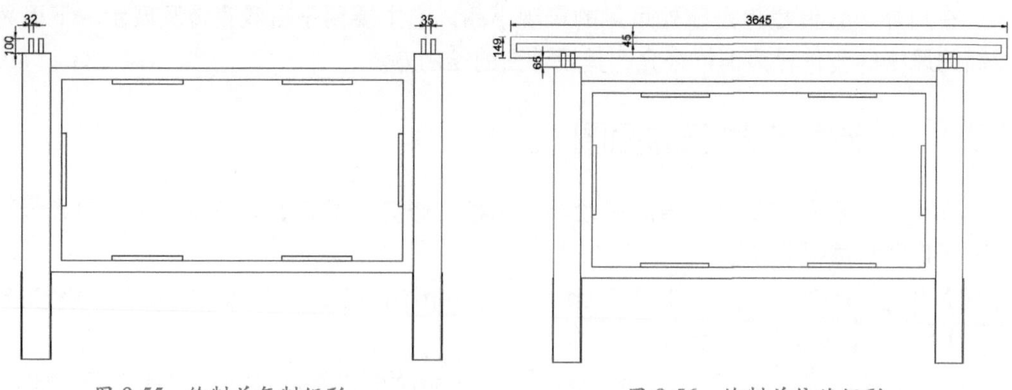

图 9-55 绘制并复制矩形

图 9-56 绘制并偏移矩形

Step 07 执行“修剪”命令修剪被覆盖的区域，如图 9-57 所示。

Step 08 将内部矩形进行分解。执行“偏移”命令，按照如图 9-58 所示的尺寸进行偏移操作。

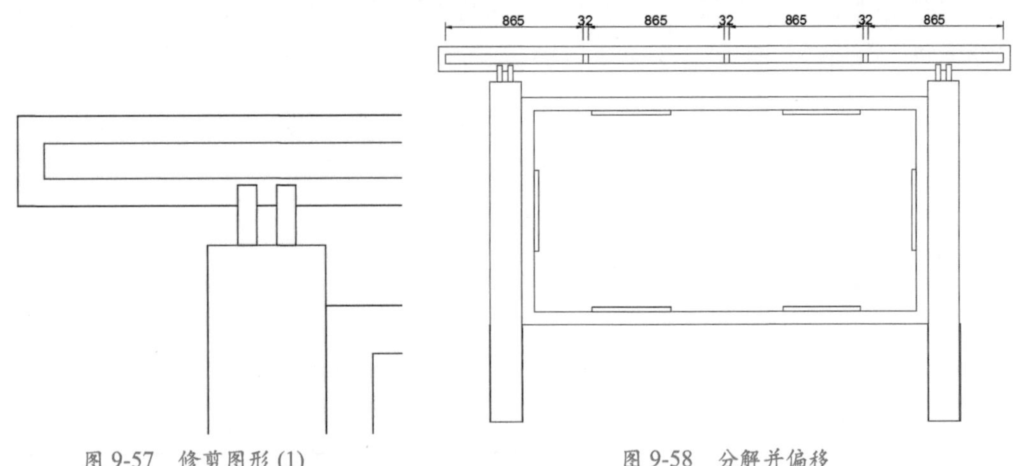

图 9-57　修剪图形 (1)　　　　图 9-58　分解并偏移

Step 09 执行“直线”命令，绘制装饰线，如图 9-59 所示。

Step 10 执行“多段线”命令，绘制一条长为 4400mm，宽度为 10mm 的多段线，如图 9-60 所示。

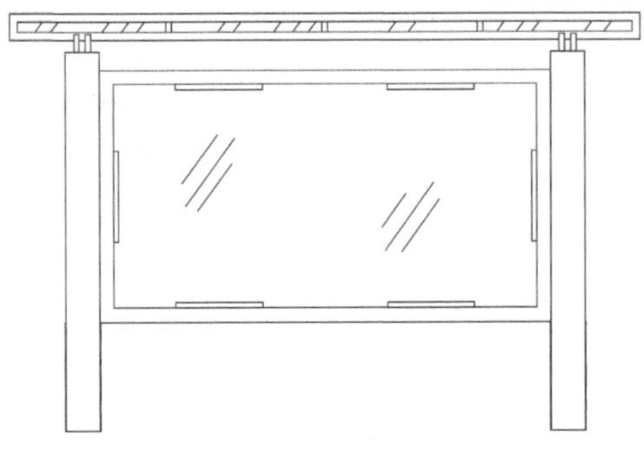

图 9-59　绘制装饰线

图 9-60　绘制多段线

Step 11 执行“样条曲线”命令，绘制样条曲线作为植物轮廓，并对图形进行复制，如图 9-61 所示。

Step 12 执行“修剪”命令修剪图形，如图 9-62 所示。

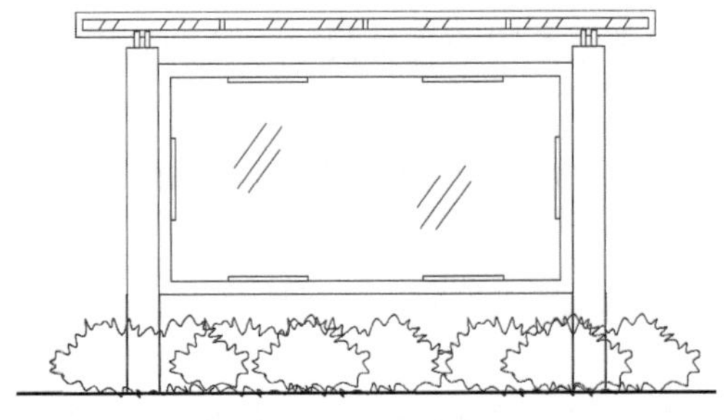

图 9-61　绘制植物轮廓并复制

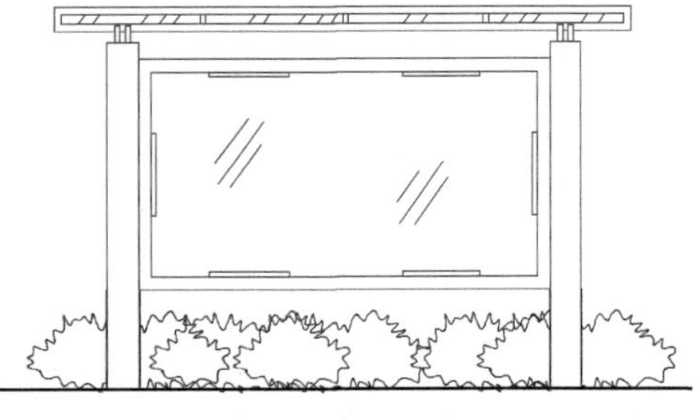

图 9-62　修剪图形（2）

Step 13 执行“标注样式”命令，打开“标注样式管理器”对话框，单击“修改”按钮，打开“修改标注样式”对话框，将“文字”选项卡的“文字高度”设为 50；将“符号和箭头”选项卡的

箭头样式设为默认，其大小为 30；将“主单位”选项卡的“精度”设为 0；将“线”选项卡的“超出尺寸线”设为 30，“起点偏移量”设为 50，设置效果如图 9-63 所示。

Step 14 执行“线性”“连续”标注命令，为立面图添加尺寸标注，如图 9-64 所示。

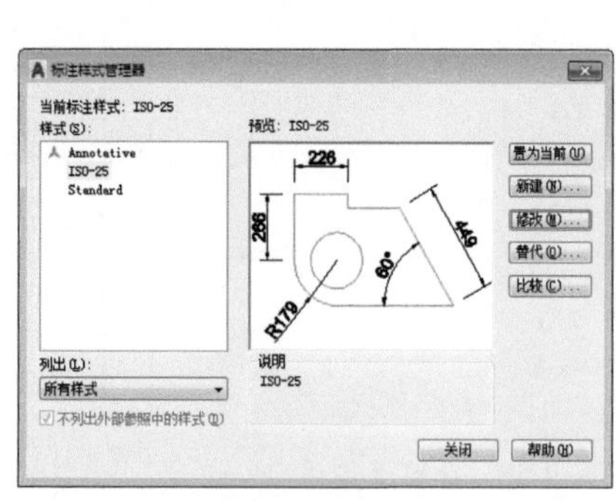

图 9-63　设置标注样式预览效果图

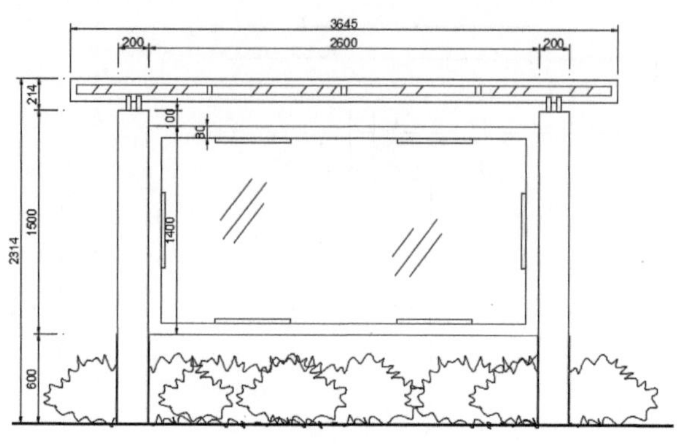

图 9-64　添加尺寸标注

Step 15 在命令行中输入 QL 快捷命令，为立面图添加快速引线并调整图形颜色。至此，宣传栏正立面图绘制完成，最终效果如图 9-65 所示。

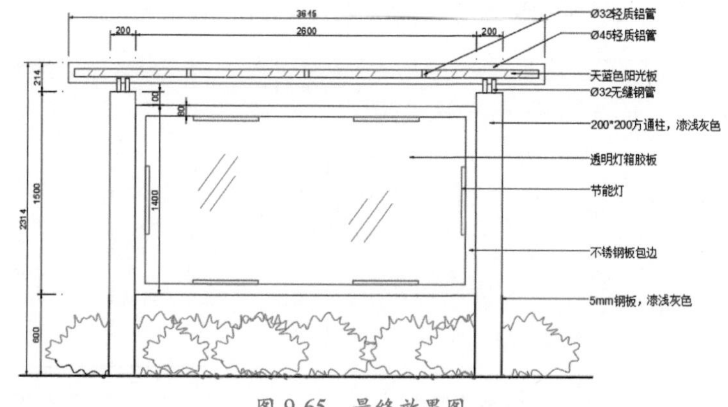

图 9-65　最终效果图

9.2.2　绘制宣传栏侧立面图

以上绘制的是宣传栏正立面图，下面将根据正立面图的相关尺寸来绘制侧立面造型，具体操作步骤如下：

Step 01 执行“矩形”命令，分别绘制 200mm × 1500mm 及 400mm × 600mm 的矩形，再将矩形对齐，如图 9-66 所示。

Step 02 执行“多段线”命令，绘制一条由直线段和弧线段组成的多段线，如图 9-67 所示。

Step 03 执行“修剪”命令修剪图形，如图 9-68 所示。

Step 04 执行“矩形”命令，绘制 32mm × 100mm 的矩形并放置到图形顶部，如图 9-69 所示。

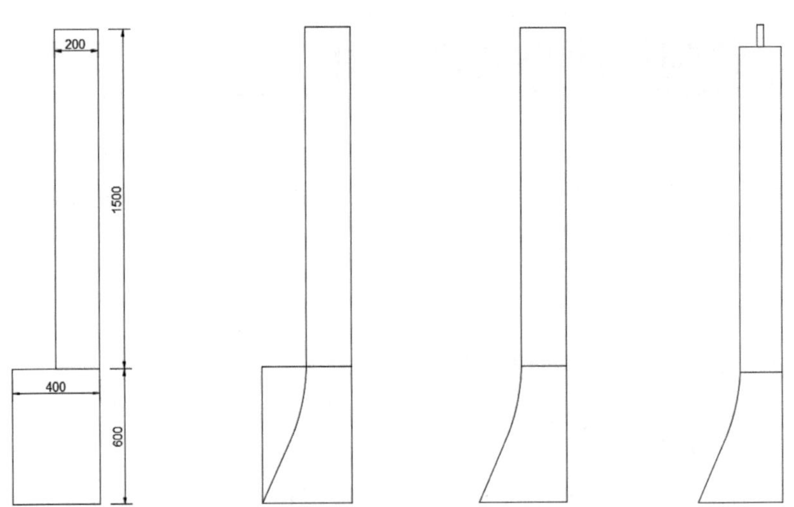

图 9-66　绘制矩形（1）　图 9-67　绘制多段线　图 9-68　修剪图形　图 9-69　绘制矩形（2）

Step 05 执行“矩形”命令，绘制 1200mm × 45mm 的矩形。再执行“旋转”命令，将矩形逆时针旋转 5° 并移动到图形顶部位置，如图 9-70 所示。

Step 06 执行“多段线”命令，绘制一条长为 2000mm、宽为 10mm 的多段线，并放置到图形底部，如图 9-71 所示。

Step 07 为立面图插入人物图块，并将其移动到合适的位置，如图 9-72 所示。

Step 08 为立面图添加尺寸标注和引线标注，即可完成侧立面图的绘制，最终效果如图 9-73 所示。

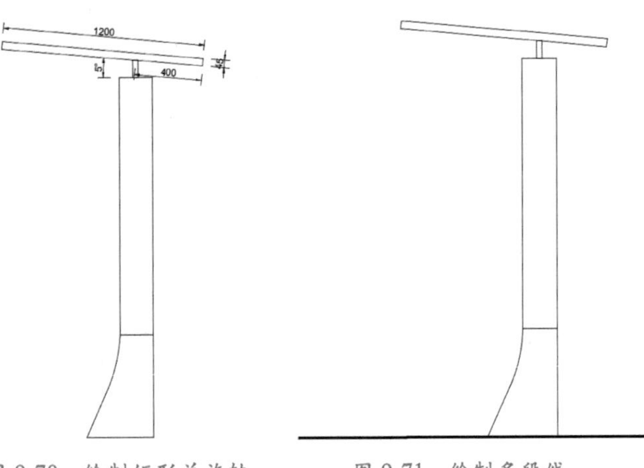

图 9-70　绘制矩形并旋转　　图 9-71　绘制多段线

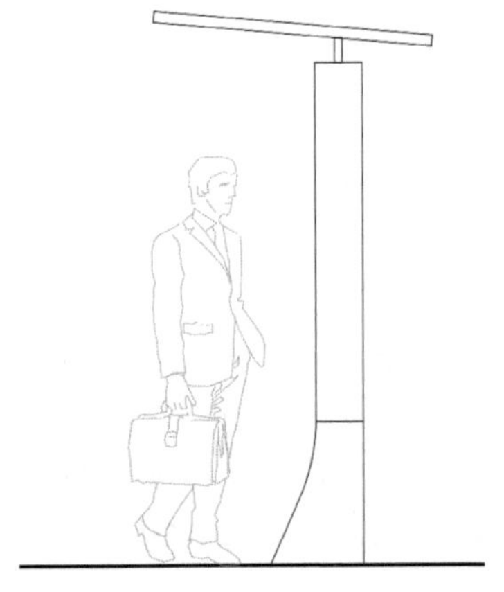

图 9-72　插入人物图块

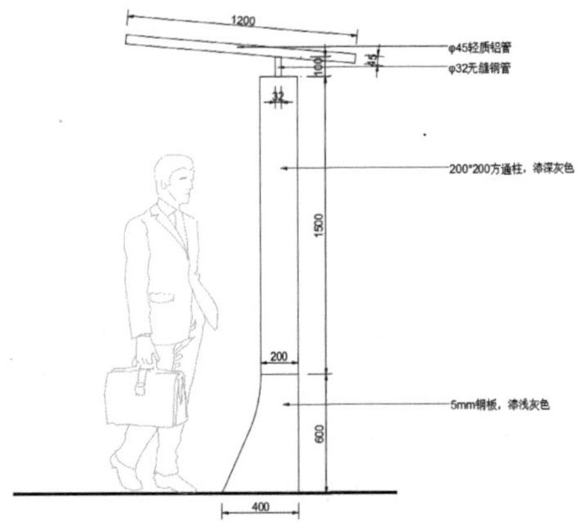

图 9-73　宣传栏侧立面图效果

9.3 绘制树池小品设计图

树池应用历史悠久，作为园林小品的一种，在美化观赏、引导视线、组织交通、围合分割空间、构成空间序列、发挥防护功能以及提供休息场所等方面起着重要作用。下面将介绍树池平面、立面图的绘制方法。

9.3.1 绘制树池平面图

下面绘制竹影镜面树池平面图，绘制步骤介绍如下：

Step 01 执行“矩形”命令，绘制一个 2900mm×2900mm 的矩形。执行“分解”命令，将矩形进行分解，如图 9-74 所示。

Step 02 执行“偏移”命令，将矩形四条边线分别向内偏移 430mm，如图 9-75 所示。

图 9-74 绘制并分解矩形

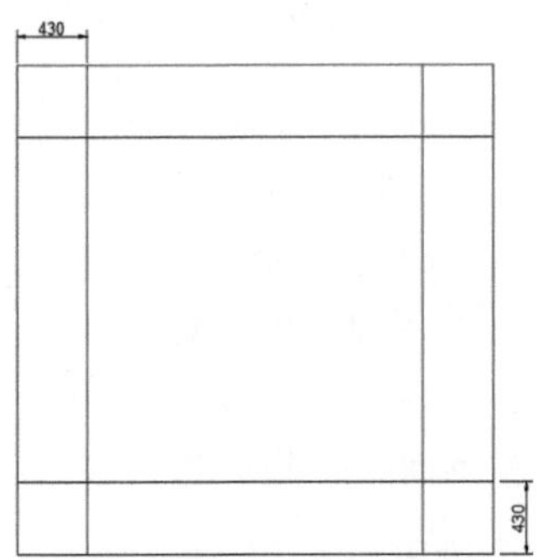

图 9-75 偏移矩形

Step 03 再次执行“偏移”命令，将矩形边线再次向内偏移 50mm，如图 9-76 所示。

Step 04 执行“修剪”命令，对偏移后的图形进行修剪，如图 9-77 所示。

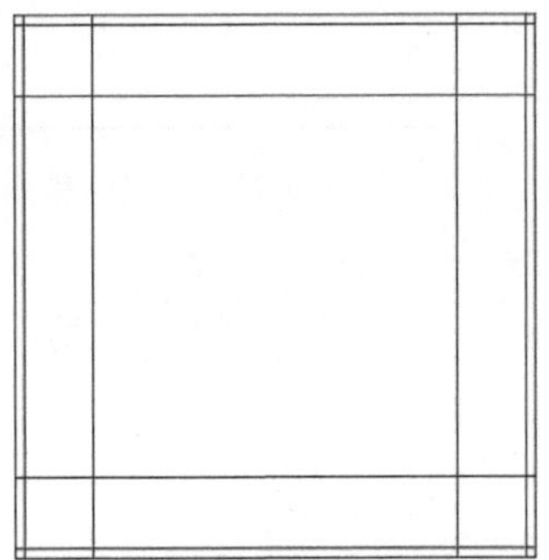

图 9-76 再次偏移矩形

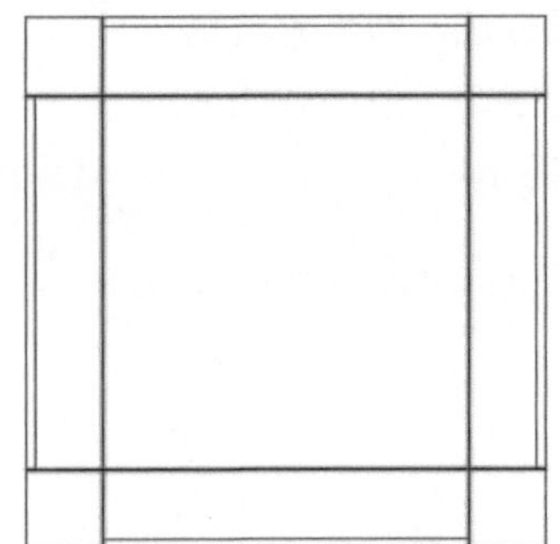

图 9-77 修剪图形

Step 05 执行“标注样式”命令，打开“标注样式管理器”对话框，新建“标注”样式，如图 9-78 所示。

Step 06 单击“继续”按钮，在“新建标注样式”对话框中，将“文字”选项卡的“文字高度”设为 70；将“符号和箭头”选项卡的“箭头大小”设为 50；将“主单位”选项卡的“精度”设为 0；将“线”选项卡的“超出尺寸线”和“起点偏移量”都设为 100，其他参数设为默认，如图 9-79 所示。

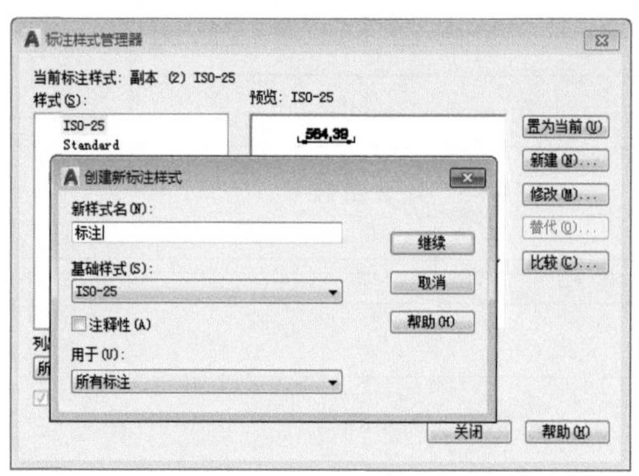

图 9-78　新建“标注”样式

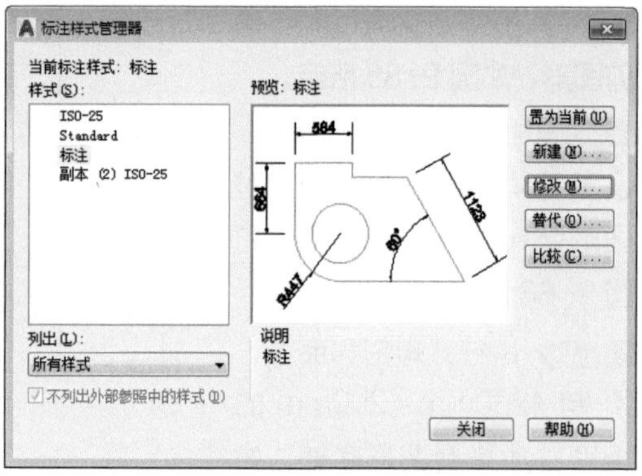

图 9-79　标注样式预览

Step 07 执行“线性”和“连续”命令，为树池平面图添加尺寸标注，如图 9-80 所示。

Step 08 执行“多段线”及“多行文字”命令，为图形添加图示及比例，文字大小为 150，最终效果如图 9-81 所示。

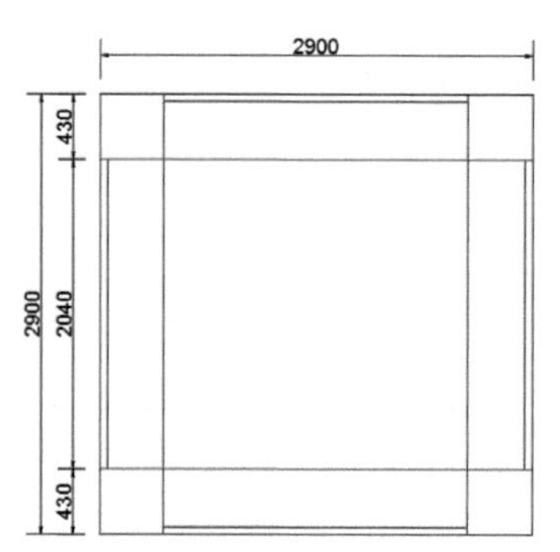

图 9-80　添加尺寸标注

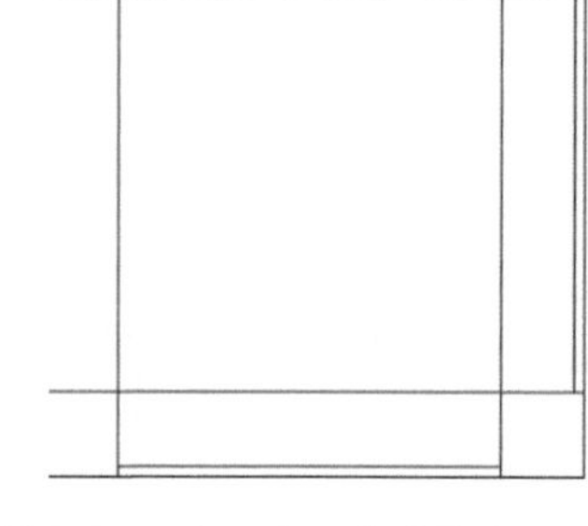

图 9-81　添加图示后的最终效果

9.3.2　绘制树池立面图

下面利用偏移、修剪、圆角、图案填充等命令绘制树池立面图，绘制步骤介绍如下：

Step 01 复制树池平面图，执行“直线”“偏移”命令，捕捉绘制直线并偏移 400mm 的距离，如图 9-82 所示。

Step 02 执行“修剪”命令，修剪并删除多余图形，如图 9-83 所示。

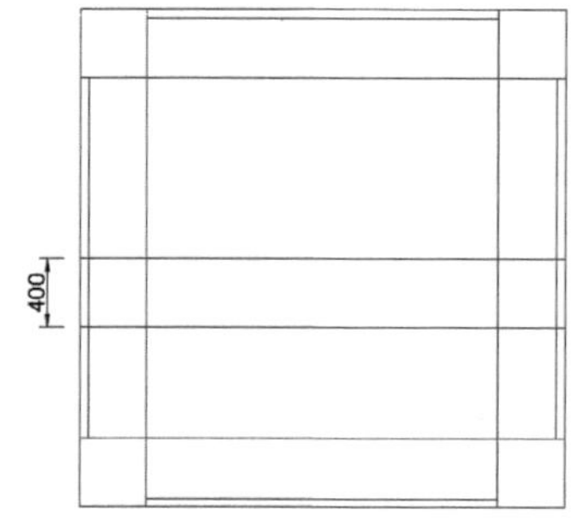

图 9-82　绘制并偏移直线

图 9-83　修剪图形

Step 03 执行“偏移”命令，将边线向下依次偏移 50mm、100mm，如图 9-84 所示。

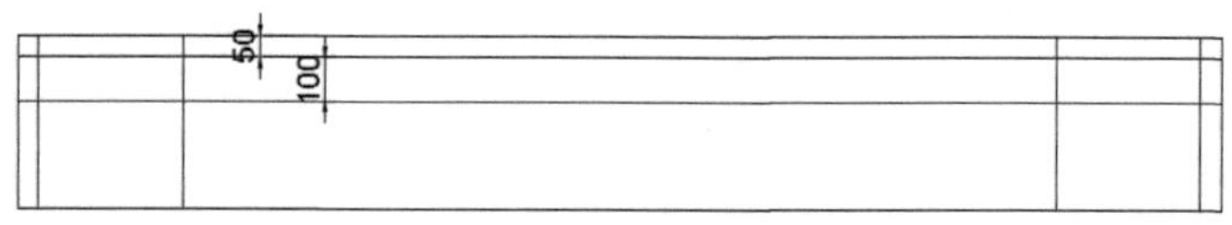

图 9-84　偏移图形

Step 04 执行“修剪”命令修剪图形，如图 9-85 所示。

Step 05 执行“圆角”命令，设置圆角半径为 25mm，对图形两端进行圆角操作，如图 9-86 所示。

Step 06 执行“矩形”命令，绘制 4200mm×200mm 的矩形并放置到图形底部，如图 9-87 所示。

Step 07 执行“图案填充”命令，选择图案 ANSI38，填充基层图形，如图 9-88 所示。

Step 08 将矩形分解并删除多余线条，如图 9-89 所示。

Step 09 为立面图插入竹子立面图块，如图 9-90 所示。

Step 10 添加尺寸标注和图示，完成立面图的绘制，最终效果如图 9-91 所示。

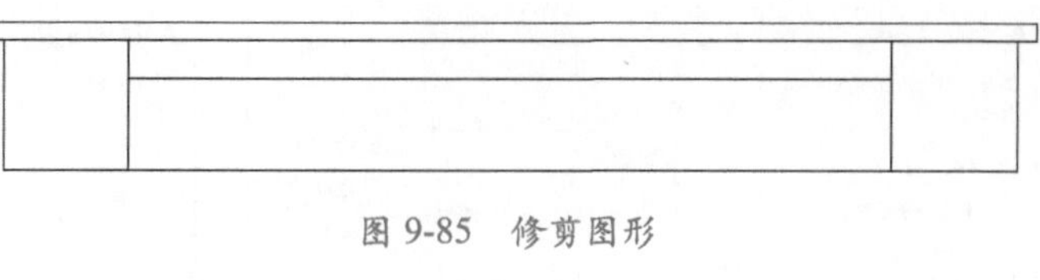

图 9-85　修剪图形

图 9-86　圆角操作

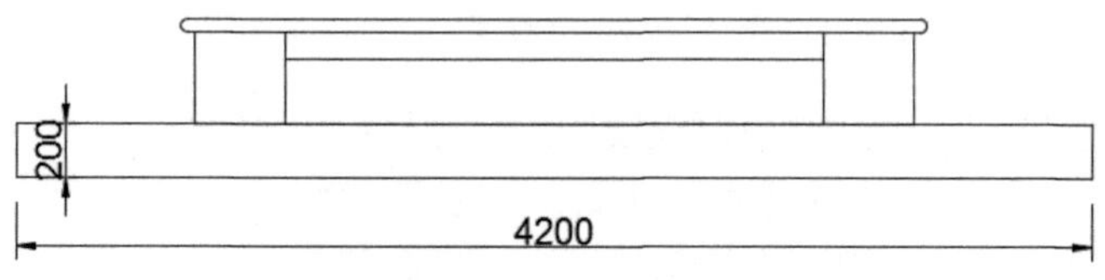

图 9-87　绘制矩形

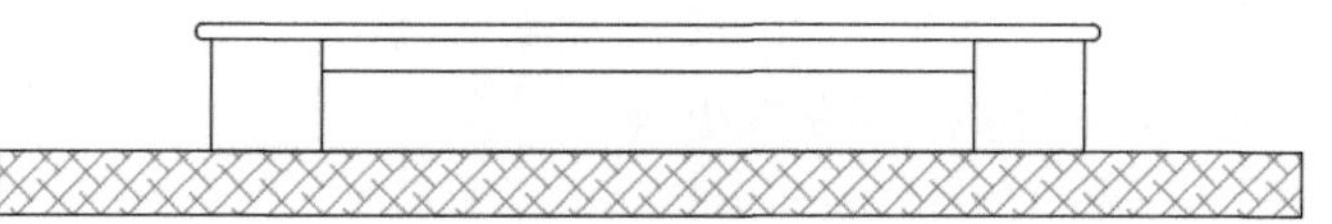

图 9-88　图案填充

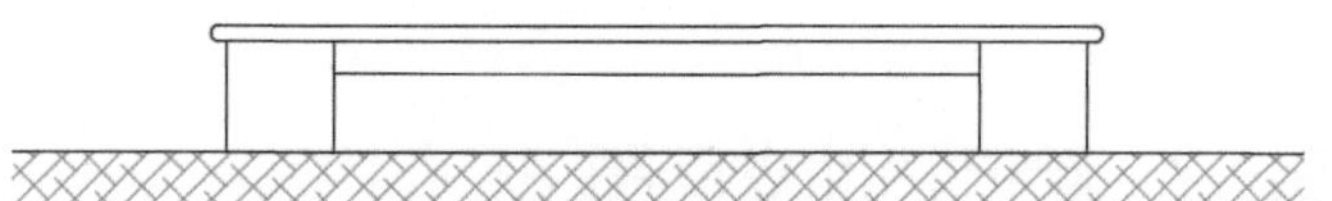

图 9-89　分解并删除图形

图 9-90　插入图块

图 9-91　最终效果图

9.4 绘制廊架小品设计图

廊架常以防腐木材、竹材、石材、金属、钢筋混凝土为主要原料并添加其他材料凝合而成。供游人休息、景观点缀之用的建筑体，与自然生态环境搭配非常和谐，深得用户喜爱。下面将介绍廊架设计图的绘制方法。

9.4.1 绘制廊架平面图

下面将利用矩形、复制、修剪、镜像等命令绘制廊架平面图，具体操作步骤如下。

Step 01 执行“矩形”命令，绘制 2400mm × 100mm 和 200mm × 4500mm 的两个矩形，并调整好其位置，如图 9-92 所示。

Step 02 执行“矩形”命令，绘制一个 2100mm × 100mm 的矩形，并将其放置到合适位置，如图 9-93 所示。

Step 03 执行“复制”命令，以图 9-94 所示的 A 点为复制基点，向下复制 15 个矩形。每个矩形的间距为 150mm。

Step 04 执行“拉伸”命令，将第 8 个小矩形向右拉伸 300mm，并调整好其位置，如图 9-95 所示。

Step 05 按照同样的方法，将最后一个小矩形向右拉伸 300mm，并调整好其位置，如图 9-96 所示。

Step 06 执行“修剪”命令修剪图形，如图 9-97 所示。

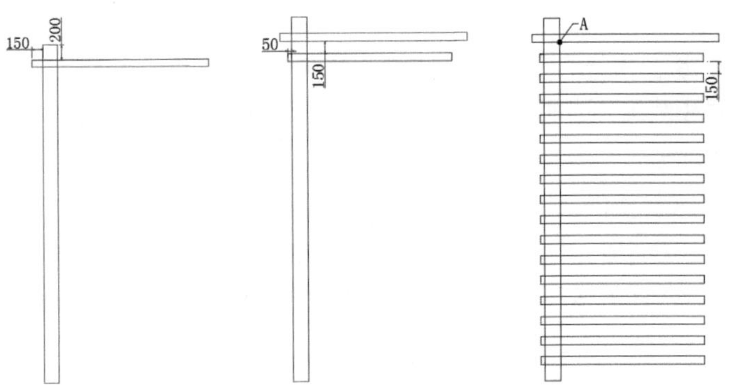

图 9-92 绘制矩形 图 9-93 绘制小矩形 图 9-94 复制小矩形

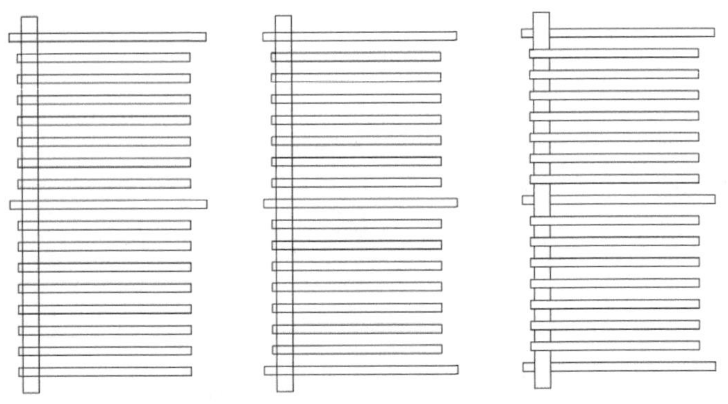

图 9-95 拉伸矩形 图 9-96 再次拉伸矩形 图 9-97 修剪图形

Step 07 执行“矩形”命令，绘制长和宽都为 200mm 的矩形，并放置到合适位置，如图 9-98 所示。

Step 08 执行“矩形”命令，再绘制一个 790mm × 10mm 的矩形作为廊架的吊筋，并放置到合适的位置，如图 9-99 所示。

Step 09 执行“复制”命令，将刚绘制的 200mm*200mm 的矩形以及吊筋图形分别复制到其他两个大矩形中，如图 9-100 所示。

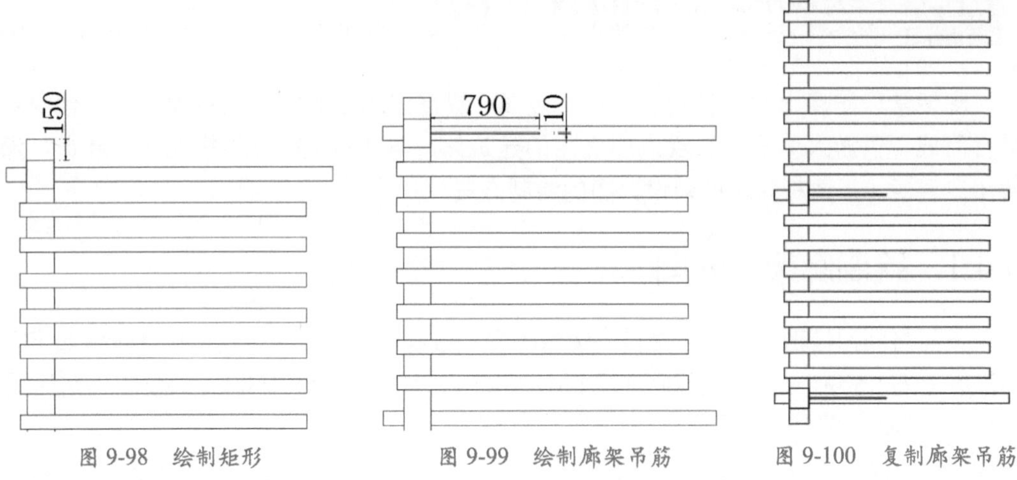

图 9-98　绘制矩形　　图 9-99　绘制廊架吊筋　　图 9-100　复制廊架吊筋

Step 10 执行“标注样式”命令设置标注样式，将“文字”选项卡的“文字高度”设为 70，将“符号和箭头”选项卡的“箭头大小”设为 30，将“主单位”选项卡的“精度”设为 0，将“线”选项卡的“超出尺寸线”和“起点偏移量”都设为 50，设置后的预览效果如图 9-101 所示。

Step 11 执行“线性”和“连续”命令，对廊架平面图进行尺寸标注，如图 9-102 所示。

Step 12 执行“多行文字”命令输入图示内容，并将其文字大小设为 200。执行“多段线”命令绘制图示横线。至此，廊架平面图绘制完成，最终效果如图 9-103 所示。

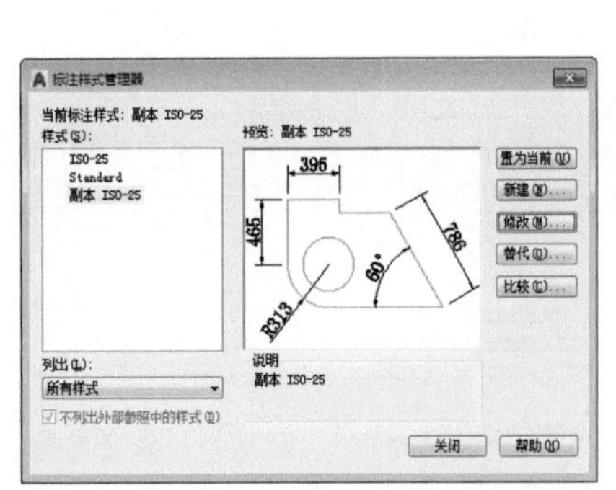

图 9-101　设置标注样式后的预览效果

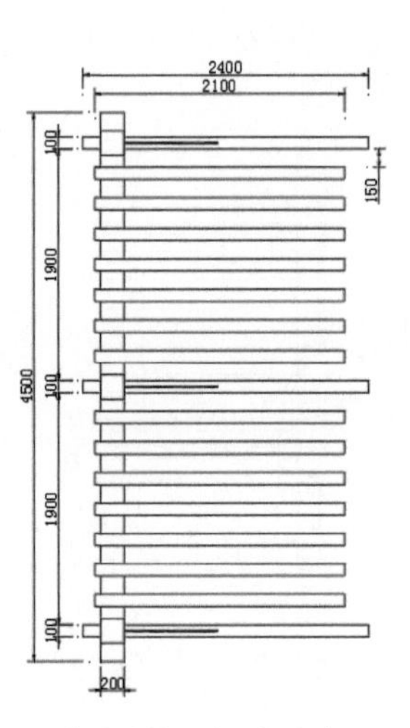

图 9-102　标注尺寸

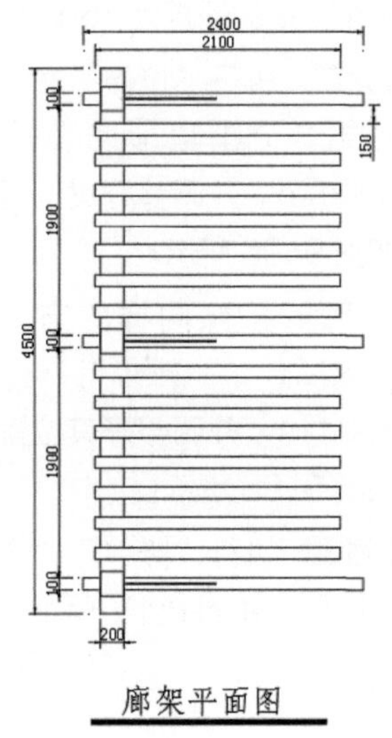

图 9-103　廊架平面图效果

9.4.2　绘制廊架正立面图

下面将根据廊架平面尺寸绘制其正立面图，具体绘制步骤如下。

Step 01 复制一侧的廊架图形，执行“旋转”命令旋转图形，效果如图 9-104 所示。

Step 02 执行“直线”和“偏移”命令，捕捉且绘制两条直线，并将其进行偏移操作，如图 9-105 所示。

Step 03 执行“修剪”命令修剪出立面图形，如图 9-106 所示。

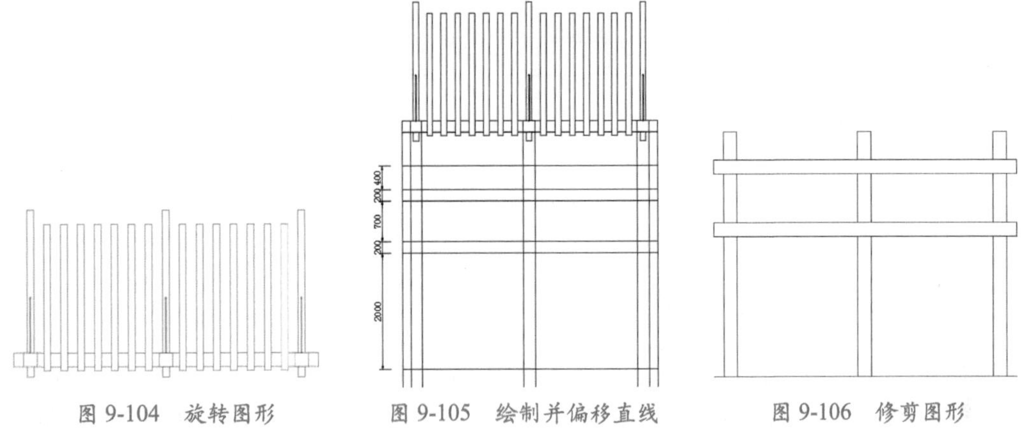

图 9-104　旋转图形　　图 9-105　绘制并偏移直线　　图 9-106　修剪图形

Step 04 执行“矩形”命令，绘制一个 100mm×100mm 的矩形并进行复制，间距为 150mm，如图 9-107 所示。

Step 05 执行“拉伸”命令，将右侧矩形高度拉伸至 150mm，如图 9-108 所示。

Step 06 将矩形分解，执行“偏移”命令，将边线向上偏移 30mm，如图 9-109 所示。

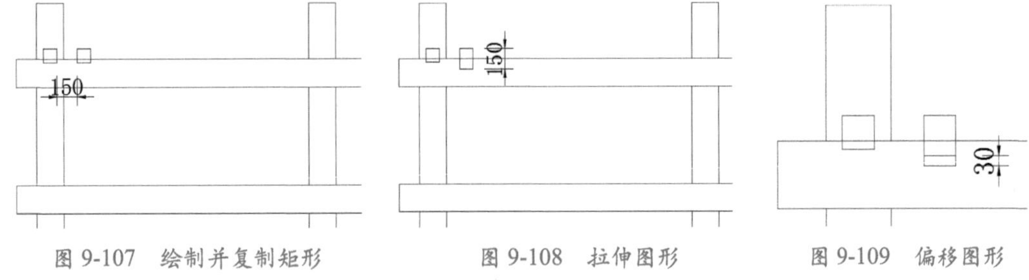

图 9-107　绘制并复制矩形　　图 9-108　拉伸图形　　图 9-109　偏移图形

Step 07 执行“复制”命令向右侧复制图形，且保持相同的间距，如图 9-110 所示。

Step 08 执行“修剪”命令修剪图形，如图 9-111 所示。

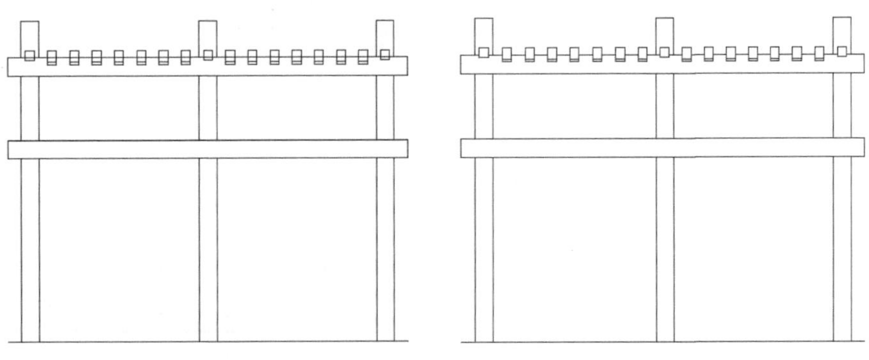

图 9-110　复制图形　　图 9-111　修剪图形

Step 09 执行“偏移”命令，按照如图 9-112 所示的尺寸进行偏移操作。

Step 10 执行“修剪”命令修剪图形，如图 9-113 所示。

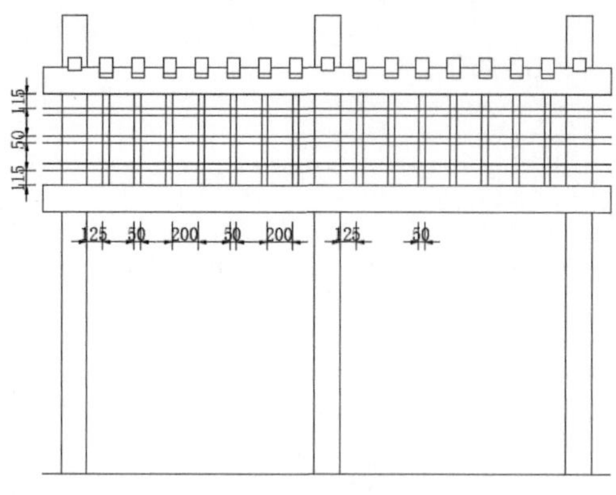

图 9-112　偏移图形

图 9-113　修剪图形

Step 11 执行“圆”和“复制”命令，绘制半径为 10mm 的圆并进行复制操作，如图 9-114 所示。

Step 12 在两圆之间绘制间隔为 3mm 的直线作为廊架吊筋。再将吊筋进行复制，如图 9-115 所示。

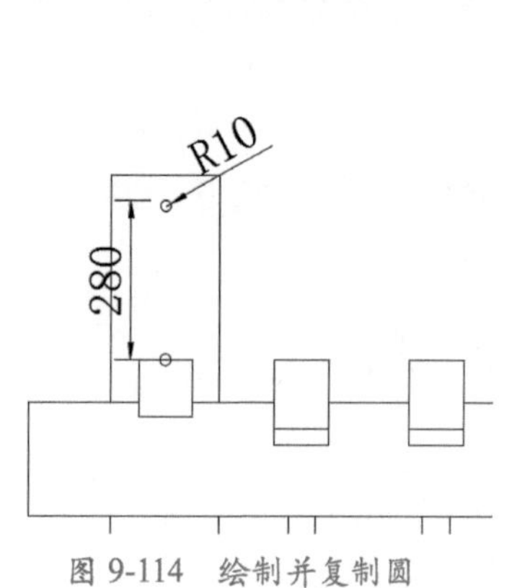

图 9-114　绘制并复制圆

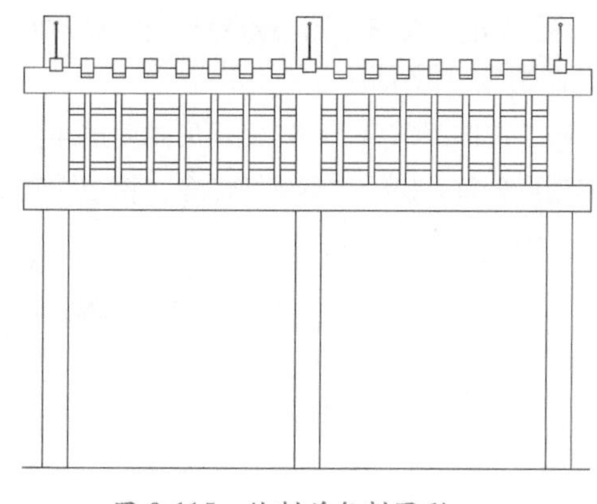

图 9-115　绘制并复制图形

Step 13 执行“线性”和“连续”命令，为廊架正立面图添加尺寸标注。执行“复制”命令，复制平面图示内容，双击修改其内容即可，如图 9-116 所示。至此，廊架正立面图绘制完成。

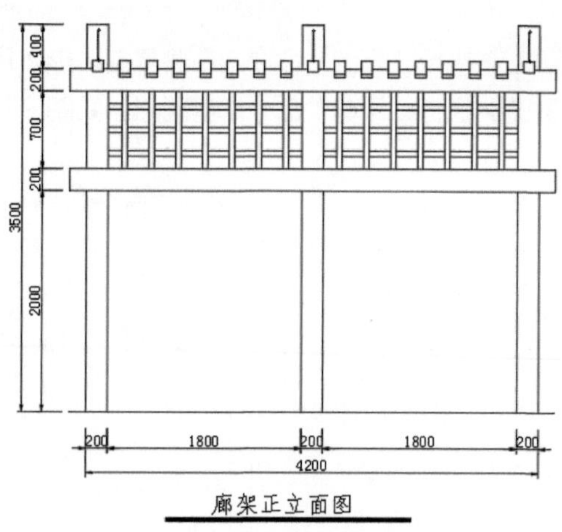

图 9-116　廊架正立面图最终效果

9.4.3 绘制廊架侧立面图

廊架正立面图形绘制好后，其侧立面图的绘制相对就比较容易了。下面将开始绘制廊架侧立面图，具体绘制步骤如下。

Step 01 执行“直线”命令，从廊架正立面图捕捉绘制射线并将其偏移，如图 9-117 所示。

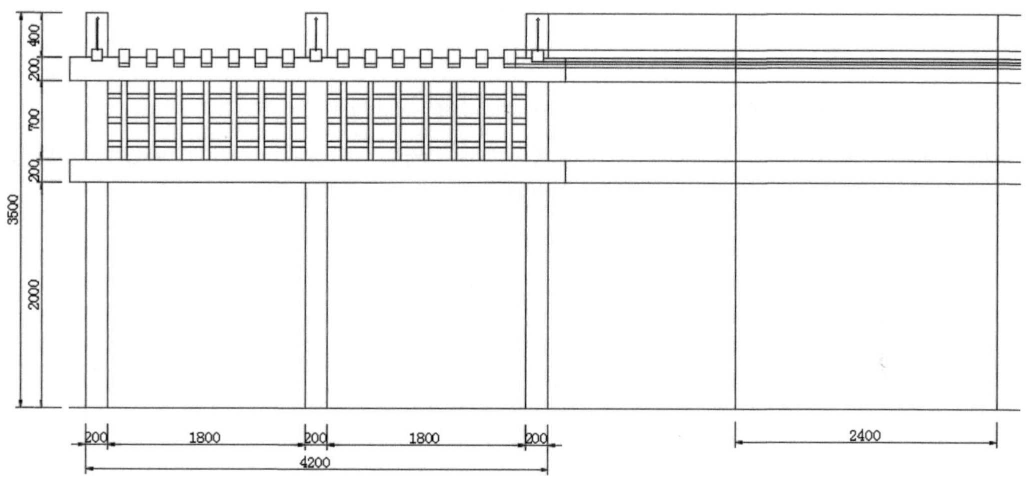

图 9-117 绘制并偏移图形

Step 02 执行“修剪”命令修剪图形，如图 9-118 所示。

Step 03 执行“偏移”命令，按照如图 9-119 所示的尺寸进行偏移。

Step 04 再次执行“修剪”命令修剪图形，修剪效果如图 9-120 所示。

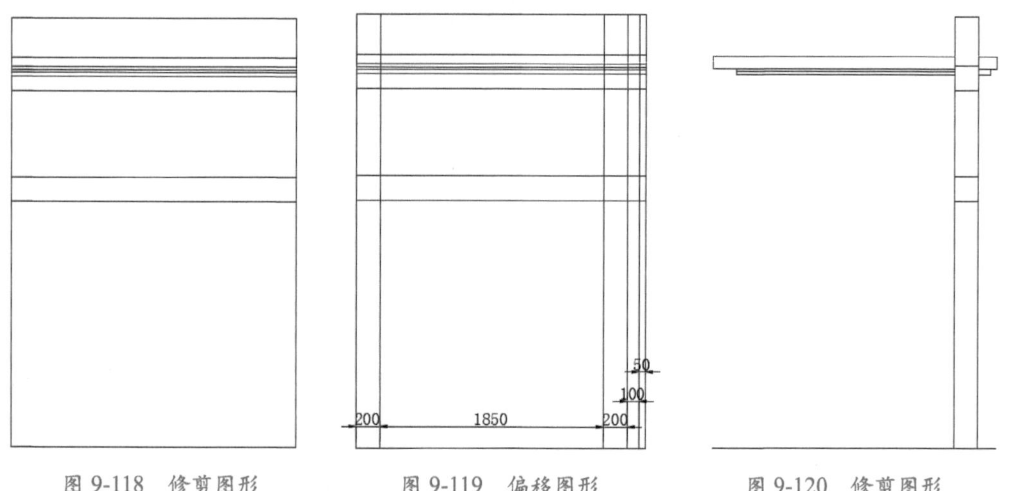

图 9-118 修剪图形　　图 9-119 偏移图形　　图 9-120 修剪图形

Step 05 执行“直线”和“修剪”命令，修剪并删除多余图形，绘制出一端的造型，如图 9-121 所示。

Step 06 执行“圆”命令，绘制半径为 10mm 的圆，移动并复制到合适的位置，如图 9-122 所示。

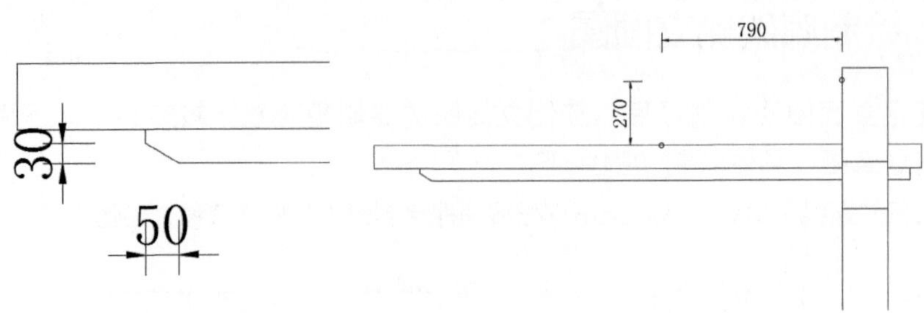

图 9-121 修剪造型　　图 9-122 绘制并复制圆

Step 07 执行“直线”命令，绘制宽度为 3mm 的连接线，如图 9-123 所示。

Step 08 执行“图案填充”命令，在“图案填充创建”选项卡中选择 HOUND 图案，设置好其填充颜色和填充比例，对廊架所需区域进行填充，效果如图 9-124 所示。

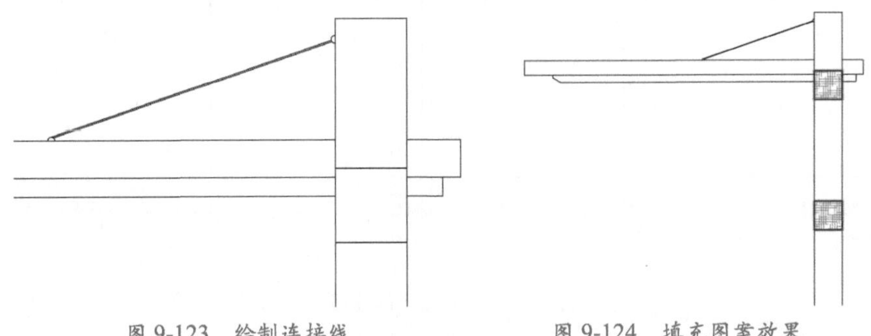

图 9-123 绘制连接线　　图 9-124 填充图案效果

Step 09 执行“线性”和“连续”命令，为其侧立面图添加尺寸标注。执行“复制”命令，复制图示内容并对其进行更改，最终效果如图 9-125 所示。

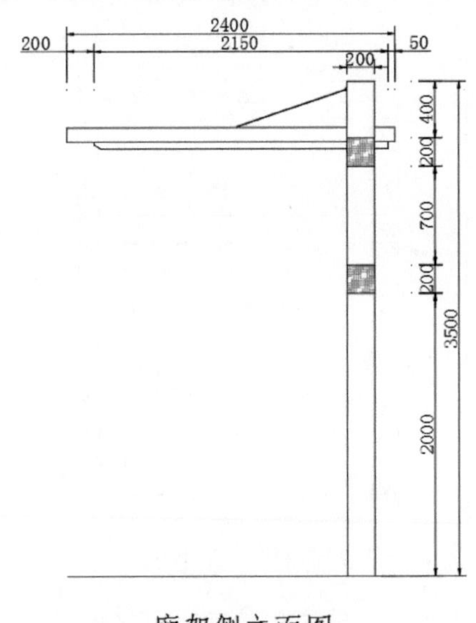

图 9-125 廊架侧立面图最终效果

第 10 章

绘制校园环境绿化设计图

内容导读

环境绿化是城市建设中一个重要的组成部分。它是美化城市的重要手段，同时对净化环境空气有着独特的作用。本章将以校园绿化为例，来向读者详细介绍绿化设计图的绘制方法与技巧，其中包括绿化平面图的绘制、植物的配置等。

学习目标

- ▲ 绿化带平面图的绘制
- ▲ 植被配置方法
- ▲ 苗木表的创建操作

10.1 环境绿化设计的原则

目前，绿色环保、低碳生活的方式已被大多数人所接受，而在这种新形势的推动下，环境绿化工程也日益被人们重视起来。环境绿化不但能够营造出美丽的城市风景线，同时还能够改善人们的居住环境。在园林景观设计中，绿化设计则占着举足轻重的作用。下面将归纳几项绿化设计的原则，以便用户参考使用。

1. 以人为本，体现人为生态

设计者要将地形、地势、人文历史、自然环境相结合，充分体现出“人为生态”的设计特色。同时在一些拓展空间内，植物、公共建筑都需要融入环境绿化设计中，促进绿化景观的人性化、立体化、健康化发展。

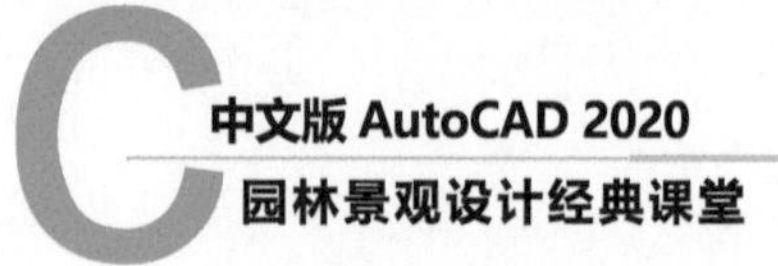

2. 植物配置呈多样性

环境绿化设计大多是由多处不同种类的植物搭配完成的。设计者在进行植物搭配时，要注重各类植物间的相互关系。例如高矮关系、色彩关系，或将植物变成单植、丛植，或摆放在花坛中做成各种造型的景观植物等，避免出现单一化效果，如图 10-1 所示。

图 10-1 校园绿化实景欣赏

3. 具备实用功能性

环境绿化设计不仅要体现出良好的艺术性，还要融合周边建筑设施提高其功能性。将绿化景观与人们生活紧密结合，才能发挥出它最大的价值。

10.2 学生公寓绿化带设计

对于校园绿化面积较大的区域，在规划设计上最好采用曲线造型，该造型显得生动活泼，也符合学生们朝气蓬勃的性格。在植物配置中，也尽量采用花卉、绿植等进行装饰，为绿化带添加一抹生动气息。

10.2.1 规划学生公寓绿化带

下面将绘制学生公寓楼前的绿化带平面图。在绘制时主要利用的命令有偏移、修剪、圆角、图案填充等，具体操作步骤介绍如下：

Step 01 打开本书配套的“校园广场现状”素材文件。执行“直线”命令，捕捉建筑边缘绘制直线。再执行“偏移”命令偏移直线，如图 10-2 所示。

Step 02 执行“修剪”命令，对偏移的直线进行修剪，如图 10-3 所示。

Step 03 执行“圆角”命令，设置圆角半径为 1000mm，对图形执行圆角操作，制作出绿化带轮廓，如图 10-4 所示。

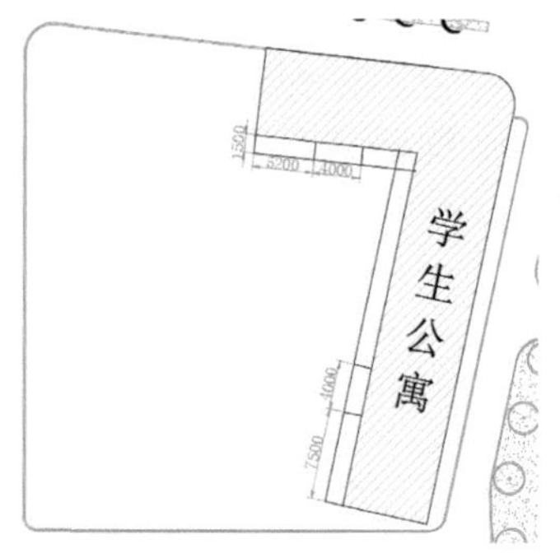

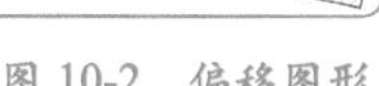
图 10-2 偏移图形

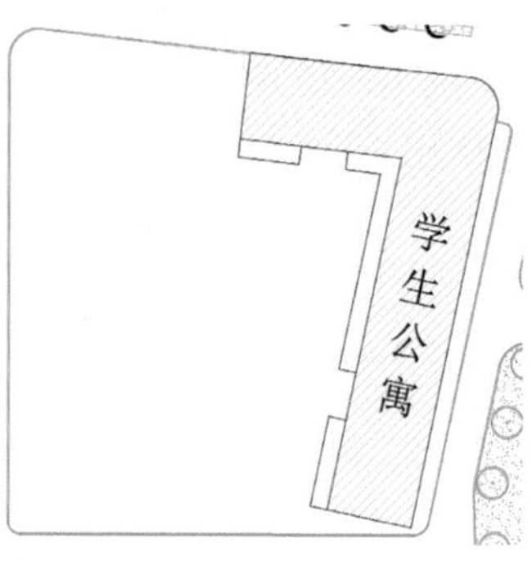

图 10-3 修剪图形

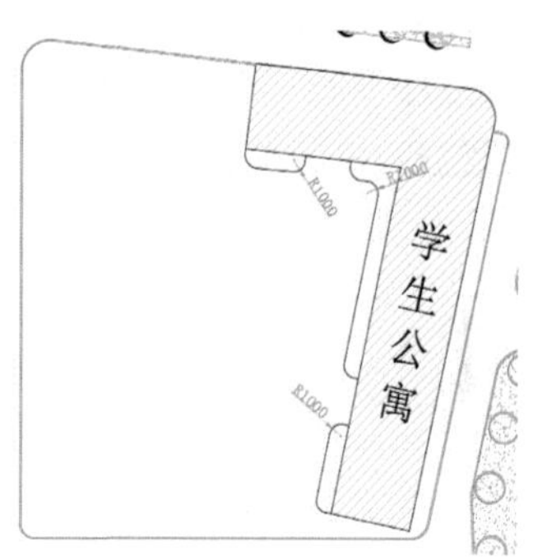

图 10-4 圆角操作

Step 04 执行“偏移”命令，偏移出 120mm 的路牙石轮廓，如图 10-5 所示。

Step 05 执行“偏移”命令，将建筑轮廓线向左偏移，尺寸如图 10-6 所示。

Step 06 执行“圆角”命令，将偏移的线进行倒圆角操作。执行“延伸”命令，将偏移的线段延伸至图形边界线上，从而绘制出道路轮廓，如图 10-7 所示。

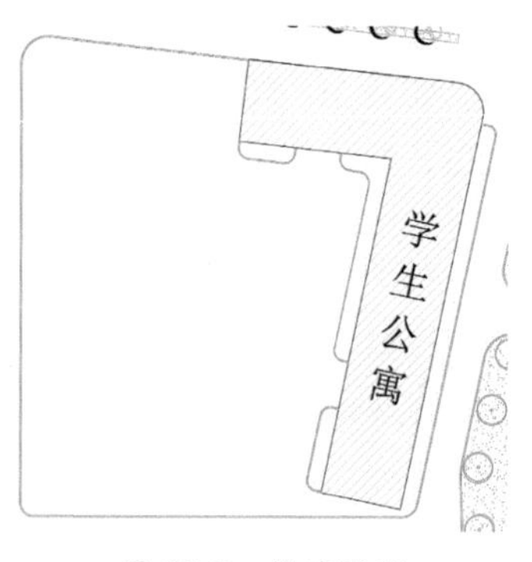

图 10-5 偏移图形

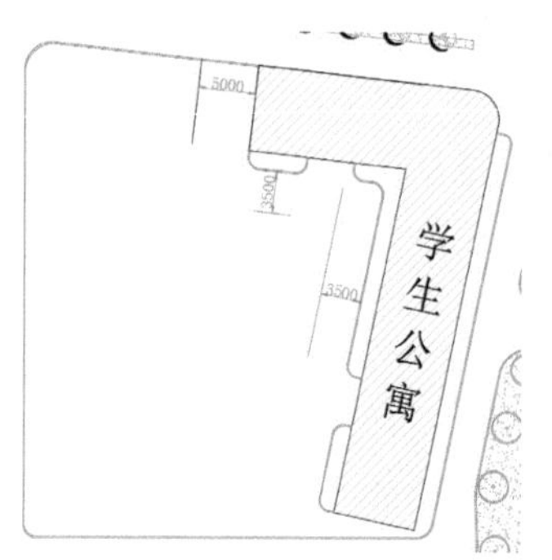

图 10-6 偏移图形

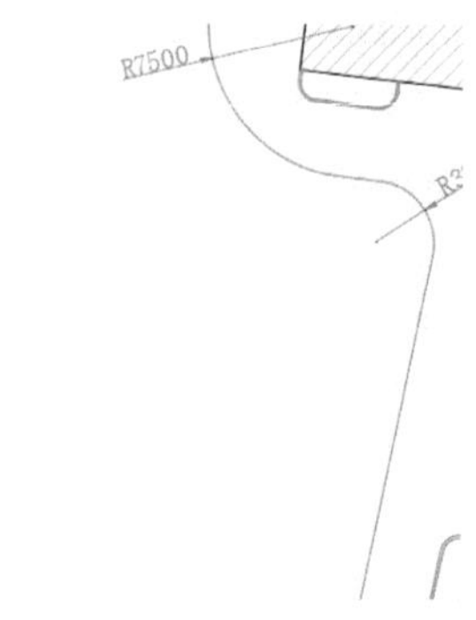

图 10-7 圆角操作

Step 07 执行“圆”命令，分别绘制半径为 9000mm 和 7500mm 的两个圆，其位置如图 10-8 所示。

Step 08 执行“修剪”命令，修剪多余的图形，效果如图 10-9 所示。

Step 09 再次执行“圆”命令，绘制如图 10-10 所示位置的三个圆。

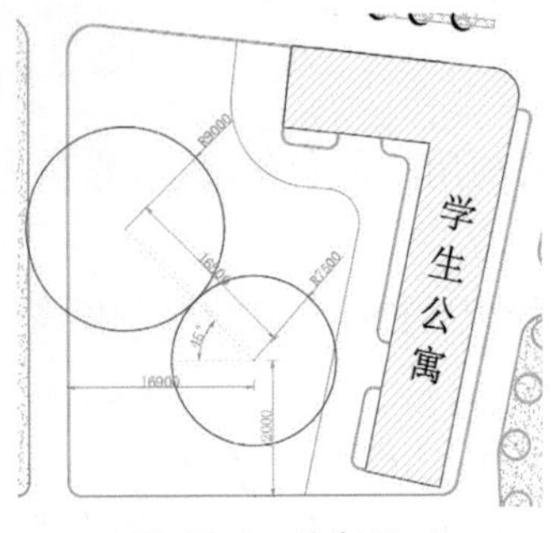

图 10-8　绘制圆

图 10-9　修剪图形

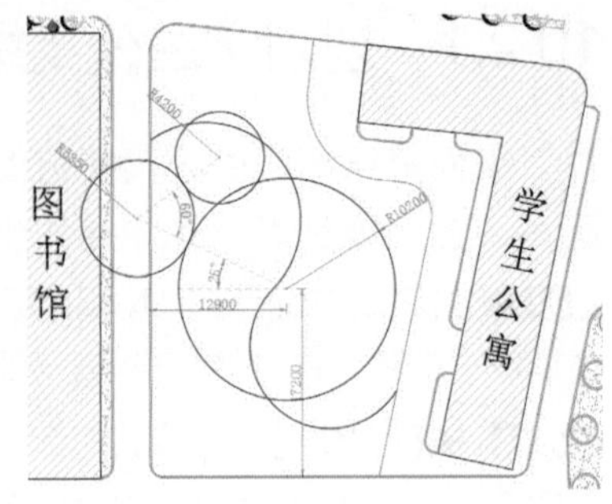

图 10-10　绘制圆

Step 10 执行“修剪”命令修剪图形，效果如图 10-11 所示。

Step 11 执行“直线”命令，绘制如图 10-12 所示角度的斜线。

Step 12 执行“偏移”命令，偏移出 1000mm 的道路及 120mm 的路牙石宽度，效果如图 10-13 所示。

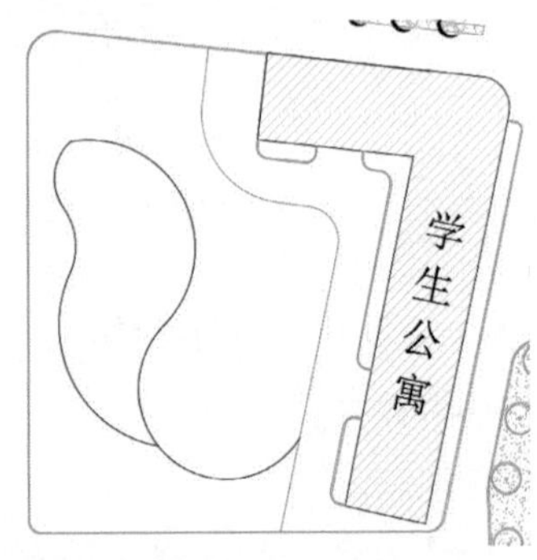

图 10-11　修剪图形

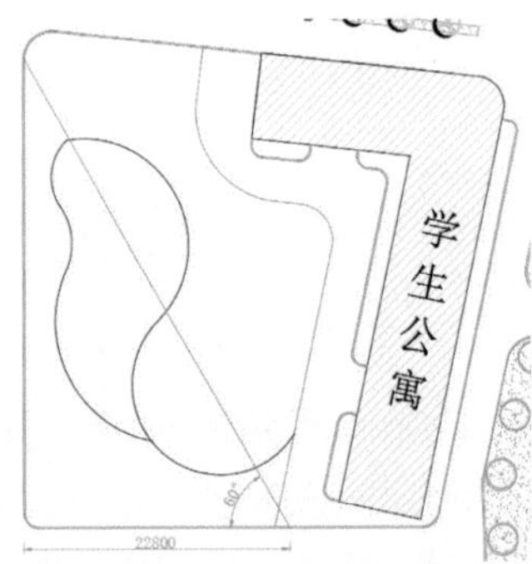

图 10-12　绘制直线

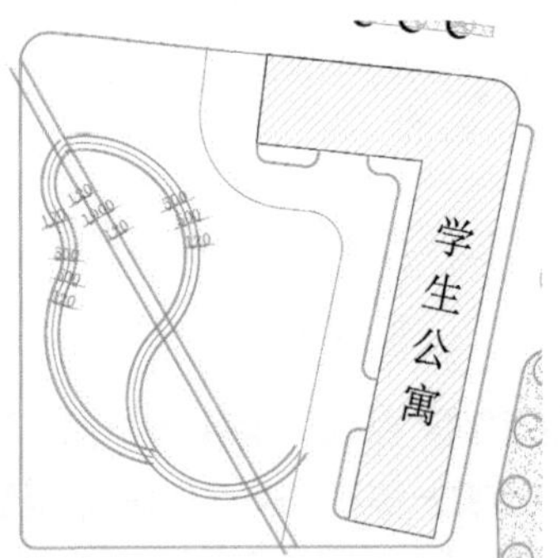

图 10-13　偏移图形

Step 13 执行“修剪”命令，修剪出园路图形，如图 10-14 所示。

Step 14 执行“直线”“旋转”“偏移”命令，绘制直线并将其偏移，如图 10-15 所示。

Step 15 执行“偏移”命令，偏移园路及路牙石图形，再删除多余图形，如图 10-16 所示。

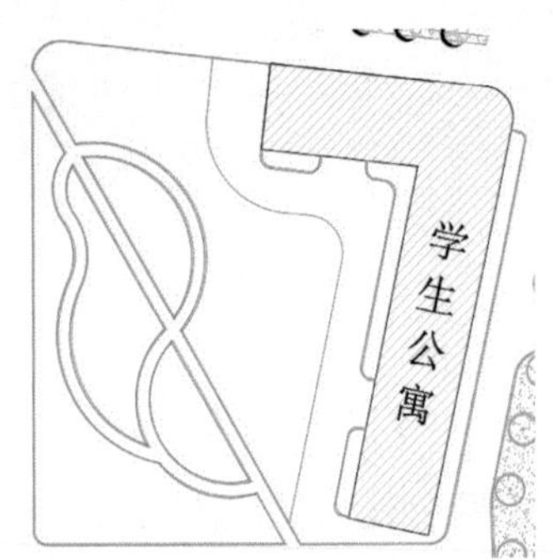

图 10-14　修剪图形

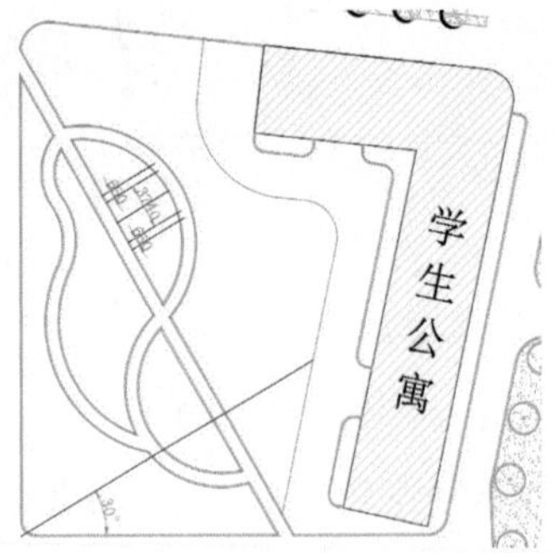

图 10-15　绘制直线并偏移

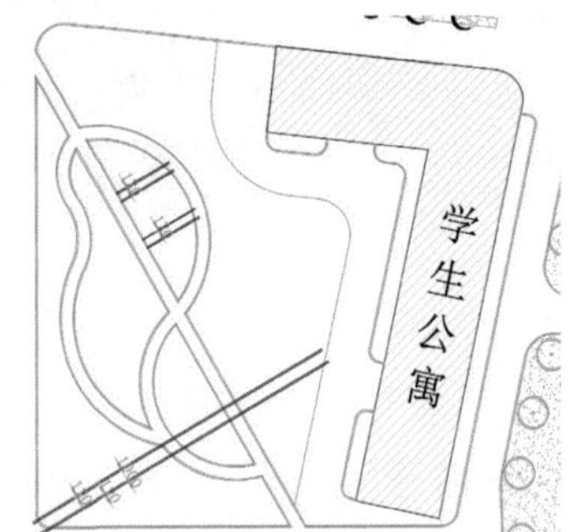

图 10-16　偏移图形

Step 16 执行“修剪”命令修剪园路图形，如图 10-17 所示。

Step 17 执行“圆角”命令，设置圆角尺寸并对园路边角进行圆角操作，如图 10-18 所示。

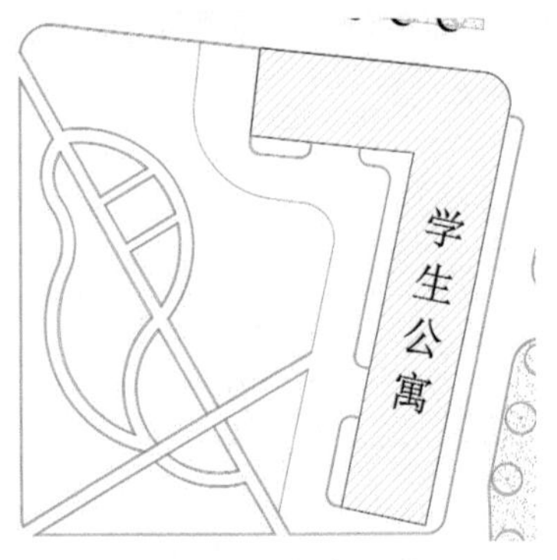

图 10-17 修剪图形

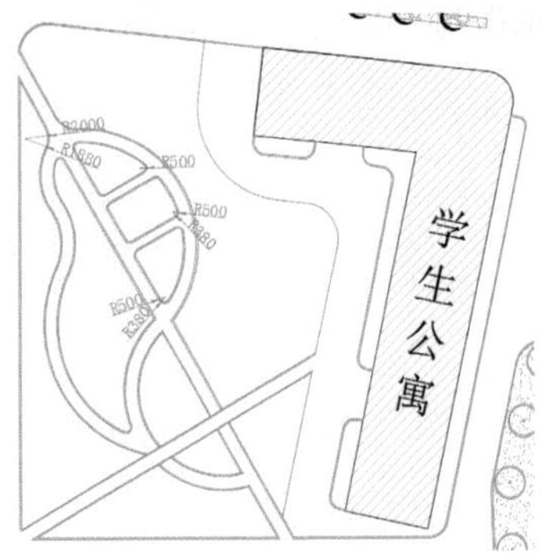

图 10-18 圆角操作

10.2.2 植物配置

植物配置需要多样性，这是绿化景观设计的原则之一。在保持统一性和连续性的同时，显露出丰富性和个性来。下面将介绍具体的绘制步骤。

Step 01 执行“矩形”“偏移”“复制”“旋转”命令，绘制 500mm×500mm 的矩形，并将其向内偏移 100mm，再进行复制旋转操作，如图 10-19 所示。

Step 02 执行“圆弧”命令，绘制植被造型，如图 10-20 所示。

Step 03 执行“图案填充”命令，选择图案 AR-CONC 并填充造型，作为宿根花卉区域，如图 10-21 所示。

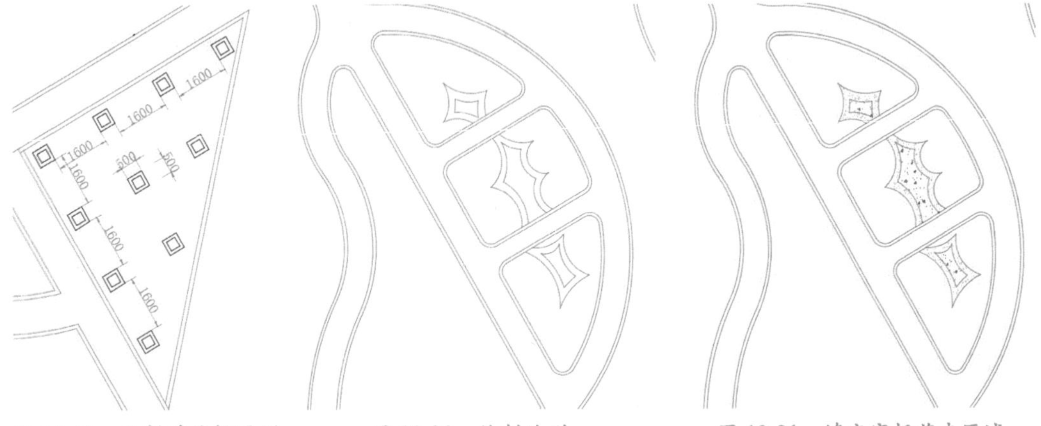

图 10-19 绘制并编辑图形　　图 10-20 绘制造型　　图 10-21 填充宿根花卉区域

Step 04 执行“图案填充”命令，选择图案 AR-SAND，填充植被区域，如图 10-22 所示。

Step 05 插入旱柳、紫丁香、白桦、雪松图块至绿地合适位置，并将其复制，如图 10-23 所示。

Step 06 继续插入杜松、圆榆、梨树、天目琼花、暴马丁香、紫丁香、连翘等图块，并进行复制，完成草皮植被的布置，如图 10-24 所示。至此，学生公寓前的绿化带平面图绘制完成。

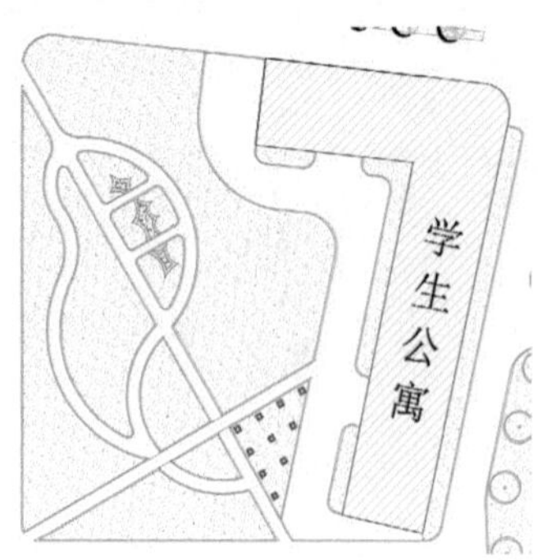

图 10-22 填充植被区域

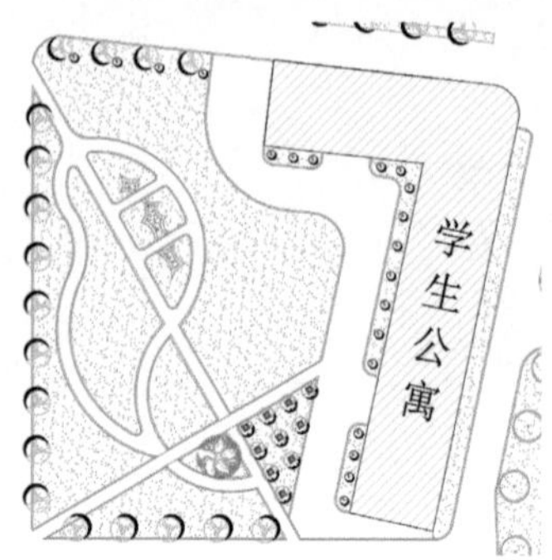

图 10-23 插入图块并复制

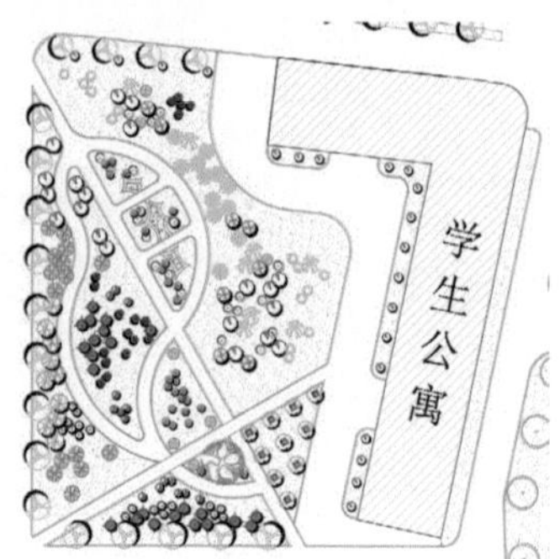

图 10-24 绿化带平面图

10.3 图书馆绿化带设计

图书馆的绿化带面积与公寓楼的相比要小一些，在设计时，利用本次设计中轴对称的造型以及松树等植物来烘托图书馆大楼的稳重及严谨。

10.3.1 规划图书馆绿化带

下面将利用矩形、圆角、镜像等命令绘制出广场的对称布局，绘制步骤介绍如下。

Step 01 执行“矩形”命令，在图书馆的广场区绘制多个尺寸的矩形并放置到合适的位置，如图 10-25 所示。

Step 02 执行“圆”和“圆角”命令，绘制半径为 900mm 的圆，再分别设置圆角半径为 2000 和 3000，对两个矩形执行圆角操作，如图 10-26 所示。

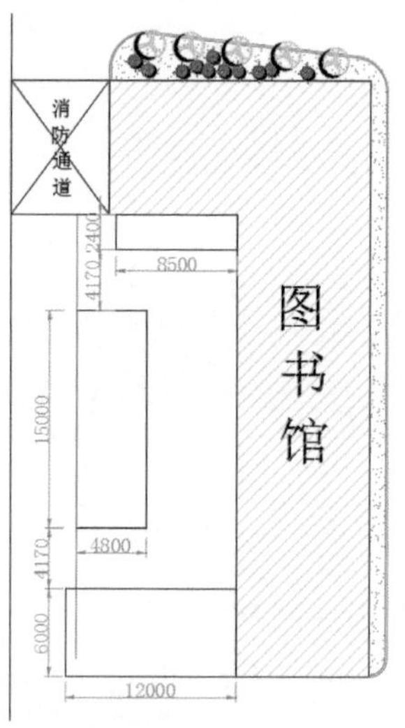

图 10-25 绘制矩形

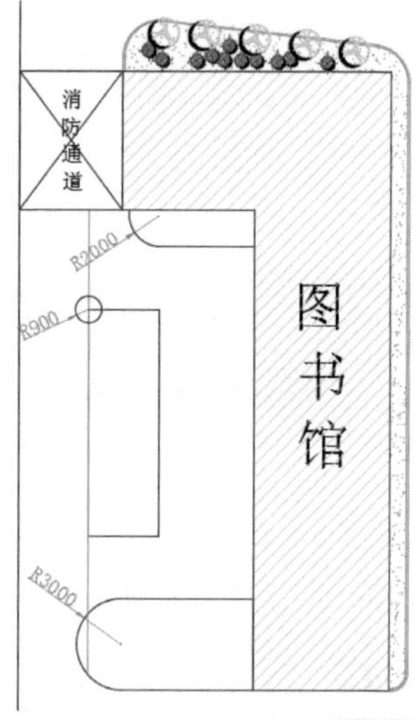

图 10-26 绘制圆并进行圆角操作

Step 03 执行“修剪”命令修剪图形，再执行“镜像”命令，镜像复制修剪后的圆弧，如图 10-27 所示。

Step 04 继续执行“修剪”命令，对图形进行修剪，如图 10-28 所示。

Step 05 执行“偏移”和“修剪”命令，将图形向内偏移 150mm，修剪图形，绘制出花坛轮廓，如图 10-29 所示。

Step 06 执行“偏移”命令，再偏移出 120mm 的路牙石轮廓，如图 10-30 所示。

Step 07 复制花坛图形，其间隔为 3500mm，如图 10-31 所示。

Step 08 执行“修剪”命令，修剪被覆盖的图形，如图 10-32 所示。

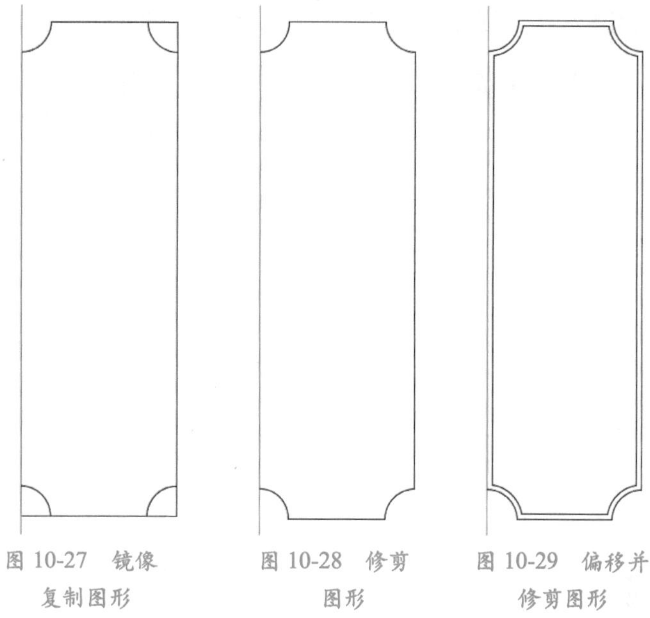

图 10-27　镜像复制图形　　图 10-28　修剪图形　　图 10-29　偏移并修剪图形

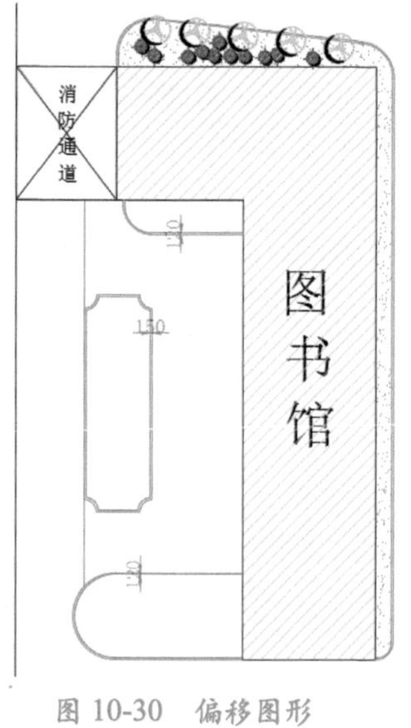

图 10-30　偏移图形

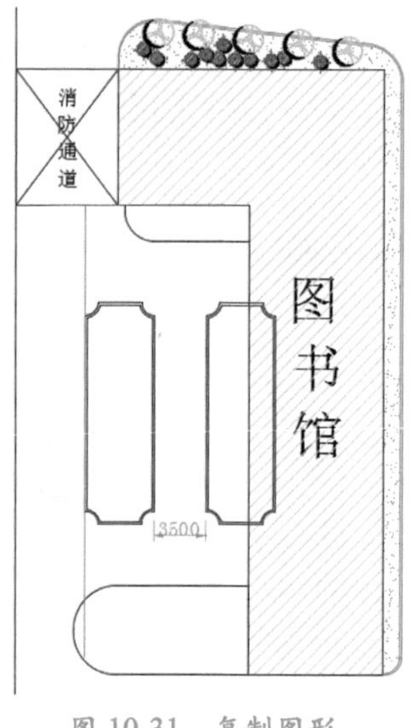

图 10-31　复制图形

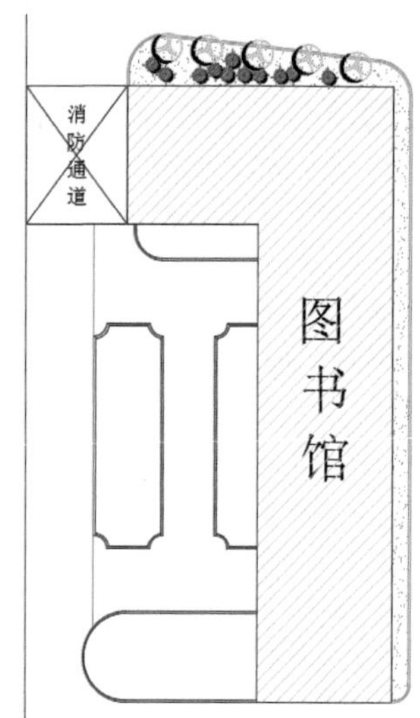

图 10-32　修剪图形

10.3.2 植物配置

对于图书馆绿化带来说，利用几种比较精致的植物，以及松树、地柏、水蜡球等高低错落的摆放，会使绿化带更具立体感。

Step 01 执行“样条曲线”命令，绘制曲线造型，如图 10-33 所示。

Step 02 执行“圆”和“镜像”命令，绘制半径为 400mm 的圆并进行镜像复制，如图 10-34 所示。

Step 03 执行“图案填充”命令，选择图案 AR-SAND 并填充草皮区域，如图 10-35 所示。

Step 04 执行“图案填充”命令，选择图案 AR-CONC，填充宿根花卉区域，效果如图 10-36 所示。

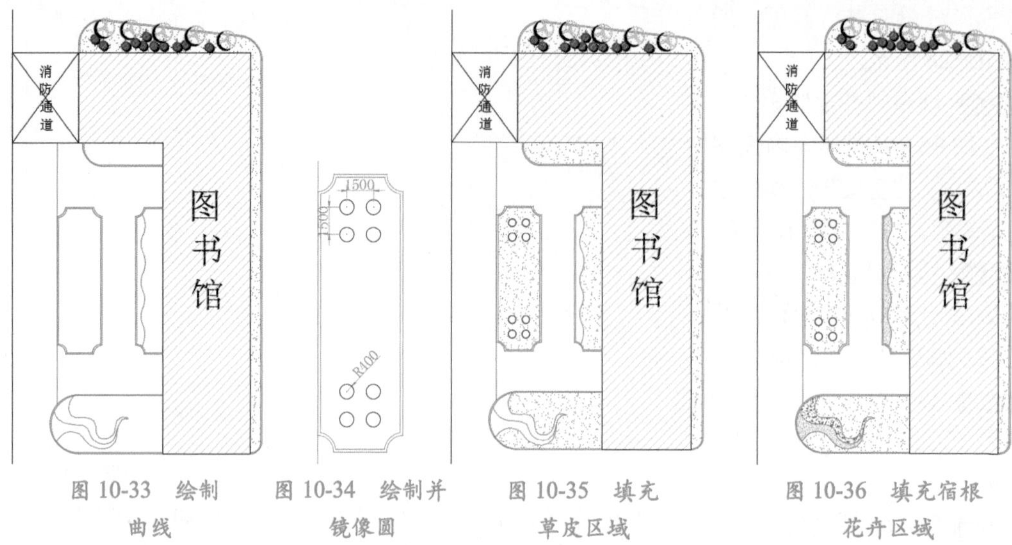

图 10-33　绘制曲线　图 10-34　绘制并镜像圆　图 10-35　填充草皮区域　图 10-36　填充宿根花卉区域

Step 05 执行“图案填充”命令，选择图案 EARTH，填充云杉篱，如图 10-37 所示。

Step 06 执行“图案填充”命令，选择图案 ANGLE，填充广场地面区域，如图 10-38 所示。

Step 07 插入石雕图块，并将其放置到花坛正中位置，如图 10-39 所示。

Step 08 插入松树、杜松、铺地柏、水蜡球、梓树图块，调整图形大小及位置。再复制云杉图形，完成图书馆绿化带设计，如图 10-40 所示。

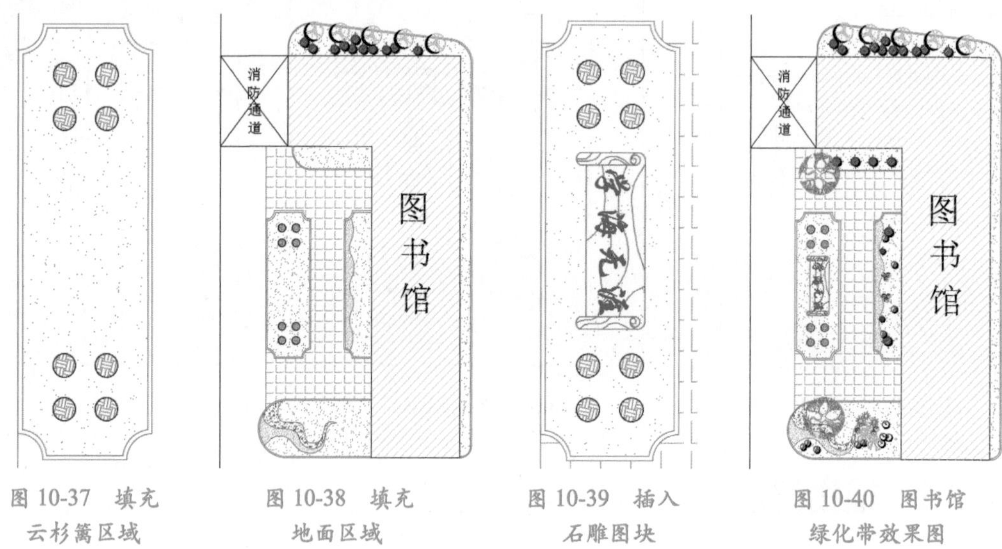

图 10-37　填充云杉篱区域　图 10-38　填充地面区域　图 10-39　插入石雕图块　图 10-40　图书馆绿化带效果图

10.3.3　创建苗木表

苗木表是绿化配置平面图中必须配备的，便于他人快速识别植物种类。下面具体介绍绘制步骤。

Step 01 执行“表格”命令，在打开的“插入表格”对话框中设置行数和列数，以及行高和列宽值，如图 10-41 所示。

Step 02 在绘图区中指定好表格插入点插入表格。按 Esc 键取消文字输入操作，选中表格，将光标移至表格右下角的角点上，单击选中并按住鼠标左键不放，拖动该角点至合适位置，从而调整表格的整体大小，如图 10-42 所示。

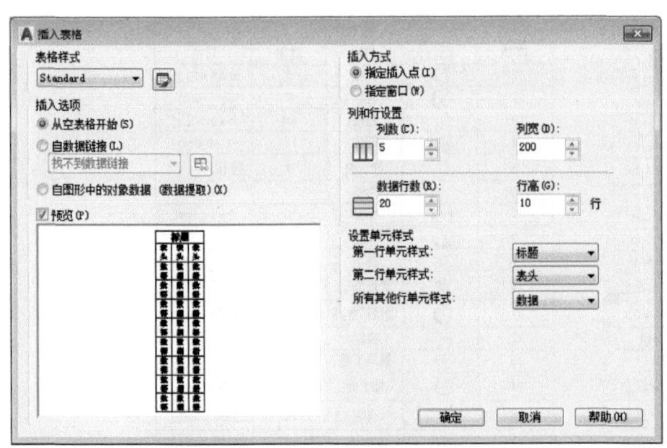

图 10-41 设置表格参数

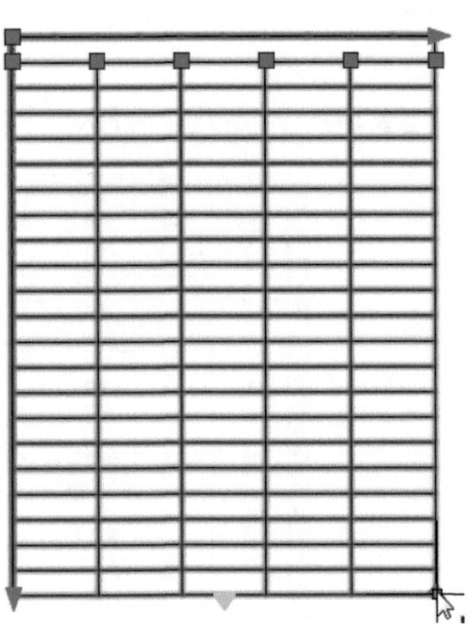

图 10-42 插入并调整表格大小

Step 03 双击首行单元格，进入文字输入状态。输入表格标题内容，并将其大小设为 650，单击表格外任意一点完成操作，如图 10-43 所示。

Step 04 按照同样的操作，完成表格内所有文字内容的输入，如图 10-44 所示。

苗木表				

图 10-43 输入表格标题

苗木表				
序号	图例	树种	数量	规格
1		雪松	3	H8.5m以上
2		云杉	42	D=6-8cm
3		杜松	28	H4.5m以上
4		圆榆	19	D=5-8cm
5		铺地柏	3	枝长 0.6-1.0m
6		白桦	37	D=5-8cm
7		旱柳	10	D=8-11cm
8		梨树	10	D=3-5cm
9		色木	12	D=3-5cm
10		天目琼花	13	冠幅1.5m以上
11		偃伏莱木球	8	球径 0.8-1.0m
12		梓树	10	D=5-8cm
13		暴马丁香	15	H2.8m以上
14		紫丁香	46	冠幅1.5m以上
15		连翘	14	冠幅1.5m以上
16		榆叶梅	19	冠幅1.5m以上
17		水蜡球	24	冠幅 0.8-1.0m
18		宿根花卉		25株/m2
19		云杉篱		H=0.5m
20		草坪碱茅		

图 10-44 输入表格内容

Step 05 框选表格内容，在“表格单元”选项卡的“单元样式”面板中，将对齐方式设为“正中”，如图 10-45 所示。

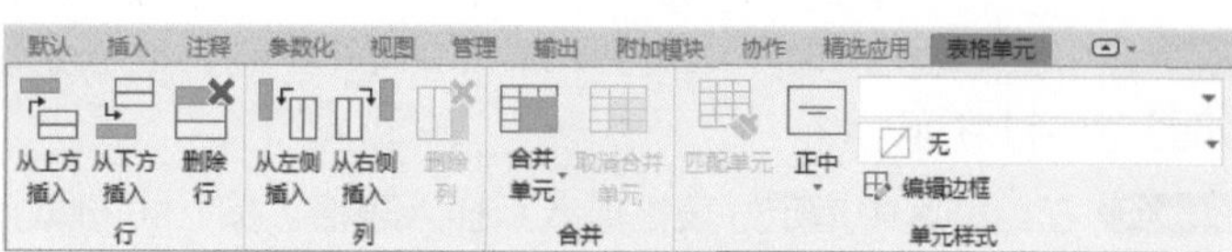

图 10-45 设置文字对齐方式

Step 06 选中“规格”一列所有单元格，将该列右侧夹点向右移动至合适位置，调整该列的列宽，如图 10-46 所示。

Step 07 将相应的图块分别插入至“图例”单元格中，并调整好其大小，如图 10-47 所示。

	A	B	C	D	E
1	苗木表				
2	序号	图例	树种	数量	规格
3	1		雪松	3	H 8.5m以上
4	2		云杉	42	D=6-8cm
5	3		杜松	28	H 4.5m以上
6	4		圆榆	19	D=5-8cm
7	5		铺地柏	3	枝长0.6-1.0m
8	6		白桦	37	D=5-8cm
9	7		旱柳	10	D=8-11cm
10	8		梨树	10	D=3-5cm
11	9		色木	12	D=3-5cm
12	10		天目琼花	13	冠幅1.5m以上
13	11		偃伏莱木球	8	球径0.8-1.0m
14	12		梓树	10	D=5-8cm
15	13		暴马丁香	15	H2.8m以上
16	14		紫丁香	46	冠幅1.5m以上
17	15		连翘	14	冠幅1.5m以上
18	16		榆叶梅	19	冠幅1.5m以上
19	17		水蜡球	24	冠幅0.8-1.0m
20	18		宿根花卉		25株/m2
21	19		云杉篱		H=0.5m
22	20		草坪碱茅		

图 10-46 调整列宽

苗木表				
序号	图例	树种	数量	规格
1		雪松	3	H 8.5m以上
2		云杉	42	D=6-8cm
3		杜松	28	H 4.5m以上
4		圆榆	19	D=5-8cm
5		铺地柏	3	枝长0.6-1.0m
6		白桦	37	D=5-8cm
7		旱柳	10	D=8-11cm
8		梨树	10	D=3-5cm
9		色木	12	D=3-5cm
10		天目琼花	13	冠幅1.5m以上
11		偃伏莱木球	8	球径0.8-1.0m
12		梓树	10	D=5-8cm
13		暴马丁香	15	H2.8m以上
14		紫丁香	46	冠幅1.5m以上
15		连翘	14	冠幅1.5m以上
16		榆叶梅	19	冠幅1.5m以上
17		水蜡球	24	冠幅0.8-1.0m
18		宿根花卉		25株/m2
19		云杉篱		H=0.5m
20		草坪碱茅		

图 10-47 插入植物图块

Step 08 调整苗木表位置，最终效果如图 10-48 所示。至此，校园环境绿化设计图绘制完成。

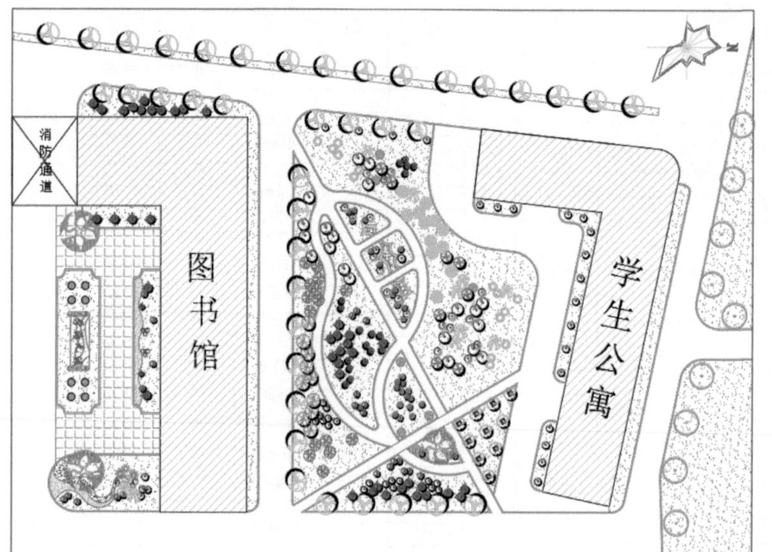

苗木表				
序号	图例	树种	数量	规格
1		雪松	3	H8.5m以上
2		云杉	42	D=6-8cm
3		杜松	28	H4.5m以上
4		圆榆	19	D=5-8cm
5		铺地柏	3	枝长0.6-1.0m
6		白桦	37	D=5-8cm
7		旱柳	10	D=8-11cm
8		梨树	10	D=3-5cm
9		色木	12	D=3-5cm
10		天目琼花	13	冠幅1.5m以上
11		偃伏莱木球	8	球径0.8-1.0m
12		梓树	10	D=5-8cm
13		暴马丁香	15	H2.8m以上
14		紫丁香	46	冠幅1.5m以上
15		连翘	14	冠幅1.5m以上
16		榆叶梅	19	冠幅1.5m以上
17		水蜡球	24	冠幅0.8-1.0m
18		宿根花卉		25株/m2
19		云杉篱		H=0.5m
20		草坪碱茅		

图 10-48 最终效果图

第 11 章

绘制住宅区广场规划图

内容导读

广场是人们举行各类休闲活动的一个公共场所。按照广场用途分类，大致可分为 6 种，分别为市民广场、集散广场、交通广场、纪念性广场、商业广场以及居住区广场。本章将以居住区广场为例进行讲解，通过对本章内容的学习，读者可以熟悉广场规划设计的一些要领，同时也能够掌握小区广场规划图绘制方法及技巧。

学习目标

▲ 园林景观设计要点

▲ 园林平面规划图的绘制方法

▲ 园林小品的绘制方法

11.1 住宅区广场规划设计概述

住宅区广场通常设置在住宅区内部，其面积范围较小。它是与居民生活密切相关的一个公共场所，主要供居民散步、健身、儿童游玩使用。设计者在作规划之前，务必要了解小区广场的一些基本设计要素和原则，从而使设计者做出合理美观的设计作品。

11.1.1 住宅区广场规划设计要素

对于居民来说，小区广场是集交流、休闲、娱乐、健身为一体的公共空间，也是居民生活中必不可少的一部分。通常在作规划时，广场绿化、路面铺装、景观小品、水景这 4 个要素是不可或缺的。下面将针对这 4 个设计要素进行简单的介绍。

1. 广场绿化

广场中的绿化主要是给居民提供林荫、纳凉、休息环境。广场绿化应多栽树、少铺草，充分体现出更多的实用性。除此之外，绿化还能够点缀广场色彩，美化环境。

2. 路面铺装

路面铺装最基本的功能是保证车辆和行人的出行，其次，路面铺砌图案能够给人以方向感，使居民在广场中能够更容易地确定方向和方位。再次，地面的铺装会对人们产生一定的心理暗示，可以增强广场空间的识别性。不同的活动场地，其铺装要求也是不同的。

路面铺装应与绿化、建筑及其他公共设施呼应起来，作为一个整体考虑，做到和谐统一。这对提升广场的品质起到了很好的推动作用，如图 11-1 所示。

图 11-1 路面铺装实景

3. 景观小品

广场中的景观小品是必不可少的。它能够为人们提供识别、依靠、观赏等功能，还能够烘托小区环境。同时景观小品能够反映出人们的审美价值和文化内涵，对小区环境起到了画龙点睛的作用，如图 11-2 所示。

4. 水景

小区水景一般以喷泉、跌水、瀑布等形式来体现。设计者进行规划时，需要考虑当地的条件以及地理气候条件，将水景与周围环境以及人们的活动有机结合起来，如图 11-3 所示。

图 11-2 雕塑小品

图 11-3 喷泉

11.1.2 住宅区广场规划设计原则

设计者除了解以上 4 点设计要素外，还需要掌握这 4 个要素的基本设计原则。

1. 广场绿化的设计原则

在住宅区广场适用的种植类包括灌木、乔木、藤本植物、草本植物、花卉和竹类。在设计时，应从总体构思到具体配置，同时改善植物的组织空间和观赏功能。多种植物配置时，其植物之间应有重叠交错，以增加布局的整体性和群体性，如图 11-4 所示。

乔木、灌木、常绿植植物的搭配需要考虑植物本身的生长习性及观赏价值。木本植物和草本花卉配置主要考虑景观效果和四季变化。

图 11-4 绿植配置实景

孤植，以粗壮高大、体形优美、树冠较大的乔木为主；对植，以采用乔灌木为主，在轴线两侧对称种植；丛植，以多种植物组合而成，以遮阳为主的丛植多以数株乔木组成，而以观赏为主的丛植多以乔灌木混交组成。

2. 路面铺装的设计原则

重复使用某一种规范的图案，其中适当插入其他图案，可让铺装效果丰富而不单调。在选择材料方面，石材的纹理质感厚重，可以烘托出庄严雄伟的艺术效果；木材在视觉上给人以和谐感；砖材颜色丰富，形状多样，可以形成多种风格，如图 11-5 所示；砾石稳固、坚实，能够创造出自然和谐的效果，如图 11-6 所示。

图 11-5 砖铺地效果

图 11-6 砾石铺地效果

3. 景观小品的设计原则

景观小品设计需要具备观赏性和趣味性，还需要贴近生活内容。同时还要配合住宅区内的建筑、道路、绿化以及其他公共设施来设置，起到点缀、装饰的作用。

4. 水景的设计原则

设计水景时，应充分利用现有水景资源，要同视点和视线巧妙组织，将空间之外的水色纳入观赏之中。住宅区广场水景应注重建筑组群总体布局和远观效果的表现，追求视觉均衡，这是最基本的原则。

11.2 绘制住宅区广场规划图

下面将以绘制某住宅小区广场规划图为例展开介绍，其中包括广场平面图、小区景观小品详图等。

11.2.1 绘制广场平面图

在绘制规划图时，要考虑整体规划的面积和布局，以及分布地面格局，如草皮、道路、流水、桥等，要将其明确标示出来。下面将对广场平面图的绘制过程进行介绍。

Step 01 执行“矩形”和“偏移”命令，绘制矩形并偏移矩形边线，如图 11-7 所示。

Step 02 将内部矩形分解，执行“偏移”命令，再次偏移矩形边线，如图 11-8 所示。

Step 03 执行“圆”命令，捕捉交点并绘制半径为 4000mm 的圆，如图 11-9 所示。

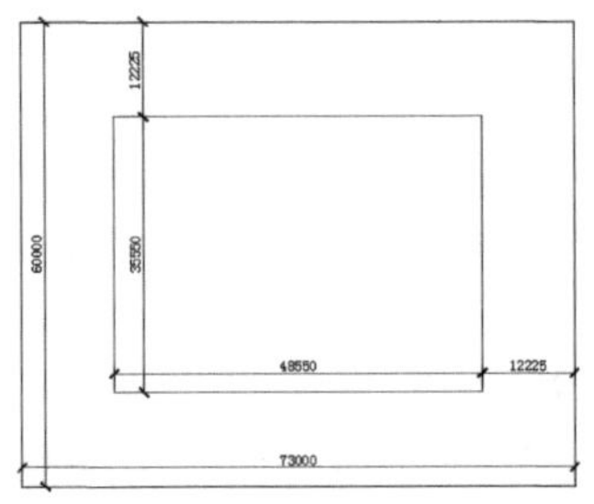

图 11-7 绘制并偏移矩形

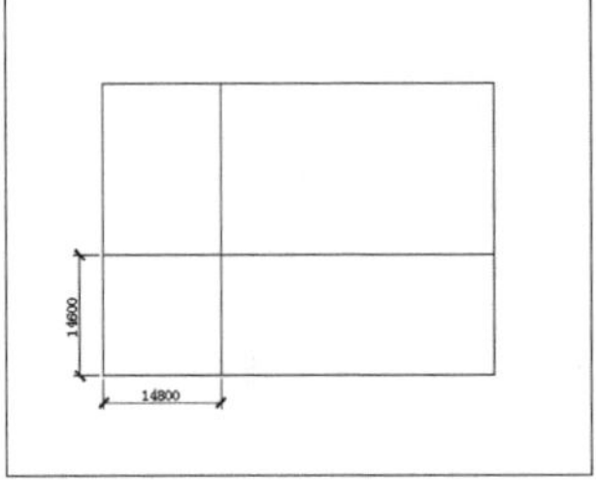

图 11-8 分解并偏移矩形边线

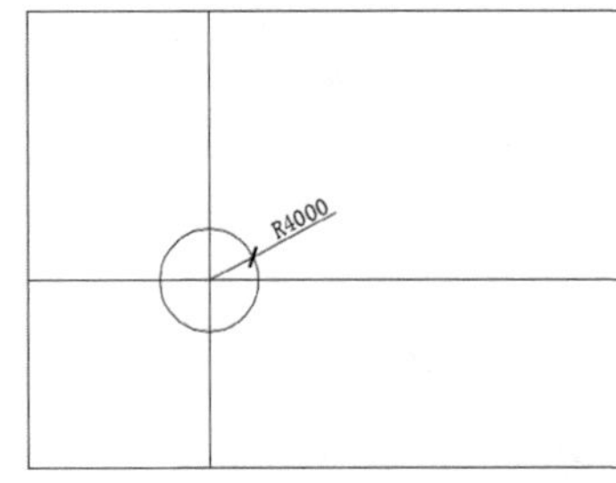

图 11-9 绘制圆

Step 04 继续执行“圆”命令，捕捉圆心，分别绘制多个同心圆，如图 11-10 所示。

Step 05 开启极轴追踪命令，将其角度设为 45°，以圆心点为直线的起点，沿着 45° 辅助虚线绘制斜线。执行“延伸”命令，将斜线延伸至矩形边线上，如图 11-11 所示。

Step 06 执行“偏移”命令，将矩形左边线向右偏移 4000mm，如图 11-12 所示。

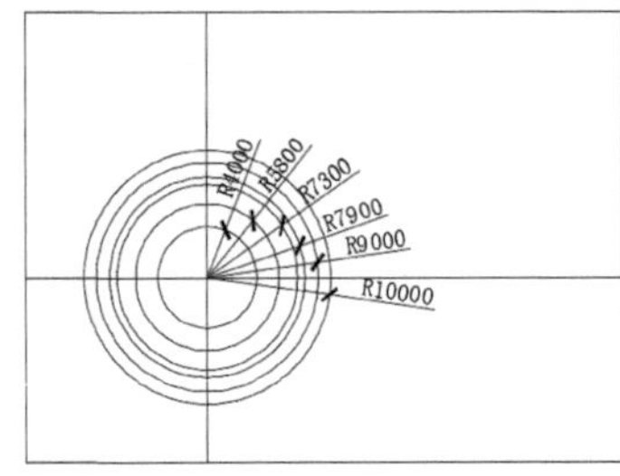

图 11-10 绘制同心圆

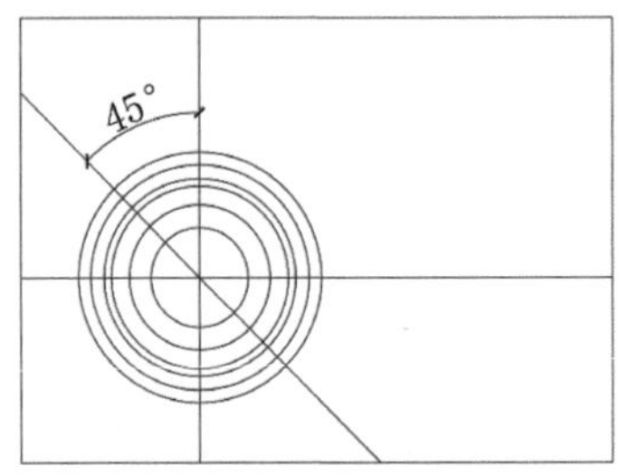

图 11-11 绘制并延伸斜线

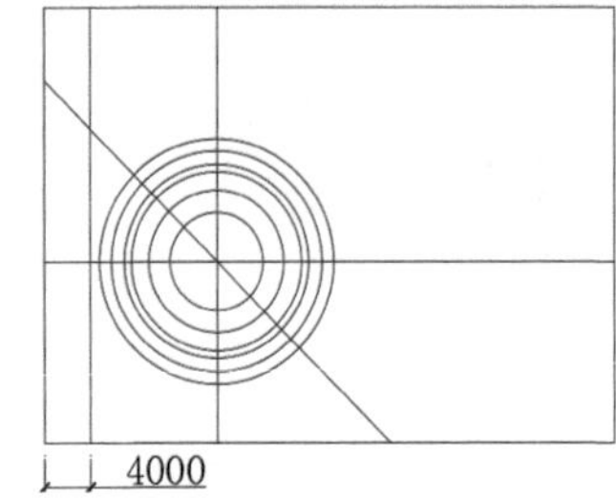

图 11-12 偏移图形

Step 07 执行“圆弧”命令，捕捉起点、端点及经过点绘制一条弧线，如图 11-13 所示。

Step 08 删除偏移的直线。执行“偏移”命令，将刚绘制的线段分别向左、右两侧各偏移 600mm，如图 11-14 所示。

Step 09 执行“修剪”命令修剪多余线条，效果如图 11-15 所示。

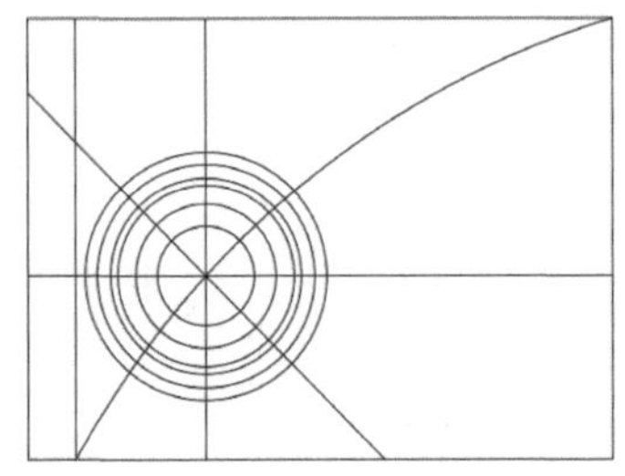
图 11-13 绘制弧线

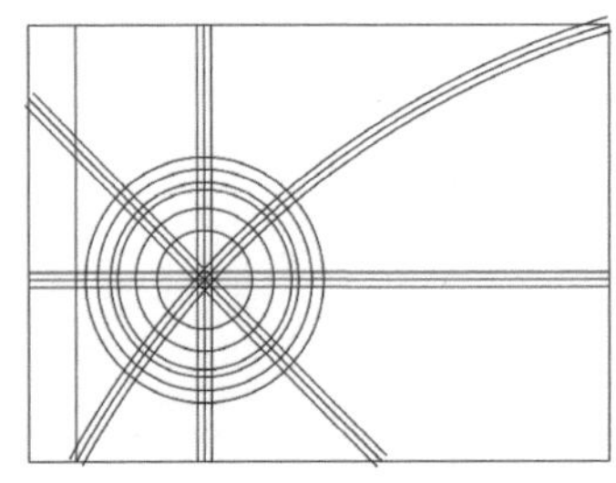
图 11-14 偏移图形

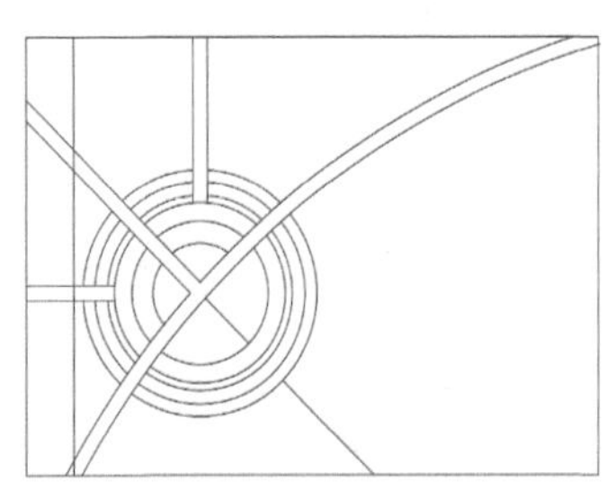
图 11-15 修剪图形

Step 10 执行“偏移”命令偏移图形，如图 11-16 所示。

Step 11 执行“延伸”和“修剪”命令，延伸线条再修剪图形，删除多余线条，如图 11-17 所示。

Step 12 执行“偏移”命令，将左侧垂直线向左偏移 200mm，将水平线段向上偏移 3000mm，如图 11-18 所示。

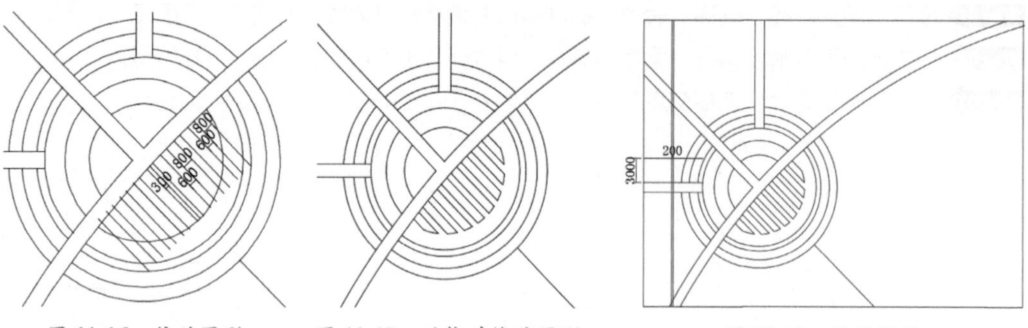

图 11-16　偏移图形　　图 11-17　延伸并修剪图形　　图 11-18　偏移线段

Step 13 删除偏移 200mm 后的右边线段。执行“圆”命令，捕捉垂直交点绘制三个圆，如图 11-19 所示。

Step 14 删除偏移的直线。执行“圆角”命令，设置圆角尺寸为 1000，对图形执行圆角操作，如图 11-20 所示。

Step 15 执行“偏移”命令，将绘制的道路线段各向内偏移 100mm，如图 11-21 所示。

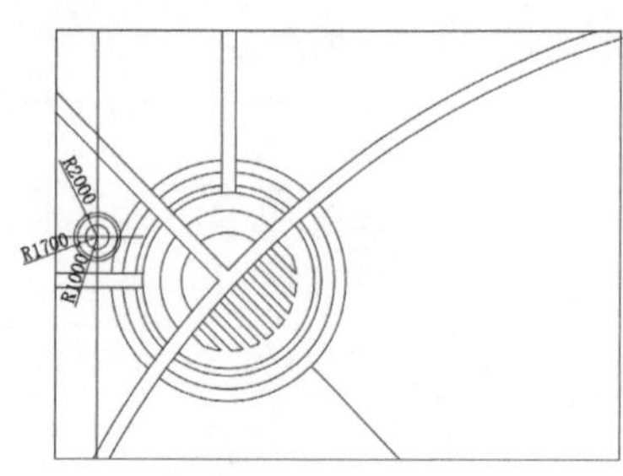

图 11-19　绘制圆

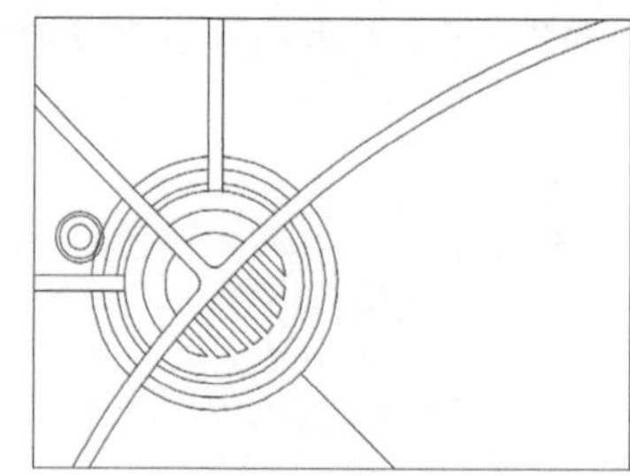

图 11-20　道路圆角操作

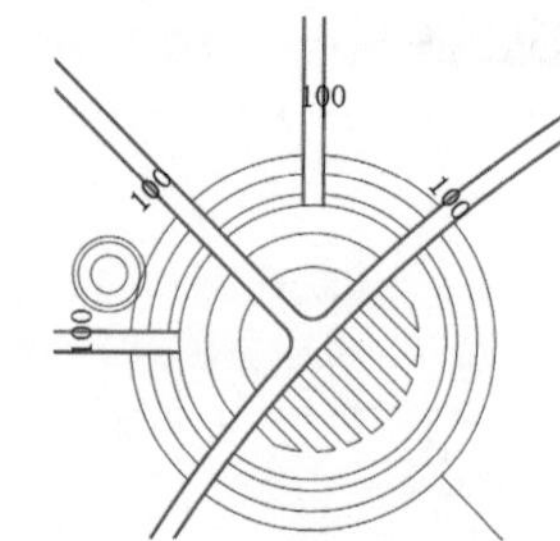

图 11-21　偏移道路线段

Step 16 执行“直线”和“偏移”命令，按照如图 11-22 所示的尺寸绘制并偏移直线。

Step 17 执行“修剪”命令，对偏移的线段进行修剪，如图 11-23 所示。

Step 18 再次执行“偏移”命令偏移图形，如图 11-24 所示。

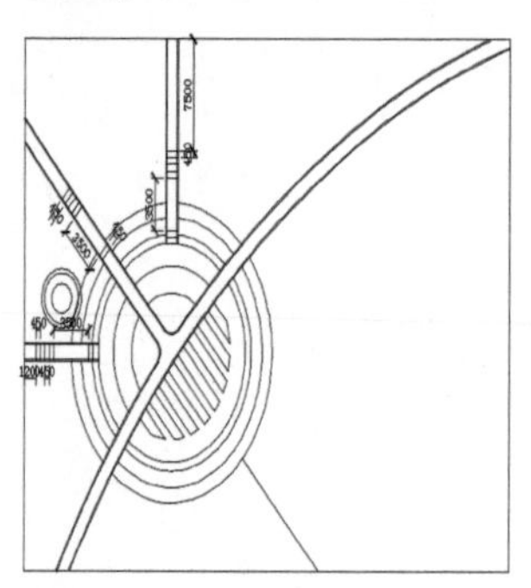

图 11-22　绘制并偏移直线

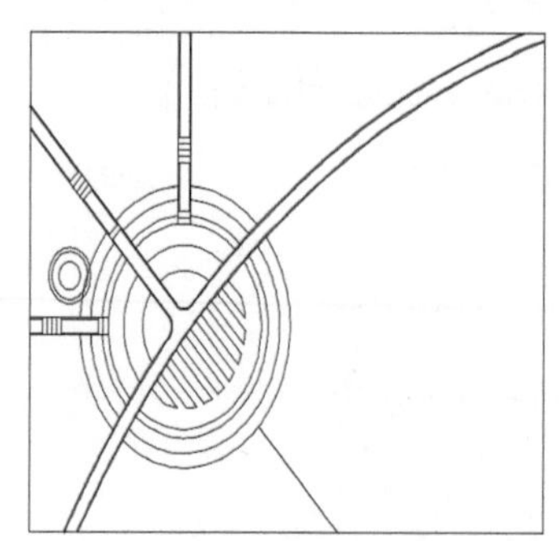

图 11-23　修剪线段

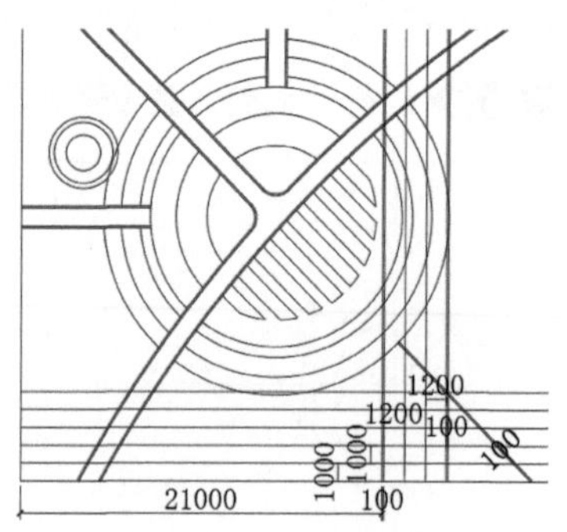

图 11-24　偏移图形

Step 19 执行“修剪”命令，对偏移的图形进行修剪，如图 11-25 所示。

Step 20 执行“矩形”命令，绘制矩形并移动到合适位置，如图 11-26 所示。

Step 21 再次执行“偏移”命令偏移图形，如图 11-27 所示。

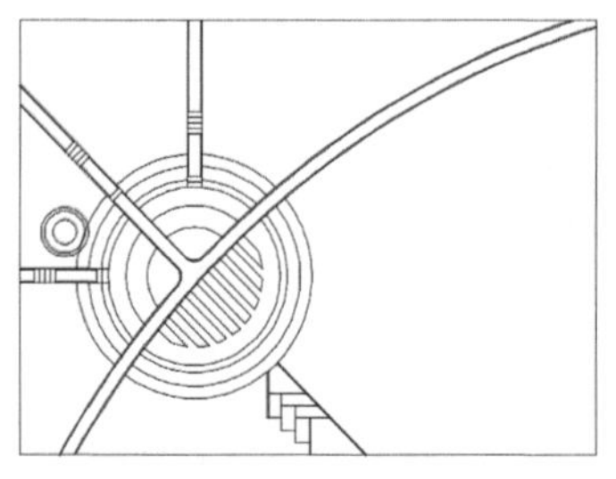

图 11-25　修剪图形

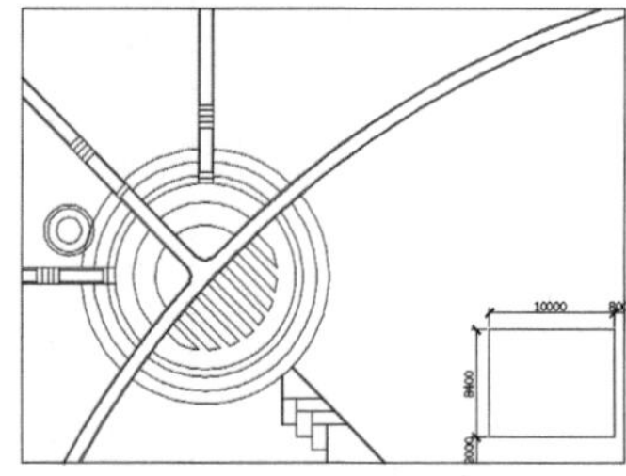

图 11-26　绘制矩形

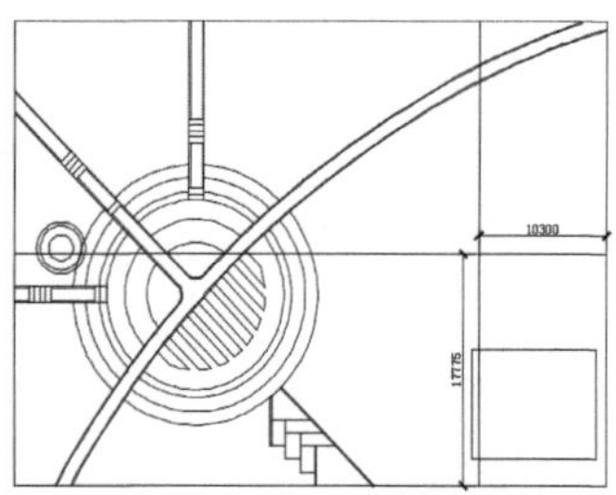

图 11-27　偏移图形

Step 22 执行“圆”命令，以交点为圆心，绘制两个圆，如图 11-28 所示。

Step 23 执行“偏移”命令，偏移直线，如图 11-29 所示。

Step 24 执行“修剪”命令，修剪图形并删除多余图形，如图 11-30 所示。

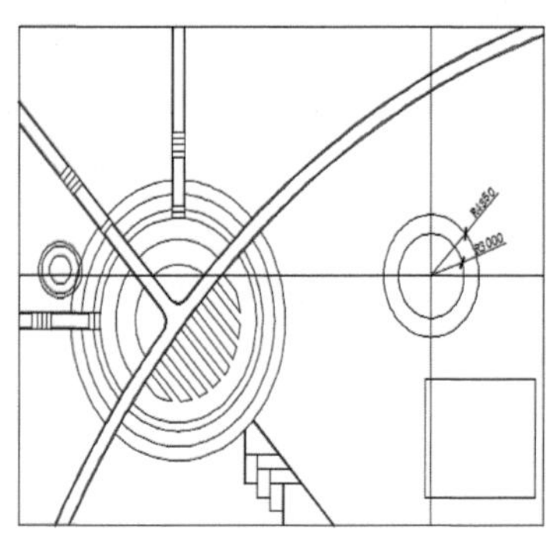

图 11-28　绘制同心圆

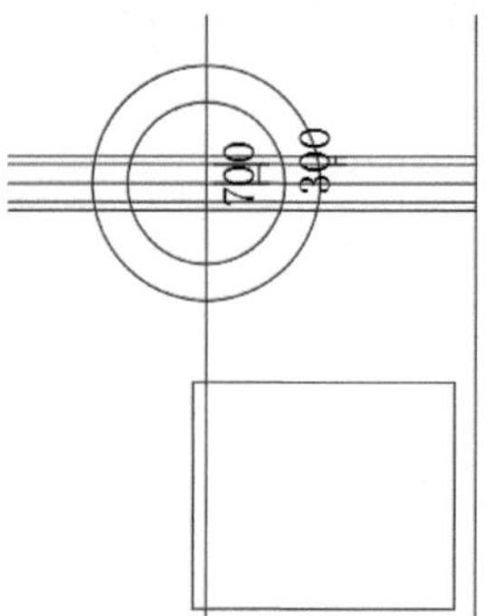

图 11-29　偏移直线

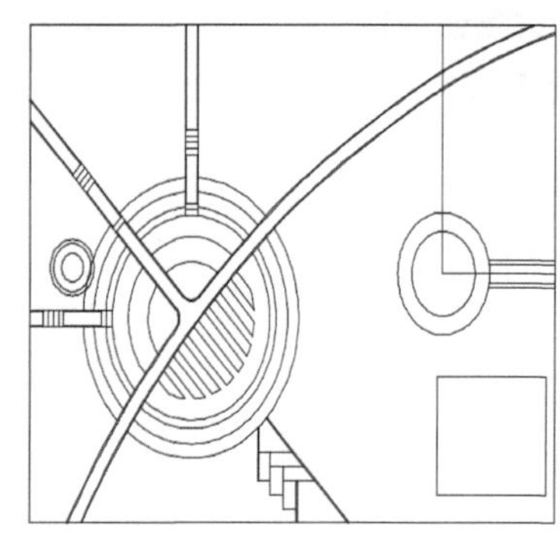

图 11-30　修剪图形

Step 25 执行“旋转”命令，旋转两条直线，旋转角度为 45°，如图 11-31 所示。

Step 26 执行“偏移”命令，偏移旋转后的线段，尺寸如图 11-32 所示。

Step 27 执行“延伸”命令，将偏移的线段延伸至矩形边界线上，如图 11-33 所示。

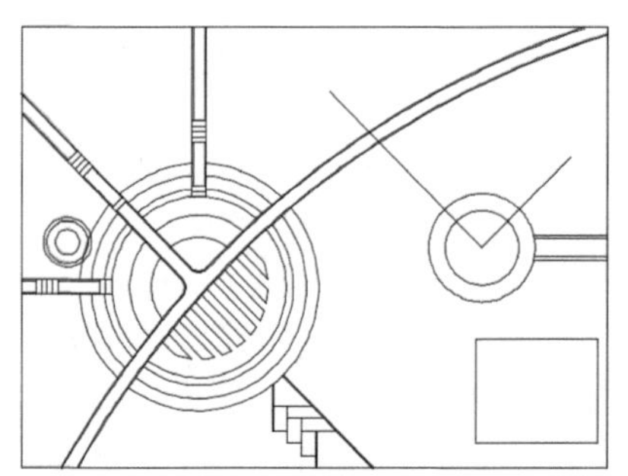

图 11-31　旋转线段

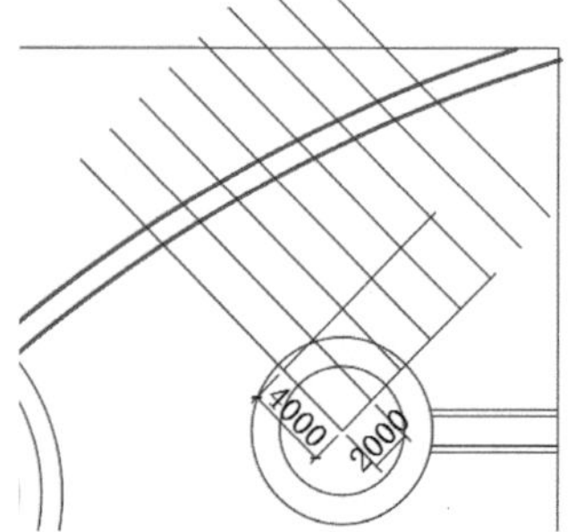

图 11-32　偏移线段

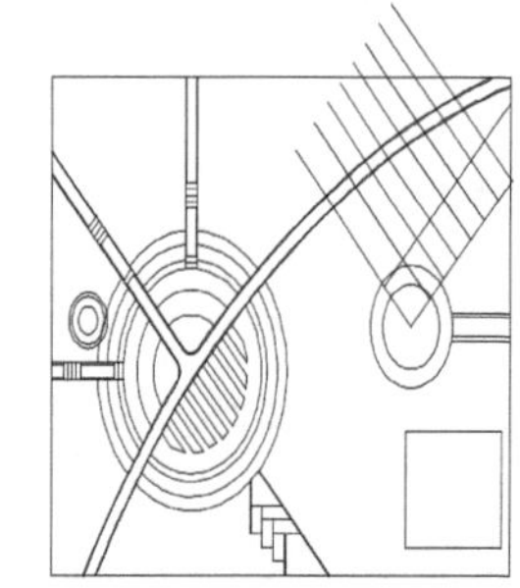

图 11-33　延伸线段

Step 28 执行“修剪”命令，修剪图形并删除多余图形，如图 11-34 所示。

Step 29 执行“偏移”命令偏移图形，如图 11-35 所示。

Step 30 执行“圆角”命令，设置圆角尺寸为 0，进行圆角操作，如图 11-36 所示。

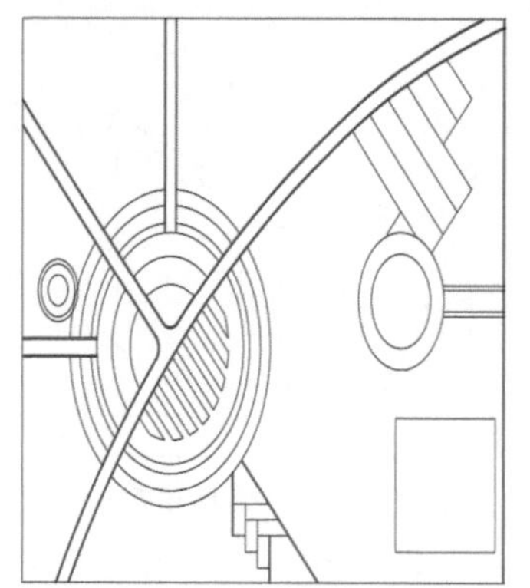
图 11-34 修剪线段

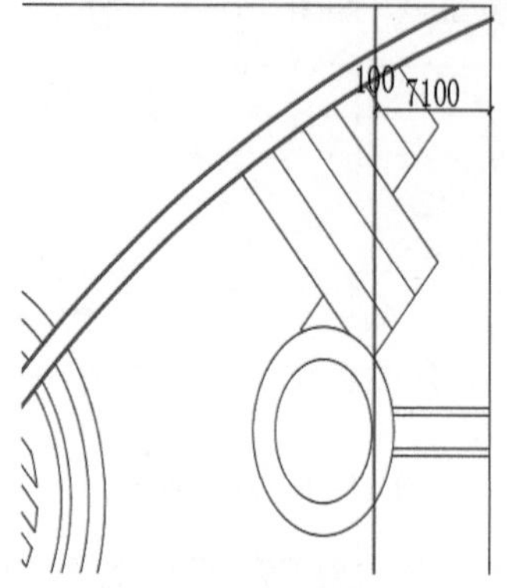

图 11-35 偏移线段

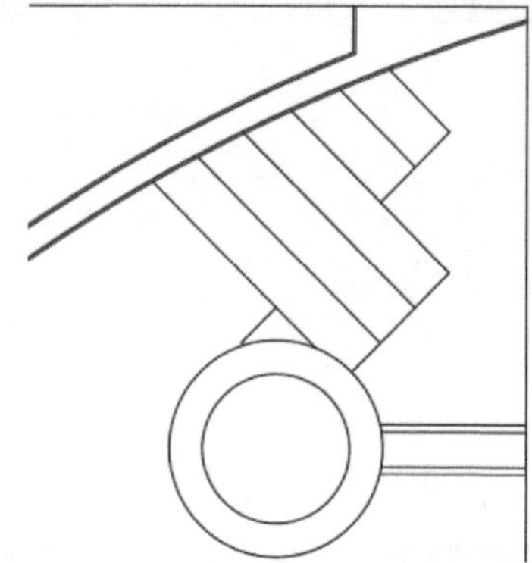
图 11-36 圆角操作

Step 31 执行“偏移”命令偏移线段，如图 11-37 所示。

Step 32 执行“圆”命令，绘制两个相切的圆，如图 11-38 所示。

Step 33 执行“修剪”命令修剪图形，如图 11-39 所示。

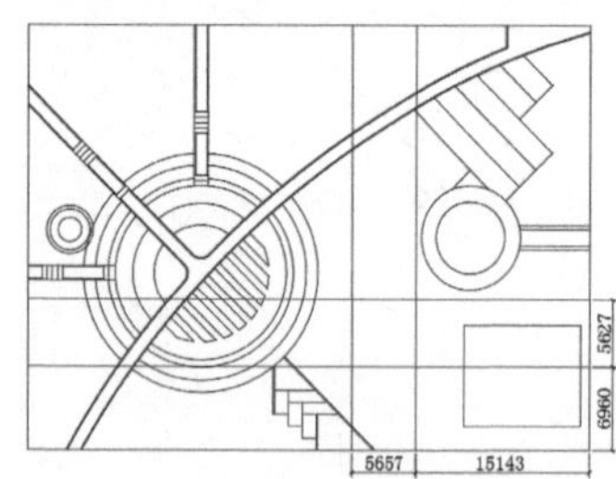

图 11-37 偏移图形

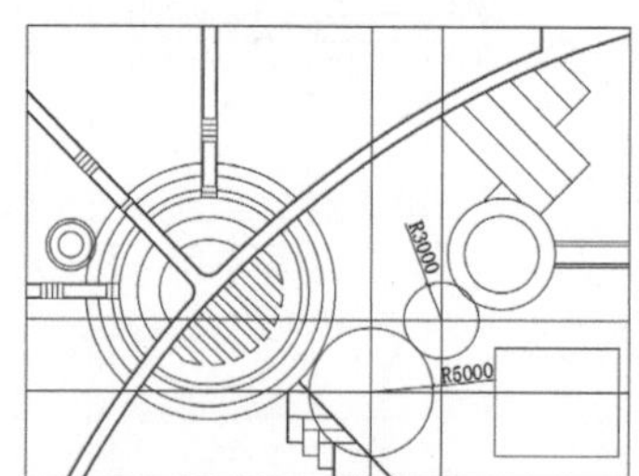

图 11-38 绘制圆

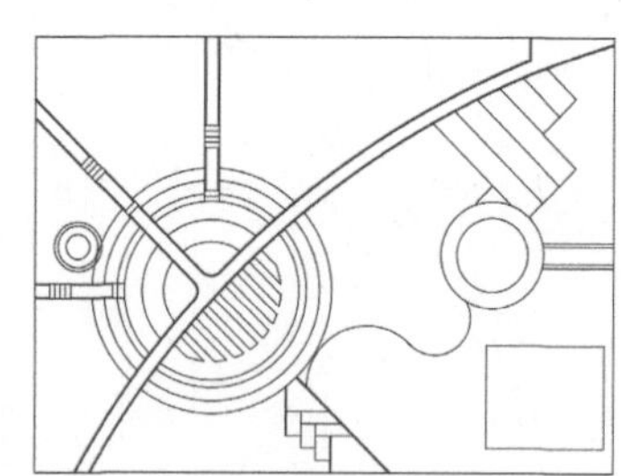
图 11-39 修剪图形

Step 34 执行“偏移”命令，偏移修剪后的弧线，如图 11-40 所示。

Step 35 执行“延伸”和“修剪”命令，延伸并修剪图形，如图 11-41 所示。

Step 36 执行“直线”命令，捕捉左侧同心圆的圆心以及与其他圆相交的交点绘制斜线，如图 11-42 所示。

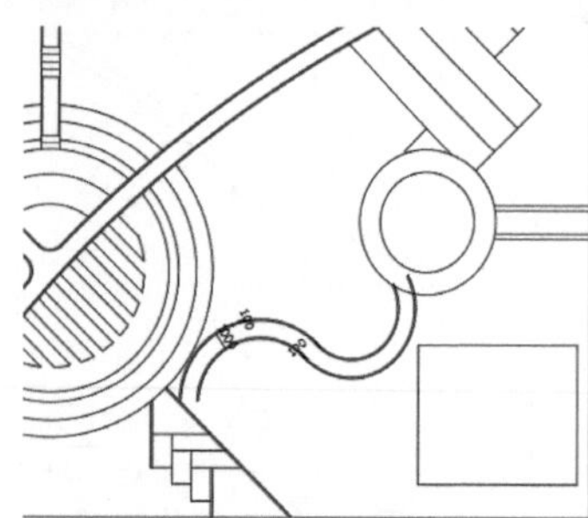
图 11-40 偏移图形

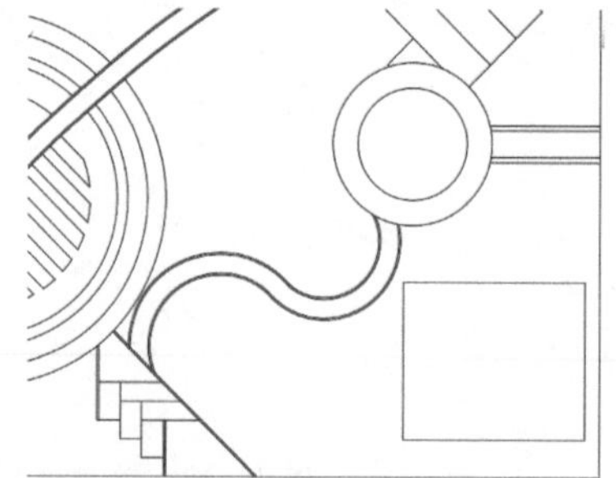
图 11-41 延伸并修剪图形

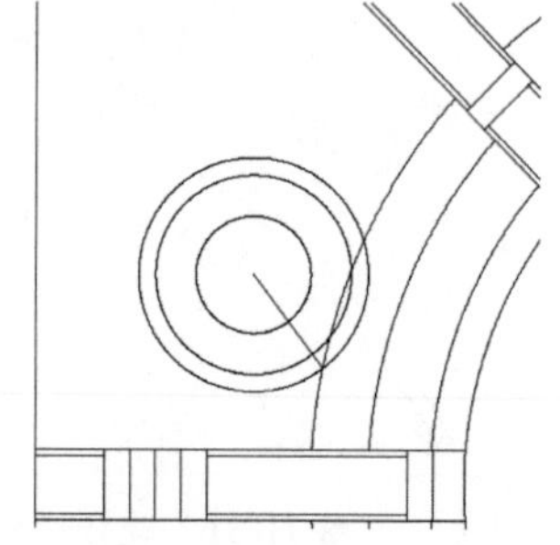
图 11-42 绘制斜线

Step 37 执行“旋转”命令，以圆心为中点旋转并复制直线，旋转角度为 120°，如图 11-43 所示。

Step 38 执行“修剪”命令修剪图形，如图 11-44 所示。

Step 39 执行“样条曲线”命令绘制曲线，如图 11-45 所示。

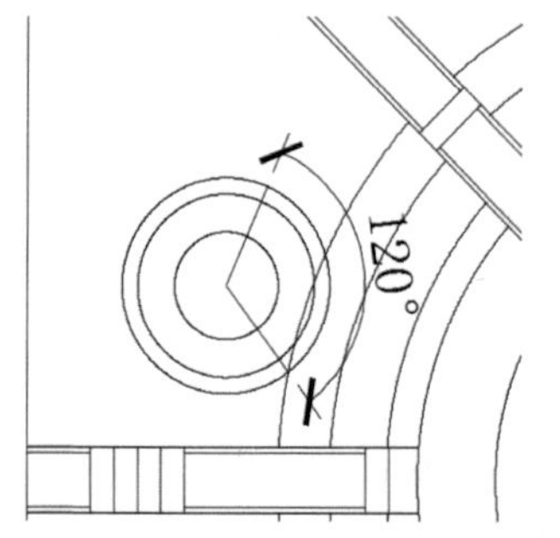

图 11-43 复制并旋转图形

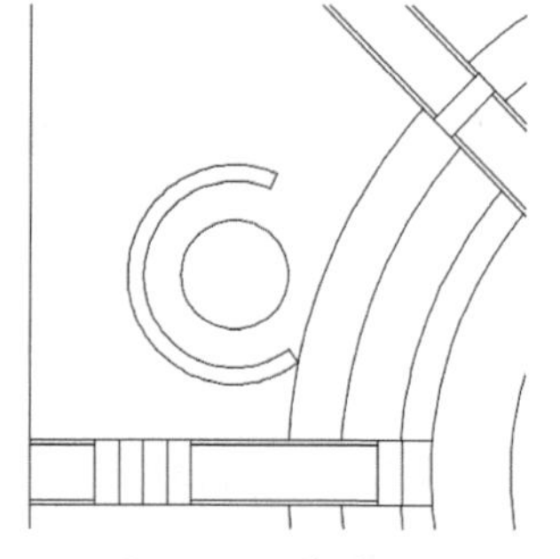
图 11-44 修剪图形

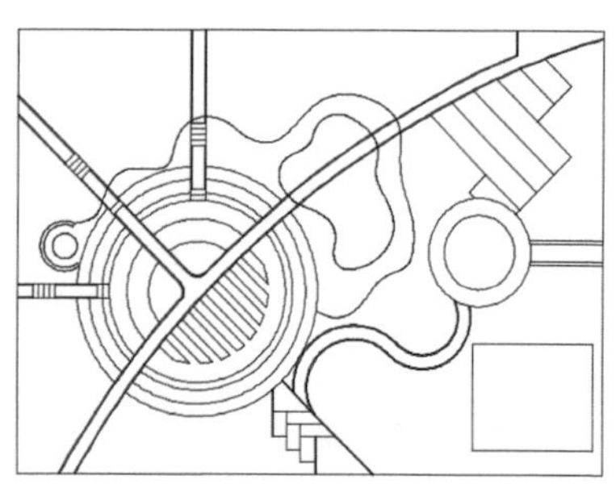
图 11-45 绘制样条曲线

Step 40 执行“直线”命令，捕捉圆心绘制一条直线，如图 11-46 所示。

Step 41 执行“旋转”命令，将直线顺时针旋转 60°，如图 11-47 所示。

Step 42 复制直线，并执行“旋转”命令，如图 11-48 所示。

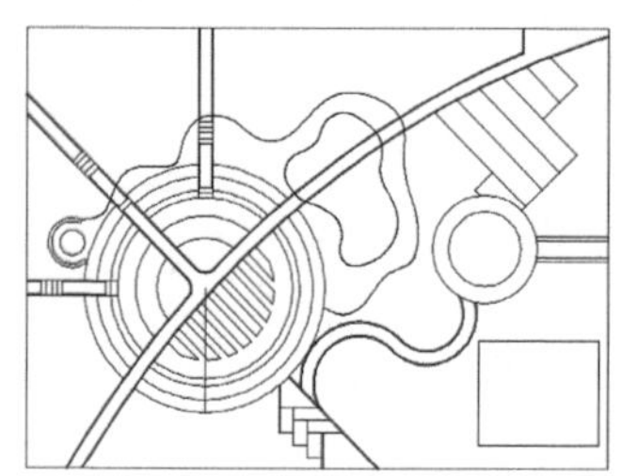
图 11-46 绘制直线

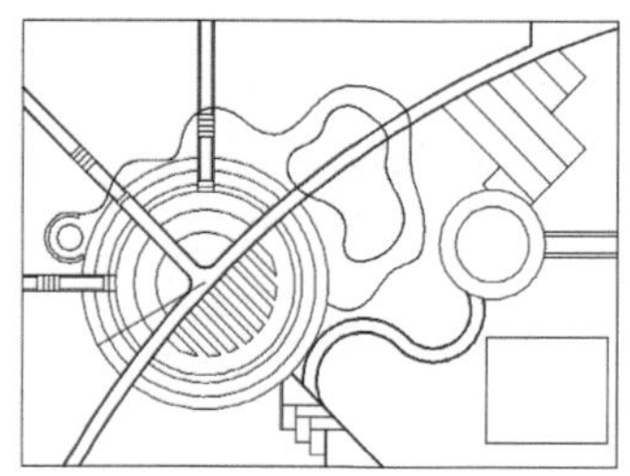
图 11-47 旋转图形

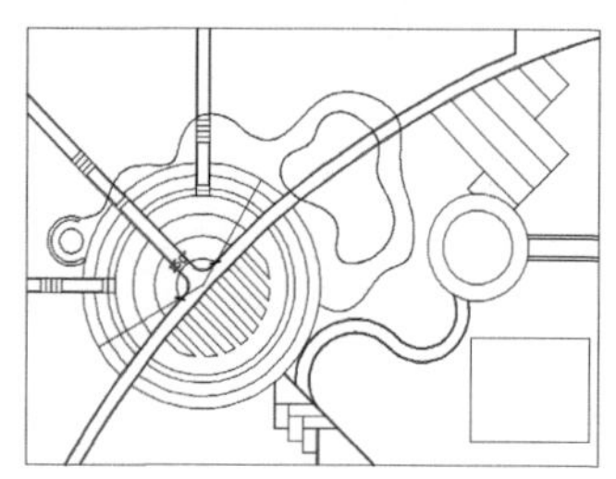
图 11-48 复制并旋转直线

Step 43 执行“修剪”命令，修剪图形并删除多余线条，如图 11-49 所示。

Step 44 执行“矩形”和“偏移”命令，绘制矩形并进行偏移，如图 11-50 所示。

Step 45 执行“直线”命令，绘制对角线，如图 11-51 所示。

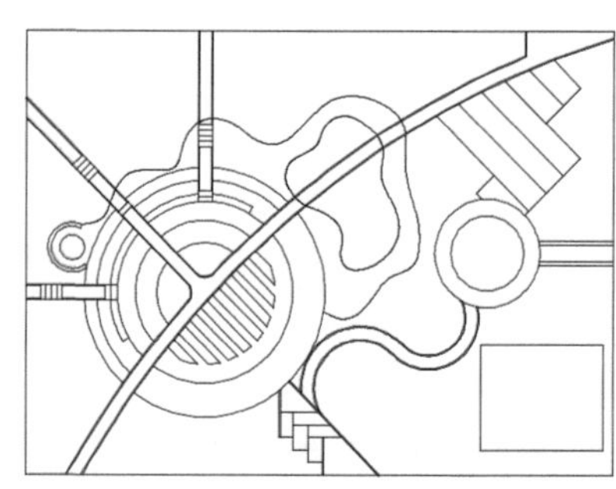
图 11-49 修剪图形

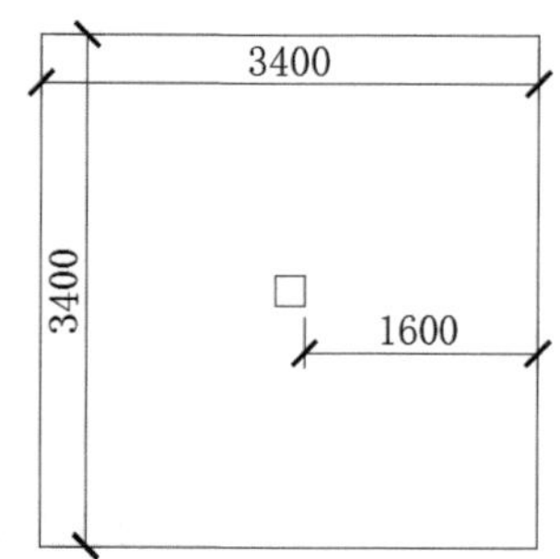

图 11-50 绘制并偏移矩形

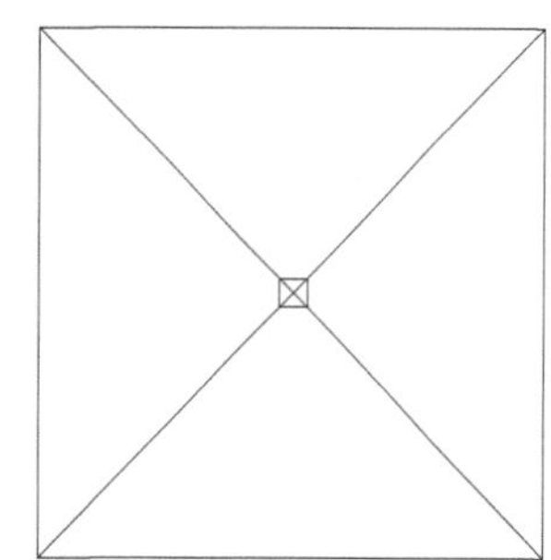
图 11-51 绘制对角线

Step 46 执行“偏移”命令，向两侧偏移图形，如图 11-52 所示。

Step 47 执行“修剪”命令修剪图形，如图 11-53 所示。

Step 48 执行“图案填充”命令，设置图案为 AR-RSHKE，选择并进行填充，制作出亭子平面图，并将其群组，如图 11-54 所示。

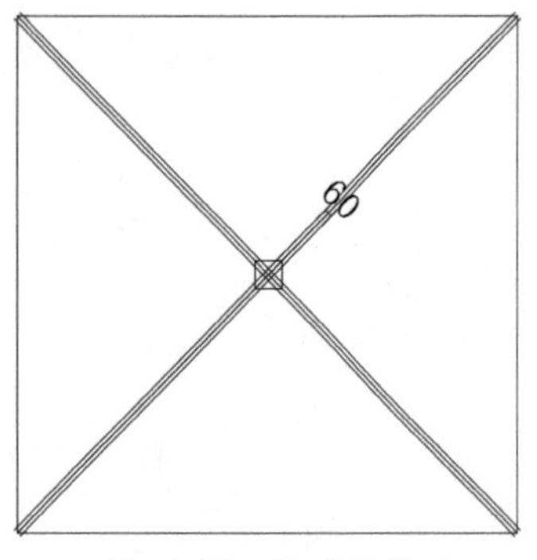

图 11-52　偏移图形

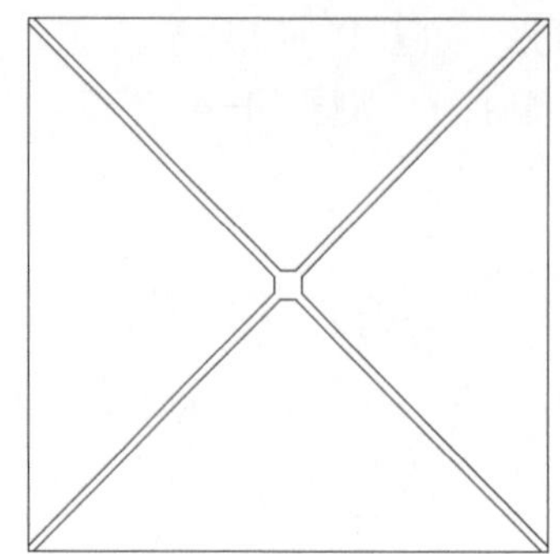
图 11-53　修剪图形

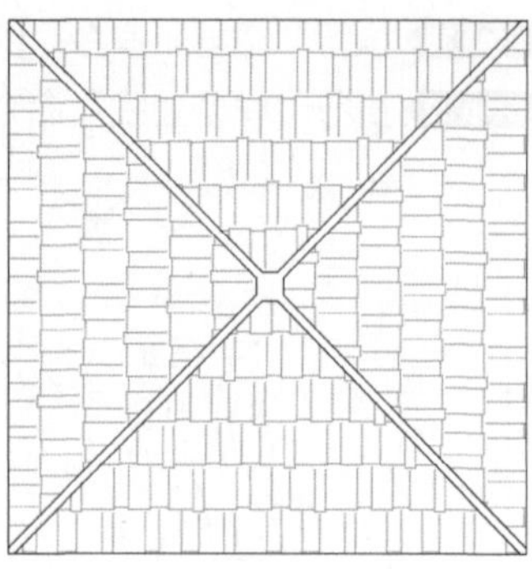
图 11-54　图案填充

Step 49 移动亭子图形到合适位置，如图 11-55 所示。

Step 50 选择亭子图形，执行“环形阵列”命令，以圆心为阵列中心进行阵列复制，如图 11-56 所示。

Step 51 将阵列出的图形炸开，并删除多余的亭子图形，如图 11-57 所示。

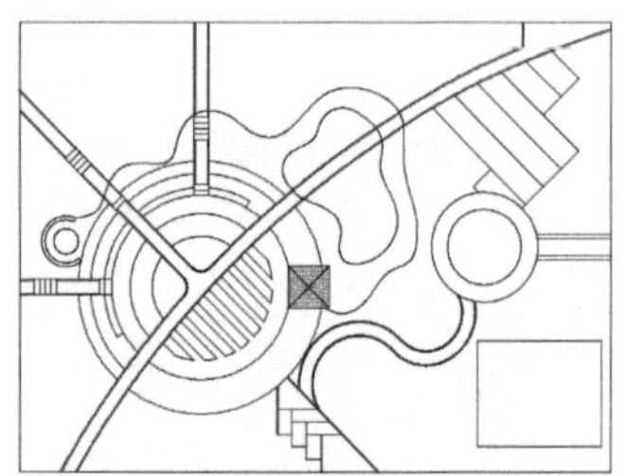
图 11-55　移动图形

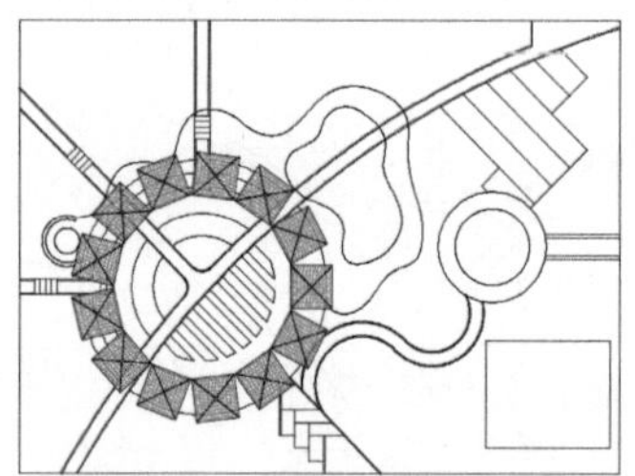
图 11-56　环形阵列亭子

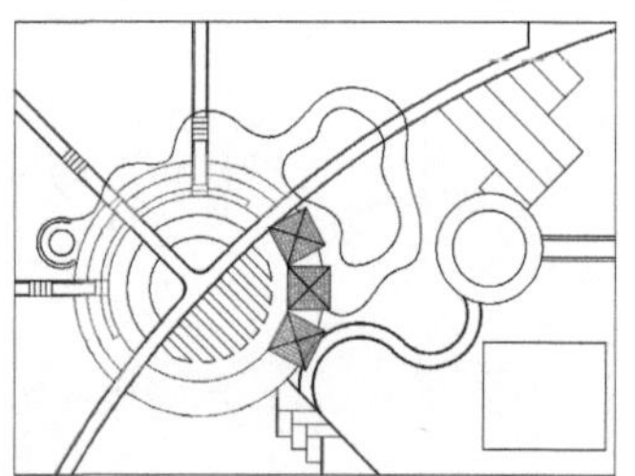
图 11-57　炸开并删除多余图形

Step 52 执行“修剪”命令，修剪被覆盖的线条，如图 11-58 所示。

Step 53 执行“多段线”命令，绘制石头轮廓，并设置图形颜色，如图 11-59 所示。

Step 54 继续绘制石头轮廓，并分布到合适位置，如图 11-60 所示。

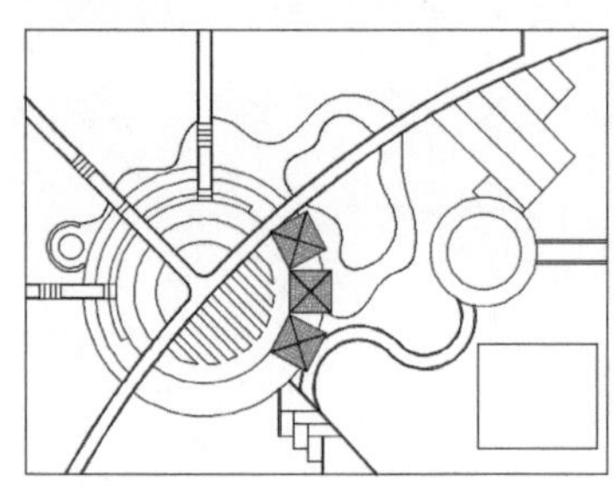
图 11-58　修剪图形

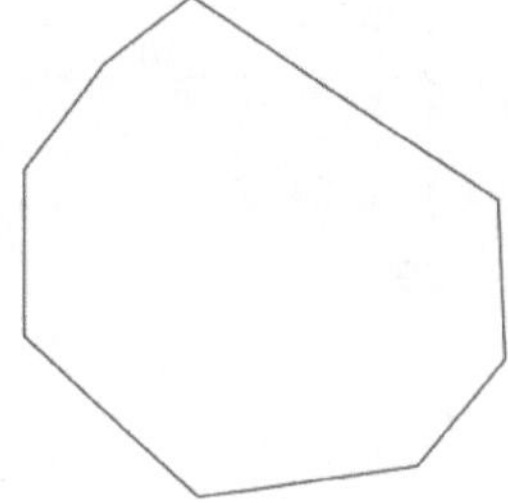
图 11-59　绘制多段线

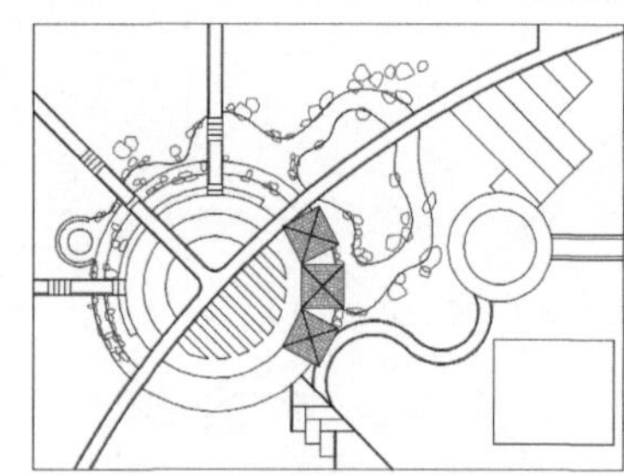
图 11-60　绘制石头轮廓

Step 55 执行“图案填充”命令，设置图案为 ANSI37，填充圆环道路，如图 11-61 所示。

Step 56 执行“图案填充”命令，填充其他道路，如图 11-62 所示。

Step 57 执行“圆角”命令，设置圆角尺寸为 2800，对矩形边界线进行圆角操作，如图 11-63 所示。

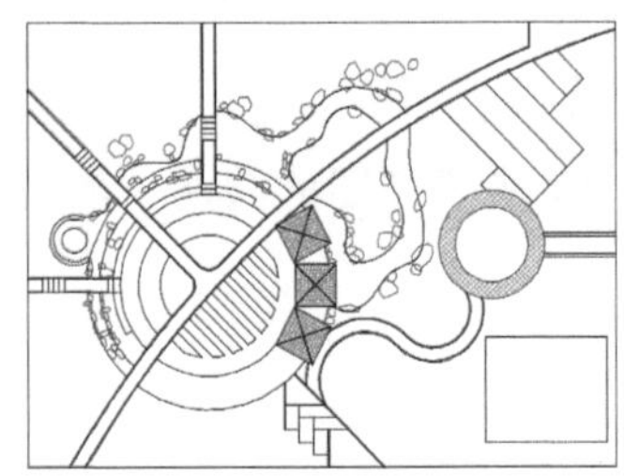

图 11-61 图案填充

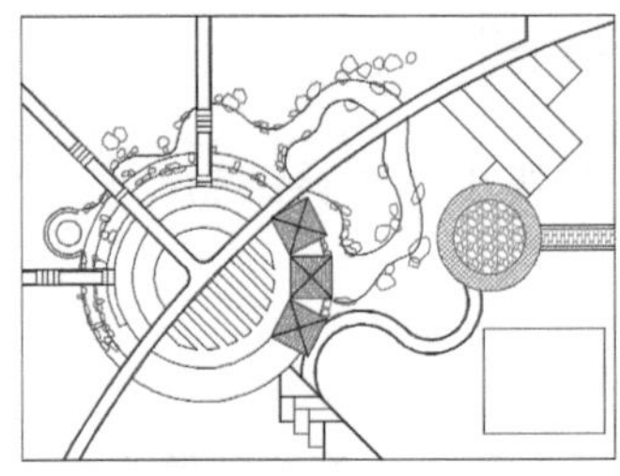

图 11-62 填充其他道路

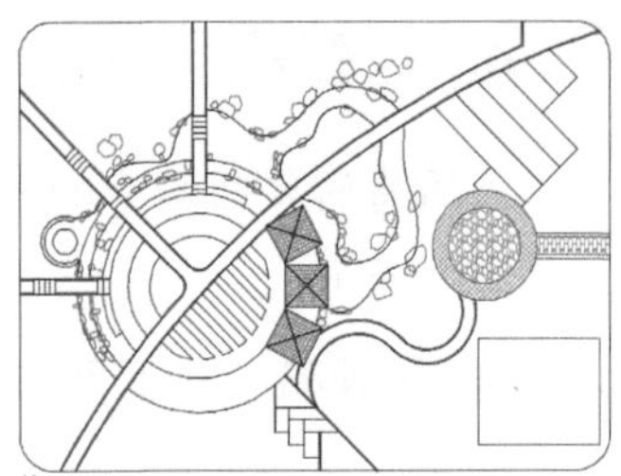

图 11-63 圆角并修剪矩形

Step 58 再次执行“图案填充”命令，选择区域进行填充，完成道路填充操作，如图 11-64 所示。

Step 59 执行“偏移”命令，将矩形边界线向外偏移 125mm，如图 11-65 所示。

Step 60 调整所有线段的颜色，效果如图 11-66 所示。

Step 61 执行“多行文字”命令，为图纸标注文字说明，如图 11-67 所示。

Step 62 在命令行中输入 QL 命令，对地面材料进行引线标注。至此，完成广场平面图的绘制，如图 11-68 所示。

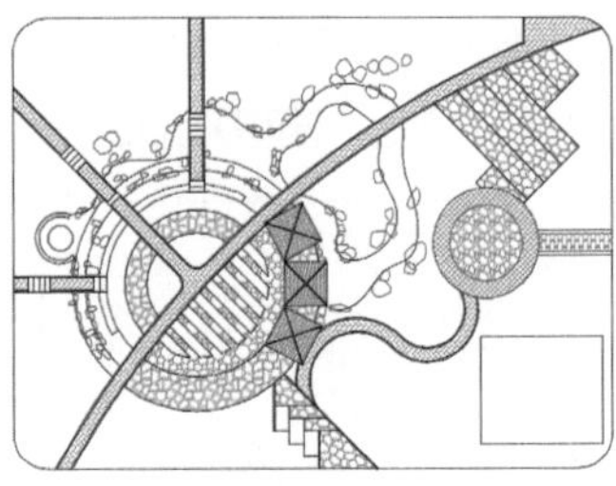

图 11-64 图案填充道路

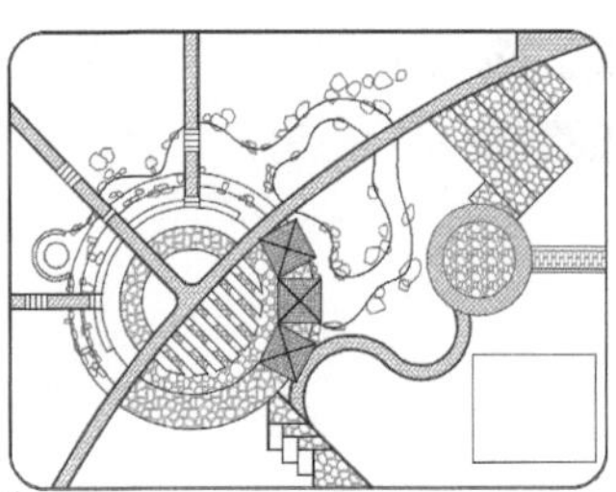

图 11-65 偏移矩形边界线

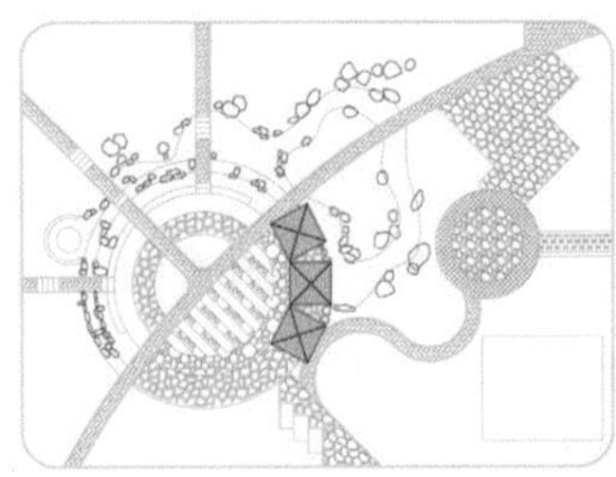

图 11-66 调整图形颜色

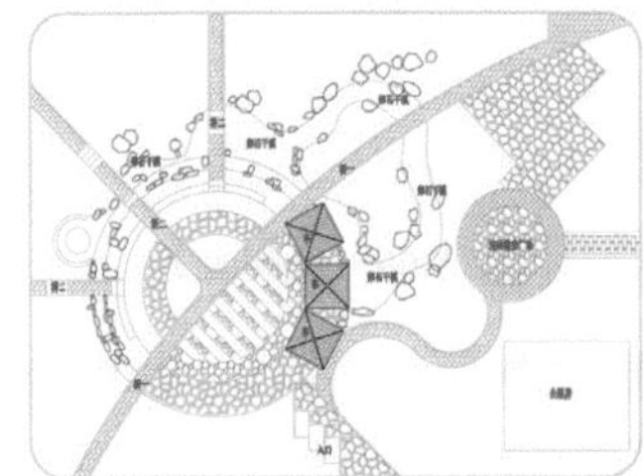

图 11-67 标注文字说明

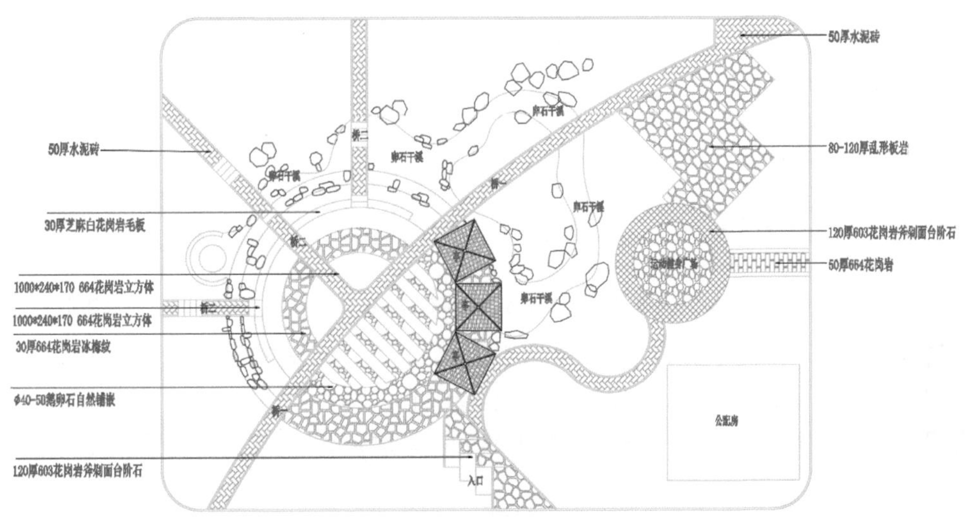

图 11-68 广场平面效果图

11.2.2 绘制广场小品详图

下面将对平面图中的一些景观小品进行绘制，其中包括景观亭详图的绘制、景观桥详图的绘制。

1. 绘制景观亭子立面图和剖面图

下面将利用偏移、修剪、填充等命令来绘制景观亭立面及剖面详图。

Step 01 从规划图中复制亭子图形，如图 11-69 所示。

Step 02 执行“偏移”命令，将矩形向外偏移 200mm，如图 11-70 所示。

Step 03 将矩形进行分解。执行“偏移”命令，偏移矩形边线，如图 11-71 所示。

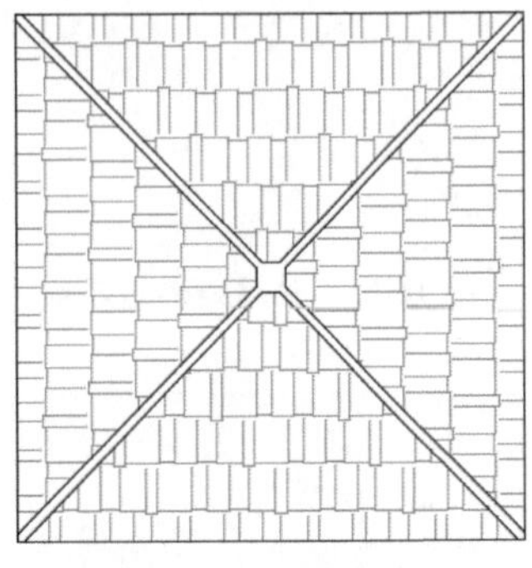

图 11-69 复制图形

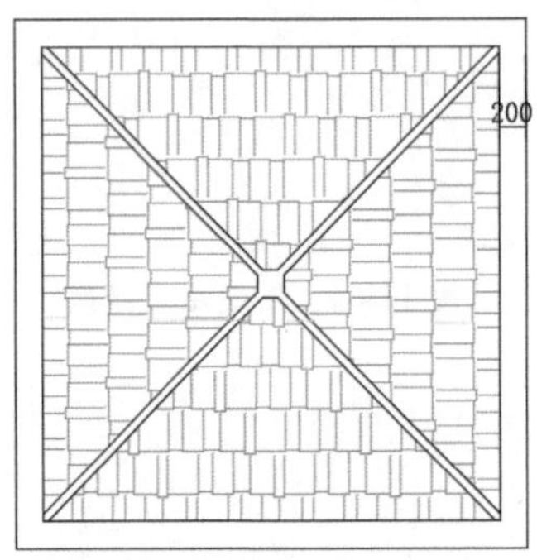

图 11-70 偏移图形

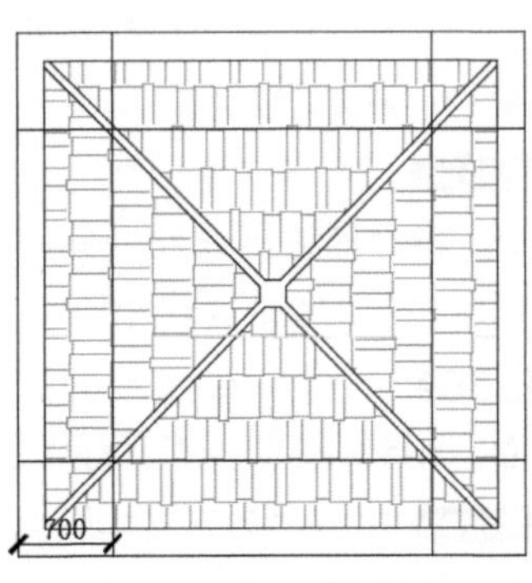

图 11-71 分解并偏移矩形

Step 04 执行“直线”命令，绘制对角线，如图 11-72 所示。

Step 05 设置直线颜色及线型，如图 11-73 所示。

Step 06 执行“线性”命令，为图形进行尺寸标注，如图 11-74 所示。

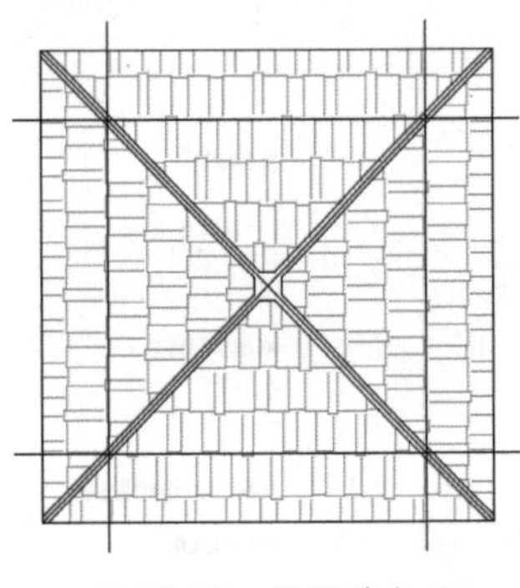

图 11-72 绘制对角线

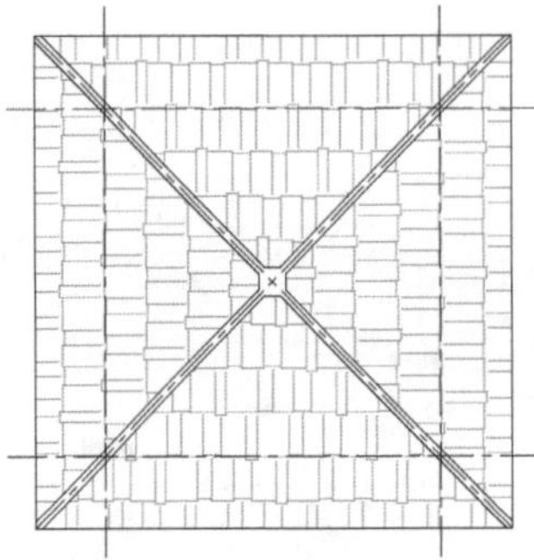

图 11-73 设置直线颜色及线型

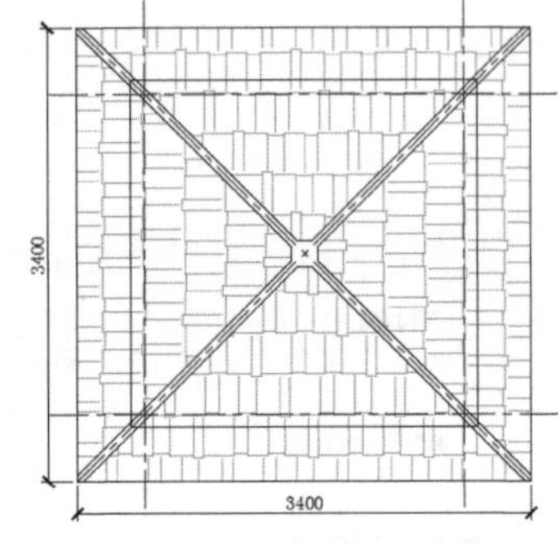

图 11-74 标注图形尺寸

Step 07 在命令行中输入 QL 命令，进行引线标注，如图 11-75 所示。

Step 08 从规划图中复制图形，延伸线条并清理多余图形，如图 11-76 所示。

Step 09 执行“图案填充”命令，根据亭子周围地面材质填充图形，如图 11-77 所示。

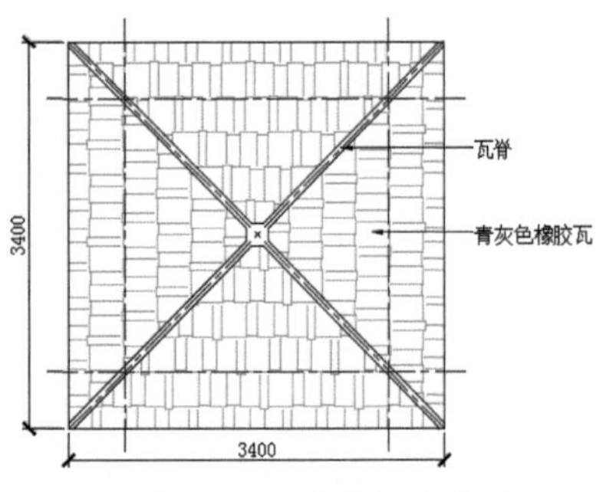

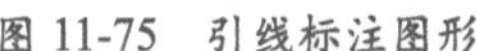
图 11-75 引线标注图形

图 11-76 复制并清理图形

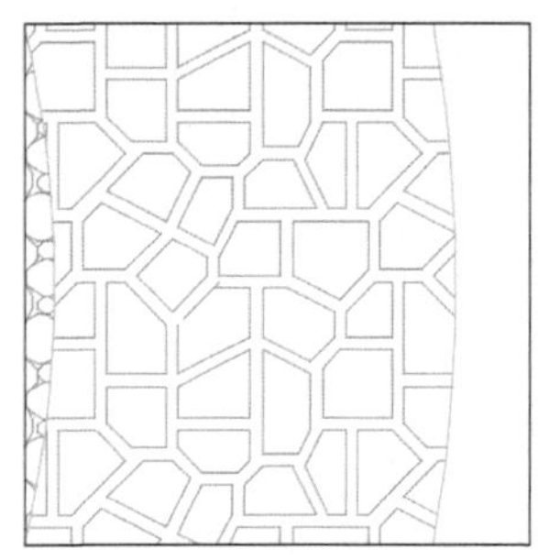
图 11-77 图案填充

Step 10 从亭子顶部平面图复制轴线，如图 11-78 所示。

Step 11 执行“矩形”命令，绘制并复制 400×400 的矩形，居中对齐，如图 11-79 所示。

Step 12 执行“图案填充”命令，选择合适的图案，对矩形进行填充，如图 11-80 所示。

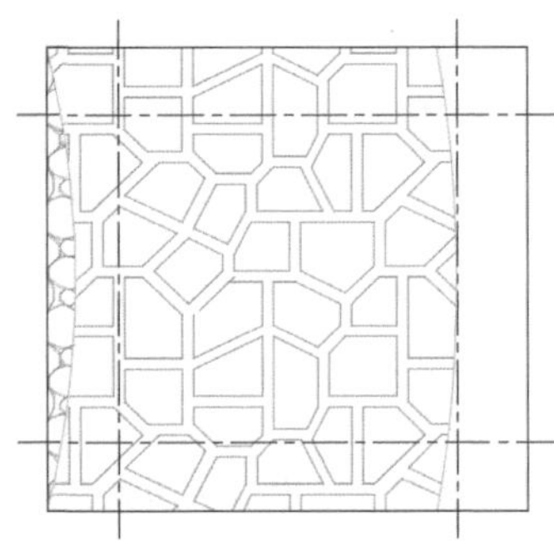
图 11-78 复制轴线

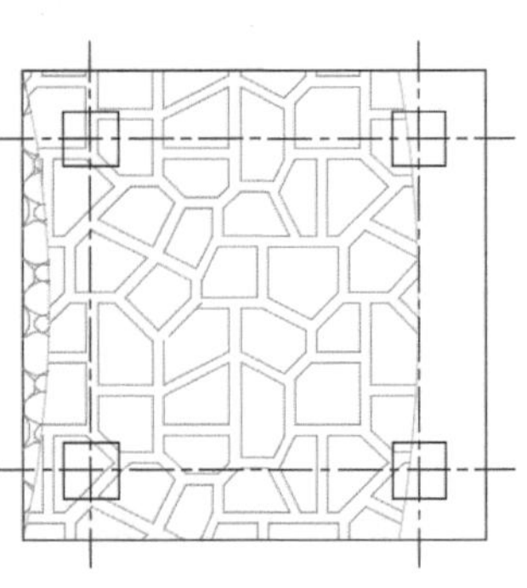
图 11-79 绘制矩形

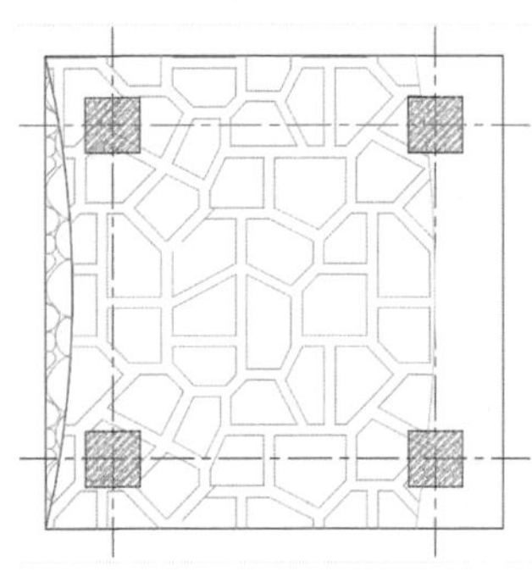
图 11-80 对矩形进行图案填充

Step 13 执行“线性”命令，对图形进行尺寸标注，如图 11-81 所示。

Step 14 在命令行中输入 QL 命令，进行引线标注，如图 11-82 所示。

Step 15 执行“直线”和“偏移”命令，绘制直线并进行偏移操作，如图 11-83 所示。

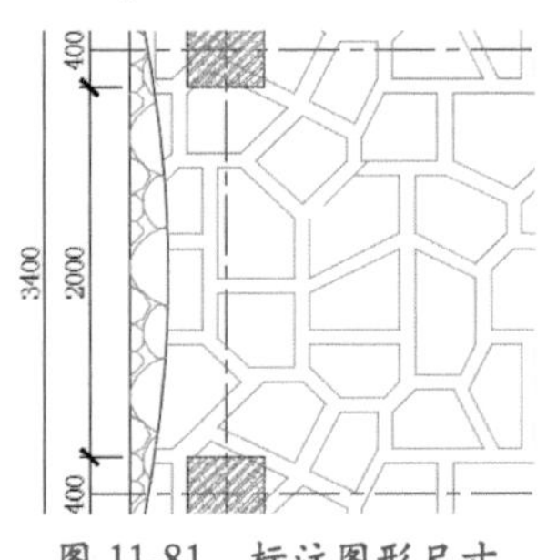

图 11-81 标注图形尺寸

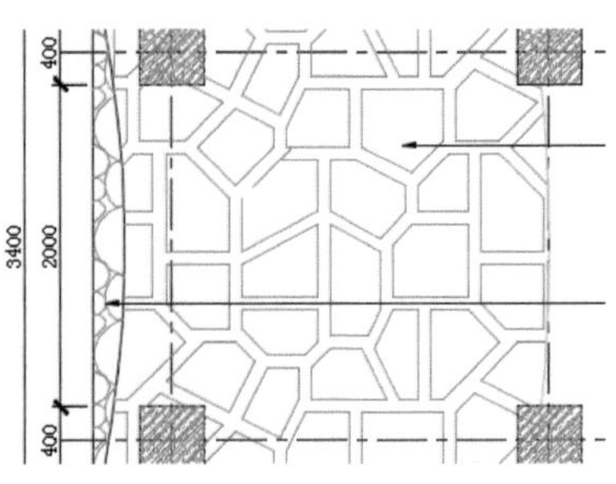

图 11-82 引线标注图形

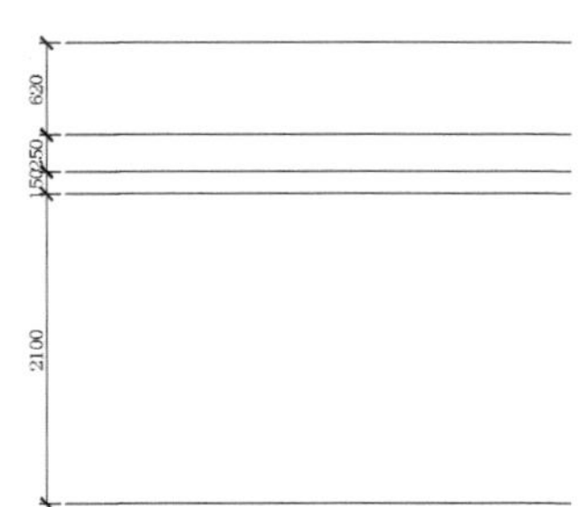

图 11-83 绘制并偏移直线

Step 16 再次执行“直线”和“偏移”命令，绘制中线并进行偏移操作，如图 11-84 所示。

Step 17 执行“修剪”命令，对偏移后的图形进行修剪，绘制出景观亭轮廓，如图 11-85 所示。

Step 18 执行“偏移”命令，偏移景观亭轮廓线，如图 11-86 所示。

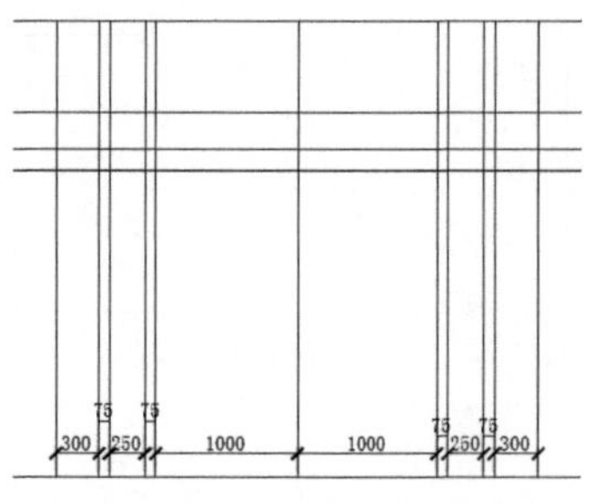

图 11-84　绘制并偏移中线

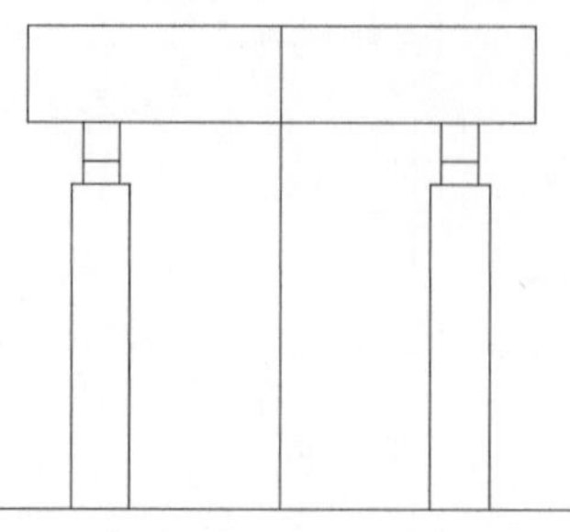
图 11-85　修剪图形

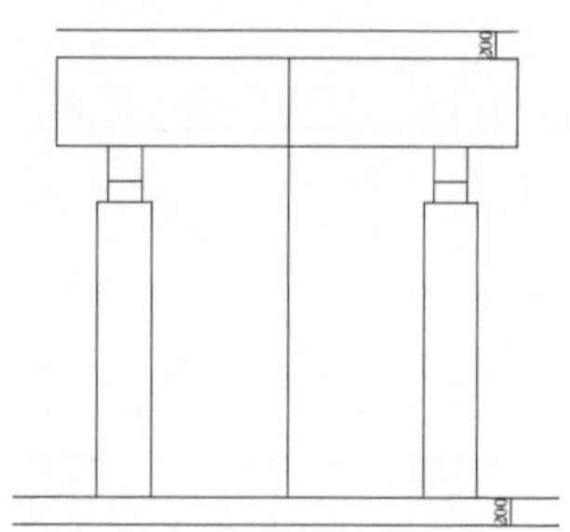
图 11-86　偏移图形

Step 19 执行“延伸”和“偏移”命令，延伸直线并进行偏移操作，如图 11-87 所示。

Step 20 执行“直线”命令，绘制直线并删除部分线条，如图 11-88 所示。

Step 21 执行“偏移”命令，偏移屋顶线条，如图 11-89 所示。

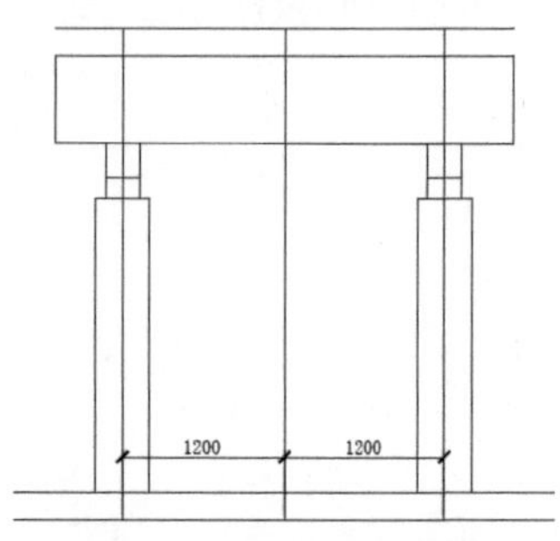

图 11-87　延伸并偏移直线

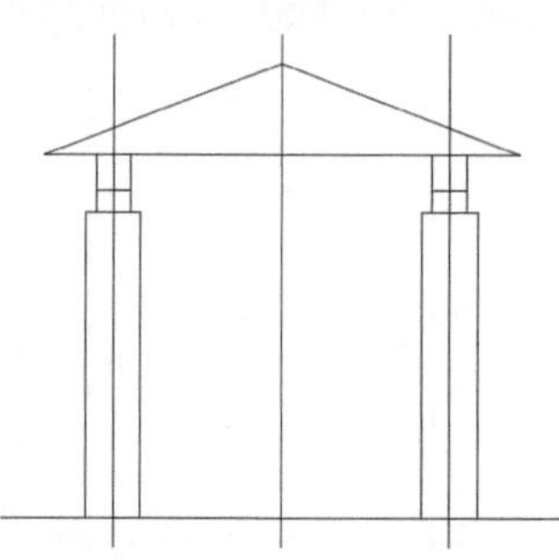
图 11-88　绘制直线

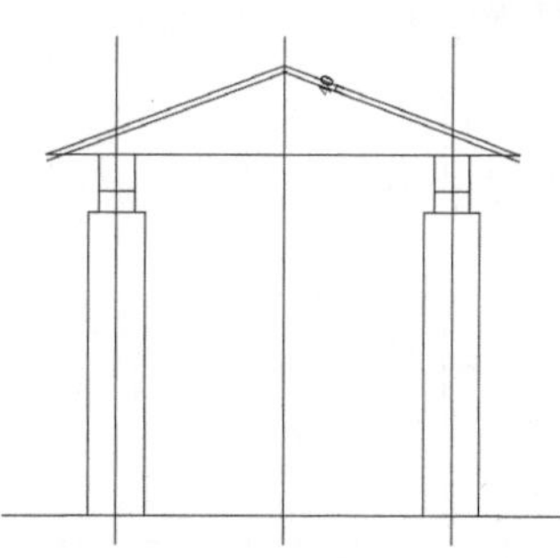
图 11-89　偏移屋顶线条

Step 22 执行“修剪”命令，修剪偏移的屋顶线，如图 11-90 所示。

Step 23 执行“图案填充”命令，选择图案 AR-BRSTD，选择柱子区域进行填充，如图 11-91 所示。

Step 24 执行“图案填充”命令，选择图案 AR-RSHKE，选择屋顶区域进行填充，如图 11-92 所示。

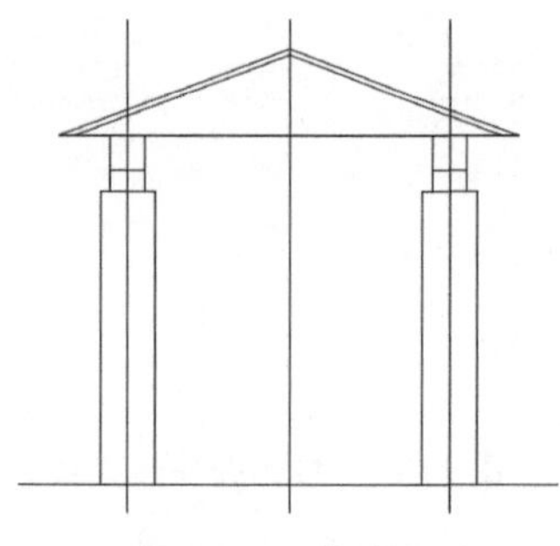
图 11-90　修剪图形

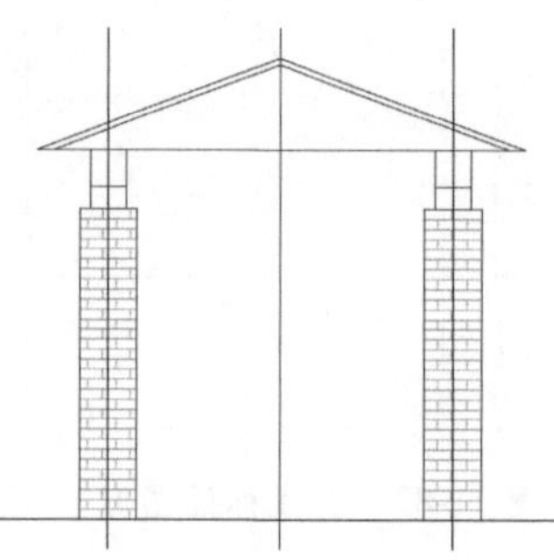
图 11-91　填充柱子

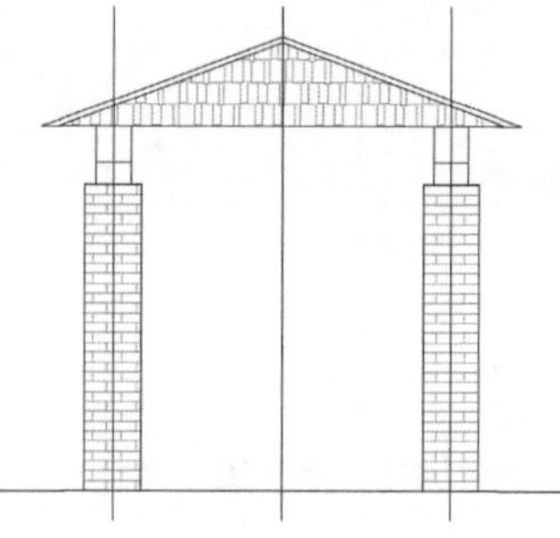
图 11-92　填充屋顶

Step 25 执行“图案填充”命令，选择图案 AR-SAND，选择柱头区域进行填充，如图 11-93 所示。

Step 26 插入石桌、石凳以及人物图块至景观亭中，如图 11-94 所示。

Step 27 执行“多段线”命令，绘制一条多段线，并设置宽度，如图 11-95 所示。

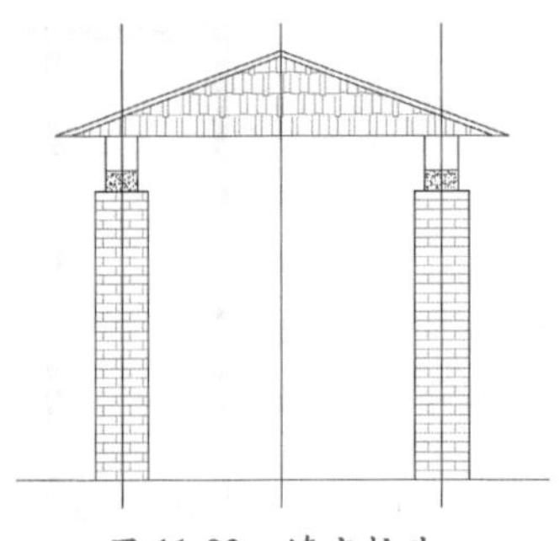

图 11-93　填充柱头

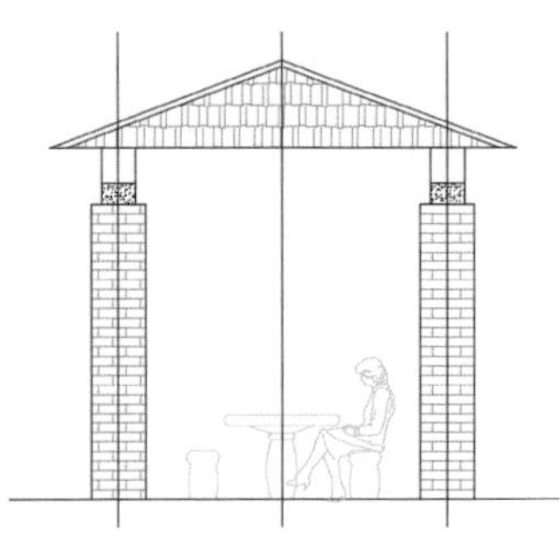

图 11-94　插入图块

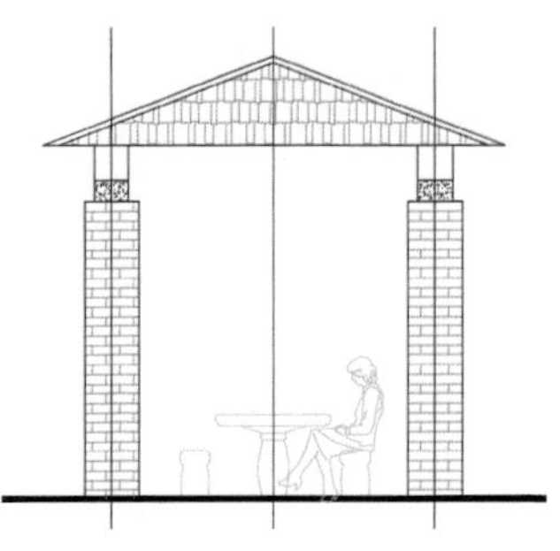

图 11-95　绘制并编辑多段线

Step 28 执行“线性”命令，对景观亭进行尺寸标注，如图 11-96 所示。

Step 29 在命令行中输入 QL 命令，为景观亭立面图添加引线标注，如图 11-97 所示。

Step 30 修改轴线颜色及线型。至此，完成景观亭立面图的制作，如图 11-98 所示。

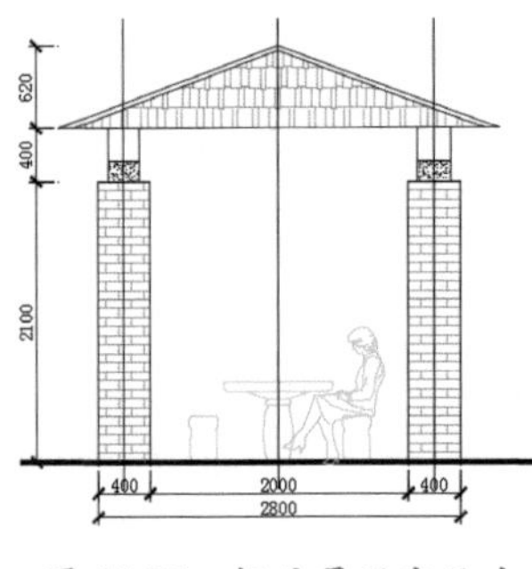

图 11-96　标注景观亭尺寸

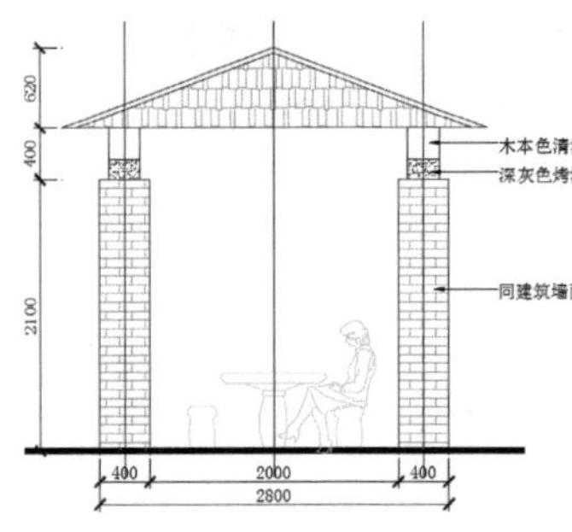

图 11-97　添加引线标注

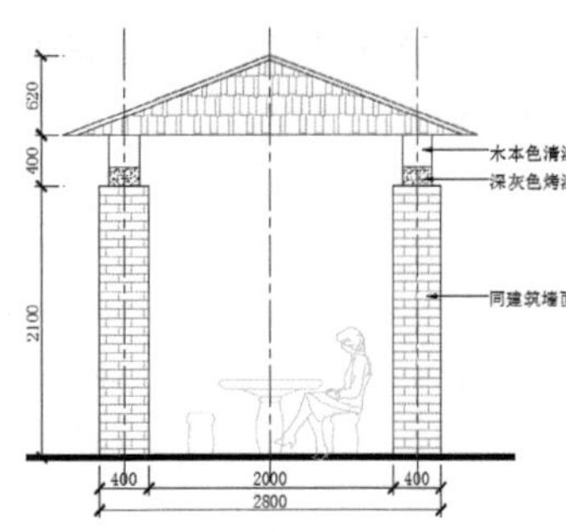

图 11-98　景观亭立面效果图

Step 31 绘制亭子剖面图。复制亭子立面图形，删除多余图形，如图 11-99 所示。

Step 32 执行“偏移”命令，向内偏移柱子图形，如图 11-100 所示。

Step 33 执行“圆角”命令，设置圆角尺寸为 0，进行圆角操作，如图 11-101 所示。

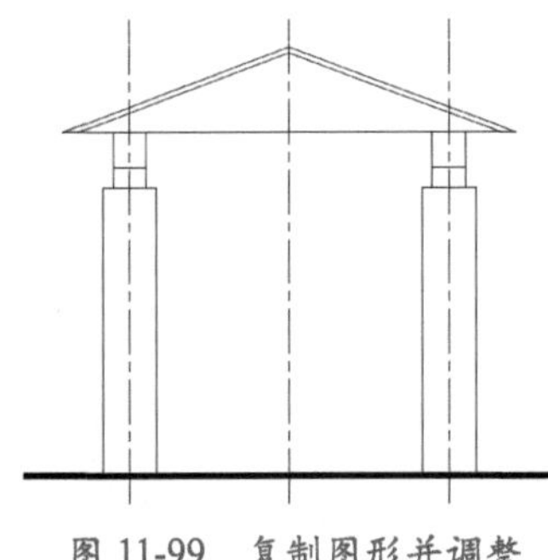

图 11-99　复制图形并调整

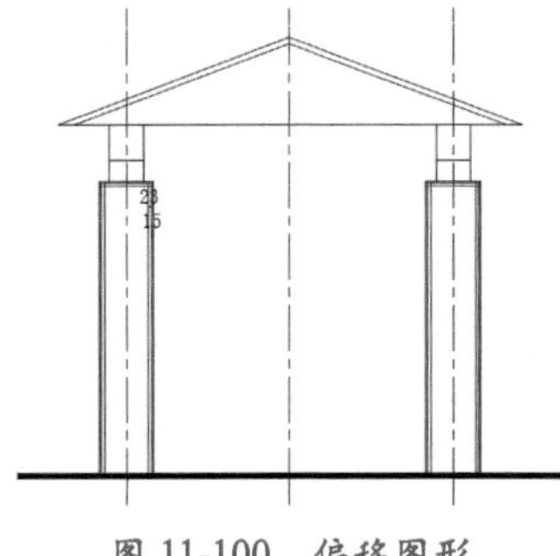

图 11-100　偏移图形

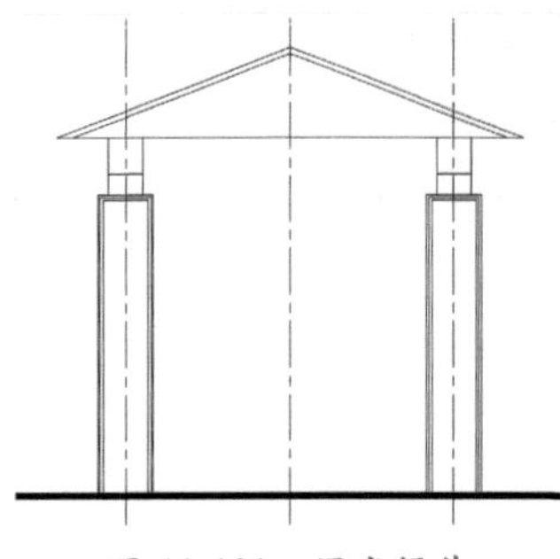

图 11-101　圆角操作

Step 34 执行“延伸”命令延伸图形，如图 11-102 所示。

Step 35 执行“修剪”命令修剪图形，如图 11-103 所示。

Step 36 执行“多段线”命令，绘制三条多段线，如图 11-104 所示。

Step 37 设置多段线全局宽度为 15，如图 11-105 所示。

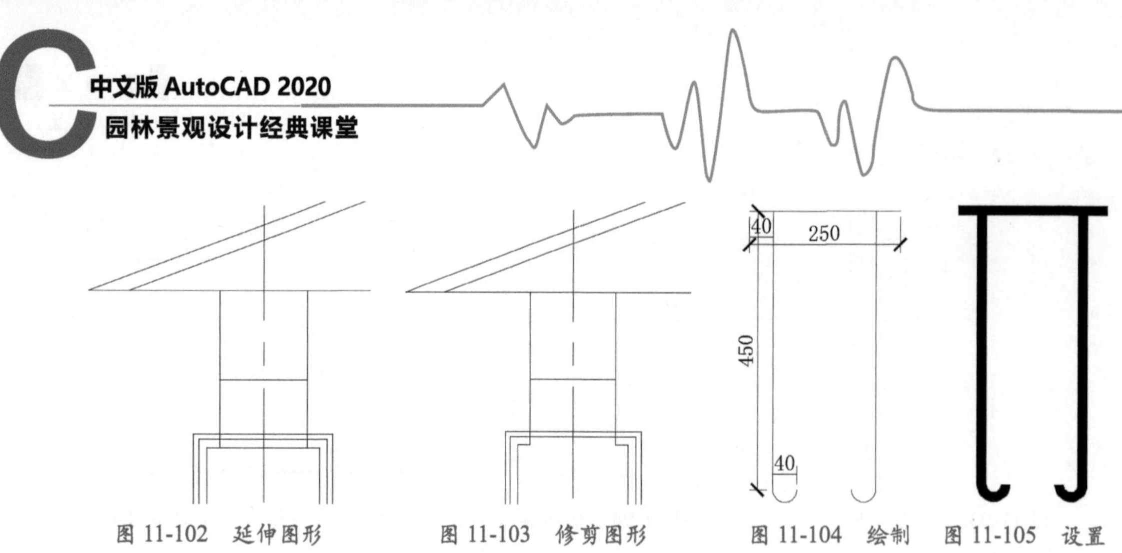

图 11-102　延伸图形　　图 11-103　修剪图形　　图 11-104　绘制多段线　　图 11-105　设置多段线宽度

Step 38 执行“创建块”命令，将刚绘制的多段线组成块，并将其移动到合适位置，然后进行复制，如图 11-106 所示。

Step 39 执行“偏移”命令偏移图形，如图 11-107 所示。

Step 40 执行“修剪”命令修剪图形，如图 11-108 所示。

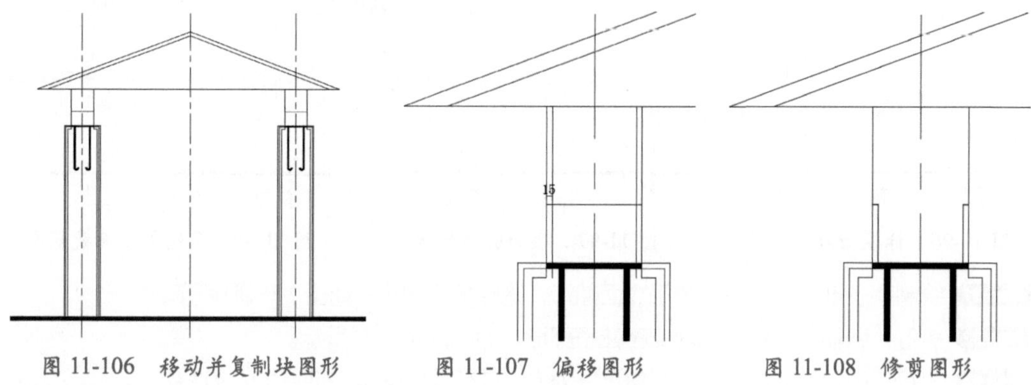

图 11-106　移动并复制块图形　　图 11-107　偏移图形　　图 11-108　修剪图形

Step 41 插入钉子图块，并进行复制操作，如图 11-109 所示。

Step 42 执行“偏移”命令偏移图形，如图 11-110 所示。

Step 43 执行“修剪”命令，修剪偏移后的图形，如图 11-111 所示。

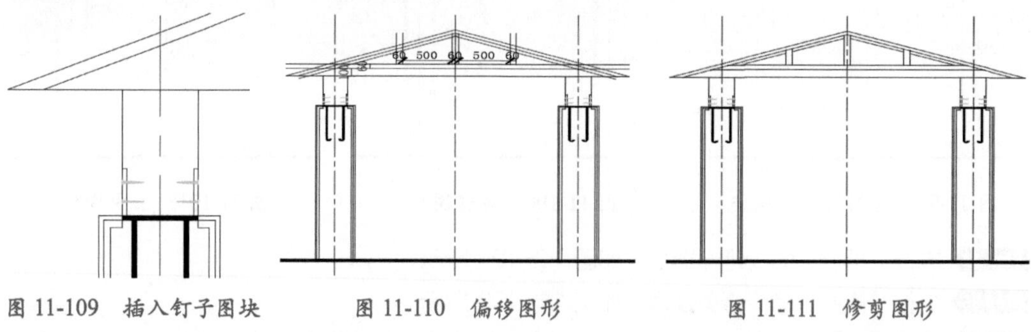

图 11-109　插入钉子图块　　图 11-110　偏移图形　　图 11-111　修剪图形

Step 44 执行“偏移”命令偏移图形，再绘制一个 80mm × 100mm 的矩形，并将其移动到合适位置，如图 11-112 所示。

Step 45 删除多余图形。执行“镜像”和“修剪”命令，镜像并修剪矩形，如图 11-113 所示。

Step 46 执行“偏移”命令，再次偏移屋顶结构线段，如图 11-114 所示。

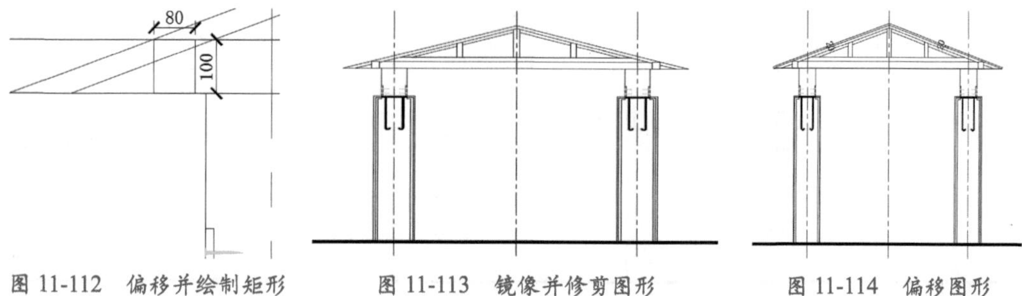

图 11-112　偏移并绘制矩形　　图 11-113　镜像并修剪图形　　图 11-114　偏移图形

Step 47 执行“直线”和“圆角”命令，绘制直线封闭两侧，再设置圆角尺寸为 0，进行圆角操作，如图 11-115 所示。

Step 48 执行“直线”命令，绘制长 400mm 和长 20mm 的两条垂直线，如图 11-116 所示。

Step 49 执行“旋转”命令，将两条垂直线旋转 17° ，如图 11-117 所示。

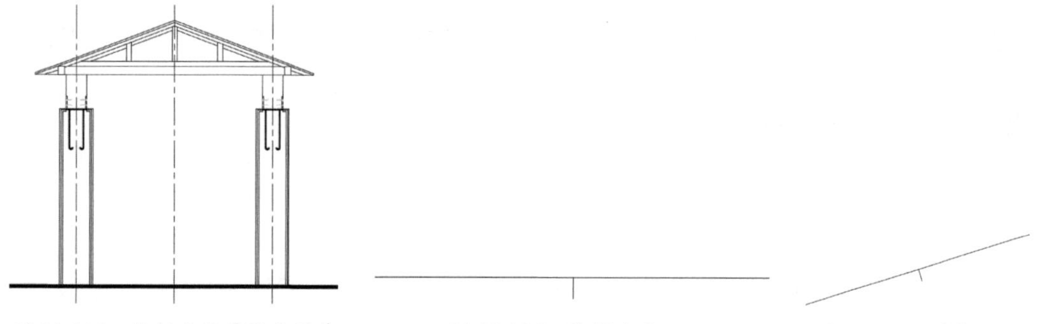

图 11-115　绘制直线并圆角操作　　图 11-116　绘制直线　　图 11-117　旋转图形

Step 50 将旋转的垂直线移动到合适位置，如图 11-118 所示。

Step 51 执行“复制”命令，将该垂直线进行复制操作，如图 11-119 所示。

Step 52 执行“修剪”和“镜像”命令，修剪图形并进行镜像操作，如图 11-120 所示。

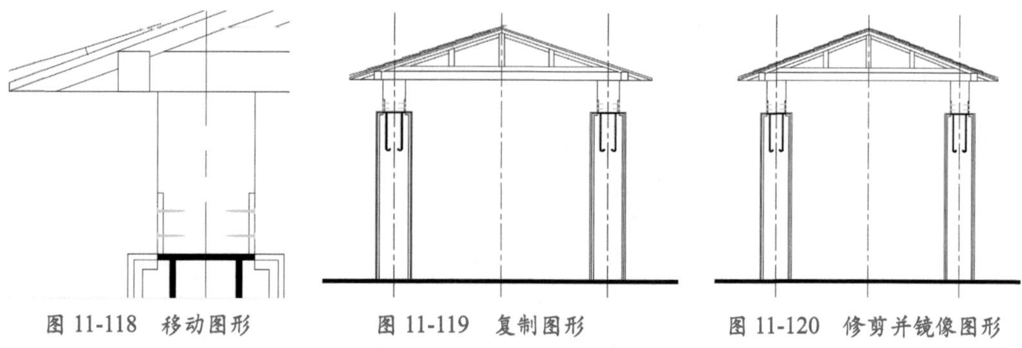

图 11-118　移动图形　　图 11-119　复制图形　　图 11-120　修剪并镜像图形

Step 53 执行“图案填充”命令，选择合适的图案并填充立柱，如图 11-121 所示。

Step 54 执行“线性”命令，为剖面图添加尺寸标注，如图 11-122 所示。

Step 55 在命令行中输入 QL 命令，对图形进行引线标注，如图 11-123 所示。至此，完成景观亭剖面图的绘制。

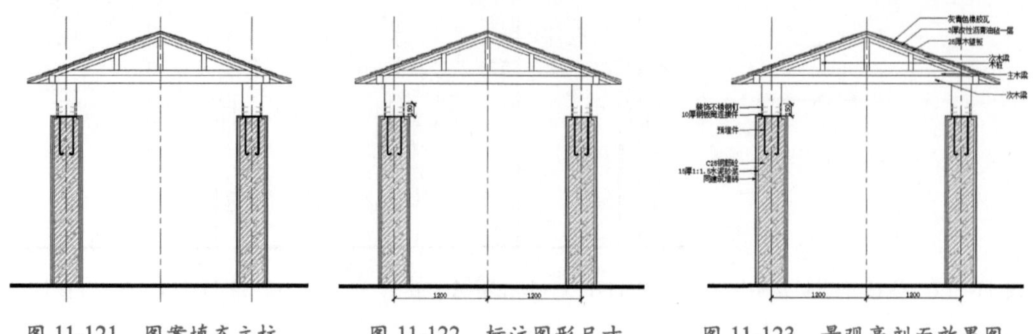

图 11-121　图案填充立柱　　图 11-122　标注图形尺寸　　图 11-123　景观亭剖面效果图

2. 景观桥平面图及剖面图的绘制

接下来将绘制景观桥平面及剖面图，其中涉及的命令有偏移、修剪、延伸、圆角、填充等。

Step 01 从规划图纸中复制“桥二”图形。执行“修剪”命令，修剪图形并调整位置，如图 11-124 所示。

Step 02 执行“偏移”命令偏移线段图形，如图 11-125 所示。

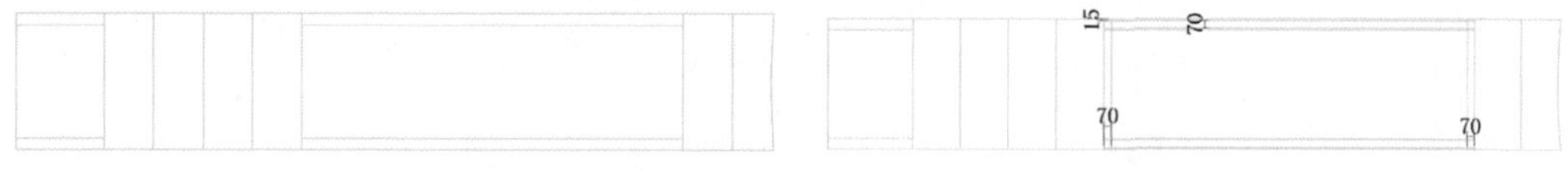

图 11-124　复制并调整图形　　图 11-125　偏移图形

Step 03 执行“修剪”命令修剪图形，如图 11-126 所示。

Step 04 执行“图案填充”命令，选择图案 AR-HBONE 并进行填充，如图 11-127 所示。

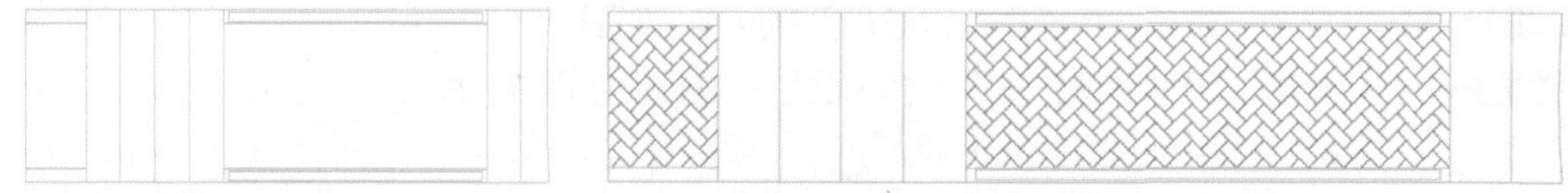

图 11-126　修剪图形　　图 11-127　图案填充图形

Step 05 执行“线性”命令，对图形进行尺寸标注，如图 11-128 所示。

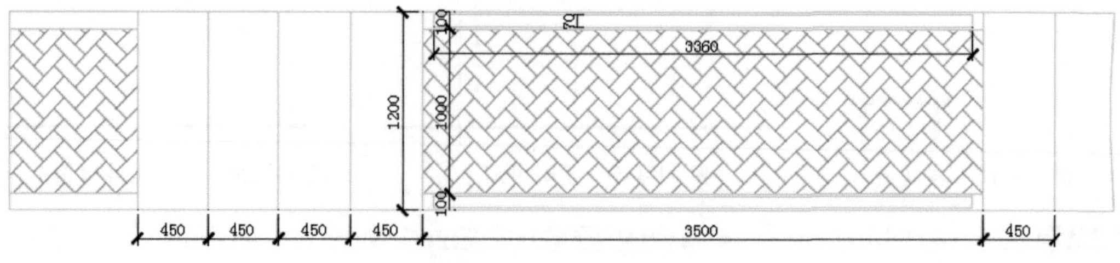

图 11-128　标注图形尺寸

Step 06 在命令中输入 QL 命令，对图形进行引线标注，如图 11-129 所示。

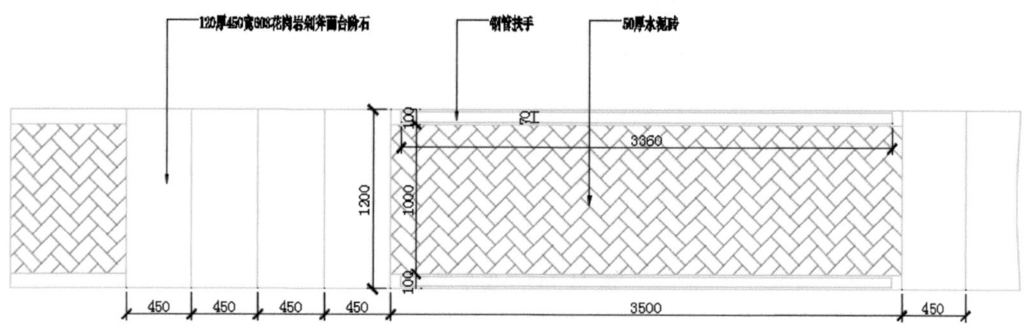

图 11-129　引线标注图形

Step 07 为图形进行地面尺寸标高，完成景观桥平面图的绘制，如图 11-130 所示。

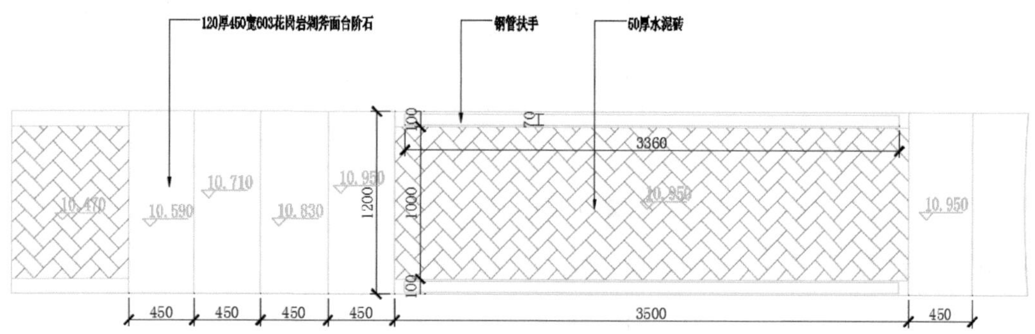

图 11-130　地面标高图形

Step 08 执行“矩形”命令并绘制矩形，如图 11-131 所示。

Step 09 将图形进行分解。再执行“偏移”命令并偏移图形，如图 11-132 所示。

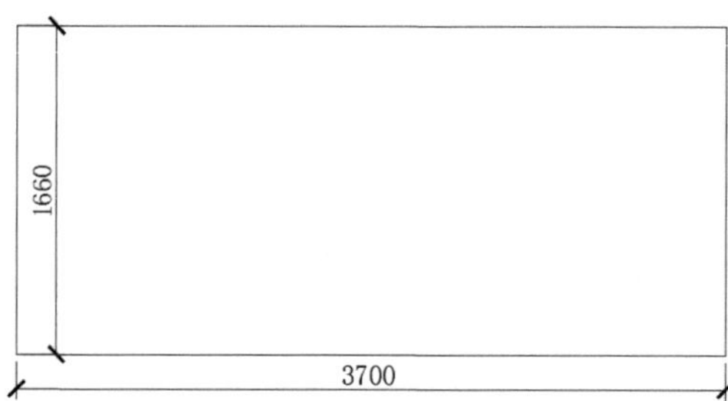

图 11-131　绘制矩形

图 11-132　偏移图形

Step 10 执行“修剪”命令并修剪图形，如图 11-133 所示。

图 11-133　修剪图形

Step 11 执行“偏移”命令并偏移图形，如图 11-134 所示。

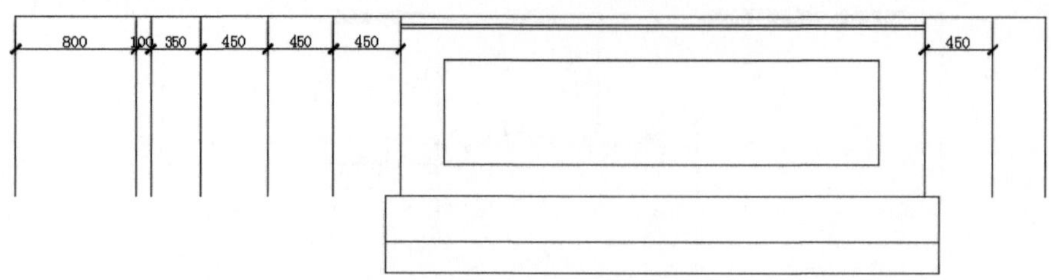

图 11-134 偏移图形

Step 12 再执行“偏移”命令并偏移图形，如图 11-135 所示。

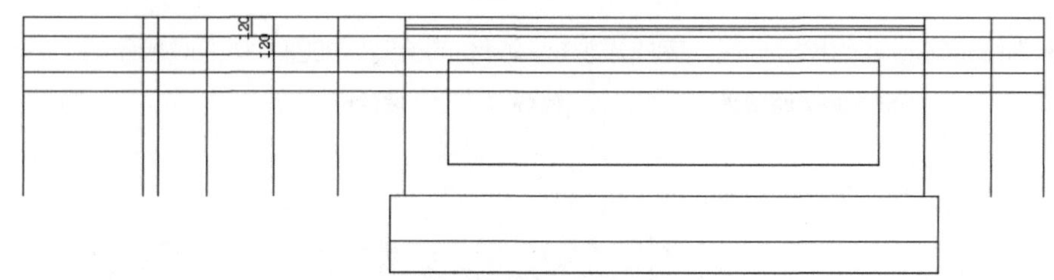

图 11-135 偏移图形

Step 13 执行“修剪”命令并修剪图形，如图 11-136 所示。

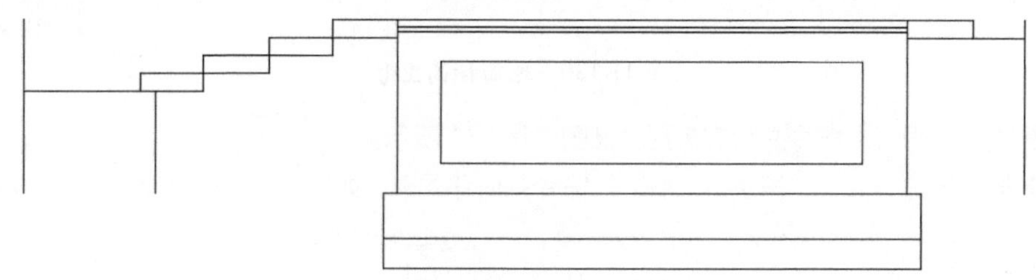

图 11-136 修剪图形

Step 14 执行“偏移”命令并偏移图形，如图 11-137 所示。

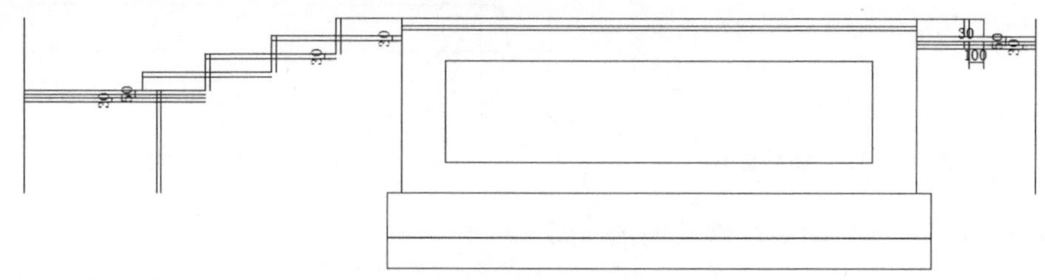

图 11-137 偏移图形

Step 15 分别执行“修剪”“圆角”命令，修剪图形并设置圆角尺寸为 0，对图形进行圆角操作，如图 11-138 所示。

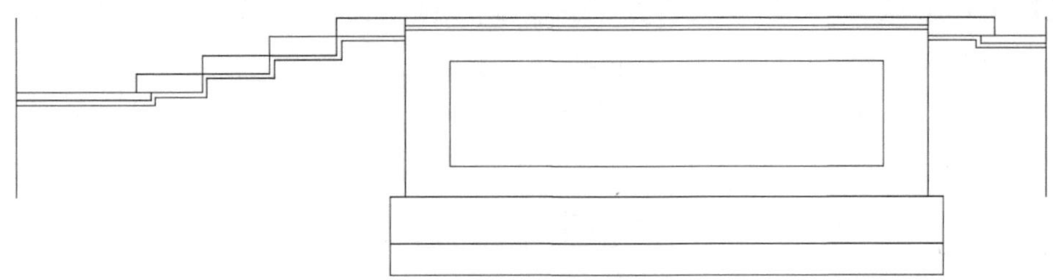

图 11-138 修剪并圆角图形

Step 16 分别执行“直线”和“偏移”命令，绘制直线后再偏移直线图形，如图 11-139 所示。

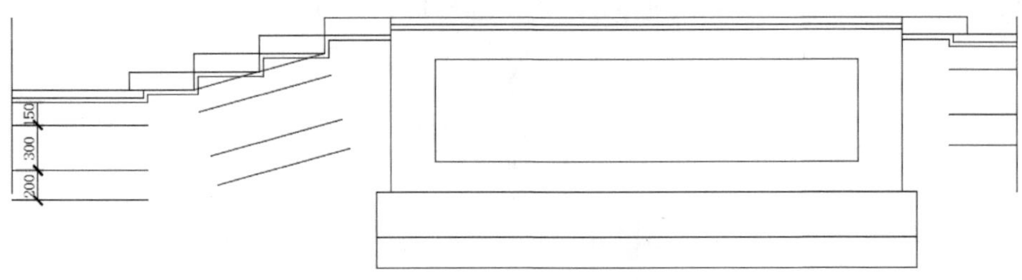

图 11-139 绘制并偏移图形

Step 17 分别执行“延伸”和“圆角”命令，延伸图形后再设置圆角尺寸为 0，对其进行圆角操作，如图 11-140 所示。

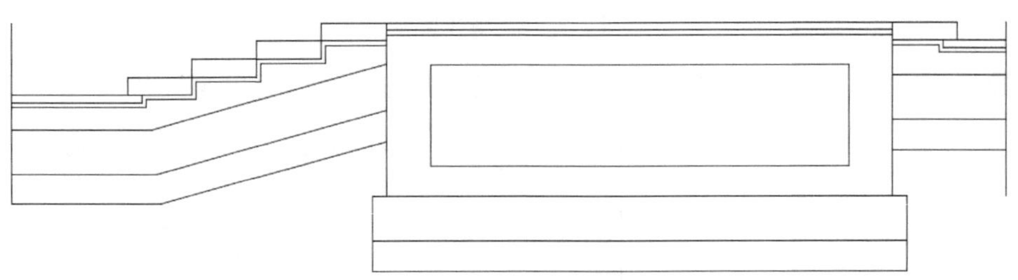

图 11-140 延伸并圆角图形

Step 18 执行“图案填充”命令，选择合适的图案，对景观桥剖面图进行填充，效果如图 11-141 所示。

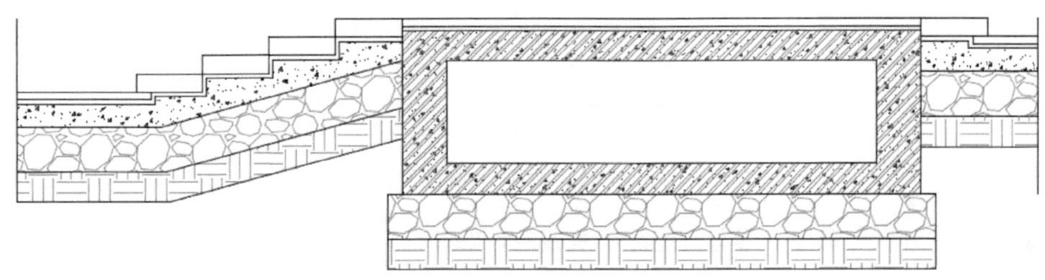

图 11-141 图案填充景观桥剖面图

Step 19 执行“多段线”命令，设置合适的线条宽度，绘制石头造型，如图 11-142 所示。

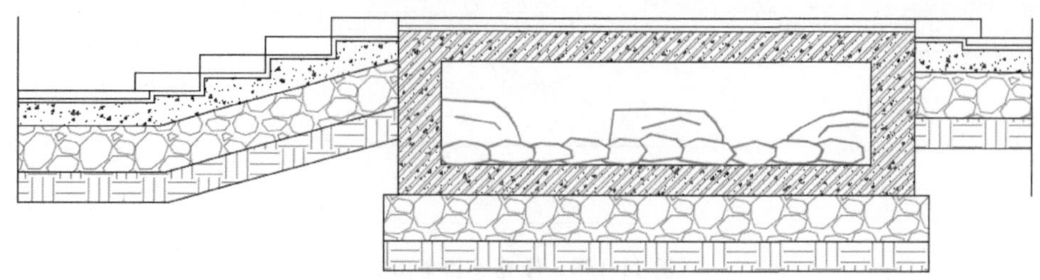

图 11-142　绘制石头造型

Step 20 执行“偏移”命令，偏移顶部直线图形，如图 11-143 所示。

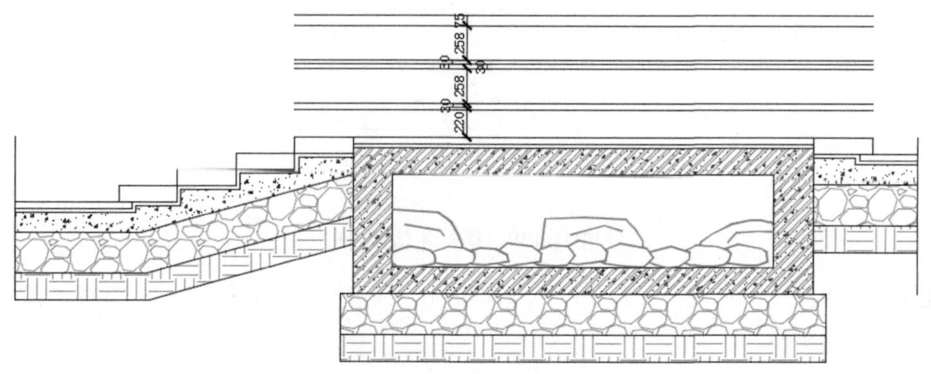

图 11-143　偏移图形

Step 21 分别执行“直线”和“偏移”命令，绘制直线并对其进行偏移，如图 11-144 所示。

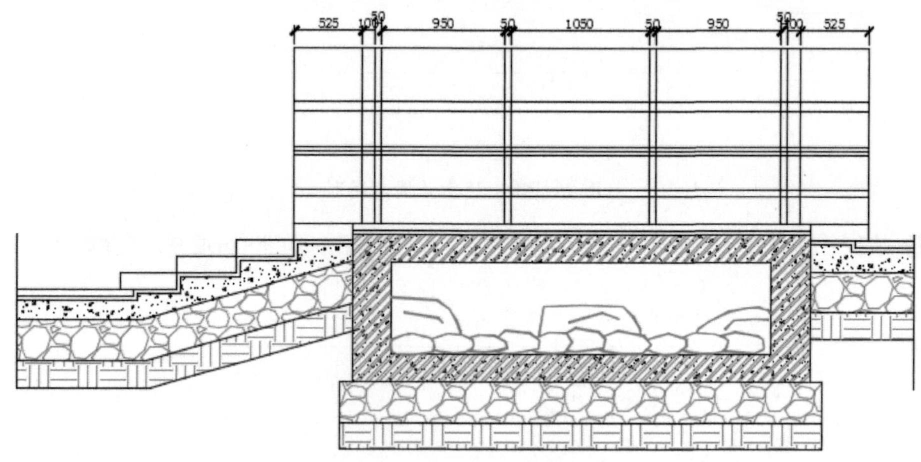

图 11-144　绘制并编辑直线

Step 22 执行“修剪”命令，修剪并删除多余线条，如图 11-145 所示。

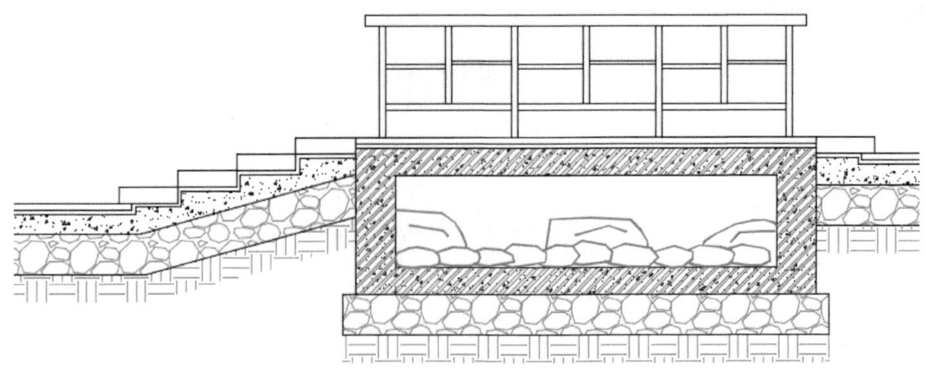

图 11-145　修剪并删除多余线条

Step 23 执行“多段线”命令，绘制打断符号，并调整到合适位置，如图 11-146 所示。

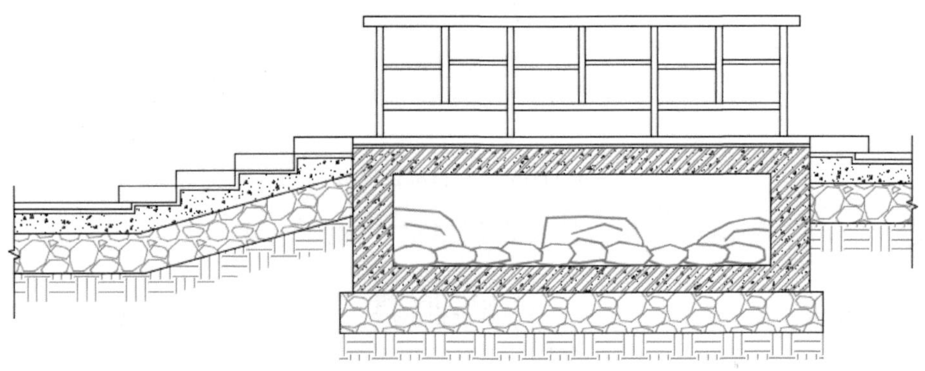

图 11-146　绘制打断符号

Step 24 执行“线性”命令，为图形标注尺寸，如图 11-147 所示。

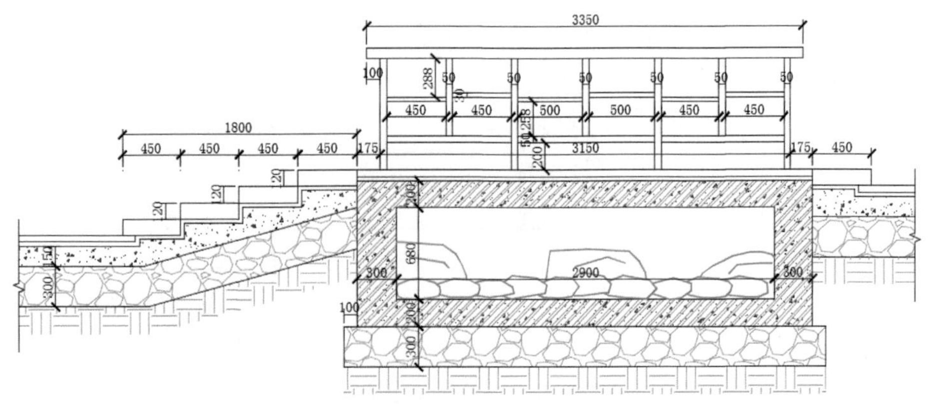

图 11-147　标注图形尺寸

Step 25 在命令行中输入 QL 命令，对图形进行引线标注，如图 11-148 所示。

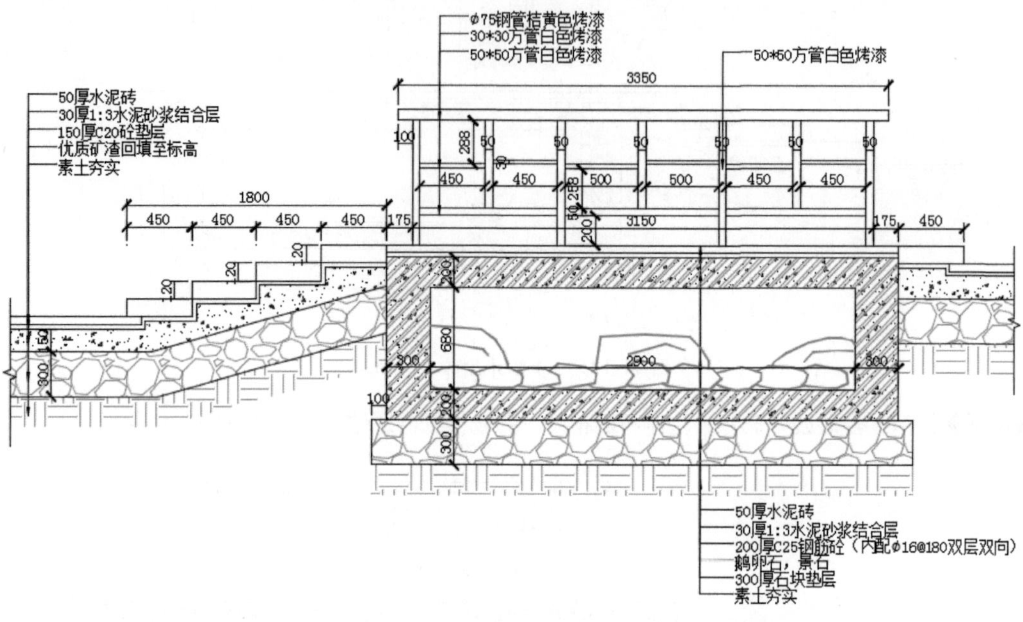

图 11-148　引线标注图形

Step 26 添加标高图形。至此，景观桥剖面图绘制完成，如图 11-149 所示。

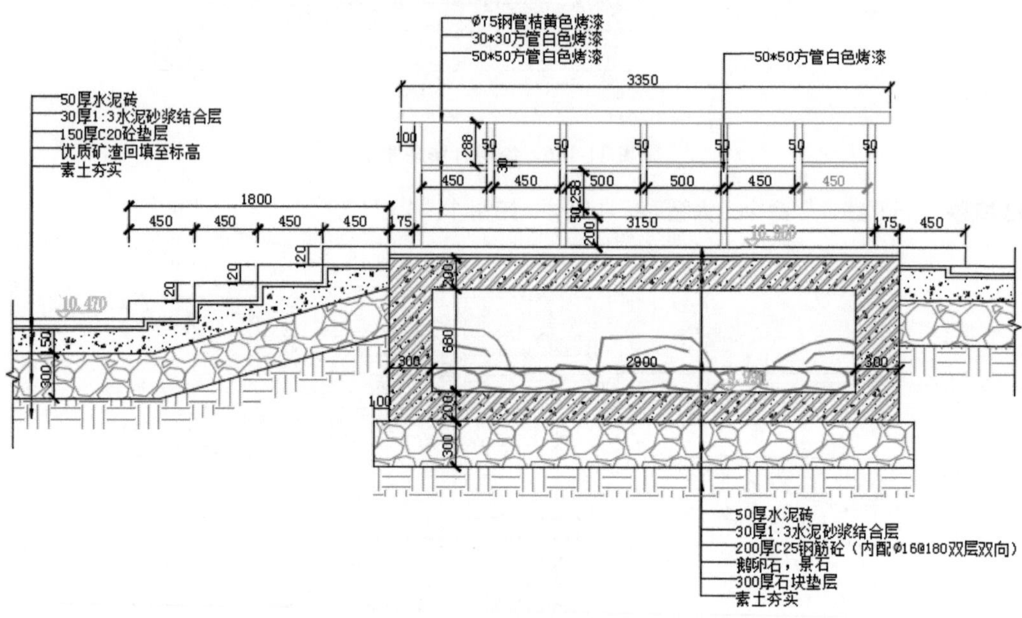

图 11-149　景观桥剖面效果图

第 12 章

绘制城市公园散园规划图

内容导读

对公园进行设计规划时，要整体考虑该公园存在的意义和作用。公园可大可小，但作为城市主要的公共开放空间，它在改善、美化城市生态环境的同时，也在为人们提供舒适怡人的活动空间中一直发挥着极大的作用。本章将以城市开放式公园为例，来介绍公园类型的规划设计方法与绘制技巧。

学习目标

- ▲ 了解城市公园规划设计概要
- ▲ 改造原始平面规划设计
- ▲ 绘制公园水路、园路和广场
- ▲ 绘制广场入口
- ▲ 草皮与植被配置

12.1 城市公园规划设计概要

城市公园是供人们作短暂游憩的场地之用，是城市公共绿地的一种形式。这类小公园的面积较小，分布广，以花草树木绿化为主，有时也会布置小水池、花坛、雕塑、花架以及宣传廊等景观小品作为点缀。下面将对公园规划设计中的一些设计原则及设计手法进行介绍。

12.1.1 城市公园设计原则

城市公园的规划设计是城市发展的一个重要内容。设计者在进行规划设计时，应从服务设施、道路、绿化和水景等方面进行考虑。除此之外，还要了解以下三点基本原则，做到回归自然、尊重自然，真正实现人与自然和谐共处的境界。

1. 以人为本

公园的创造者是人，公园的使用者也是人。城市公园是为忙碌的人们提供一个放松的场所，不管是绿化、水系，还是行走道路和健身器材等，都应以人的需求为设计出发点。所以，在设计时要合理规划布置场地，为人与人的交流提供场所。不同年龄阶段的人需求也是不同的，因此，要以大多数人的审美和需求为主，并应用科技、艺术、社会、经济等综合手段，来满足人们在城市环境中的生存与发展需求。

2. 回归自然

在快节奏的城市环境中，人们越来越向往乡村这种“慢”节奏的生活环境。因为这种向往的“慢”生活可以适度缓解人们工作一天的紧张心情和疲惫，而这种环境在城市中却不多见。所以设计者在进行公园规划时，应尽量以回归自然、尊重当地传统文化为主，合理地利用现有的自然条件，尊重并强化城市的自然景观，从而达到人工环境与自然环境和谐共处的效果。

3. 保护并节约环境资源

在城市公园设计中，尽可能利用可再生原料制成的材料，将场地上的材料循环使用，最大限度地发挥材料的潜力。充分合理利用环境资源，避免或减少各种破坏性开发行为，确保环境资源的可持续性利用。

12.1.2 公园设计作品欣赏

以下罗列了一些设计大师们的设计作品，希望能够为设计者们提供一些设计灵感和思路。

1. 屋顶花园

该项目是伦敦市内最大的公共屋顶花园空间，位于办公楼的 15 层。它为办公楼中的工作人员、伦敦的市民乃至游客们提供了一个独特的休息场所和一个优越的开放空间。花园中的凉亭立柱充当着紫藤的支撑结构。郁郁葱葱的植被营造出必要的阴凉空间外，它还能够最大限度地丰富人们的视野，如图 12-1 所示。

图 12-1　办公楼屋顶花园局部欣赏

2. 办公楼庭院

该项目位于美国旧金山某办公楼的庭院通道，它是两座办公楼间的重要视觉长廊。庭院中利用几何形状的雕塑石块与建筑有机结合，并与建筑内部空间相呼应，使室内外空间产生了强有力的关联，如图 12-2 和图 12-3 所示。

图 12-2　办公楼庭院欣赏 1

图 12-3　办公楼庭院欣赏 2

3. 酷山水 · 地表的记忆

该项目位于深圳宝安桥头村。北宋末年，因村庄周边遍布河涌而得名。正如其名，桥头村曾经水网发达，水是日常农耕生活不可分割的一部分，快速城市化使得自然和农耕文化消失殆尽。原有的河涌，也因常年工业污染及味臭，已被市政工程设为暗渠。为了能够唤起与这方水土相关的独特记忆和朴素的自然景观，设计师们在原河涌场地上重新植入了一条新的人工“河涌”，作为“地表记忆”的存在。狭长的场地貌似一条静止的河流和地表，由于地表下方的起伏、挤压，形成高低起伏的山水，而进一步的涌动也终于从撕开的缝隙中释放出生命的迹象，重生的农作物和未来不可预知的人类活动，暗示了逝去的生命和记忆，此时此刻将以另一种方式回归，如图 12-4 所示。

图 12-4　深圳宝安桥头村河涌改造

12.2 绘制公园平面规划图

下面将以城市小公园为例，来展开规划设计的具体操作。例如对原始图纸进行改造，公园水路、道路以及广场的设计，广场入口的设计以及植被配置等。

12.2.1 对原始平面规划图进行改造

通常绘制公园规划图时，只需要在甲方提供的红线图中进行设计即可。下面将以小公园现状图纸为例，来介绍具体的设计方法。

Step 01 打开本书附赠的“小公园现状图”素材文件，如图 12-5 所示。

Step 02 执行“偏移”命令，偏移地形边界线。执行“延伸”命令，将偏移后的直线延长至矩形边界线上，作为施工坐标，如图 12-6 所示。

Step 03 执行“矩形”命令，绘制 40000mm × 16000mm 的矩形，如图 12-7 所示。

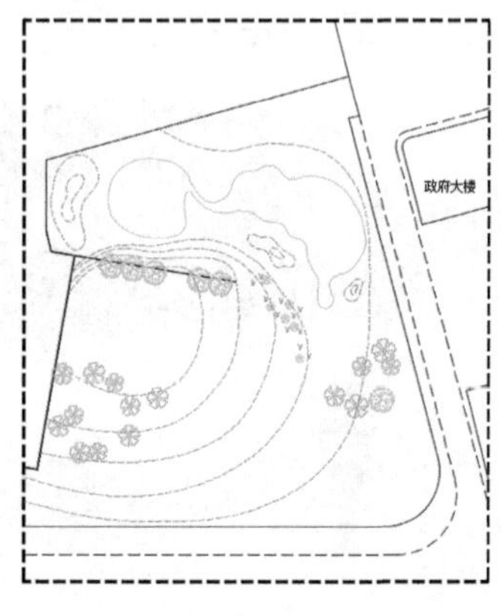

图 12-5 打开现状图形

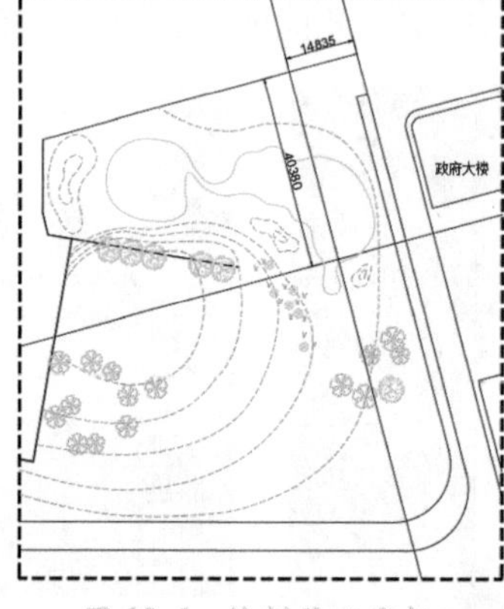

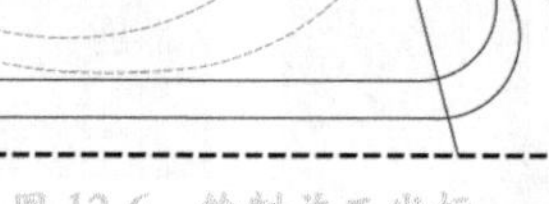

图 12-6 绘制施工坐标

图 12-7 绘制矩形

Step 04 执行“旋转”命令，以矩形右下角点为旋转基点进行旋转，直到矩形边线与地形轮廓线重合，如图 12-8 所示。

Step 05 执行“偏移”和“圆”命令，偏移图形并捕捉交点，绘制半径为 25500mm 的圆，如图 12-9 所示。

Step 06 删除辅助线。执行“偏移”和“圆”命令，偏移直线并捕捉交点，绘制半径分别为 7000mm、16150mm、14560mm 的圆形。再次执行“偏移”命令，将地块边界线向内偏移 1750mm 和 16800mm，执行“圆弧”和“修剪”命令，完成入口广场地界轮廓的绘制，如图 12-10 所示。

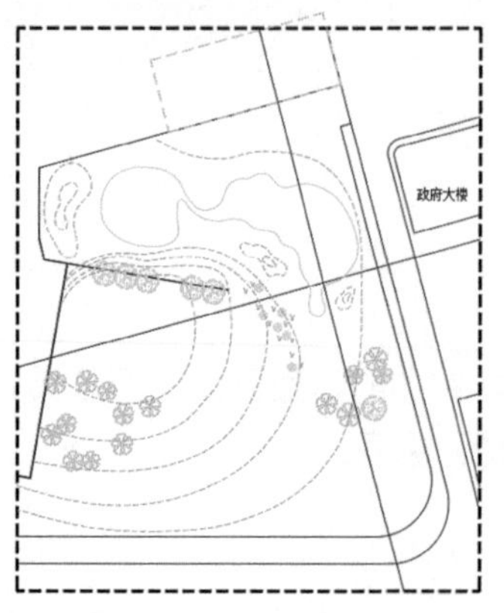

图 12-8 旋转并对齐

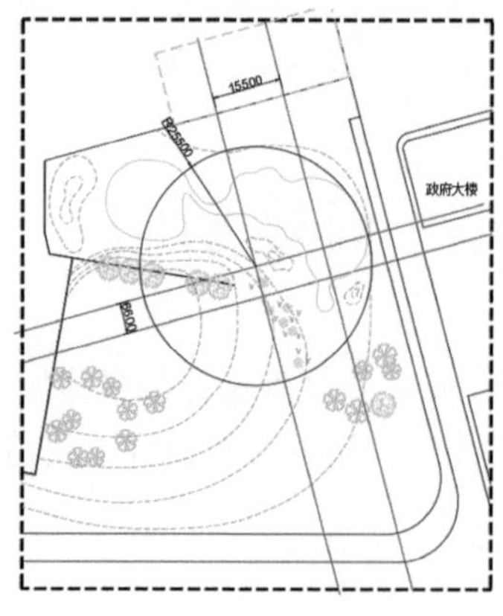

图 12-9 绘制圆

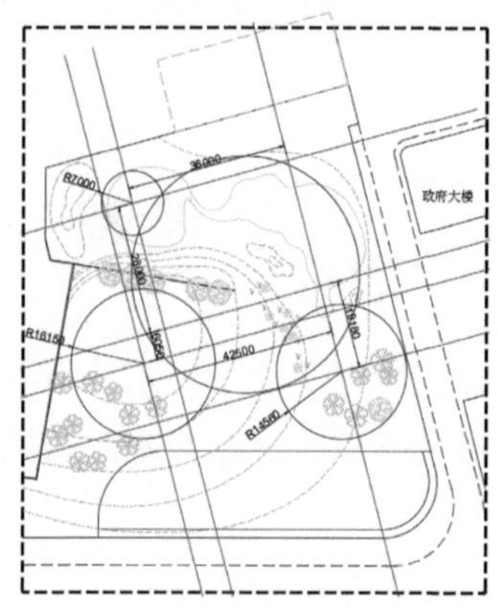

图 12-10 绘制多个圆

Step 07 删除辅助线。继续执行“偏移”“圆”命令，偏移直线并捕捉交点，绘制半径分别为10000mm、7280mm 的圆形，如图 12-11 所示。

Step 08 删除辅助线，继续执行“偏移”“圆”命令，偏移直线并捕捉交点，绘制半径为3920mm 的圆形，如图 12-12 所示。

Step 09 执行“偏移”命令，偏移各个圆形，如图 12-13 所示。

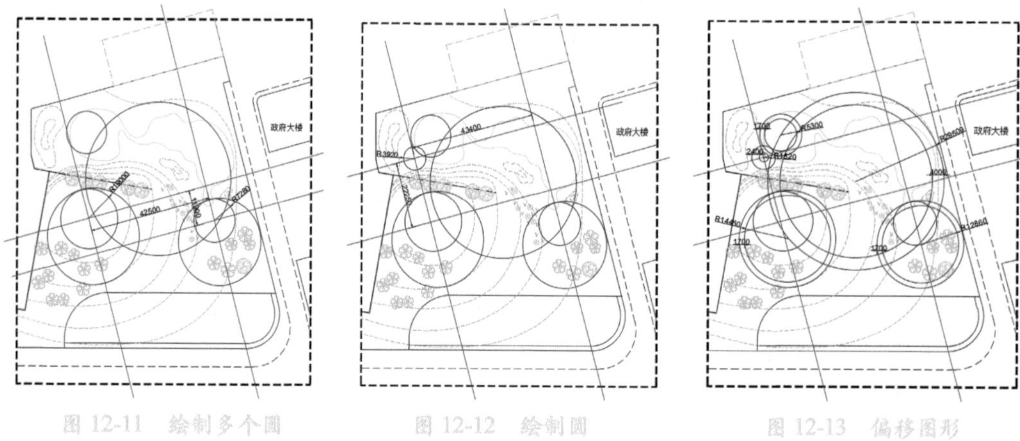

图 12-11　绘制多个圆　　图 12-12　绘制圆　　图 12-13　偏移图形

Step 10 执行“修剪”命令修剪图形，如图 12-14 所示。

Step 11 执行“圆弧”“偏移”“直线”“镜像”命令，绘制圆弧并进行偏移，再绘制相切直线并进行镜像复制，如图 12-15 所示。

Step 12 执行“修剪”命令修剪图形，如图 12-16 所示。

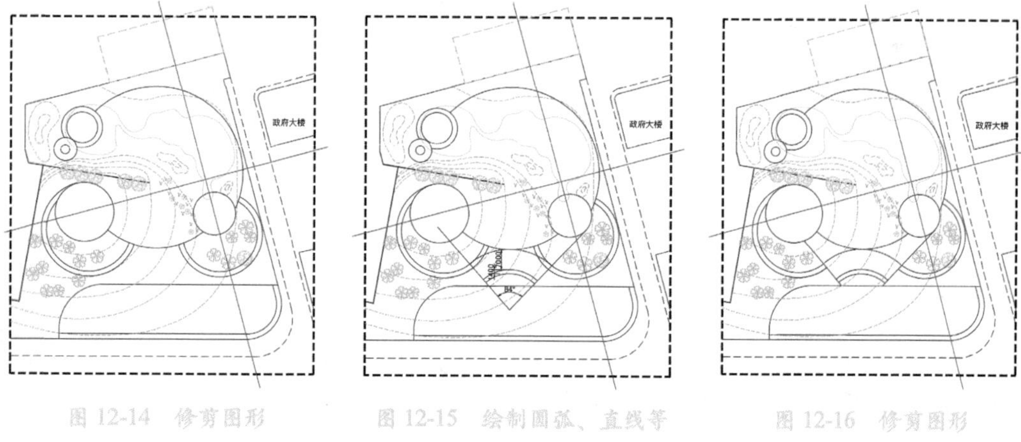

图 12-14　修剪图形　　图 12-15　绘制圆弧、直线等　　图 12-16　修剪图形

12.2.2　绘制公园的水路、园路以及广场

原有的水体轮廓形状蜿蜒，利用这个特点可以绘制出多个转折的驳岸、曲桥造型等，具体绘制过程介绍如下。

Step 01 执行“多段线”命令，沿着水体绘制一条多段线，尺寸如图 12-17 所示。

Step 02 继续执行“多段线”命令，沿着水体绘制一条多段线，尺寸如图 12-18 所示。

Step 03 执行“圆”和“偏移”命令，确定圆心并绘制三个半径分别为 5200mm、5800mm、6400mm 的同心圆，如图 12-19 所示。

Step 04 执行“修剪”命令修剪图形，如图 12-20 所示。

Step 05 执行“偏移”命令，设置偏移尺寸为 200mm，将水体边线进行偏移，如图 12-21 所示。

Step 06 修剪并调整水体轮廓，如图 12-22 所示。

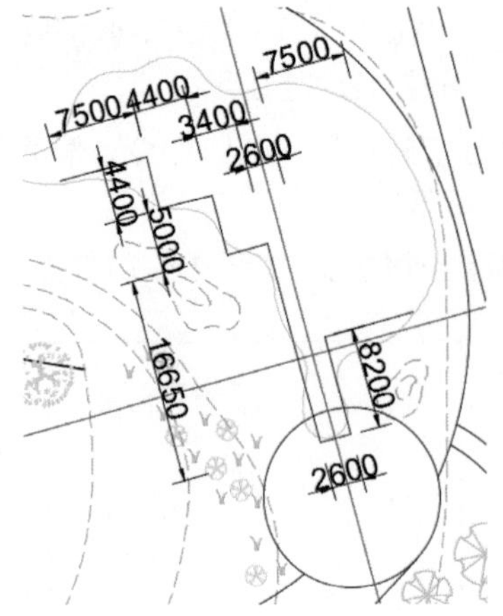

图 12-17 绘制多段线

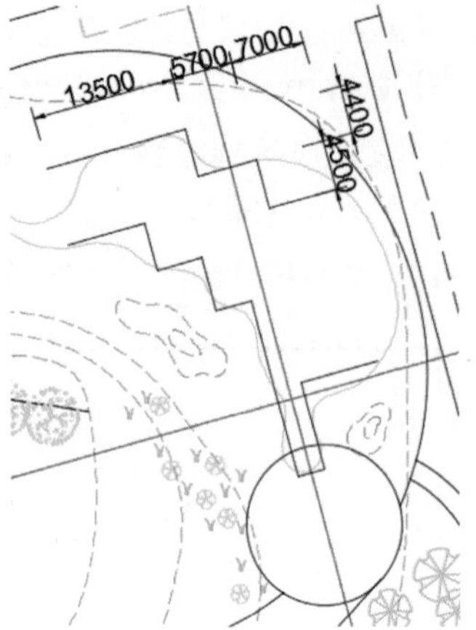

图 12-18 继续绘制多段线

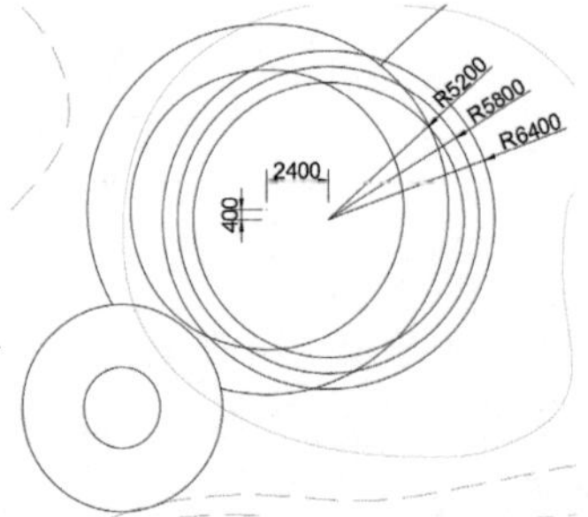

图 12-19 绘制并偏移圆形

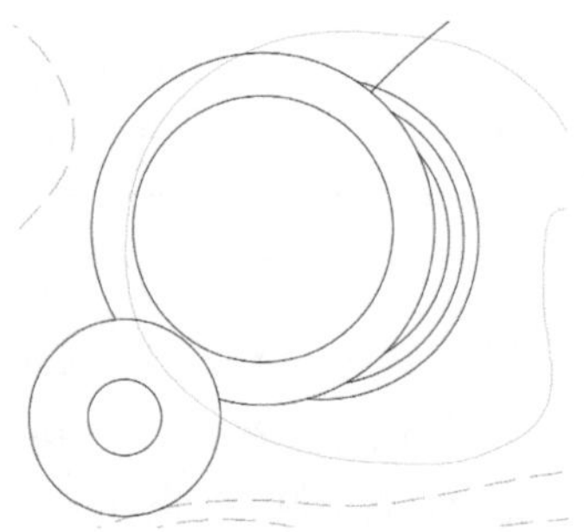
图 12-20 修剪图形

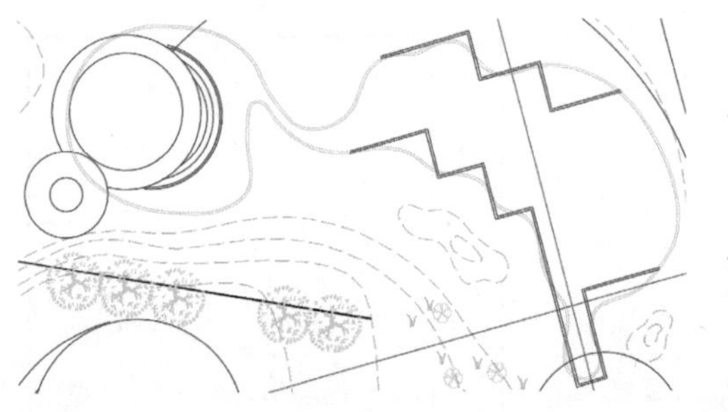
图 12-21 偏移水体边线

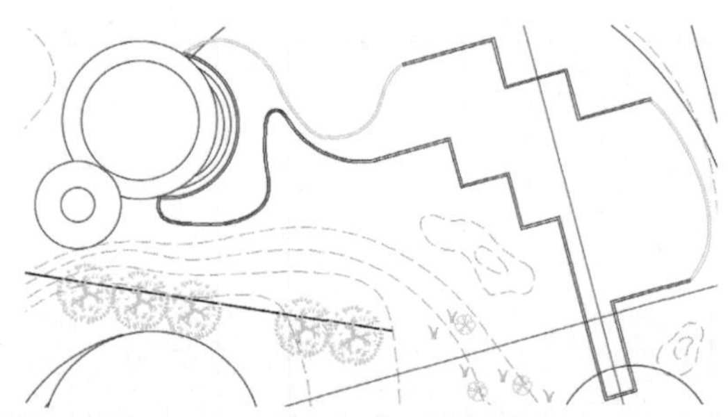
图 12-22 修剪并调整水体轮廓

Step 07 执行“样条曲线拟合”命令，绘制沙滩轮廓线。执行“矩形”和“偏移”命令，绘制 2000mm×2000mm 的矩形并向内偏移 300mm，再复制图形，如图 12-23 所示。

Step 08 执行“修剪”命令修剪图形，如图 12-24 所示。

Step 09 执行“偏移”命令，将边线向外依次偏移 220mm、1050mm、220mm，如图 12-25 所示。

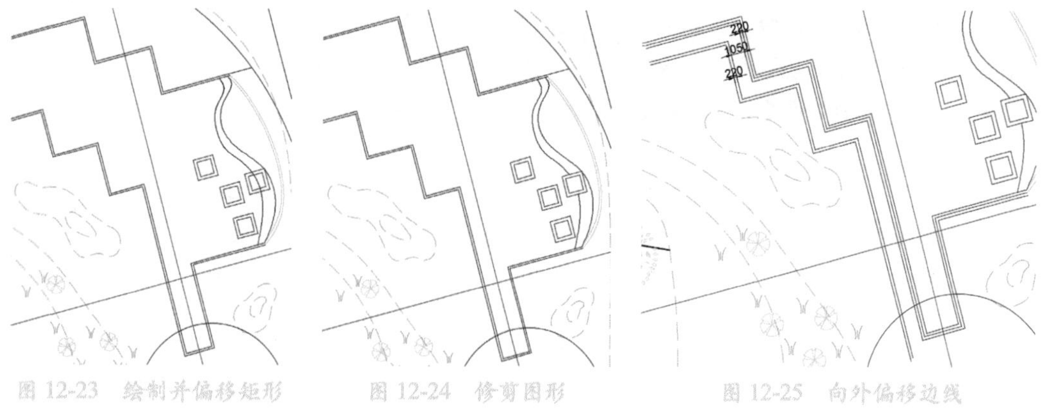

图 12-23 绘制并偏移矩形　图 12-24 修剪图形　图 12-25 向外偏移边线

Step 10 修剪并调整偏移的轮廓线，如图 12-26 所示。

Step 11 执行“矩形”和“直线”命令，绘制 220mm × 300mm 的矩形作为桥墩，并进行旋转复制操作，如图 12-27 所示。

Step 12 执行“矩形”命令，绘制 1200mm × 450mm 的矩形并进行复制，如图 12-28 所示。

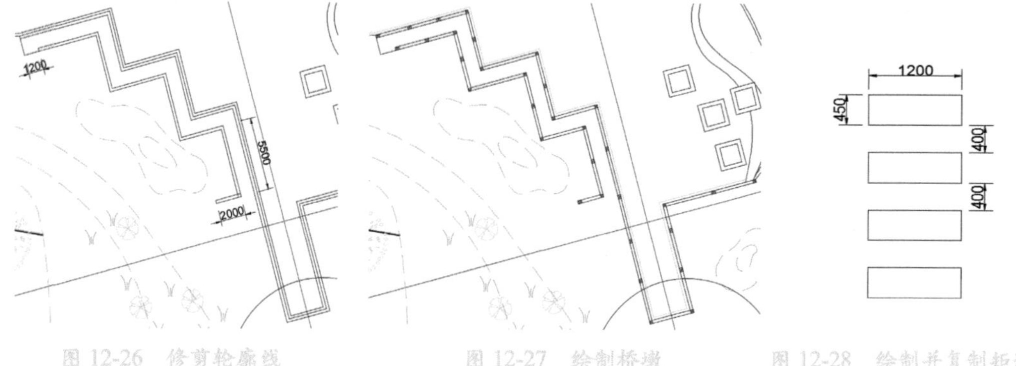

图 12-26 修剪轮廓线　图 12-27 绘制桥墩　图 12-28 绘制并复制矩形

Step 13 执行“旋转”命令，将绘制的矩形进行旋转操作，并移动到合适的位置，如图 12-29 所示。

Step 14 执行“矩形”命令，绘制 3650mm × 1400mm 的矩形，再执行“旋转”命令，将矩形进行旋转操作，如图 12-30 所示。

Step 15 执行“修剪”命令，修剪被覆盖的图形，绘制出玻璃桥轮廓，如图 12-31 所示。

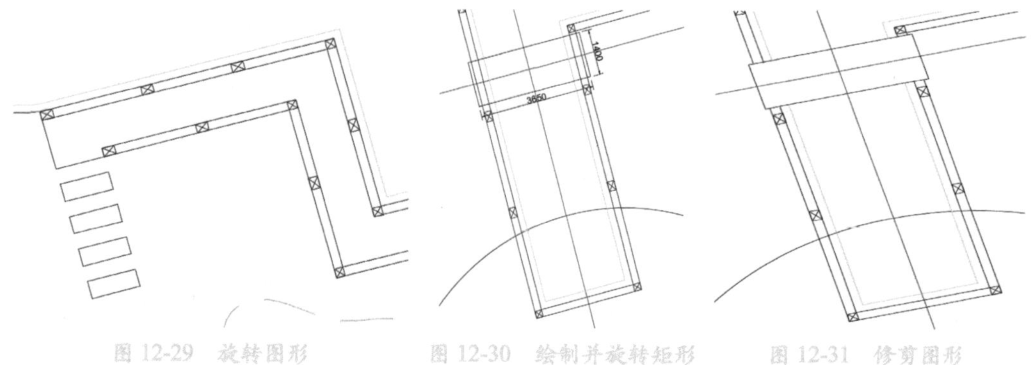

图 12-29 旋转图形　图 12-30 绘制并旋转矩形　图 12-31 修剪图形

Step 16 执行“直线”命令，绘制装饰线，如图 12-32 所示。

Step 17 执行“样条曲线”命令，绘制曲线园路轮廓，如图 12-33 所示。

Step 18 执行“修剪”命令，修剪被覆盖的图形，如图 12-34 所示。

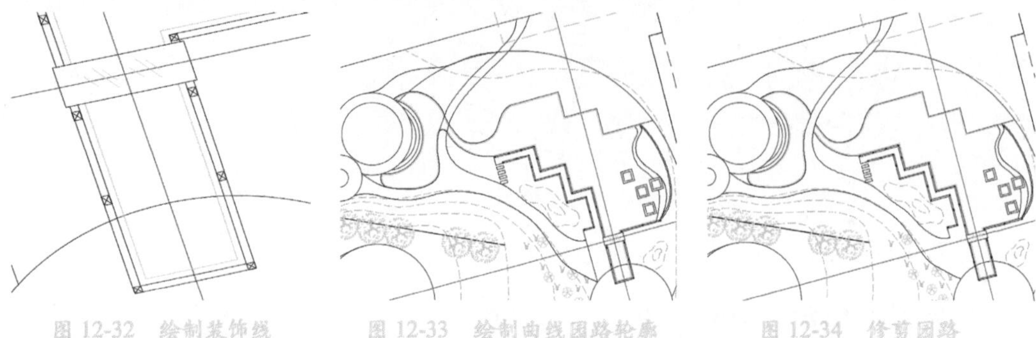

图 12-32　绘制装饰线　　图 12-33　绘制曲线园路轮廓　　图 12-34　修剪园路

Step 19 执行“偏移”命令，将园路轮廓向内偏移 100mm，偏移出路牙石轮廓，如图 12-35 所示。

Step 20 执行“定数等分”命令，将游乐区的两个圆都等分为 12 份，如图 12-36 所示。

Step 21 执行“直线”命令，捕捉等分点并绘制直线。删除多余的等分点，如图 12-37 所示。

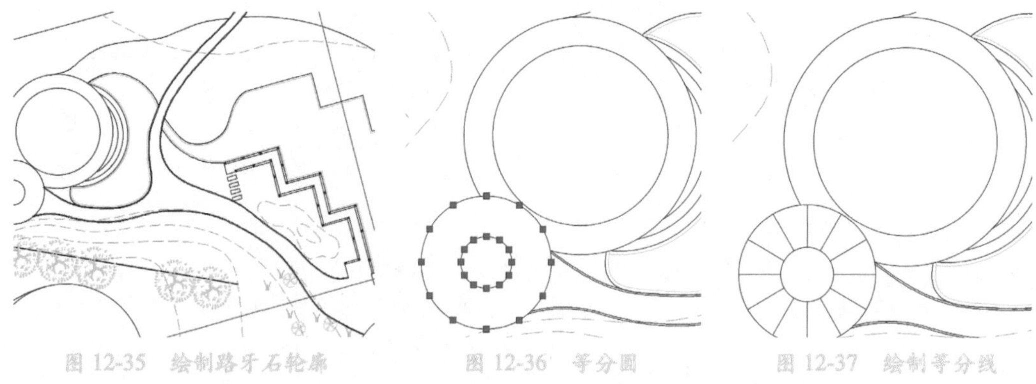

图 12-35　绘制路牙石轮廓　　图 12-36　等分圆　　图 12-37　绘制等分线

Step 22 执行“旋转”命令，将等分线旋转 5°，如图 12-38 所示。

Step 23 执行“直线”命令，绘制宽度为 2000mm 的园路造型，如图 12-39 所示。

Step 24 删除多余图形。执行“偏移”命令，偏移 300mm 宽的阶梯图形，如图 12-40 所示。

图 12-38　旋转等分线　　图 12-39　绘制园路　　图 12-40　绘制台阶

Step 25 执行“偏移”命令，设置偏移尺寸为 100mm，偏移园路及圆形平台，如图 12-41 所示。

Step 26 执行“修剪”命令，修剪路牙石及墙体轮廓线，如图 12-42 所示。

Step 27 执行“偏移”命令，将圆向内偏移 300mm，如图 12-43 所示。

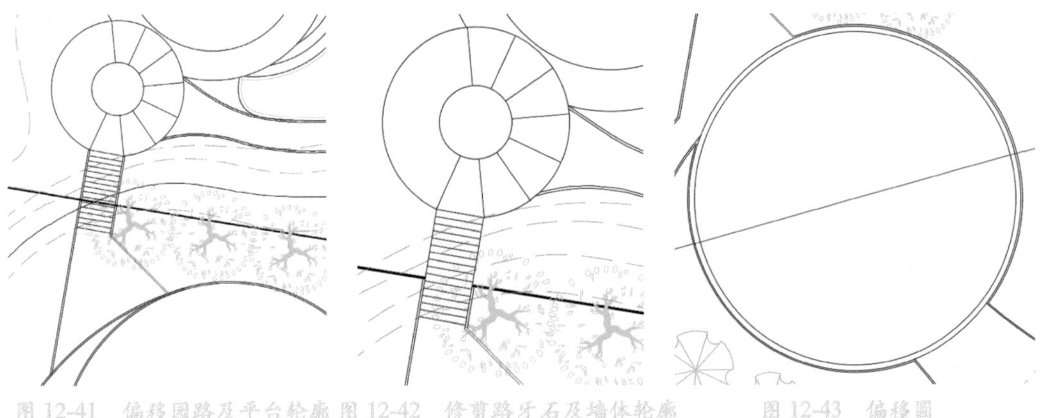

图 12-41 偏移园路及平台轮廓 图 12-42 修剪路牙石及墙体轮廓 图 12-43 偏移圆

Step 28 执行“直线”和“偏移”命令，绘制直线并依次偏移出 300mm 和 3000mm 的距离，如图 12-44 所示。

Step 29 执行“矩形”和“偏移”命令，绘制 12000mm×8000mm 的矩形并向内偏移 1000mm，如图 12-45 所示。

Step 30 执行“修剪”命令，修剪被覆盖的图形，如图 12-46 所示。

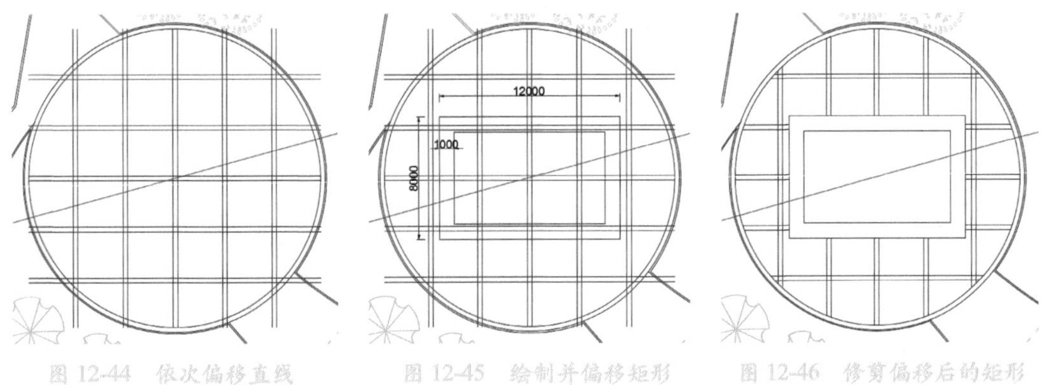

图 12-44 依次偏移直线 图 12-45 绘制并偏移矩形 图 12-46 修剪偏移后的矩形

Step 31 在“特性”选项板中设置矩形的全局宽度为 150。执行“旋转”命令，将圆形平台进行旋转，效果如图 12-47 所示。

Step 32 执行“偏移”命令，将石景广场的圆按图示尺寸向内依次进行偏移，如图 12-48 所示。

Step 33 执行“直线”和“偏移”命令，绘制间距为 300mm 的两条直线，如图 12-49 所示。

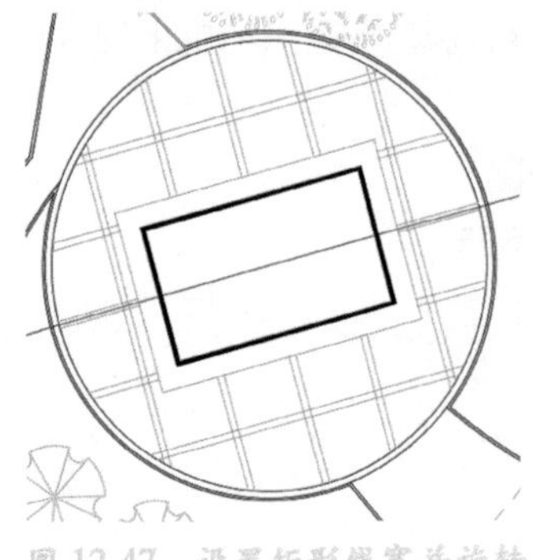

图 12-47 设置矩形线宽并旋转

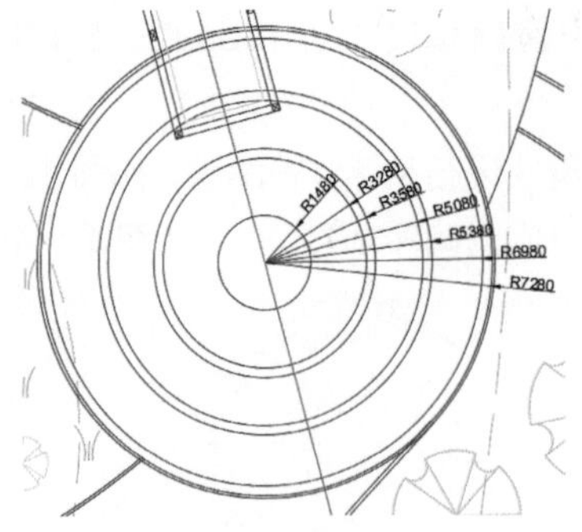

图 12-48 向内偏移圆形

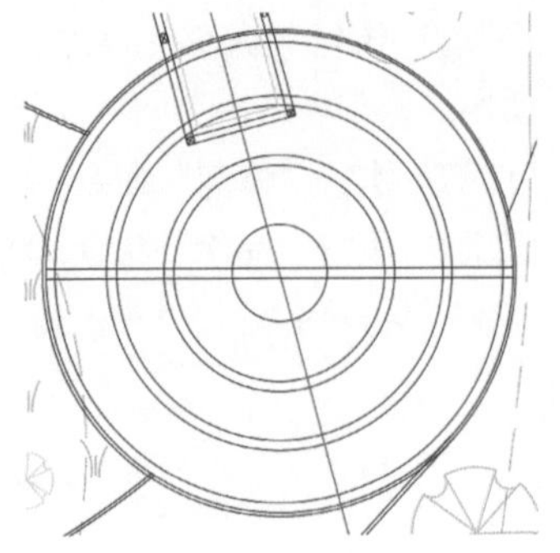

图 12-49 绘制两条直线

Step 34 执行“环形阵列”命令，设置填充角度及项目数，阵列复制图形，如图 12-50 所示。

Step 35 将阵列图形分解。执行“修剪”命令修剪图形，如图 12-51 所示。

Step 36 执行“多段线”和“偏移”命令，绘制多段线并偏移 300mm 的距离作为矮墙轮廓，如图 12-52 所示。

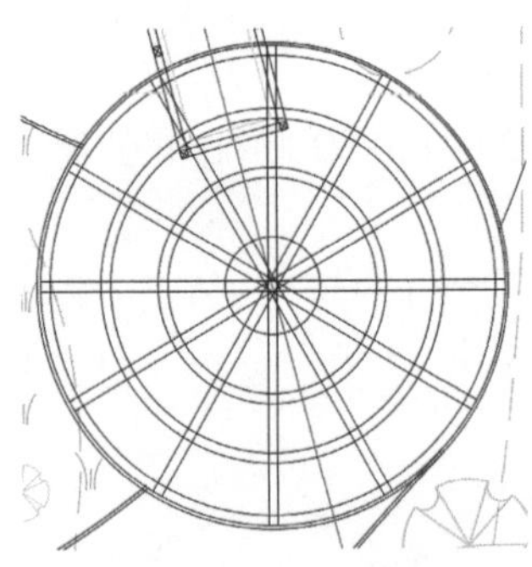

图 12-50 阵列两条直线

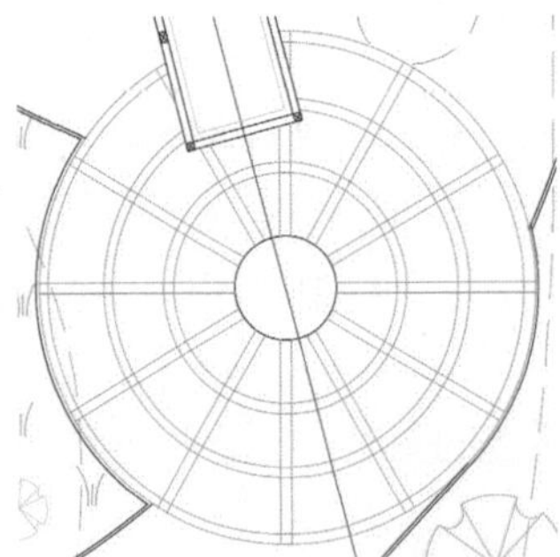

图 12-51 修剪阵列后的图形

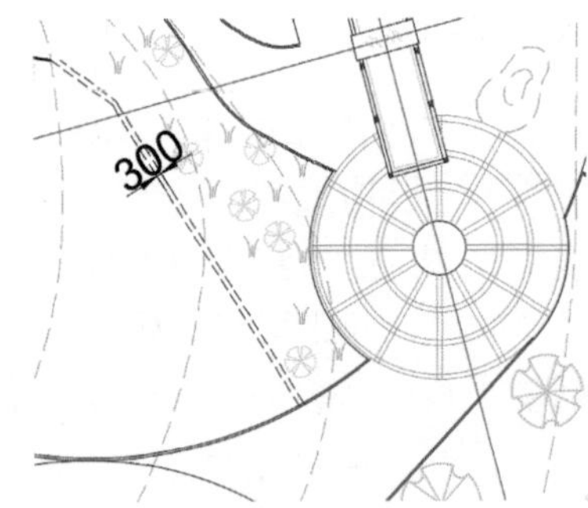

图 12-52 绘制矮墙轮廓

Step 37 执行“直线”命令，绘制与矮墙垂直的直线。再执行“偏移”命令，将直线偏移 2000mm，如图 12-53 所示。

Step 38 执行“直线”和“偏移”命令，绘制直线并偏移出间隔为 300mm 的距离，如图 12-54 所示。

图 12-53 绘制步道轮廓

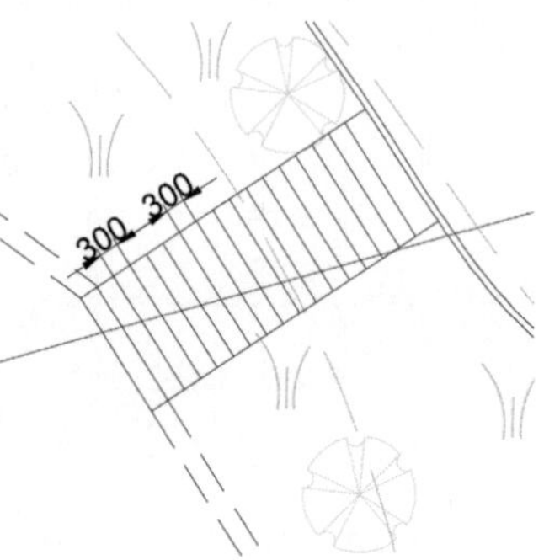

图 12-54 绘制步道

Step 39 执行“样条曲线”和“矩形”命令，分别绘制一条样条曲线和一个 1500mm × 400mm 的矩形，并移动到合适的位置，如图 12-55 所示。

Step 40 执行“路径阵列”命令，以曲线为阵列路径，设置介于值为 600，如图 12-56 所示。

图 12-55　绘制辅助线和矩形　　图 12-56　阵列矩形

Step 41 执行“定数等分”命令，将广场区域的弧线等分为 9 份，如图 12-57 所示。

Step 42 执行“直线”和“延伸”命令，捕捉等分点及垂足点绘制直线并延伸，如图 12-58 所示。

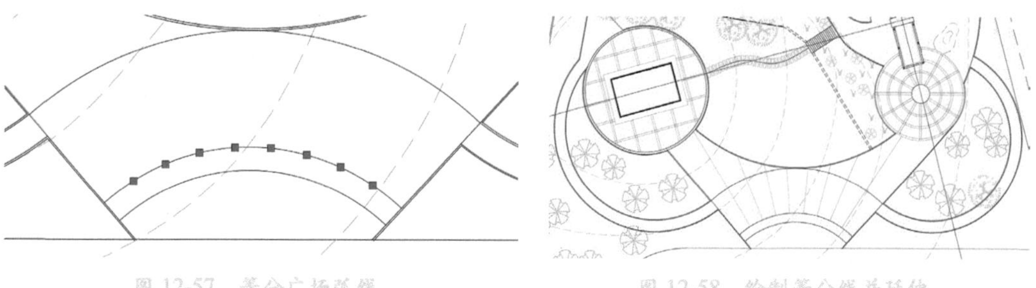

图 12-57　等分广场弧线　　图 12-58　绘制等分线并延伸

12.2.3　水体填充与地面铺设

对公园道路进行铺装，能够起到引导游览路线、划分游园空间的作用。在这种环境下要注意游园景观与生活的紧密结合，在空间上达到一步一景、景随步移。下面介绍具体的绘制步骤。

Step 01 执行“修剪”命令，对图纸中的等高线进行修剪，效果如图 12-59 所示。

Step 02 执行“图案填充”命令，选择图案 ANSI36，填充水体区域，如图 12-60 所示。

Step 03 执行“图案填充”命令，选择图案 AR-CONC，填充沙滩区域，再设置沙滩边缘线条的线型，如图 12-61 所示。

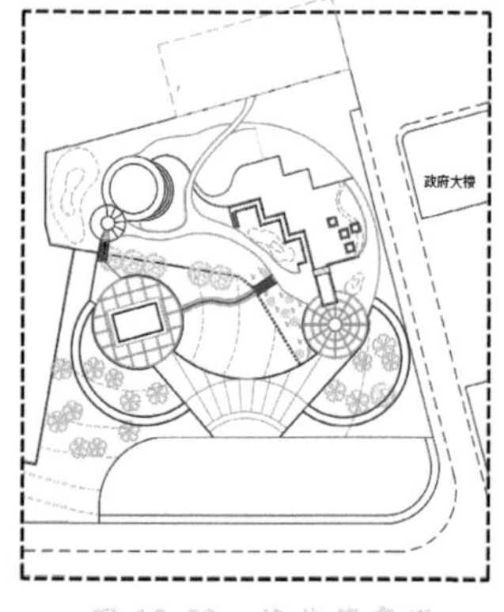

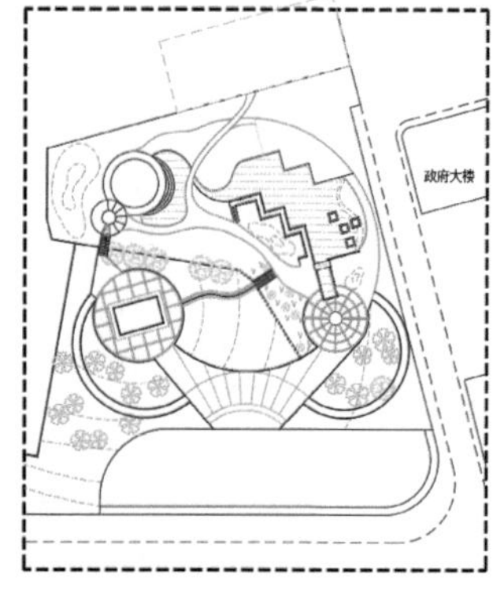

图 12-59　修剪等高线　　图 12-60　填充水体　　图 12-61　填充沙滩区域

Step 04 执行“图案填充”命令，选择图案GRAVEL，填充卵石广场及步道区域，如图 12-62 所示。

Step 05 执行“矩形”“偏移”“直线”命令，绘制 4000mm×4000mm 的亭子图形，如图 12-63 所示。

Step 06 旋转亭子图形并移动到图纸合适的位置，如图 12-64 所示。

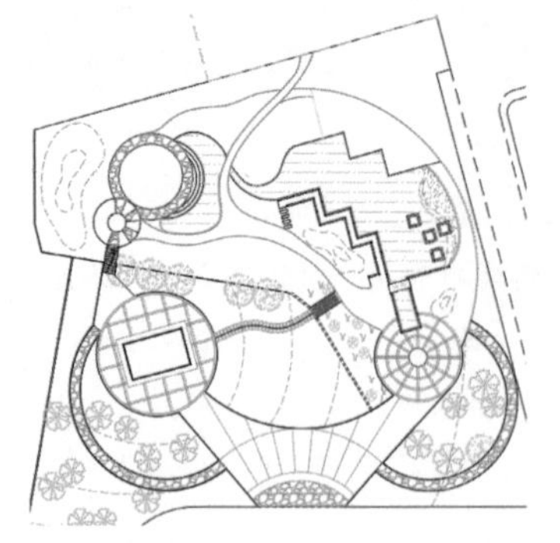

图 12-62 填充广场及步道区域

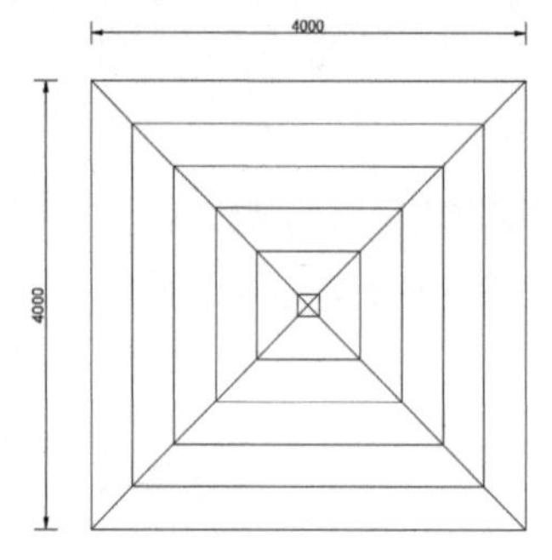

图 12-63 绘制亭子

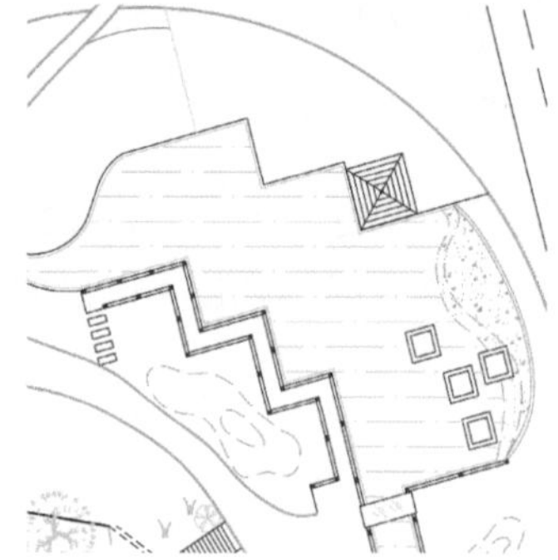

图 12-64 旋转并移动亭子

Step 07 执行“图案填充”命令，选择图案 AR-HBONE 以及图案 NET，填充人字砖地面及花岗岩石材地面，如图 12-65 所示。

Step 08 执行“直线”命令，绘制园路拼贴轮廓，执行“修剪”命令，对拼贴的园路进行修剪，如图 12-66 所示。

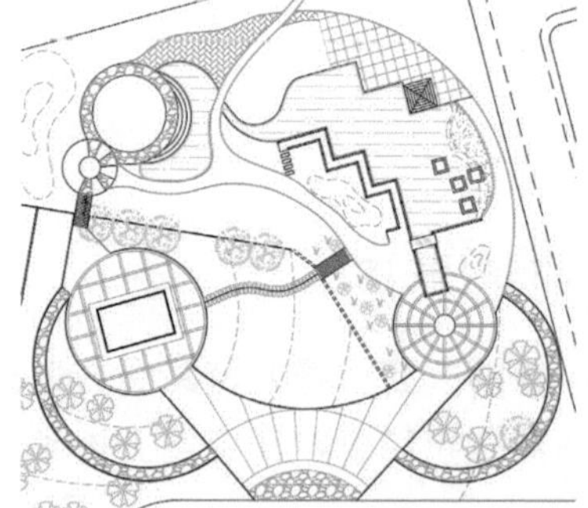

图 12-65 填充地面区域

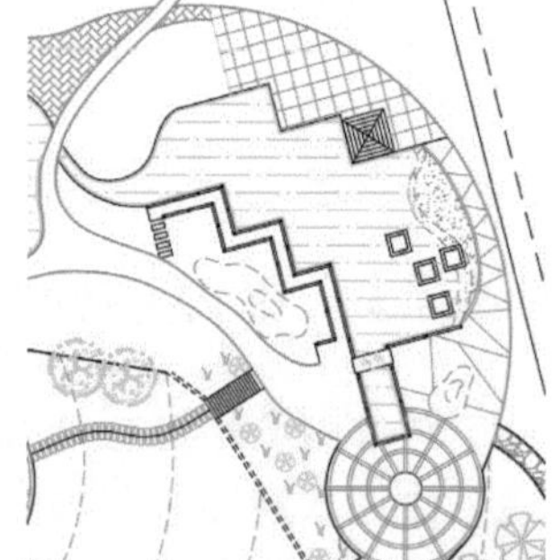

图 12-66 绘制园路拼贴

12.2.4 绘制广场入口

广场入口在整个景观设计中举足轻重，应当突出其位置。本案例中利用浮雕阶梯、华表以及山石造型来塑造入口的雄伟效果。具体的绘制步骤介绍如下。

Step 01 执行“直线”和“偏移”命令，绘制直线并偏移 6000mm 的距离，如图 12-67 所示。

Step 02 执行“矩形”命令，绘制 5600mm×3000mm 的矩形，并放置图形至合适位置，如图 12-68 所示。

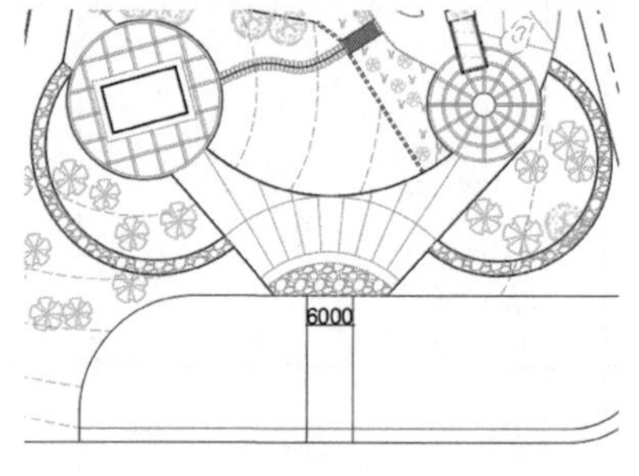

图 12-67 绘制并偏移直线

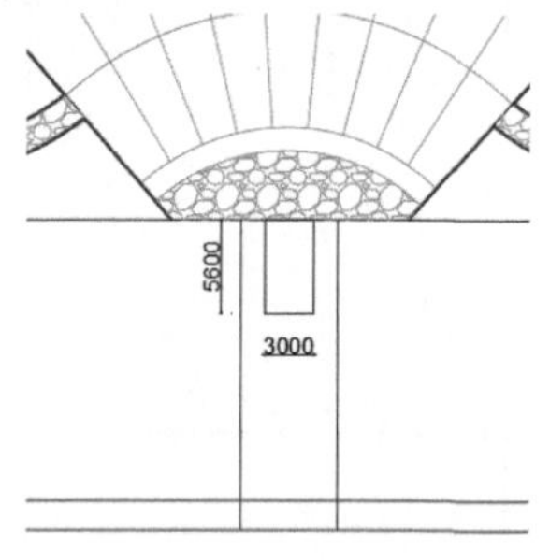

图 12-68 绘制矩形

Step 03 执行“偏移”命令，将矩形向内依次偏移 120mm、500mm，如图 12-69 所示。

Step 04 执行“圆”命令，捕捉矩形角点绘制半径为 350mm 的圆，如图 12-70 所示。

Step 05 执行“修剪”命令修剪图形，如图 12-71 所示。

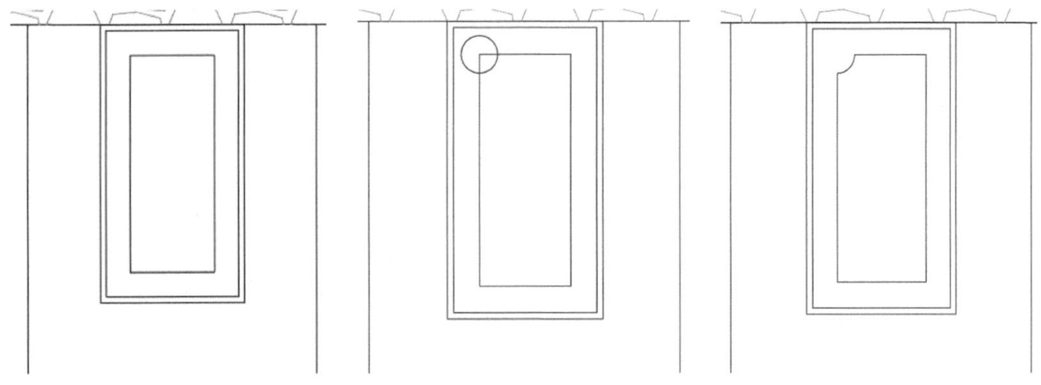

图 12-69　偏移矩形　　图 12-70　绘制圆　　图 12-71　修剪图形

Step 06 执行“镜像”和“修剪”命令，镜像复制圆弧，再修剪图形，如图 12-72 所示。

Step 07 将图形向下复制，间隔为 2800mm，如图 12-73 所示。

Step 08 执行“直线”和“偏移”命令，绘制并偏移 400mm 的阶梯图形，如图 12-74 所示。

图 12-72　镜像并修剪图形　　图 12-73　复制图形　　图 12-74　绘制阶梯

Step 09 执行“圆”命令，分别绘制半径为 8400mm 的两个圆和半径为 3000mm 的圆，如图 12-75 所示。

Step 10 执行“修剪”命令修剪图形，如图 12-76 所示。

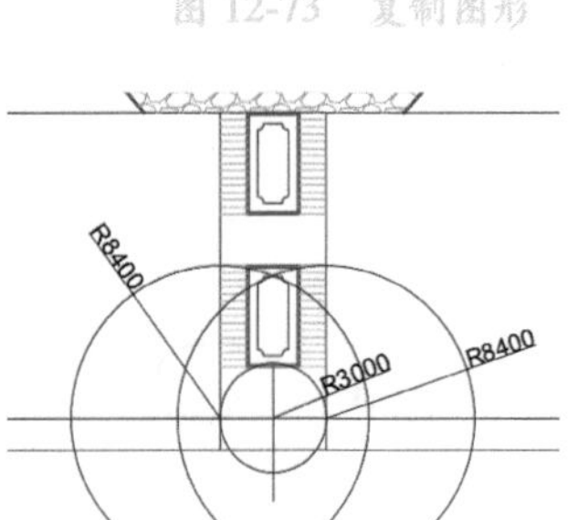

图 12-75　绘制圆

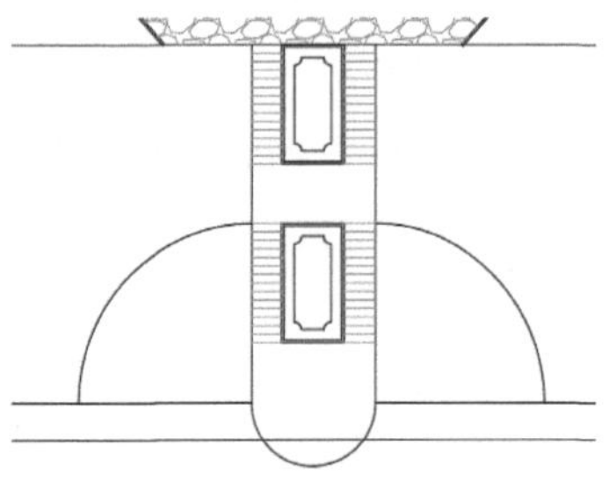

图 12-76　修剪图形

Step 11 执行“直线”和“偏移”命令绘制直线，再设置偏移尺寸为 400mm，偏移半圆，如图 12-77 所示。

Step 12 执行“圆”命令，绘制半径分别为 420mm 和 600mm 的同心圆，如图 12-78 所示。

Step 13 执行“环形阵列”命令，设置填充角度为 90°，项目数为 5，阵列复制同心圆，如图 12-79 所示。

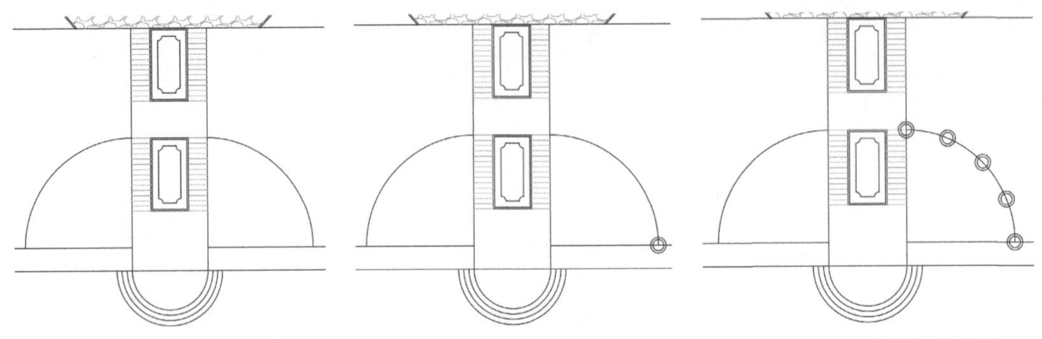

图 12-77 偏移图形　　图 12-78 绘制同心圆　　图 12-79 阵列复制图形

Step 14 将阵列图形分解，删除两端图形，执行“修剪”命令修剪图形，如图 12-80 所示。

Step 15 执行“镜像”命令，镜像复制图形到另一侧，再修剪图形，如图 12-81 所示。

Step 16 执行“多段线”命令，绘制石头图形，如图 12-82 所示。

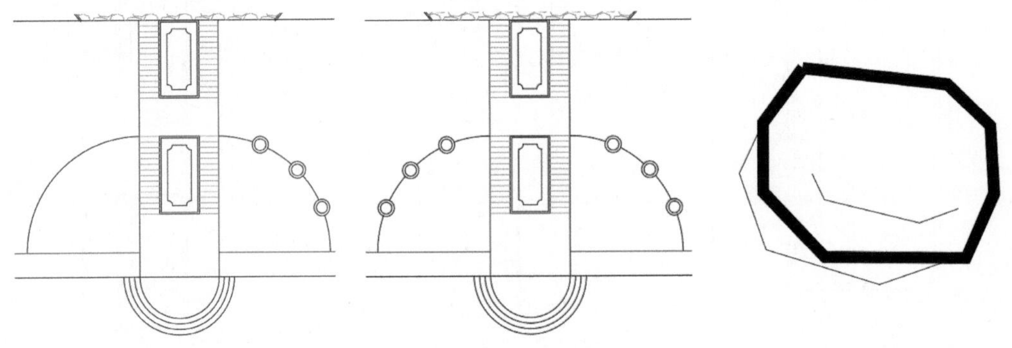

图 12-80 删除并修剪图形　　图 12-81 镜像复制图形　　图 12-82 绘制石头图形

Step 17 继续在另一侧绘制石块图形，再执行“圆弧”命令，绘制两条弧度相反的弧线，如图 12-83 所示。

Step 18 执行“修剪”命令修剪图形，如图 12-84 所示。

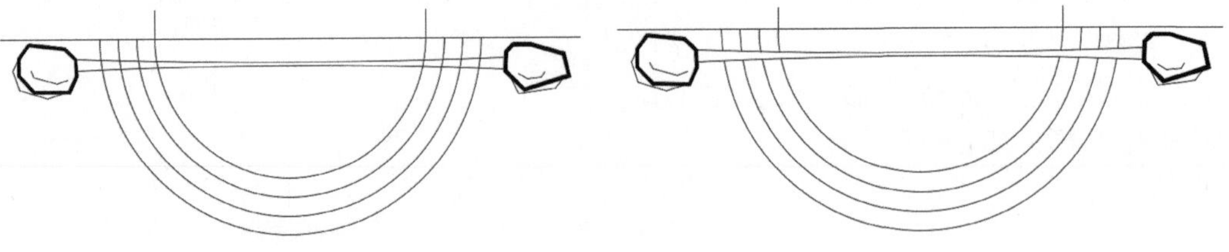

图 12-83 复制石头图形并绘制弧线　　图 12-84 修剪图形

Step 19 执行“多段线”命令，再次绘制石块图形，并将其置于广场中心。至此，完成小公园整体规划布局，如图 12-85 所示。

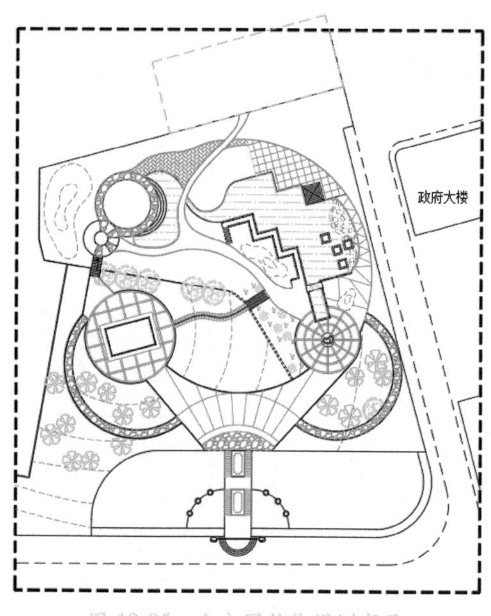

图 12-85　小公园整体规划布局

12.2.5　植被配置

植物在规划设计中很大程度上奠定了被规划设计场地的特色，在进行植物种植设计时要决定植物造景方式、种类选取、规格大小、位置以及与相邻环境的协调性等。

Step 01 执行“样条曲线”命令，在右上角处绘制一条封闭的曲线，如图 12-86 所示。

Step 02 执行“图案填充”命令，选择图案 ANSI31，填充曲线内部，作为石榴丛区域，如图 12-87 所示。

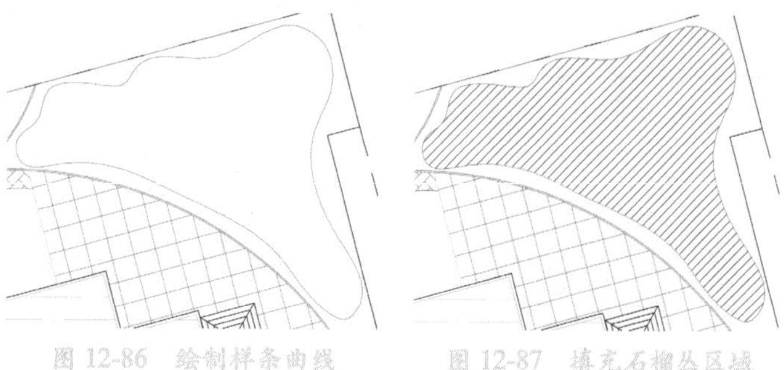

图 12-86　绘制样条曲线　　图 12-87　填充石榴丛区域

Step 03 执行“样条曲线”命令，在儿童娱乐区旁边绘制一条曲线，如图 12-88 所示。

Step 04 执行“图案填充”命令，选择图案 HOUND，填充曲线内部，作为红继木区域，如图 12-89 所示。

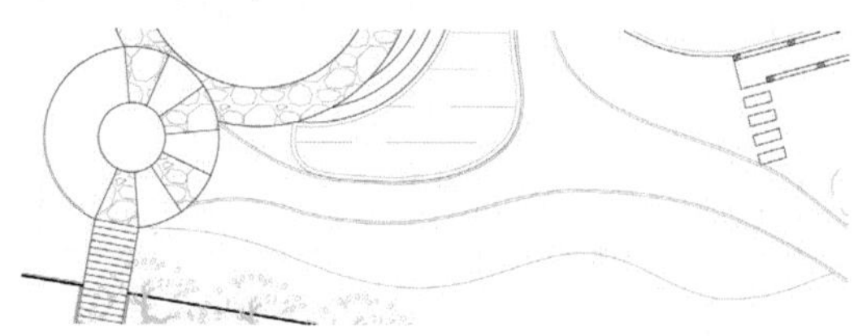

图 12-88　绘制样条曲线

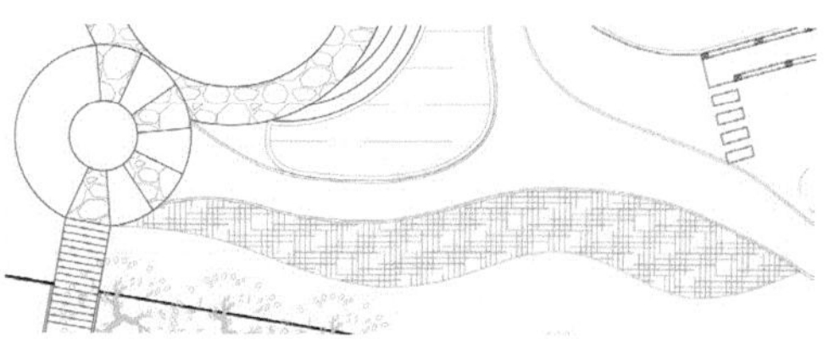

图 12-89　填充红继木区域

Step 05 插入“云南黄馨”植物图块并进行复制操作，如图 12-90 所示。

Step 06 继续插入合欢、水杉、垂柳、雪松、从竹等大棵植物图块并进行复制操作，如图 12-91 所示。

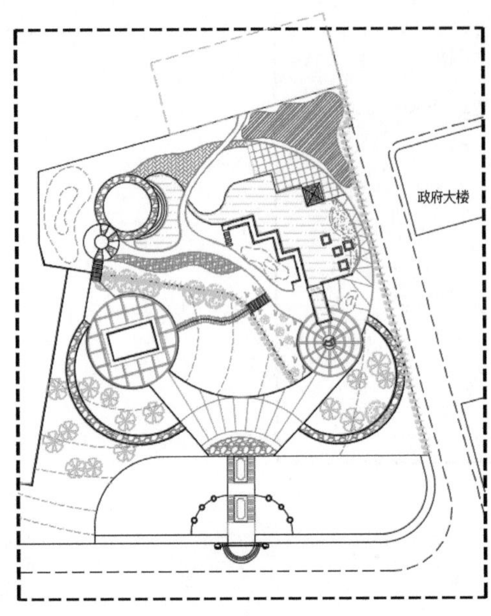

图 12-90 插入植物图块并复制（1）

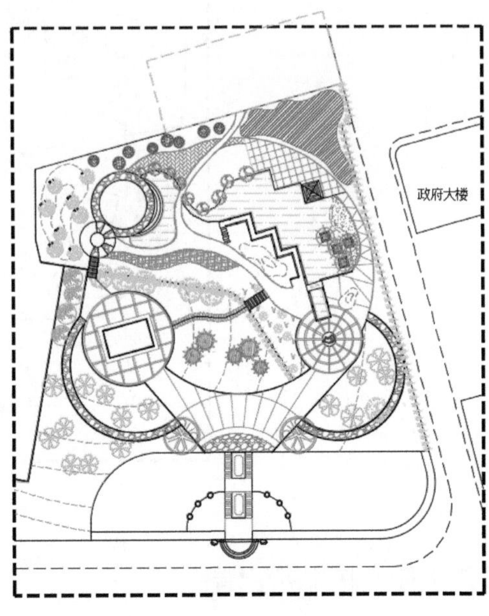

图 12-91 插入植物图块并复制（2）

Step 07 插入梅花、桃花、荷花、龙爪槐等植物图块并进行复制操作，如图 12-92 所示。

Step 08 插入指北针图块，调整大小并放置到合适的位置，如图 12-93 所示。

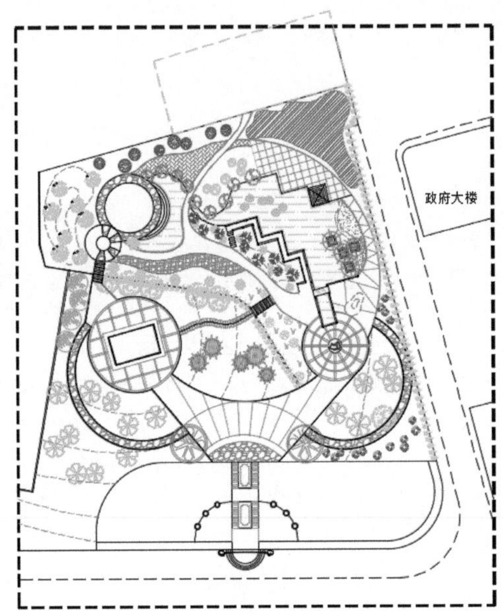

图 12-92 插入植物图块并复制（3）

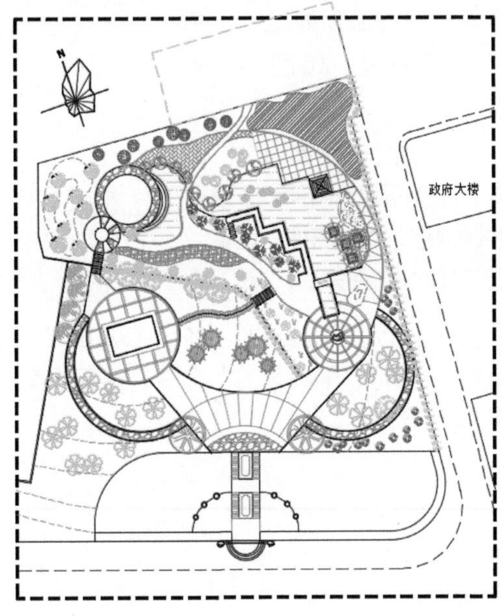

图 12-93 插入指北针图块

Step 09 利用“矩形”“图案填充”“多行文字”命令，为平面图添加说明以及植物配置表，即可完成小公园规划平面图的绘制，最终效果如图 12-94 所示。

城市小公园规划平面图

1:植物造景

以植物的配置形成春园、夏园、秋园和冬园，四季可赏。

2:植物配置

- 樟树（原有的）
- 杨树（原有的）
- 毛竹（原有的）
- 合欢（干径15-18cm）
- 水杉（干径12-15cm）
- 垂柳（干径10-12cm）
- 雪松（高300-350cm）
- 桂花（蓬径150-180cm）
- 海桐（蓬径80-100cm）
- 红继木球（蓬径90-110cm）
- 樱花（地径5-6cm）
- 桃花（地径5-7cm）
- 梅花（地径5-6cm）
- 龙爪槐（地径5-6cm）
- 芭蕉（生长健壮）
- 丛竹（30-35枝/丛）
- 云南黄馨（15-20枝/丛）
- 荷花
- 石榴（高150-180cm）
- 红继木（蓬径25-30cm）

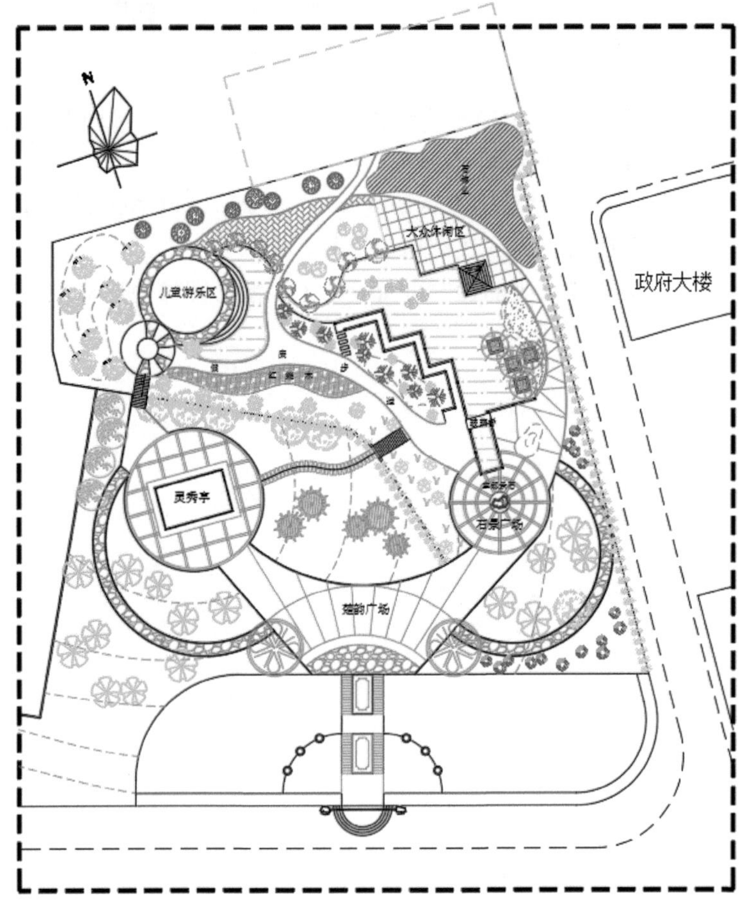

图 12-94　小公园规划平面图

参 考 文 献

[1] CAD/CAM/CAE 技术联盟 . AutoCAD 2014 室内装潢设计自学视频教程 [M]. 北京：清华大学出版社，2014.

[2] CAD 辅助设计教育研究室 . 中文版 AutoCAD 2014 建筑设计实战从入门到精通 [M]. 北京：人民邮电出版社，2015.

[3] 姜洪侠，张楠楠 . Photoshop CC 图形图像处理标准教程 [M]. 北京：人民邮电出版社，2016.